VOYAGE

DANS

L'AMÉRIQUE MÉRIDIONALE

(LE BRÉSIL, LA RÉPUBLIQUE ORIENTALE DE L'URUGUAY, LA RÉPUBLIQUE ARGENTINE, LA PATAGONIE, LA RÉPUBLIQUE DU CHILI, LA RÉPUBLIQUE DE BOLIVIA, LA RÉPUBLIQUE DU PÉROU),

EXÉCUTÉ PENDANT LES ANNÉES 1826, 1827, 1828, 1829, 1830, 1831, 1832 ET 1833,

PAR

ALCIDE D'ORBIGNY,

CHEVALIER DE L'ORDRE ROYAL DE LA LÉGION D'HONNEUR, OFFICIER DE LA LÉGION D'HONNEUR DE LA RÉPUBLIQUE BOLIVIENNE, VICE-PRÉSIDENT DE LA SOCIÉTÉ GÉOLOGIQUE DE FRANCE ET MEMBRE DE PLUSIEURS ACADÉMIES ET SOCIÉTÉS SAVANTES NATIONALES ET ÉTRANGÈRES.

Ouvrage dédié au Roi,

et publié sous les auspices de M. le Ministre de l'Instruction publique

(commencé sous le ministère de M. Guizot).

TOME TROISIÈME.

3.e Partie : GÉOLOGIE.

PARIS,

CHEZ P. BERTRAND, LIBRAIRE-ÉDITEUR,

RUE SAINT-ANDRÉ-DES-ARCS, N.o 38;

STRASBOURG,

CHEZ V.e LEVRAULT, RUE DES JUIFS, N.o 33.

1842.

GÉOLOGIE,

PAR

ALCIDE D'ORBIGNY.

1842.

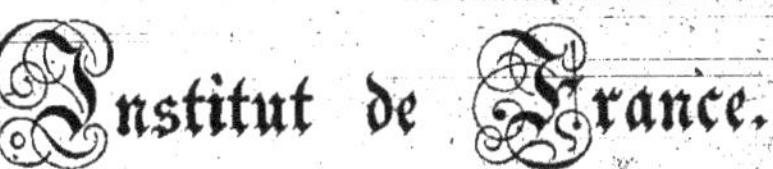

ACADÉMIE ROYALE DES SCIENCES.

EXTRAIT DES RAPPORTS

SUR LES

Résultats scientifiques du voyage de M. ALCIDE D'ORBIGNY *dans l'Amérique du Sud,*

PENDANT LES ANNÉES 1826, 1827, 1828, 1829, 1830, 1831, 1832 ET 1833.

PARTIE GÉOGRAPHIQUE.

COMMISSAIRE : M. SAVARY.

Il est rare que l'attention d'un naturaliste voyageur se porte avec un égal intérêt et sur les objets si variés de ses études spéciales et sur un sujet de recherches non moins utile, mais plus aride, la configuration exacte et détaillée des contrées qu'il parcourt. Il est plus rare que ce voyageur étende ainsi volontairement le cercle de ses travaux, lorsqu'il aborde des difficultés nouvelles sans préparation, sans guide, et presque sans instruments. C'est là ce qu'a fait M. d'Orbigny avec un zèle infatigable.

Son voyage comprend dans sa longue durée deux voyages distincts. Je n'ai point à m'occuper de ses premières excursions à travers la république Argentine et jusqu'aux confins de la Patagonie ; alors tout son temps était donné à l'histoire naturelle, sauf quelques recherches sur les idiomes et les langues du pays.

C'est à l'arrivée de M. d'Orbigny dans le haut Pérou que commence en quelque sorte son second voyage; à celui-là se rapportent exclusivement les nombreux matériaux topographiques qu'il a rapportés.

Le haut Pérou, dont la plus grande partie forme aujourd'hui la république de Bolivia, est un pays à peu près égal en surface à la France. Sous le rapport géographique ce pays est bien remarquable. Un lac immense et de grandes villes presque aussi élevées au-dessus du niveau général des mers que la cime des plus hautes montagnes d'Europe; des montagnes qui dominent ce lac, comme notre Mont-Blanc domine le Rhône et Genève; sur ces montagnes de riches mines, les plus élevées de toutes celles que l'homme exploite: au delà des Cordilières, de vastes plaines traversées par de grandes rivières navigables dans une étendue de plus de deux cents lieues et dont le cours, mal connu des habitants eux-mêmes, ne ressemble en rien aux représentations hasardées de nos cartes; un climat froid dans le voisinage de l'équateur: sur un versant des montagnes, des orages périodiques, chaque jour pendant une partie de l'année; pendant le reste, un ciel constamment pur et sec; sur l'autre versant, une perpétuelle humidité; tel est le pays pour lequel M. d'Orbigny rapporte les éléments minutieux d'une carte détaillée.

Ces éléments sont des reconnaissances exécutées à l'aide de la boussole pour les directions, de la montre pour les distances parcourues. Les formes du terrain, dessinées à une grande échelle, sont exprimées au pinceau avec un talent très-remarquable. Je ne craindrai pas de comparer ces reconnaissances à ce que le Dépôt de la guerre possède de mieux, en ce genre, sur plusieurs parties de l'Espagne.

Les itinéraires de M. d'Orbigny, en se croisant et en suivant des contours entièrement fermés, se corrigent et se vérifient eux-mêmes. Cependant une vérification bien plus complète m'a été fournie par les observations astronomiques de M. Pentland.

M. Pentland, qui a séjourné dans le haut Pérou pendant les années 1826 et 1827, a déterminé, à l'aide d'un grand nombre de hauteurs d'étoiles et de distances lunaires, les positions géographiques de près de cent points de cette contrée. Ces résultats encore inédits et que M. Pentland a bien voulu me communiquer, assignent à ces points principaux des distances relatives très-peu différentes de celles qui résultent des reconnaissances de M. d'Orbigny. Ces reconnaissances viendront par conséquent s'enchâsser sans trop d'altération dans le canevas d'une carte, auquel les positions de M. Pentland serviront de base.

Pour donner, quant à la configuration du pays, une idée des rectifications que nécessitent, d'après M. d'Orbigny, les cartes actuelles les plus répandues, il suffira de citer la position d'une grande ville (de la Paz) transportée d'un côté de la Cordilière principale sur le côté opposé. C'est à peu près comme si une carte d'Europe présentait Turin sur le versant des Alpes qui regarde la France.

M. Pentland a déterminé par de longues suites d'observations barométriques la hauteur des points où il observait. Dépourvu de baromètres, M. d'Orbigny a cherché à y suppléer en observant la température d'ébullition de l'eau chauffée dans un vase d'argent. Malheureusement les thermomètres qu'il employait ont été brisés dans la suite du voyage, et leur graduation n'a pu être comparée. Il faudrait donc en déterminer les erreurs par quelques-uns des résultats mêmes de M. Pentland. Cette correction ainsi déterminée, l'accord est satisfaisant pour un assez grand nombre de points. Cependant il y a des différences que l'on ne peut guère expliquer que par la graduation inégale de divers thermomètres.

M. d'Orbigny n'a pas négligé de réunir, autant qu'il était possible, des documents statistiques que le gouvernement Bolivien s'est empressé de lui fournir. Ces documents portent sur des nombres trop peu considérables pour qu'il soit possible d'en tirer des conclusions bien certaines. Toutefois, en prenant les moyennes générales des naissances pour quatre années consécutives, dans deux départements de la république, où de rares villages indiens sont parsemés sur une immense étendue de territoire, dans les pays des Moxos et des Chiquitos, on remarque déjà, comme dans tous les recensements connus, comme dans les pays où la population est le plus agglomérée, la supériorité numérique des naissances de garçons sur les naissances de filles. Dans chaque province considérée séparément, comme pour la moyenne des deux, il naît annuellement cent trois enfants mâles pour cent enfants du sexe féminin. Ces nombres diffèrent moins que chez nous; mais toute conclusion, quant à cette différence, serait évidemment prématurée.

Un sujet de recherches qui s'adresse moins directement à l'Académie des Sciences, mais qui excitera toujours un intérêt universel, l'étude des langues et des antiquités du pays, a offert à M. d'Orbigny de curieux résultats : plus de trente-six vocabulaires différents; des traces de systèmes de numération, dont la base est, ici, le nombre cinq, ailleurs, le nombre douze; des singularités frappantes et caractéristiques, telles qu'une langue parlée dans une étendue considérable de pays, et dans laquelle chaque objet a deux noms exclusivement employés, l'un par les hommes, l'autre par les femmes; toutes ces données, dont plusieurs se lieront peut-être aux rapports et aux grandes migrations des peuples, ajouteront sans doute au prix des relations qu'on doit attendre de M. d'Orbigny. L'histoire des arts y trouvera aussi quelques documents précieux.

Pour revenir à l'objet spécial de ce Rapport, et faire apprécier d'un mot le travail qui m'a été soumis, je dirai que les matériaux topographiques de M. d'Orbigny, joints aux positions déterminées par M. Pentland, permettront de construire la carte détaillée d'un pays aussi étendu que la France avec une exactitude comparable à celle de nos cartes d'Espagne; j'exprimerai le vœu que les minutes d'un travail qui ne sera peut-être jamais refait puissent être conservées dans l'une de nos collections nationales; que l'auteur se trouve à même d'en achever la rédaction et le dessin; de publier enfin à une échelle réduite, quoique assez grande encore, la carte des régions qu'il a parcourues. Une telle publication serait sans doute le plus juste et le meilleur remercîment que la France pût adresser au gouvernement de Bolivia, pour la protection éclairée que ce gouvernement n'a cessé d'accorder à M. d'Orbigny, pour les ressources de tous genres qu'il a si libéralement mises à sa disposition.

Signé à la minute : Savary.

21 avril 1834.

PARTIE GÉOLOGIQUE.

COMMISSAIRE : M. CORDIER.

Les matériaux géologiques rapportés par M. d'Orbigny se composent d'un itinéraire détaillé des contrées qu'il a parcourues, itinéraire qui renferme un bon nombre d'observations et de considérations générales; d'un atlas de huit feuilles, offrant des coupes figuratives de la disposition des terrains; et de plus de six cents échantillons de roches, choisis avec discernement et accompagnés de catalogues circonstanciés.

Ces matériaux nous font connaître d'une manière satisfaisante la constitution de deux grandes régions de l'Amérique méridionale, dont l'étendue réunie est au moins triple de celle de la France; mais, en outre, les résultats combinés avec les observations précédemment recueillies au pourtour de cette partie du monde par d'autres voyageurs, nous donnent les probabilités les plus précieuses sur la nature jusqu'alors ignorée des terrains des autres régions qui composent l'intérieur de cet immense continent. Nous allons entrer dans quelques détails pour justifier ces assertions. Voici d'abord les principaux résultats des recherches de M. d'Orbigny, relativement à la constitution de la république Argentine et de la Patagonie :

Ces vastes contrées, qui du sud au nord, et à compter du 48e degré de latitude sud, jusqu'au confluent de la rivière du Paraguay avec celle du Parana, ont environ six cents lieues géographiques de longueur sur à peu près deux cents lieues de largeur moyenne, ne consistent qu'en une plaine immense, peu élevée au-dessus du niveau de la mer, bordée à l'ouest par les Cordilières des Andes, et à l'est par les montagnes du Brésil et par l'océan Atlantique. Cette plaine est partagée en deux bassins presque égaux en longueur par la chaîne basse des montagnes du Tandil et de la Ventana, laquelle, à partir de l'océan Atlantique par le 38e degré de latitude, court dans la direction de l'ouest-nord-ouest vers les Andes et l'océan Pacifique. On peut aisément juger de la constitution des deux bassins, d'après les coupes naturelles qu'on rencontre dans le sol de loin en loin et dans le voisinage des cours d'eau; ces coupes atteignent quelquefois une hauteur de plus de cent mètres.

L'uniformité et la monotonie de la surface des deux bassins sont en rapport avec l'horizontalité parfaite et la parfaite continuité des couches qui les composent. Ces couches appartiennent de part et d'autre aux étages supérieurs des terrains de la période tertiaire, ou paléothérienne; mais elles ne sont point parfaitement semblables.

Dans le bassin dit des pampas de Buenos-Ayres, on ne peut voir presque partout, c'est-à-dire sur des milliers de lieues carrées, que la couche tout à fait supérieure. Elle est composée d'une argile grossière, un peu endurcie, effervescente, d'un gris cendré, et qui ne contient d'autres débris organiques que des ossements de mammifères et de reptiles, parmi lesquels figurent ceux de ce tatou gigantesque dont on avait fait un Paresseux, sous le nom de *Megatherium*, et dont il existe un magnifique squelette au cabinet du roi à Madrid. Ainsi les débris de cet animal extraordinaire n'appartiennent ni aux alluvions fluviatiles, ni au grand atterrissement diluvien.

Les couches inférieures du système des pampas de Buenos-Ayres ne se montrent qu'au pourtour du bassin, notamment dans les provinces d'Entre-Rios et de Corrientes, et le long des montagnes du Brésil, où, par l'effet d'un relèvement insensible de leurs plans, elles viennent figurer dans les rares coupures du sol. Elles sont, à partir du haut, composées ainsi qu'il suit :

Argile calcarifère.

Grès quartzeux, friable, avec rognons calcaires, sans fossiles.

Calcaire grossier arénifère avec des coquilles marines ou des empreintes (venus, cardium, pecten, huîtres).

Grès quartzeux, friable, rempli de coquilles marines (huîtres et peignes) de grande dimension, de la plus belle conservation, et contenant parfois des débris de poissons et du bois fossile.

Argile avec amas de gypse fibreux ou laminaire, et avec rognons calcaires.

Pierre calcaire grossière cloisonnée, contenant de l'argile dans ses compartiments.

Grès quartzeux, tantôt durs et lustrés, tantôt friables, et contenant des troncs d'arbres silicifiés, et des ossements de mammifères également à l'état siliceux.

Grès quartzeux à coquilles marines (huîtres, vénus, etc.).

Argile avec amas ou rognons de gypse.

Calcaire caverneux à pâte compacte, sans fossiles, analogue aux calcaires dits d'eau douce.

Enfin, sable ou grès quartzeux, souvent ferrugineux, contenant par places de l'oxyde rouge ou de l'hydrate de fer en rognons géodiques, ou en grains; et, ce qui est remarquable, des galets de belle sardoine.

Tel est le système tertiaire qui constitue cette vaste partie de l'Amérique méridionale. Ce système n'est recouvert d'aucun atterrissement, du moins dans les régions que M. d'Orbigny a parcourues; mais il supporte à dix et douze lieues autour de Buenos-Ayres, et même jusqu'au San-Pedro qui en est distant de quarante lieues au nord-ouest, quelques lambeaux assez étendus de bancs coquilliers tout à fait meubles, exploités pour faire de la chaux, et qui sont composés d'une espèce non décrite de petites corbules, dont l'analogue est vivante à l'embouchure du fleuve de la Plata; l'existence de ces lambeaux est d'un grand intérêt, puisqu'à elle seule elle caractérise, pour cette partie de la terre, une des époques du relèvement successif des continents.

M. d'Orbigny n'a pu vérifier la nature de la chaîne du Tandil et de la Ventana qui sépare le bassin des pampas de Buenos-Ayres de celui de la Patagonie; mais, d'après les observations et les échantillons qui lui ont été communiqués par M. Parchappe, cette chaîne, qui va croiser presque perpendiculairement les Cordilières des Andes, est composée de roches primordiales stratiformes.

Il a reconnu qu'il en est de même des terrains qui terminent les montagnes du Brésil sur la côte de Monte-Vidéo, et le long de la rive gauche de la Plata. C'est le gneiss qui constitue la masse de ces terrains.

Les terrains tertiaires qui forment le bassin des pampas de Patagonie n'arrivent point, au reste, précisément jusqu'à la chaîne du Tandil; ils en sont séparés par des plaines basses à couches horizontales, composées de pierres calcaires. A l'ouest le bassin finit le long des Cordilières des Andes, au pied d'un système calcaire que M. d'Orbigny n'a pas vu, mais qu'il croit l'équivalent de nos terrains de craie. Ce sont des roches de même nature qui limitent le bassin du côté du cap de Horn, vers le 48e degré de latitude. Enfin, du côté de l'est, l'océan Atlantique baigne le pied des falaises du sol tertiaire. Voici, en commençant par le haut, quelles sont les diverses assises qui constituent cette vaste surface :

Grès grisâtre, en partie quartzeux, sans débris organiques.

Calcaire marneux, sans débris organiques.

Argile calcarifère tendre, contenant des huîtres nombreuses, souvent d'un grand volume, et pénétrées de belles dendrites noires.

Marne avec beaucoup d'amas gypseux, et de beaux cristaux de même nature.

Grès azuré, très-remarquable par sa couleur et par sa composition; ses grains sont assez fins, et composés partie de quartz, partie de détritus de vieux porphyres noirs amphiboliques, ou pyroxéniques.

Calcaire compacte en plaques, ou en rognons dans une argile grise et grossière.

Grès quartzeux à ciment calcaire. Il est mêlé de grains verts; on y trouve des empreintes de coquilles d'eau douce (unio et lymnées), et des débris de poissons.

Marne grossière, contenant en abondance des plaques d'un calcaire gris compacte, qui ne diffère des pierres lithographiques qu'en ce qu'il est pénétré dans toute sa masse par de belles dendrites noires.

Enfin, grès quartzeux à ciment calcaire, mêlé de grains verts à la partie supérieure, et de parties ferrugineuses à la partie inférieure. Au milieu se trouvent en grand nombre des coquilles fossiles des genres Huître et Peigne, généralement dans leur position naturelle, et en quelques places un peu roulées.

La nature et la succession des roches, l'intercalation de couches à coquilles d'eau douce entre des couches à débris marins, ne sont pas les seuls caractères qui fassent contraster la constitution des pampas de Patagonie avec celle des pampas de Buenos-Ayres. La surface du premier bassin est presque partout recouverte d'une couche mince et inégale de sables meubles, en grande partie quartzeux, et qui sont mêlés de galets formés, les uns de grès lustrés intermédiaires, et les autres de porphyres extrêmement variés. Cette couche appartient évidemment au grand atterrissement diluvien.

Les efflorescences salines sont aussi beaucoup plus fréquentes à la surface des pampas de Patagonie. Sur un grand nombre de points, on ne trouve en creusant que de l'eau trop saumâtre pour être potable. En outre, les légères dépressions du sol offrent souvent des lacs salés couverts d'incrustations qu'on exploite avec avantage sur quelques points.

Tels sont les principaux résultats des observations faites en Patagonie et dans les autres parties de la république Argentine, par M. d'Orbigny.

Ce voyageur n'ayant pu se rendre ensuite par terre au Chili et dans le haut Pérou, il en résulte que la seconde partie de ses recherches géologiques ne se lie pas avec la première; mais l'intérêt de cette seconde partie n'en est pas moins très-grand. Elle a embrassé presque tout le territoire de la république de Bolivia, ou, en d'autres termes, un espace qui, de l'ouest à l'est, c'est-à-dire de l'océan Pacifique à la frontière du Brésil, a près de trois cents lieues géographiques, et qui, du sud au nord, c'est-à-dire des environs de la ville de Potosi, jusqu'au point où le grand fleuve intérieur de la Madeira sort des pampas de los Moxos, pour aller se jeter dans la rivière des Amazones, a plus de deux cents lieues.

L'exploration de cette vaste région, dépourvue en très-grande partie de routes, de moyens de transport, de lieux d'habitation, eût été au-dessus des ressources dont M. d'Orbigny pouvait disposer, si le gouvernement de Bolivia, dont il s'était concilié la bienveillance, ne fût venu généreusement à son aide, et ne lui eût prodigué des secours de tous genres. Nous insistons sur cette circonstance, car elle doit donner une haute idée de l'esprit qui anime les chefs de cet État, encore si nouveau, et déjà si prospère, et elle est de nature à inspirer à leur égard une reconnaissance véritable de la part des amis que la science compte dans toutes les parties de la terre. Honneur soit particulièrement rendu à l'illustre président de la république, don André de Santa-Cruz, qui a si noblement fait usage du pouvoir pour protéger les recherches de notre jeune compatriote!

Pour apprécier les résultats nombreux et variés des recherches de M. d'Orbigny dans les provinces de Bolivia, il faudrait le suivre dans ses itinéraires, soit lorsqu'il franchissait à plusieurs reprises la double chaîne des Andes, soit lorsqu'il longeait les montagnes qui, à partir des Andes, traversent presque sans interruption l'intérieur de l'Amérique pour aller joindre celles du Brésil, soit lorsqu'il parcourait les pampas de los Moxos et de la Madeira. Nous devons nous restreindre aux données suivantes:

La largeur, le relief et la constitution de la chaîne des Andes diffèrent notablement, du moins le long du haut Pérou, c'est-à-dire le long de la république de Bolivia, de l'idée qu'on s'en forme généralement. Au 18e degré de latitude sud, sa largeur, prise entre Arica, port sur l'océan Pacifique, et les premières plaines de los Moxos, est d'environ cent lieues.

Les terrains qui bordent l'Océan offrent à Arica des phanites avec des empreintes de productus, des grès anciens et de vieux porphyres pyroxéniques avec leurs conglomérats passés à l'état de wacke rougeâtre; et à Cobija, des diorites grenues ou compactes, souvent amygdalaires, des wackes anciennes amygdalaires à noyaux et à filons d'épidote. Des alluvions enveloppent en partie ces terrains, et contiennent, près de Cobija, des lits de coquilles (concholépas, fissurelles, etc.) analogues à celles qui vivent actuellement sur les rivages voisins. Ces lits coquilliers s'élèvent jusqu'à près de 100 mètres au-dessus de l'Océan, et s'étendent à environ un quart de lieue dans les terres. Leur existence prouve que le relèvement successif des continents a suivi dans cette partie, comme vers Buenos-Ayres, la même loi qu'en Europe et dans plusieurs autres parties du monde.

En montant d'Arica vers les Andes, on parcourt d'abord jusqu'à Tacna, c'est-à-dire jusqu'à quatorze lieues de la mer, des plaines arides recouvertes de sables ordinaires d'alluvion; au delà ces alluvions continuent mêlées de galets, de granites, de grès et de roches volcaniques, jusqu'aux premiers contre-forts des Cordilières. Le sol inférieur montre déjà des conglomérats ponceux, de vieux porphyres trachitiques à cristaux de quartz limpides, et de porphyres basaltiques poreux. On s'élève ensuite brusquement, et par des pentes rapides formées de roches analogues; et, à dix-sept lieues environ en ligne droite de l'Océan, on atteint le bord de la plate-forme qui constitue le haut de la Cordilière des Andes proprement dites. Cette plate-forme a environ quinze lieues de largeur; sa hauteur au-dessus de la mer est de près de 4,800 mètres; elle est nivelée par des cendres trachitiques décomposées et par des conglomérats ponceux. Dans les coupures M. d'Orbigny a trouvé le fond du sol composé de roches basaltiques anciennes à beaux cristaux de pyroxène et à grains de péridot décomposés. Sur un point il y a reconnu un grès quartzeux ferrugineux. C'est sur ce plateau que sont dispersés, de la manière la plus irrégulière, les énormes lambeaux de roches trachitiques à formes arrondies, et revêtues de neiges éternelles qui forment les sommets de la chaîne.

A cette plate-forme des Andes proprement dites succède un plateau plus immense encore, mais moins élevé d'environ 6 à 700 mètres. On y descend par des pentes couvertes des mêmes détritus volcaniques anciens que ci-dessus; sa largeur moyenne est d'environ trente lieues. Il est bordé à l'est par une puissante chaîne jusqu'à présent peu connue, et dont nous parlerons tout à l'heure. Quoique le fond de ce plateau central soit presque aussi élevé au-dessus de l'Océan que les plus hautes sommités des Alpes, il n'y existe pas moins un peu de végétation; on y trouve de nombreux villages et des villes peuplées, telles que la Paz et Potosi. Ce plateau se prolonge à une grande distance dans le nord et dans le sud. Il contient un des plus grands lacs du monde, celui de Titicaca, qui a soixante-quinze lieues de longueur, qui n'offre aucune communication avec la mer. (On sait que c'est sur ce lac que les Incas avaient bâti le temple du Soleil.) La surface du plateau est en partie formée d'un terrain d'alluvion qui paraît appartenir à la période diluvienne, et dont les matériaux sont venus dans la direction de l'orient au couchant, car ils sont composés de sables, de galets et de blocs provenant de roches primitives, ou intermédiaires, et dont on voit diminuer le volume à mesure qu'on s'éloigne vers l'ouest, du pied de la grande Cordilière orientale. L'épaisseur de cette enveloppe alluviale atteint jusqu'à 600 mètres auprès de la Paz, et, dans cette ville même, on en lave les sables pour en retirer de la poudre d'or. Partout où les roches solides qui forment le fond du sol du plateau sont à découvert, elles montrent des terrains anciens en massifs disloqués et en couches inclinées. Ce sont généralement des grès rouges avec des minerais de cuivre, des argiles bigarrées avec du gypse, des calcaires gris fumée, plus ou moins magnésiens, avec de belles empreintes de térébratules, de productus et de spirifères; et sur un point un calcaire argilifère, vraisemblablement du même temps, mais contenant des mélanies, c'est-à-dire des coquilles d'eau douce. Sur quelques autres points, voisins de la chaîne des Andes, M. d'Orbigny a trouvé des pegmatites avec tourmaline et de vieux porphyres incontestablement pyrogènes. C'est à ces derniers terrains qu'appartiennent les célèbres mines de Potosi et d'Oruro.

La Cordilière orientale, à partir du grand plateau, jusqu'au pied des dernières pentes, vers les plaines de l'Amérique centrale, a près de quarante lieues de large. Ses sommets neigeux surpassent en hauteur ceux de la Cordilière des Andes proprement dites. C'est là qu'est l'Ilimani, qu'on doit désormais regarder comme la montagne la plus élevée du nouveau monde. Les formes tourmentées du sol, l'inclinaison rapide et la direction variée des couches, partout où l'on en observe, annoncent une constitution différente de celle des Andes. Le faîte de cette puissante chaîne orientale est tout à fait rapproché de la bordure du grand plateau. On y arrive de la Paz en gravissant des pentes rapides formées de roches phylladiennes, de grauwackes et de grès quartzeux de cette époque. Le faîte et les sommités, et les premières pentes orientales, jusqu'à plus de six lieues de distance vers l'est, sont composés de granite, de greisen et de protogyne.

Au delà recommence, jusqu'aux plaines de los Moxos, le terrain intermédiaire, avec ses accidents ordinaires les plus caractéristiques.

On trouve dans ce terrain intermédiaire des encrinites, des térébratules, des spirifères, et un genre de fossiles particulier, déjà observé en Europe, et non encore défini, qu'on pourrait provisoirement nommer bilobite, et qui paraît avoir appartenu à des animaux perdus, intermédiaires entre les cirrhopodes et les crustacés.

Ajoutons que sur quelques points les roches phylladiennes composent les cimes qui sont enveloppées de neiges perpétuelles, et qu'à cette prodigieuse élévation, M. d'Orbigny y a trouvé des lingules dans le voisinage de Cochabamba.

Telle est, en abrégé, la curieuse constitution des montagnes des Cordilières aux latitudes où M. d'Orbigny a voyagé. Celles de ses observations qui sont relatives au grand plateau central sont d'ailleurs en harmonie avec celles d'un habile géologue anglais, M. Pentland, qui, peu de temps avant lui, avait traversé le plateau dans le sens de sa longueur.

M. d'Orbigny n'a pas négligé d'y recueillir les minerais qui ont fait la réputation, aujourd'hui bien tombée, des mines de cette partie du nouveau monde.

Il a également rapporté des documents intéressants relativement aux abondantes efflorescences de nitrate et de sulfate de soude qu'on rencontre, tant à la surface des alluvions du plateau central, que sur les conglomérats ponceux de la plate-forme des Andes proprement dites.

Les puissantes chaînes qui, près de Cochabamba et Chuquisaca, c'est-à-dire par les 18e et 20e degrés de latitude, se détachent de la grande Cordilière orientale pour s'étendre à l'est vers le centre du continent américain, offrent une constitution analogue à celle de cette Cordilière. Il en est de même du grand massif de montagnes qui, au delà du Rio-Grande, succède à ces chaînes et qui s'étend jusqu'aux frontières communes à la province de Chiquitos et au Brésil. Les roches du terrain intermédiaire y sont identiques à celles de la grande Cordilière orientale; mais le granite et la protogyne sont remplacés partout par des gneiss souvent très-abondants, et par de belles roches micacées, quelquefois remplies de grenats ou de prismes non maclés de staurotides; mais, en outre, sur les flancs et au pied de ces chaînes et de ces montagnes centrales, M. d'Orbigny a trouvé des lambeaux d'un terrain d'argile et de grès ferrugineux, stratifié à peu près horizontalement, et d'une manière non concordante avec les terrains inférieurs, et qui paraît devoir être rapporté à la période tertiaire ou paléothérienne. Le minerai d'hydrate de fer que renferment les argiles est parfois globulaire et aggloméré.

L'existence de ces lambeaux peut faire présumer que ce sont des terrains tertiaires analogues et horizontaux qui, recouverts d'une mince couche de limon alluvial, constituent le fond du sol dans les immenses plaines, dans les immenses pampas qui occupent le bassin de la rivière des Amazones et de ses affluents. En effet, dans les pampas de la province de los Moxos, qui font partie de ce grand système de plaines, M. d'Orbigny a trouvé à nu, sur quelques points, des argiles colorées contenant des grains de minerai de fer. Le reste de la surface de ces pampas est formé d'un limon fin, absolument sans galets, et qui est évidemment moderne, puisque le sol est inondé pendant une partie de l'année.

D'après tout ce qui précède on peut juger du haut intérêt que présentent les recherches géologiques de M. d'Orbigny. Il serait bien regrettable que de tant de matériaux précieux, acquis au prix de tant d'efforts, de fatigue, de constance et de sacrifices, il ne restât que la collection de roches qui est déposée au Muséum. Il est évidemment à désirer que M. d'Orbigny puisse rédiger ses observations et en faire jouir le monde savant, en les publiant accompagnées d'une carte géologique qui en résume les résultats les plus importants.

Signé à la minute : CORDIER.

21 avril 1834.

RAPPORT

SUR UN

Mémoire de M. Alcide d'Orbigny, intitulé : *Considérations générales sur la géologie de l'Amérique méridionale.*

Commissaires : MM. ALEXANDRE BRONGNIART, DUFRÉNOY,
ÉLIE DE BEAUMONT rapporteur.

Séance du 28 août 1843.

L'Académie nous a chargés, MM. Alexandre Brongniart, Dufrenoy et moi, de lui faire un Rapport sur un Mémoire que M. Alcide d'Orbigny lui a présenté dans la séance du 17 octobre 1842, sous le titre de *Considérations générales sur la géologie de l'Amérique méridionale.*

Ce Mémoire est le résultat, élaboré à loisir, d'un long voyage que l'auteur a exécuté, dans l'Amérique méridionale, pendant les années 1826, 1827, 1828, 1829, 1830, 1831, 1832 et 1833. A son retour en France, M. Alcide d'Orbigny s'est empressé de mettre sous les yeux de l'Académie les matériaux scientifiques qu'il avait recueillis. Une Commission composée de MM. Cordier, de Blainville, Savary, Adolphe Brongniart et Isidore Geoffroy-Saint-Hilaire, fut chargée de les examiner. Elle en fit, le 21 avril 1834, l'objet d'un Rapport général dans lequel elle en signala toute l'importance. Ce Rapport en détermina la publication, commencée bientôt après, sous les auspices de M. Guizot, alors ministre de l'Instruction publique (1).

Le Rapport fait connaître l'itinéraire suivi par M. d'Orbigny, tant dans la république de la Plata que dans celle de Bolivia.

La section du Rapport relative à la partie géographique du voyage de M. d'Orbigny a été rédigée par notre savant et si regrettable confrère M. Savary, qui y a clairement exposé tout ce que la connaissance géographique des régions intérieures de l'Amérique méridionale doit à M. d'Orbigny. Il y a particulièrement apprécié le mérite des itinéraires relevés par ce voyageur, et des cartes qu'il a dressées par leur moyen, en s'ai-

(1) Ce Rapport a été imprimé dans les *Nouvelles Annales du Muséum*, tome III, pages 84 et suivantes.

dant, pour quelques parties, des observations astronomiques et géodésiques exécutées par M. Pentland dans son premier voyage en Bolivie.

La section même du Rapport relative à la géologie, rédigée par notre confrère, M. Cordier, fait connaître les matériaux géologiques rapportés par M. d'Orbigny, composés d'un itinéraire détaillé des contrées qu'il a parcourues, itinéraire qui renferme un bon nombre d'observations et de considérations générales; d'un atlas de huit feuilles, offrant des coupes figuratives de la disposition des terrains, et de plus de six cents échantillons de roches choisis avec discernement et accompagnés de catalogues circonstanciés. Le Rapport fait connaître les distributions et les relations naturelles des principaux terrains observés par l'auteur et les principales conséquences qu'il avait déduites, dès lors, de ses observations.

Mais M. d'Orbigny ne s'en est pas tenu là : depuis 1834, en poursuivant la publication non encore terminée de son ouvrage, il n'a cessé d'élaborer les matériaux qu'il avait rapportés, de les comparer entre eux et avec ceux du même genre recueillis dans d'autres contrées, et il a cherché à en déduire toutes les conséquences auxquelles ils peuvent conduire, dans l'état actuel de la géologie.

C'est ce *travail nouveau* qui a conduit M. d'Orbigny à présenter à l'Académie le *Mémoire manuscrit* dont nous avons à lui rendre compte en ce moment.

Nous suivrons dans notre Rapport l'ordre naturel des faits et des déductions géologiques, ordre qui ne nous permettra pas toujours d'éviter la répétition des faits déjà signalés dans le Rapport de 1834.

Considérée dans son ensemble, la partie du continent américain, située au sud de l'équateur, montre une grande variété de configuration orographique. A l'est, c'est un groupe immense de montagnes basses formant un massif dont les rameaux s'étendent depuis quelques degrés au sud de la ligne jusqu'à l'embouchure de la Plata; à l'ouest, c'est la Cordilière dont les cimes élevées commencent vers le détroit de Magellan et s'étendent jusqu'en Colombie, en traçant une crête dirigée en sens divers et de laquelle s'élancent les plus hauts pics du nouveau monde. Entre ces grands systèmes, à partir du sud de la Patagonie, une surface presque plane longe la Cordilière, occupe l'intervalle compris entre cette importante chaîne et le massif du Brésil, passe du bassin de la Plata dans celui de l'Amazone, puis s'élargit à l'est et vient embrasser au loin les deux rives de ce fleuve immense.

Dans l'Amérique méridionale, comme sur toute la surface du globe, les roches qui forment les premiers terrains de la série des roches stratifiées sont cristallines; ce sont surtout des gneiss. Ces roches sont particulièrement développées dans la partie orientale du continent où les produits géologiques modernes dominent moins que dans la partie occidentale. Tous les géologues qui ont visité Rio-Janeiro y ont signalé le terrain de gneiss. MM. Clausen et Pissis l'ont reconnu sur la plus grande partie de la surface comprise entre le cours du rio San-Francisco et la mer, depuis le 16e jusqu'au 27e degré de latitude australe. M. d'Orbigny l'a retrouvé à Maldonado, à Monte-Video et dans la *Banda orientale*. M. Parchappe l'a reconnu dans la chaîne du Tandil. Au centre du continent, M. d'Orbigny en a trouvé une bande immense occupant une largeur moyenne d'un demi-degré, sur une longueur de plus de 55 myriamètres, et traversant toute la province de Chiquitos.

Ces roches anciennes se composent à peu près partout des mêmes éléments; ce sont, à Rio-Janeiro et dans la province de Chiquitos, des gneiss porphyroïdes ou granitoïdes, superposés au granit, qui en forment la base et qui supportent des gneiss à grains fins ou des micaschistes contenant des grenats et des staurotides; à Monte-Video et à Maldonado, des gneiss noirâtres très-feuilletés; au Tandil, d'après la détermination de M. Cordier, des petrosilex tabulaires.

Au Brésil et à l'est de la province de Chiquitos, les gneiss supportent partout des schistes argileux de transition. Mais lorsque ces derniers manquent, les gneiss sont souvent recouverts par des terrains beaucoup plus modernes, puisque à la Conception, à San-Ignacio et à Santa-Ana de Chiquitos, on trouve sur les gneiss des lambeaux du terrain tertiaire patagonien. M. Pissis indique sur les gneiss des environs de Bahia des dépôts tertiaires ressemblant aux mallasses d'Europe. A Monte-Video et dans les pampas, le gneiss est entouré par le terrain tertiaire pampéen; enfin, à Chiquitos, il est recouvert par les alluvions les plus récentes.

Les couches les plus anciennes que M. d'Orbigny ait trouvées superposées, dans l'Amérique méridionale, aux roches d'un caractère décidément cristallin, présentent, partout où il les a vues, une composition très-uniforme. Ce sont aux parties inférieures, des phyllades schistoïdes, bleus, souvent maclifères, passant dans les parties moyennes à des phyllades satinés, rosés. Ces deux séries de couches les plus développées, offrant souvent une puissance de plusieurs centaines de mètres, ne contiennent aucun reste de corps organisés. Au-dessus sont des phyllades grésiformes ou grès phylladifères très-micacés, dont la puissance est au plus de 50 mètres.

M. d'Orbigny a recueilli, dans ces dernières couches, des fossiles qui y sont très-rares et qui appartiennent aux genres *Cruziana, Orthis, Lingula, Calymene, Asaphus, Graptolithus*.

Sur dix espèces appartenant à ces divers genres, *huit* ont la plus grande analogie avec des espèces des terrains siluriens d'Europe, et *trois*, la *Calymene macrophthalma*, la *Cruziana rugosa* et le *Graptolithus dentatus*, leur sont même identiques. On peut donc dire que ces fossiles ont, dans leur ensemble, le même aspect, le même *facies* que ceux des terrains siluriens de l'Europe. C'est une physionomie zoologique identique transportée à quelques milliers de lieues. Les roches offrent aussi, minéralogiquement, beaucoup de rapports avec celles des terrains siluriens en Europe. Cette double circonstance, jointe à la position des terrains en question au-dessous de tous les autres terrains fossilifères de l'Amérique méridionale, a dû naturellement porter M. d'Orbigny à les rapprocher du système silurien établi par M. Murchison, et il est probable qu'ils en sont au moins très-voisins.

Ces terrains siluriens s'observent, dans l'Amérique méridionale, sur des espaces considérables et en des points très-éloignés les uns des autres. Ils se montrent sur presque toute la lisière orientale du plateau bolivien, formant une bande qui suit les Andes proprement dites ou Cordilière orientale, parallèlement aux roches granitiques, depuis le Sorata jusqu'à l'Illimani, sur plus de 50 myriamètres de longueur.

A l'est de la Cordilière orientale ils sont encore plus développés et forment une bande de 60 kilomètres de largeur sur plus de 100 myriamètres de longueur, comprise entre les plaines de Santa-Cruz de la Sierra, à l'est, et le 72° degré méridien, à l'ouest.

Ils forment ainsi, tant à l'est qu'à l'ouest de la chaîne orientale, une bande immense dirigée du nord-ouest au sud-est, mais bien plus développée à l'est qu'à l'ouest de la chaîne.

Dans la région comprise entre les Andes et le Brésil, on retrouve les terrains siluriens au sud de la province de Chiquitos, près de la Tapera, de San-Juan, au nord de la sierra de Santiago et au sud de celle du Sunsas. Ils y constituent une bande dirigée ici de l'est-sud-est à l'ouest-nord-ouest, sur plus de 25 myriamètres de longueur.

Ici, comme dans les Andes, ils présentent à leur base du phyllade schistoïde bleu, supportant des phyllades rosés à grain fin, sur lesquels reposent des phyllades jaunâtres. Cependant M. d'Orbigny n'a pu apercevoir aucune trace de corps organisés dans ces couches, dont la première a au moins 200 mètres de puissance, tandis que les autres sont réduites à 15 ou 20 mètres.

Les terrains siluriens ont, en Bolivie, un genre d'intérêt très-positif, en ce qu'ils renferment les mines d'or les plus riches de la république de Bolivia et quelques mines d'argent. Partout où l'on a rencontré de l'or en place, il s'est trouvé dans les filons de quartz laiteux qui traversent les parties inférieures, des phyllades schistoïdes. C'est ainsi qu'on l'a exploité sur les pentes de l'Illimani, à Oruro, à Potosi, etc.

Si l'on considère que les exploitations d'or par lavage sont toutes dans les vallées où les phyllades ont été très-disloqués et dénudés, comme on le voit au rio de la Paz, à Tipoani, au rio de Suri, au rio de Choquecamata, etc., il faut naturellement en conclure que cet or provient encore des phyllades.

Partout où M. d'Orbigny les a vus, les terrains siluriens sont recouverts d'une masse énorme de grès quartzeux durs, ou quartzites, que, d'après leur position et leurs fossiles, il croit devoir représenter le terrain dévonien ou le vieux grès rouge des Anglais. Ce système très-étendu est composé de grès quartzeux compactes, blanchâtres et jaunâtres, sans traces de fossiles, passant, dans les parties inférieures, à des grès feuilletés très-micacés, noirâtres ou ferrifères, et contenant alors seulement des restes de corps organisés, quelquefois en grands bancs, d'autres fois disséminés au sein des couches. Ils recouvrent presque partout, et le plus souvent en couches concordantes, les terrains siluriens. Ils sont recouverts à stratification discordante par les terrains carbonifères, caractérisés d'une manière certaine par les fossiles qu'ils contiennent.

Ce grand dépôt quartzeux se montre à découvert sur de plus grands espaces que le terrain silurien qu'il accompagne partout; il est réparti à peu près de même. De chaque côté de la bande de terrain silurien de la chaîne orientale des Andes, il forme sur plus de 70 myriamètres une autre grande bande parallèle, indépendamment des lambeaux disséminés dans l'intérieur même de la bande silurienne.

Il existe aussi un grand développement de ces mêmes grès quartzeux sur la formation silurienne de la partie orientale de la province de Chiquitos.

En dehors de ses observations personnelles, M. d'Orbigny a appris que ces mêmes terrains quartzeux abondent au Brésil, sur la chaîne de Parecys, sur celle de Diamantino, à l'ouest de Motogrosso et sur celles qui sont à l'est de Cuyaba, montagnes qui suivent la même direction que celles de Chiquitos, et qui, suivant M. d'Orbigny, appartiennent au même système. Peut-être, ajoute-t-il, doit-on les retrouver encore plus à l'est, dans la province de Minas-Geraës, supposition qui paraît confirmée par le beau travail de M. Pissis, sur lequel l'Académie a entendu un Rapport dans une de ses dernières séances.

MM. de Humboldt et d'Eschwege ont depuis longtemps fixé l'attention des observateurs sur les roches de quartz stratifiées qui occupent de vastes étendues dans l'Amérique méridionale, au sud de l'équateur, tant au Pérou qu'au Brésil (1). Ces quartz stratifiés avaient été partagés entre plusieurs formations primitives et secondaires : peut-être une application judicieuse du principe du métamorphisme, telle que celle suggérée dernièrement par le Mémoire de M. Pissis (2), permettra-t-elle de les faire tous rentrer dans un seul et même terrain, qui serait alors le terrain dévonien de M. d'Orbigny. La fixation exacte de l'âge des grès quartzeux de la Bolivie est donc une pierre d'attente importante pour la géologie de l'Amérique méridionale, et même, on pourrait dire, d'une grande partie de l'hémisphère austral, si, comme on peut le présumer, les grès quartzeux de la montagne de la Table, près du cap de Bonne-Espérance, appartiennent encore au même terrain.

Dans le terrain dévonien de la province de Chiquitos, M. d'Orbigny n'a pas observé une seule trace de fossiles, tandis qu'il en a observé plusieurs fois dans les parties inférieures des grès du même système en Bolivie, notamment à Achacaché, près du lac de Titicaca, aux environs de Cochabamba, près de Totora, et à Challuani, province de Mizque, dans les provinces de Tacopaya et de Yamparaes, département de Chuquisaca.

Ces fossiles, qui appartiennent aux genres *Spirifer*, *Orthis* et *Terebratula*, sont toujours à l'état d'empreinte et par bancs très-étendus, mais très-minces, entre les feuillets des roches.

Sur sept espèces de ces différents genres que M. d'Orbigny a rapportées de la Bolivie, quatre ont la plus grande ressemblance avec des fossiles des terrains dévoniens de l'Europe. Quelques-uns des autres se rapprochent de fossiles qui, en Europe, se trouvent dans les terrains siluriens. Tout conduit donc à rapporter ce grand dépôt quartzeux aux terrains palœozoïques. Sa liaison avec le terrain schisteux qu'il recouvre ne

(1) Humboldt, *Essai géognostique sur le gisement des roches dans les deux hémisphères*, p. 91, 96.
(2) Voyez *Comptes rendus*, t. XVII, p. 34, séance du 3 juillet 1843.

permet pas de l'en éloigner, et de même que la réunion de ce terrain schisteux au système silurien nous paraît rationnelle, l'assimilation du grand dépôt quartzeux au système dévonien ou au vieux grès rouge, nous paraît la plus judicieuse qu'on pût faire dans l'état actuel de nos connaissances.

Le système des grès quartzeux dévoniens est recouvert, en Bolivie et dans quelques autres parties de l'Amérique méridionale, par une autre série de couches que M. d'Orbigny rapporte au système carbonifère. Cette nouvelle série de couches est formée dans la partie inférieure par un calcaire compacte gris à rognons de silex, analogue au calcaire carbonifère des Anglais, et en tout semblable à celui de Visé, près Liège, et à ceux de plusieurs points des Iles britanniques. Ce calcaire s'observe particulièrement dans les îles de Quebaya (lac de Titicaca). Sur d'autres points (à Yarbichambi), les parties inférieures du même système présentent des grès calcarifères compactes, jaunâtres ou rosés. Ces couches contiennent beaucoup de fossiles. Aux îles de Quebaya et à Yarbichambi, elles sont recouvertes en stratification concordante par des grès quartzeux rougeâtres non argileux, sans fossiles, assez friables. C'est d'après l'observation de ces deux points que M. d'Orbigny a cru devoir rapporter aux terrains carbonifères tous les grès friables roses, non argileux, qui reposent sur les terrains dévoniens, et qui sont inférieurs aux argiles bigarrées présumées triasiques.

Le système de couches dont nous venons d'indiquer la composition se montre, en un grand nombre de points, réparti dans presque toute la largeur du continent américain.

Le Morro d'Arica, battu par les flots de l'océan Pacifique, est formé, à sa base, par un calcaire phylladifère, qui paraît appartenir à l'époque carbonifère, à en juger par des empreintes de *productus* que présente un des échantillons que M. d'Orbigny y a recueillis, et par les nombreux restes qu'il a pu observer sur les lieux.

Ce calcaire n'occupe qu'un espace très-restreint, et les premiers points, en avançant à l'est, où les terrains carbonifères prennent quelque développement, sont sur le grand plateau bolivien. M. d'Orbigny y en a observé plusieurs chaînes, telles que l'Apacheta de la Paz, les collines de Laja, d'Aygachi de las Peñas, toutes les îles de Quebaya et de Pariti dans le lac de Titicaca, plus au sud les collines de Guallamarca et du Pucara, et quelques autres lambeaux. En général, les terrains carbonifères sont distribués principalement à l'est et à l'ouest du grand système bolivien, où ils atteignent, surtout à l'est, une élévation de plus de 4000 mètres.

Le terrain carbonifère forme aussi, dans le système chiquitéen, des sommets dont la hauteur dépasse quelquefois 1500 mètres, soit dans la province même de Chiquitos, soit dans plusieurs chaînes du même système à l'est et au nord de cette province, et plus à l'est dans celle de Minas-Geraës.

Les différentes couches que M. d'Orbigny réunit sous la dénomination de système carbonifère sont cependant partagées, ainsi que nous l'avons dit ci-dessus, en deux séries distinctes, l'une formée principalement de calcaires, et l'autre de grès; les premiers inférieurs avec fossiles, les derniers supérieurs sans restes de corps organisés; et ces deux séries, qu'on trouve réunies sur le grand plateau bolivien, sont ailleurs séparées, puisque M. d'Orbigny n'a plus trouvé à l'est du plateau et sur le système chiquitéen, que les grès rougeâtres supérieurs, et jamais les calcaires.

Il y a donc entre ces deux séries de couches une différence importante de gisement. Cette différence pourrait faire douter que la série supérieure appartienne réellement au système carbonifère, et pourrait faire croire qu'elle se rapporterait avec autant de probabilité à quelqu'un des systèmes qui le suivent en Europe, par exemple au grès rouge.

La série inférieure est véritablement la seule qui puisse être rapportée avec une grande probabilité au système carbonifère. Ce n'est, en effet, que dans les calcaires et les grès calcarifères de la série inférieure que M. d'Orbigny a trouvé des corps organisés fossiles. Il les a rencontrés à Yarbichambi et dans les îles de Quebaya et Pariti, dans le lac de Titicaca. Les coquilles sont dans un très-bel état de conservation : elles conservent leur test et offrent toutes les garanties désirables sous le rapport des caractères zoologiques.

Ces fossiles appartiennent aux genres *Solarium* ou *Euomphalus, Pleurotomaria, Natica, Pecten, Trigonia, Terebratula, Spirifer, Orthis, Leptæna, Productus, Turbinolia, Ceriopora, Retepora.*

Sur les vingt-six espèces recueillies par M. d'Orbigny, douze, ou près de la moitié, ont leur plus grande analogie avec des fossiles des terrains carbonifères de l'Europe, et sur ce dernier nombre, trois, les *Spirifer Pentlandi, Spirifer Roissyi* et le *Productus Villiersi*, sont entièrement identiques avec les mêmes espèces de Belgique et de Russie. Ce sont les mêmes genres, des espèces ayant un *facies* commun et trois espèces complétement identiques. L'ensemble du *facies* est si analogue, qu'au premier abord on pourrait n'y voir que des espèces européennes qu'on a l'habitude de rencontrer dans les terrains carbonifères.

Parmi les fossiles non communs aux terrains carbonifères d'Europe, on doit remarquer une trigonie (*Trigonia antiqua*), genre qu'on n'avait pas encore signalé au-dessous des terrains jurassiques. Cette découverte curieuse montre que M. d'Orbigny a su constater, non-seulement les ressemblances des terrains américains avec les nôtres, mais aussi les différences, différences qu'on devait bien s'attendre à rencontrer à 1000 myriamètres de distance et qu'on doit seulement être surpris de ne pas trouver plus considérables.

A la suite des périodes silurienne et dévonienne, les mers américaines ont donc nourri une faune différente de celle des deux premières époques et complétement analogue pour le facies à celle qui vivait durant la période carbonifère dans les mers européennes. Cette analogie ne se retrouve pas, de nos jours, entre les faunes des mers de l'Europe et de l'Amérique méridionale, et, comme le remarque M. d'Orbigny, elle indique, dans les anciennes périodes géologiques, une uniformité de climats qui n'existe plus aujourd'hui.

Ces déductions ont d'autant plus de poids qu'elles s'appuient ici sur une base triple.

En effet, nous avons déjà signalé les découvertes de fossiles qui ont porté M. d'Orbigny à rapprocher le système des schistes argileux des montagnes boliviennes du système silurien de M. Murchison et le système des grès quartzeux du système dévonien. Voilà donc dans l'Amérique méridionale trois membres du grand système palœozoïque, se succédant dans le même ordre que les membres du même système en Europe, avec lesquels ils ont respectivement le plus d'analogie. Or, quand même on conserverait quelques doutes sur la rigueur du rapprochement de ces différents termes considérés un à un, il nous paraît difficile de ne pas regarder comme certain que le système palœozoïque de l'Amérique méridionale correspond en masse à celui de l'Europe et se subdivise même d'une manière analogue. Ce grand fait que les travaux de M. d'Orbigny mettent dans une complète évidence, nous paraît un des plus importants dont la Géologie se soit enrichie dans ces dernières années.

A la suite des terrains palœozoïques, et immédiatement au-dessus des grès carbonifères de M. d'Orbigny, vient dans l'Amérique méridionale un système de couches qu'il rapporte au trias de l'Europe et pour lequel M. Pentland a admis de son côté le même rapprochement. Ce rapprochement nous paraît, en effet, indiqué d'une manière plausible par les observations, sans être cependant aussi rigoureusement établi que celui relatif au système palœozoïque.

Les terrains présumés triasiques de la Bolivie se composent d'une alternance de calcaires magnésifères, d'argiles bigarrées et de grès argileux friables. Les couches les plus inférieures sont formées d'un calcaire compacte magnésifère souvent divisé en feuillets très-minces, ondulés. M. d'Orbigny a vu cette assise peu épaisse, près de Lagunillas et dans la vallée de Miraflor. Au-dessus de ces calcaires s'étendent sur les mêmes points des argiles feuilletées, rosées ou bigarrées, souvent remplies de cristaux de gypse en masses assez considérables.

Au-dessus des argiles, dans la vallée de Miraflor, se montrent encore des calcaires compactes magnésifères dans lesquels M. d'Orbigny a reconnu de nombreux fossiles dont il ne peut malheureusement signaler qu'une seule espèce, les autres s'étant perdues. Cette espèce, la *Chemnitzia potosensis,* appartient à un genre nouveau de coquilles turriculées voisin des mélanies.

Les roches qui viennent d'être mentionnées offrent une grande analogie avec celles qui constituent en Europe le terrain du trias. Les calcaires du muschelkalk dans le nord-est de la France et dans le département du Var, ainsi que les grès bigarrés de ces mêmes contrées, ont rappelé à M. d'Orbigny l'aspect des roches qu'il leur assimile en Bolivie.

Ces roches, que leur nature et leur gisement conduisent ainsi à assimiler, au moins provisoirement au trias, mais dont les caractères paléontologiques sont encore presque inconnus, paraissent réduites à occuper aujourd'hui, à l'état de lambeaux assez vastes, les deux versants de la Cordilière orientale sur le système bolivien; elles y atteignent, à leur point culminant, la hauteur d'environ 4000 mètres au-dessus du niveau des mers. Ce sont probablement les restes d'un grand tout qui couvrait cette surface de terrain avant les catastrophes géologiques qui ont imprimé à son relief ses formes actuelles.

Ainsi que l'a annoncé depuis longtemps M. de Buch, une des circonstances les plus remarquables de la géologie américaine est l'absence des terrains jurassiques. M. d'Orbigny n'a recueilli aucun fossile qui paraisse se rapporter à cette période. Seulement il a reconnu des térébratules jurassiques parmi les fossiles renfermés dans un calcaire du Chili recueilli par M. Domeyko. C'est jusqu'ici la seule exception constatée à la règle générale indiquée ci-dessus.

Les dépôts de la grande période crétacée semblent, au contraire, avoir été très-développés sur le continent américain, comme le prouvent les collections de fossiles recueillies par MM. de Humboldt, Boussingault, Degenhardt, et par les géologues de la dernière expédition de M. Dumont-d'Urville, MM. les docteurs Hombron et Le Guillou. Ils se montrent depuis la Colombie jusqu'à la Terre-de-Feu, ou sur toute la longueur actuelle de l'Amérique méridionale, en s'interrompant toutefois dans le milieu.

A cette époque vivaient en Amérique, comme en Europe, des *Ammonites*, des *Ancyloceras*, etc., de formes spéciales; et indépendamment de la ressemblance générale des formes, il se trouvait en Colombie et dans le bassin parisien, assez d'espèces identiques pour faire supposer une communication directe entre la partie européenne et la partie colombienne de la mer crétacée. On sait que cette mer formait en France deux grands bassins distincts: le bassin parisien et le bassin méditerranéen. Il paraît que cette même mer couvrait de ses eaux non-seulement une partie considérable de la Colombie, mais en général une grande partie des régions situées au nord, à l'ouest et au sud du continent qui existait alors dans ces parages. L'identité des fossiles du terrain crétacé avec ceux du même terrain en Europe est moins grande pour le midi du continent américain que pour le nord, ce qui indique naturellement une communication moins directe. Peut-être pourrait-on en inférer l'existence de quelque longue terre qui aurait continué jusqu'en Amérique la séparation existante en Europe entre le bassin parisien et le bassin méditerranéen.

Un autre fait géologique des plus remarquables, est l'immense extension du système tertiaire de l'Amérique méridionale. Quand on le compare aux petits bassins disséminés sur le sol européen, on doit être porté à admettre avec M. d'Orbigny que la petitesse de ceux-ci est un fait exceptionnel.

Le bassin tertiaire des pampas se termine et s'enfonce sous l'océan Atlantique, depuis l'embouchure de la Plata jusqu'au détroit de Magellan. En remontant au nord à partir de ce dernier point, ses limites, plus ou moins éloignées des Cordilières, sont encore peu certaines; mais tout porterait à croire que le dépôt de cette époque occupe les plaines jusqu'au pied même des derniers contre-forts de la chaîne.

En remontant plus loin encore vers le nord, le bassin tertiaire des pampas s'étend jusqu'au pied des collines primitives de la province de Chiquitos; il paraît même qu'il se prolonge sans interruption de part et d'autre de ces collines dans le grand bassin de l'Amazone.

En ne considérant que la partie située au sud des collines primitives de Chiquitos, le bassin tertiaire des pampas s'étend dans le sens du méridien, du dix-septième au cinquante-deuxième degré de latitude sud, sur une longueur de 390 myriamètres environ. Sa plus grande largeur est d'environ 130 myriamètres.

Dans cette vaste étendue, et même au pied du versant nord des collines de Chiquitos, M. d'Orbigny a distingué dans les dépôts tertiaires américains trois terrains différents, appartenant à trois époques successives, savoir :

1°. Des couches inférieures sans aucun reste de corps organisés, qu'il désigne sous le nom de *terrain tertiaire guaranien ;*

2°. Une partie moyenne, évidemment marine, renfermant des coquilles d'espèces éteintes, et qu'il appelle *terrain tertiaire patagonien ;*

3°. Une partie supérieure contenant seulement des squelettes de mammifères, et qu'il nomme *limon pampéen.*

Le limon pampéen n'est recouvert que par des dépôts de l'époque actuelle.

Le *terrain tertiaire guaranien* se compose ordinairement lui-même de trois couches concordantes entre elles. La première est formée de *grès ferrugineux,* souvent remplis de rognons d'oxyde rouge ou d'hydrate de fer géodique, et de très-belles sardoines de diverses couleurs, à angles très-usés. Il a environ 50 mètres d'épaisseur dans son plus grand développement. La seconde couche, désignée par M. d'Orbigny sous le nom de *calcaire à fer hydraté,* est un calcaire argileux gris blanchâtre, rempli de rognons plus durs, souvent très-compactes, de cailloux, de quartz et de beaucoup de grains arrondis de fer hydraté. Sa plus grande puissance est de 4 mètres environ.

La troisième couche qui constitue la partie supérieure du terrain guaranien est formée d'*argile gypseuse grise,* remplie de nodules plus durs. Elle est de même nature que la couche précédente, mais ne contient plus de fer hydraté, cette substance y étant remplacée par un grand nombre de petits rognons de gypse disséminés, par couches, dans l'argile. Sa plus grande puissance est de 4 mètres.

M. d'Orbigny n'a trouvé de fossiles dans aucune de ces trois couches.

Toutes trois se montrent avec une grande uniformité dans la province de Corrientes, mais elles n'y sont pas absolument horizontales, et y offrent, au contraire, quelques ondulations et autres accidents de stratification.

Les argiles gypseuses supérieures retiennent les eaux, ce qui donne naissance, sur leur surface, à d'immenses marais et à des séries de petits lacs qui forment un des traits remarquables de la topographie du pays.

Hors du grand bassin des pampas, M. d'Orbigny a trouvé le terrain tertiaire guaranien dans les provinces de Chiquitos et de Moxos, et même entre les douzième et treizième degrés de latitude méridionale, près de San-Ramon, de San-Joaquin et au fort de Beira. Les points où il est apparent dans la province de Moxos semblent faire partie d'une nappe horizontale, disposition qui porte à croire que le dépôt guaranien a nivelé les inégalités de la surface avant le dépôt du limon pampéen qui le recouvre.

Le second système de couches tertiaires, désigné par M. d'Orbigny sous le nom de *terrain tertiaire patagonien,* occupe une surface beaucoup plus étendue que le terrain tertiaire guaranien. M. d'Orbigny rapporte, en effet, à cet étage tous les terrains tertiaires de la Patagonie, formés de dépôts marins, dans lesquels sont néanmoins venus s'intercaler quelques restes organisés terrestres ou fluviatiles, charriés peut-être par des affluents. Il y rapporte aussi les dépôts marins de la province d'Entre-Rios; en effet, en les comparant avec ceux de la Patagonie, il trouve que les deux groupes ont :

1°. A la partie inférieure, des grès marins avec des mollusques d'espèces éteintes;

2°. Un peu au-dessus, dans l'un et dans l'autre, sont des grès où l'on rencontre des ossements de mammifères et des bois fossiles;

3°. Cette couche supporte, au nord, des alternances de grès et d'argile remplies de gypse; au sud, des grès azurés;

4°. Enfin à la partie supérieure se trouvent, tant au nord qu'au midi, des couches contenant, dans une alternance de grès et de calcaires, l'*Ostrea patagonica,* et au-dessus, des agglomérats marins renfermant des deux côtés, à 100 myriamètres de distance, trois espèces identiques qui prouvent leur contemporanéité. Il y a donc de part et d'autre analogie non-seulement de puissance relative et de composition, mais encore de corps organisés; cette similitude de caractères a déterminé M. d'Orbigny à considérer le tout comme appartenant à une seule époque.

Le terrain tertiaire patagonien a offert à l'auteur beaucoup d'observations curieuses dont nous ne citerons que quelques-unes.

A l'*Ensenada de Ros*, au sud du Rio-Negro, en Patagonie, l'une des couches de ce terrain lui a présenté un grès qu'il a nommé *grès à ossements,* parce qu'il y en a reconnu un grand nombre que la dureté de la roche ne lui a pas permis d'enlever en totalité. Il y a trouvé particulièrement des restes du *Megamys patagonensis*, Rongeur quatre fois plus grand qu'aucun de ceux de l'époque actuelle. C'étaient un *tibia* avec sa *rotule*, dont la position relative, l'une par rapport à l'autre, annoncerait qu'ils auraient été déposés lorsque leurs ligaments les faisaient encore adhérer ensemble. Ils étaient, au-dessous, d'une épaisseur de plus de 100 mètres de grès marins contenant des coquilles et des bancs d'huîtres.

Ces huîtres appartiennent toutes à une seule espèce dont les bancs occupent dans la province d'Entre-Rios, comme sur toute la côte de Patagonie, un horizon très-marqué. Il est évident que ces coquilles vivaient en société, et n'ont éprouvé aucun dérangement, puisqu'on les trouve partout dans leur position naturelle et avec leurs deux valves réunies. A en juger par analogie, on pourrait croire, dit M. d'Orbigny, que le bassin était alors peu profond, et que les eaux ne s'élevaient pas à plus de 10 mètres au-dessus de ces bancs d'huîtres.

Ces huîtres, comme toutes les autres coquilles rencontrées dans les couches tertiaires des pampas et de la Patagonie, paraissent à M. d'Orbigny différentes de celles de la forme actuelle des mêmes régions. Il pense même qu'aucune des espèces trouvées dans le terrain tertiaire patagonien ne se retrouve aujourd'hui vivante. Les ossements de mammifères appartiennent aussi à des espèces et même à des genres éteints.

Les rivages du Chili sont bordés, comme ceux de la Patagonie, par un dépôt tertiaire que M. d'Orbigny n'a pas observé par lui-même, mais que les notes et les collections mises à sa disposition par plusieurs voyageurs lui ont permis de décrire, et dont il a surtout déterminé et fait figurer les coquilles fossiles.

Les espèces fossiles du terrain tertiaire du Chili (celles des dépôts tout à fait modernes exceptées) ne se rencontrent plus vivantes sur les mêmes côtes. A cet égard, le terrain tertiaire du Chili se trouve dans le même cas que le terrain tertiaire patagonien; mais un fait très-curieux, c'est que malgré cette similitude, qui semble devoir les faire rapporter, à peu près, à la même période géologique, ces deux terrains, quoique situés sous des latitudes égales, ne contiennent pas de fossiles communs. Non-seulement il ne s'y trouve aucune espèce identique, mais encore la série des genres est tout à fait différente, ce qui semble indiquer que, malgré leur rapprochement géographique, ces deux terrains ont été déposés dans des mers distinctes.

M. d'Orbigny, après avoir comparé entre eux, sous le rapport paléontologique, les terrains tertiaires des deux versants de l'Amérique méridionale, les compare également à ceux de l'Europe, pour tâcher de leur assigner un âge dans la longue série des périodes tertiaires.

Le résultat de cet examen est d'établir que les conditions suivantes s'appliquent également aux terrains tertiaires du bassin parisien et aux terrains tertiaires des deux versants des Cordilières.

1°. Aucune des espèces fossiles ne se rencontre vivante sur les côtes voisines;

2°. Aucune des espèces n'a même ses identiques dans les mers lointaines (M. d'Orbigny applique même cette conclusion au bassin de Paris, se refusant à admettre, avec la plupart des paléontologistes, que les nombreux fossiles de ce bassin renferment quelques analogues vivants);

3°. Les genres, lorsqu'ils se retrouvent dans les mers voisines, sont maintenant dans des régions plus rapprochées de l'équateur et plus chaudes;

4°. Un grand nombre de genres rencontrés à l'état fossile manquent aujourd'hui dans les mers voisines et quelquefois même ont cessé d'exister.

Ces diverses circonstances portent M. d'Orbigny à conclure que les terrains tertiaires patagonien et chilien appartiennent l'un et l'autre à l'époque tertiaire la plus ancienne, d'où il résulterait qu'ils seraient contemporains ou *à peu près*. Cette dernière distinction est importante; car s'il était prouvé que la contemporanéité des deux terrains ait été absolue, on serait nécessairement obligé de conclure avec M. d'Orbigny, que durant la période du dépôt de ces terrains, les deux mers où ils se sont formés ont dû être séparées au même degré où le sont, de nos jours, celles qui baignent les côtes orientales et occidentales de l'Amérique, et qui, d'après M. d'Orbigny, ne renferment pas non plus de coquilles analogues. Si au contraire, comme on pourrait le soutenir, les faits observés indiquent seulement une contemporanéité approximative, la conclusion relative à l'existence d'une chaîne de montagnes continue entre ces deux mers laisse encore quelque chose à désirer.

Le troisième des grands étages que M. d'Orbigny distingue dans les terrains tertiaires de l'Amérique méridionale, le *terrain pampéen*, diffère essentiellement des deux étages tertiaires sur lesquels il repose, par la simplicité de sa composition et, pour ainsi dire, par l'unité de sa masse. C'est une grande couche de terre argileuse rougeâtre, contenant généralement des lits de concrétions calcarifères d'un brun pâle. Ces parties, dures là où elles sont le plus compactes, sont traversées, ainsi que M. Darwin l'a remarqué de son côté, par de petites cavités linéaires, qui contribuent à leur donner l'aspect caractéristique des calcaires d'eau douce (1). Elles deviennent quelquefois si nombreuses, qu'elles s'unissent de manière à former des lits continus, ou même la masse entière.

Le terrain pampéen ne présente pas de stratification marquée; on ne saurait y distinguer plusieurs couches; ce n'est qu'une couche unique. Il y a bien, dans certains endroits, des parties plus ou moins dures, plus ou moins arénacées; mais ces parties, loin d'être limitées par des lignes horizontales, comme on en voit toujours entre les couches lentement déposées au sein des eaux, forment une masse où l'on ne reconnaît que des zones peu distinctes, qu'on ne peut suivre longtemps, dans aucune des coupes naturelles des falaises.

La masse terreuse du terrain pampéen, avec ses nodules à ciment calcaire, rappelle le *löss* des bords du Rhin, le *limon* des plateaux de la Picardie, et les dépôts analogues qu'on observe en quelques points des environs de Paris. C'est un des exemples les mieux caractérisés et les plus développés de ces *dépôts de sédiment non stratifiés*, que les géologues, à l'exemple de M. d'Omalius d'Halloy, désignent aujourd'hui sous le nom de *limon*.

C'est dans ce sens que M. d'Orbigny a adopté la dénomination de *limon pampéen*, qui nous paraît préférable à celle d'argile pampéenne qu'il avait employée précédemment. On aurait pu aussi introduire dans la science la dénomination de *tosca*, usitée dans le pays, si ce mot n'était employé aux îles Canaries pour désigner un dépôt d'une composition différente.

L'absence de véritable stratification porte M. d'Orbigny à supposer que le *limon pampéen* a été déposé dans un laps de temps très-court par l'effet d'un grand mouvement des eaux. On n'y trouve pas d'autres fossiles que des ossements de mammifères, qui sont quelquefois très-nombreux, et dont les plus grands et les plus remarquables appartiennent à de grands pachydermes et à des édentés gigantesques, accompagnés de quelques rongeurs et d'un petit nombre de carnassiers.

Le limon pampéen ou *tosca* forme le sol uniforme du grand bassin des pampas, en s'élevant graduellement depuis le niveau de l'Océan vers le nord et l'ouest, jusqu'à une centaine de mètres au-dessus. Son épaisseur est souvent assez grande. Dans un puits percé, en 1827, à Buenos-Ayres, par l'ordre du gouverneur Rivadavia, elle a été trouvée de plus de 30 mètres; au-dessous, on a rencontré les sables tertiaires patagoniens où l'eau a paru en abondance.

---

(1) DARWIN, *Zoology of the voyage of the* Beagle, *introduction*, p. 4.

Depuis Buenos-Ayres jusqu'à San-Pedro, sur une longueur d'environ 15 myriamètres, on voit, sans interruption, le limon pampéen former les falaises assez élevées de la Plata et du Parana. Ces falaises montrent, lorsque les eaux du fleuve sont basses, ces immenses bancs, connus dans le pays sous le nom de *tosca*. C'est toujours la même argile plus ou moins durcie, toujours caverneuse, ou remplie de nodules calcaires, et renfermant des ossements de mammifères.

A la Bajada, on voit, sur la rive gauche du Parana, en face de Santa-Fe, le limon pampéen reposer sur le terrain tertiaire patagonien, rempli de restes marins. Ce même limon forme la rive gauche, et il continue à la former en remontant cette rivière jusqu'à Goya et Corrientes.

Le limon pampéen cesse généralement de se montrer à découvert dans les plaines de Chiquitos, de Santa-Cruz-de-la-Sierra et de Moxos; mais il paraît y exister au-dessous des alluvions; il occupe même probablement, dans ces provinces, une surface égale à celle qu'il occupe dans les pampas elles-mêmes, et, de là, il paraît se lier, au sud, avec le dépôt superficiel des pampas, et, au nord, avec le bassin supérieur de l'Amazone.

Le limon pampéen ne se montre pas uniquement dans les plaines basses; en dehors des contrées qu'il a explorées par lui-même, M. d'Orbigny croit pouvoir le reconnaître dans la couche inférieure du diluvium qui, suivant M. Clausen, remplit une partie des cavernes de la province de Minas-Geraës, au Brésil.

D'après M. Lund, l'intérieur des cavernes du Brésil est plus ou moins rempli d'une terre rouge, identique avec la terre rouge qui forme la couche superficielle du pays. Cette couche, qui varie de 3 à 16 mètres d'épaisseur, couvre indistinctement et sans interruption les plaines, les vallées, les collines et même les pentes douces des plus hautes montagnes, jusqu'à près de 2 000 mètres de hauteur. Elle consiste principalement en argile renfermant des couches subordonnées de gravier et de cailloux de quartz. Souvent elle est ferrugineuse au point que les particules de fer se transforment en un minerai pisolitique semblable à celui qui remplit les fentes du Jura (1), où l'un de vos Commissaires (M. Brongniart) a signalé ce fait depuis longtemps à l'attention des géologues. Il est extrêmement probable que ce dépôt superficiel de terre rougeâtre, qui existe aussi à Rio-Janeiro, se joint d'une manière continue au grand dépôt des pampas, dont il ne diffère que par le mélange de cailloux de quartz provenant du sol sous-jacent.

M. Lund attribue, de son côté, le limon rougeâtre du Brésil à une grande irruption des eaux qui, couvrant toute cette partie du globe, y mit un terme à l'existence des êtres qui la peuplaient. Quelques modifications que cette hypothèse puisse être destinée à recevoir dans la suite, il nous paraît du moins évident que l'extension du limon

(1) Lund, Coup d'œil sur les espèces éteintes de mammifères fossiles du Brésil. [*Annales des Sciences naturelles*, t. XI, p. 214 et 230 (1839).]

pampéen sur les montagnes du Brésil, si elle était complétement hors de doute, renverserait l'hypothèse contraire, qui consistait à ne voir dans le limon pampéen qu'un dépôt opéré tranquillement à l'embouchure d'une grande rivière. Or, cette extension du limon pampéen sur les montagnes du Brésil nous paraît d'autant plus probable, que ces montagnes ne sont pas les seules, dans l'Amérique méridionale, sur lesquelles on trouve des traces de l'existence d'un dépôt analogue.

Le limon pampéen se montre, en effet, à une hauteur beaucoup plus grande encore sur les flancs des Andes boliviennes, où il remplit de petits bassins à Tarija et à Cochabamba, à 2 575 mètres au-dessus de l'Océan, et où il couvre tout le grand plateau bolivien, à la hauteur moyenne absolue de 4 000 mètres environ.

Le limon pampéen, nivelant ainsi à toutes les hauteurs des bassins formés de roches de toutes les époques, se trouve naturellement en contact avec les couches les plus disparates. Au grand plateau bolivien, il repose sur les formations silurienne, dévonienne, carbonifère, triasique et sur les trachytes; à Cochabamba, sur les deux premières; à Moxos, sur le terrain tertiaire guaranien; et enfin, dans les pampas, sur le terrain tertiaire patagonien. Mais, malgré cette diversité d'assiette, partout où on l'observe, quelle que soit la hauteur, il forme toujours un lit horizontal, et sa composition reste au fond à peu près uniforme : dans les pampas, c'est une couche limoneuse rougeâtre d'une grande puissance; à Chiquitos et à Moxos, il est à peu près identique, et sur les rives du Rio-Piray, il est seulement mélangé à de l'argile; sur les plateaux élevés des Andes, il montre encore une composition analogue à celle qu'il offre dans les pampas; et sur les montagnes du Brésil, il se charge seulement de quelques cailloux.

Les fossiles qu'il renferme dans ces gisements si divers ne sont pas d'une nature moins uniforme. Ce sont toujours et uniquement des ossements de mammifères terrestres. Ces ossements s'y trouvent en quantité prodigieuse et compensent amplement, sous le rapport de l'intérêt, l'absence des restes marins.

En observant avec attention les falaises élevées des bords du Parana formées par la *tosca*, qui est notre limon dans sa forme la plus normale et la plus développée, on voit souvent saillir en dehors de l'escarpement diverses portions de squelettes de grands animaux exposés comme dans un musée naturel immense.

Ces ossements, pris d'abord pour des os de géants, ont frappé depuis longtemps les habitants de la contrée, et les noms de beaucoup de localités des pampas et des bords du Parana en ont été dérivés, tels que *ruisseau de l'Animal*, *colline du Géant*, etc.

Plus tard la science s'en est emparée. Falkner dit qu'il a trouvé dans les pampas la *coquille d'un animal composée d'os hexagones*, dont chacun avait au moins 30 millimètres de diamètre. La carapace avait environ 3 mètres de longueur, et ressemblait en tout à celle des tatous, mais dans des proportions immenses. Ces renseignements ne laissant aucun doute, voilà bien constatées, dans les pampas, dès 1770, non-seulement la présence des ossements fossiles, mais encore celle de cette carapace d'un grand mammifère cuirassé, dont le rapport avec le squelette auquel elle appartient a donné lieu récemment encore à quelques discussions parmi les zoologistes.

Depuis 1779 les pampas sont devenues célèbres par la découverte du fameux squelette de Megatherium trouvé à Lujan, envoyé au roi d'Espagne par le vice-roi de Buenos-Ayres, illustré par Cuvier et par M. Garrega.

M. d'Orbigny a recueilli, en 1827, plusieurs espèces d'ossements fossiles dans les pampas, à San-Nicolas au nord de Buenos-Ayres, sur le Parana et près de la Bajada, province d'Entre-Rios.

Quelques années après, M. Darwin découvrit dans les pampas un grand nombre de restes de mammifères que M. Richard Owen a décrits avec le plus grand soin dans l'ouvrage intitulé : *Zoology of the Voyage of the* Beagle.

Depuis le voyage de M. Darwin, MM. Tadeo Vilardebo, Bernardo Berro et Arsène Isabele ont été reconnaître en 1838, sur les bords du Pedernal, l'un des affluents du rio Santa-Lucia, dans la Banda orientale (république de l'Uruguay), le squelette d'un énorme animal encore pourvu de sa carapace, et auquel ils ont donné le nom de *Dasypus giganteus*.

Enfin, en 1841, M. Pedro de Angelis a découvert dans le limon pampéen, à 28 kilomètres au nord de Buenos-Ayres, le squelette du *Mylodon robustus*, qui est aujourd'hui déposé dans le Musée du collége des chirurgiens à Londres, et que M. Owen vient de décrire dans un ouvrage spécial qui a excité au plus haut degré l'attention des zoologistes et des géologues (1). On a trouvé dans la même localité une carapace osseuse analogue à celle des tatous, mais d'une taille gigantesque.

Si l'on suit le limon pampéen en dehors des pampas, on trouve que la vallée de Tarija située dans le sud de la république de Bolivia, dans les derniers contreforts orientaux de la Cordilière orientale, a été depuis longtemps citée pour ses ossements fossiles. Cette vallée forme un petit bassin sillonné à l'est par un cours d'eau. C'est sur les bords de ce cours d'eau qui traverse le dépôt de la vallée, qu'on rencontre une immense quantité d'ossements dans un limon graveleux, où les animaux paraissent être presque entiers. M. d'Orbigny a constaté la présence dans ce dépôt du *Mastodon Andium* de M. Cuvier.

M. d'Orbigny croit devoir rapprocher de ce gisement ceux que M. de Humboldt a signalés dans d'autres parties des Andes. On sait que cet illustre voyageur a recueilli en 1802 sur les plateaux de Quito des dents d'éléphants et de mastodontes qui ont été examinés par Cuvier. C'est probablement aussi de ces lieux que provenaient ceux qu'a rapportés le voyageur Dombey.

M. de Humboldt a découvert également des dents de *Mastodon angustidens* près de Santa-Fe de Bogota en Colombie, et des os d'éléphant à Cumanacoa, près de Cumana.

On n'a pas trouvé jusqu'ici d'ossements d'éléphant dans le limon pampéen ; mais M. Darwin a trouvé dans ce dépôt, près de Santa-Fe des ossements de mastodonte associés, chose curieuse, à des ossements de cheval. Précédemment notre savant confrère, M. Auguste de Saint-Hilaire, avait envoyé au Muséum une dent de mastodonte recueillie à Villa do Fanado, au Brésil.

---

(1) R. Owen, Description of the skleton of the *Mylodon robustus*. London, 1842.

MM. Clausen et Lund ont fouillé depuis lors les cavernes de la province de Minas-Geraës. Ils y ont recueilli une quantité considérable d'ossements de mammifères. Le nombre d'espèces reconnues par eux s'élève déjà à *plus de cent*. Elles paraissent avoir appartenu à la même faune que celles dont les ossements se trouvent dans le limon des pampas; car des espèces identiques des genres *Megalonyx*, *Megatherium*, *Holophorus* et *Mastodon* se trouvent simultanément au sein des pampas et dans les cavernes du Brésil, où pénètre le limon pampéen et dont ce limon environne les entrées. Cette circonstance est d'autant plus remarquable qu'il y a plus de 200 myriamètres de la province de Minas-Geraës, où se trouvent les cavernes, aux falaises du Parana, les plus riches en ossements près du San-Pedro, et que ce même limon occupe sur la surface des pampas, principalement au sud-ouest du Parana, un espace grand à lui seul comme près de la moitié de la France. Ce fait se joint à beaucoup d'autres pour faire sentir que le continent de l'Amérique méridionale est taillé en grand et qu'on ne peut invoquer, pour en expliquer l'origine, que des causes simples et grandes.

Le dépôt des blocs erratiques, non moins mystérieux que celui des terrains de limon, existe aussi dans l'Amérique méridionale; mais ici comme en Europe, il est placé à côté du limon et semble lui être parallèle. Il est rare que le limon pampéen soit mélangé de cailloux, et cela n'arrive que dans les montagnes. MM. d'Orbigny et Darwin s'accordent pour reconnaître qu'on ne rencontre pas un seul caillou sur la surface des pampas (1). Il en est autrement dans la Patagonie, où le limon pampéen n'existe pas et où le terrain tertiaire patagonien est partout à découvert. La surface de ce terrain tertiaire paraît, d'après M. d'Orbigny, avoir été sillonnée par de grands courants d'eau salée venant de l'ouest. Ce sont ces courants qui, suivant lui, ont non-seulement formé dans le sol, de vastes dépressions et des vallées étendues, mais encore ont laissé partout, à la superficie des roches, un léger mélange de sable et de petits cailloux porphyritiques, provenant sans doute des roches qui composent la Cordilière. Ces cailloux porphyritiques, répandus sur la surface des terrains tertiaires d'une grande partie de la Patagonie, ne s'étendent pas sur le limon pampéen. Leur transport doit donc être contemporain du dépôt du limon ou lui être antérieur.

Il paraît que ces cailloux augmentent de grosseur à mesure qu'on avance vers le sud, et finissent par passer aux blocs erratiques. Ces blocs, répandus en grande abondance sur l'extrémité australe du continent américain, comme sur son extrémité boréale et sur celle de l'Europe, n'ont pu être observés par M. d'Orbigny, mais ils ont fourni une foule d'observations curieuses à M. Darwin. Le point le plus septentrional où ce voyageur célèbre les ait observés, dans les plaines de la partie orientale de l'Amérique méridionale, est sur les bords de la rivière de Santa-Cruz par 50° 10′ de latitude sud, latitude correspondante à celles où le phénomène des blocs erratiques provenant du nord devient beaucoup moins intense dans l'hémisphère boréal. Les blocs erratiques ne se trouvent pas en Patagonie près de la côte; ils n'ont été remarqués, en remontant la rivière de Santa-Cruz, qu'à 18 myriamètres des rivages de l'Atlantique, et à 12 myriamètres du pied des Andes dans la partie la plus rapprochée; ils sont formés de schiste argileux compacte, de roche feldspathique, de schiste chloritique très-quartzeux et de lave basaltique. Leurs formes sont généralement anguleuses et leurs dimensions souvent gigantesques (1).

Quels sont les rapports qui existent entre ces blocs erratiques et le limon pampéen?... La question est ici la même qu'en Europe et dans l'Amérique du Nord, puisque les blocs et le limon se succèdent dans le même ordre en allant du pôle vers l'équateur, et que les uns cessent là où les autres commencent (2).

Le limon pampéen, quoique très-récent, n'est cependant pas le dernier des dépôts qui se sont étendus sur le sol de l'Amérique méridionale. Il est recouvert lui-même par des dépôts de deux natures différentes, mais que M. d'Orbigny regarde comme contemporains.

Sur le grand plateau bolivien et dans la province de Moxos, ce sont de puissantes alluvions dont l'âge a été indiqué à M. d'Orbigny par des restes appartenant à l'homme. Elles seraient toutes postérieures, d'après lui, au commencement de notre époque.

Dans les pampas, ce sont encore, sur une grande surface, des *medanos* (anciennes dunes de sables), et près du littoral, à la Bahia Blanca, à San-Pedro, etc., des bancs de coquilles analogues en tout à ceux qui existent aujourd'hui à l'état de vie dans les eaux voisines.

M. d'Orbigny a eu longtemps de l'incertitude sur l'âge des alluvions qui recouvrent le terrain pampéen au pied oriental des Andes, mais une observation faite dans la province de Moxos est venue le fixer à leur égard. Il a trouvé au Rio-Securi une berge haute de 8 mètres, composée aux parties inférieures de 2 mètres de terrain pampéen, et au-dessus, de 6 mètres d'alluvion. A peu de distance du terrain pampéen, dans les couches les plus inférieures du banc d'alluvion, il reconnut, dans une petite ligne remplie de charbon, un grand nombre de poteries qui annonçaient un ancien séjour des indigènes; cette découverte lui donna la certitude que ces alluvions (si toutefois elles sont toutes contemporaines les unes des autres) sont postérieures à la création de l'homme.

Au fond de la baie de San-Blas, dans un lieu nommé *Riacho-del-Ingles*, M. d'Orbigny rencontra superposé au grès tertiaire, un banc immense sablonneux, contenant, avec des cristaux de gypse, un très-grand nombre de coquilles de gastéropodes et d'acéphales identiques avec ceux qui vivent actuellement dans la baie. Ce banc, situé à près de 2 kilomètres dans les terres, était à $0^{m},50$ au-dessus du niveau des plus hautes marées des

---

(1) Darwin, On the distribution of the erratic boulders and on the contemporaneous un stratified deposits of South America. (*Transactions of the geological Society*, 2[d] series, t. VI, p. 415.)

(2) *Voyez* le Rapport sur le Mémoire de M. de Castelnau, *Comptes rendus*, t. XVI, p. 535.

syzygies. Les coquilles étaient dans la position où elles ont vécu, et les acéphales avec les deux valves réunies. Les marées, dans ces latitudes, montent d'environ 8 mètres; ces coquilles se trouvent à près de $0^m,50$ au-dessus des plus hautes; aujourd'hui elles vivent à 4 kilom. de là, au-dessous des plus basses marées de vives eaux. On pourrait en conclure qu'elles sont, sur ce banc, élevées d'environ 10 mètres au-dessus de leur niveau actuel.

Les environs de Monte-Video ont offert à M. d'Orbigny des collines de gneiss sur la base desquelles repose, à la hauteur de 4 à 5 mètres au-dessus de la Plata, un banc de coquilles marines; les espèces sont, à la vérité, différentes de celles qui vivent dans les eaux saumâtres de la baie même de Monte-Video, mais identiques avec celles des côtes maritimes, à 12 myriamètres en dehors de ce point en s'avançant vers l'embouchure.

Les environs de San-Pedro ont montré à M. d'Orbigny, sur les plaines au haut des falaises de *tosca*, élevées d'environ 30 mètres au-dessus du cours du Parana, plusieurs petits monticules, à peine de 2 ou 3 mètres d'élévation, ayant une forme allongée et généralement disposés dans le sens du cours du Parana. Ces bancs sont composés de sable très-fin et si remplis de coquilles, qu'ils ont reçu des habitants le nom de *conchillas*.

Ces coquilles appartiennent à l'espèce *Azara labiata*, qui ne vit plus actuellement près de San-Pedro et ne commence à se trouver, en descendant le fleuve, qu'au Riacho-de-las-Palmas, assez près de Buenos-Ayres; elle abonde dans les eaux douces et saumâtres de l'embouchure de la Plata.

Ces bancs, dont la puissance est assez forte et l'étendue assez grande pour qu'on les exploite dans le pays, afin de faire de la chaux hydraulique, ne peuvent avoir été apportés par l'homme. Si, d'un côté, l'état de conservation des coquilles prouve qu'elles appartiennent à un dépôt contemporain de l'époque humaine, leurs deux valves souvent réunies, leur parfaite conservation, éloignent, d'autre part, toute idée de transport et démontrent qu'elles vivaient non loin de là, sinon sur le lieu même. Ces dépôts se rattachent évidemment à la cause qui a déterminé la formation des *medanos*, ou anciennes dunes, qu'on trouve également disséminées très-loin de la mer, au sein des pampas, vers le sud.

A l'ouest de la Cordilière, des bancs analogues contenant les coquilles du littoral actuel se remarquent à Talcahuano, à Coquimbo, à Cobija, à Arica et à Lima, sur une longueur de plus de 260 myriamètres.

Les coquilles récentes observées par M. d'Orbigny sur les plages élevées des deux rivages de l'Amérique méridionale ont été de sa part l'objet de deux remarques d'un grand intérêt.

La première, c'est que ces coquilles ont toutes leurs analogues dans les mers voisines et conservent, de chaque côté des Andes, autant de différence dans leur ensemble, que les faunes actuelles de ces deux mers en présentent aujourd'hui. D'où il résulte nécessairement qu'à l'époque où elles ont vécu, les deux mers étaient déjà séparées.

La seconde remarque de M. d'Orbigny est que les coquilles récentes des plages, soulevées des deux rivages de l'Amérique méridionale, sont toutes dans la position naturelle où elles ont vécu, les acéphales, avec leurs deux valves réunies et placées verticalement. Ce fait doit porter à admettre un mouvement subit et non pas une action lente de relèvement des côtes, ainsi que l'ont pensé quelques auteurs. L'étude du littoral actuel prouve que, lorsque la mer abandonne peu à peu un rivage, elle laisse partout, sur la partie découverte, des coquilles livrées pendant longtemps au mouvement incessant des lames, et qui bientôt sont plus ou moins roulées, et aucune ne reste dans sa position naturelle. Rien de semblable ne se montrant dans les dépôts élevés que M. d'Orbigny a visités, il lui paraît évident que ces coquilles ont été tout à coup et instantanément exhaussées du fond de la mer au niveau qu'elles occupent aujourd'hui. Cela le conduit à conclure qu'il s'est fait sur le sol de l'Amérique un mouvement brusque dont les traces sont conservées, d'un côté, par les alluvions terrestres, de l'autre, par l'exhaussement des couches marines du littoral des deux océans.

Les alluvions terrestres et les couches marines qui recouvrent le terrain tertiaire pampéen seraient donc contemporaines des espèces qui vivent aujourd'hui sur le globe, tandis que le terrain pampéen lui-même, par sa faune terrestre, bien différente de la faune d'aujourd'hui, appartiendrait à une époque antérieure très-distincte que caractérisent les grands animaux de race perdue.

Ainsi, tandis que, d'une part, le terrain pampéen semble remonter à un grand événement qui a détruit la race des Megatherium et des Mylodon, il paraîtrait également probable que depuis l'existence de la faune actuelle, il y aurait eu des causes générales et passagères qui, en même temps qu'elles élevaient au-dessus des mers une lisière du littoral, tant de l'océan Atlantique que du grand Océan, renfermant des corps organisés identiques à ceux qui vivent aujourd'hui, auraient dénudé, raviné les plateaux, les montagnes, et amené dans les pampas et dans les plaines de Moxos, ces puissantes alluvions qui s'y font remarquer et dont l'origine moderne est indiquée, ainsi que nous l'avons déjà annoncé, par les produits de l'industrie humaine, découverts par M. d'Orbigny dans les berges de Rio-Securi.

Il est sans doute assez difficile de tracer d'une manière certaine la ligne de démarcation entre les anciennes plages soulevées et celles que les tremblements de terre soulèvent encore de temps à autre sur les côtes du Chili, de même qu'entre les alluvions actuelles et les vastes alluvions des grandes plaines intérieures de l'Amérique. Cependant le sable fin, quelquefois coquiller, qui recouvre les pampas, les *medanos* ou anciennes dunes des mêmes plaines, les sables qui forment de longues collines dans l'est de la province de Corrientes, les graviers et les sables du grand plateau bolivien, les immenses alluvions des environs de Santa-Cruz-de-la-Sierra, des plaines de Moxos, de la province de Chiquitos, tous ces dépôts, plus modernes que les terrains pampéens, les recouvrent d'une manière trop générale et trop uniforme pour qu'on ne soit pas enclin à y voir les traces d'un phénomène général. Les alluvions particulièrement sont trop épaisses, trop éloignées des cours d'eau actuels, et surtout trop uniformément réparties sur le sol, pour ne pas être attribuées à des causes plus puissantes que celles qui agissent journellement. Il en est de même des dénudations profondes et bien différentes de celles produites par les eaux courantes ordinaires qui en ont fourni les matériaux.

Ici vient naturellement se placer une des observations les plus curieuses peut-être de l'auteur.

M. d'Orbigny a signalé à Cobija, à Arica et sur toute la côte de l'océan Pacifique, d'anciens lits de torrents qui, postérieurement aux derniers mouvements du sol de l'Amérique méridionale, auraient, des sommets au littoral, sillonné toutes les pentes de la Cordilière. Il est demeuré convaincu que ces anciens lits de torrents, tracés sur un sol où il ne pleut pas depuis les temps historiques, ne sont pas provenus de pluies locales, mais doivent être attribués à des masses d'eau qui seraient descendues des Cordilières seulement. Aujourd'hui, jamais un nuage aqueux ne s'arrête sur les montagnes du versant occidental, jamais une tache de neige ne se montre de ce côté des Cordilières. Il faut donc, pour expliquer ces torrents dont les traces s'observent sur un grand espace, supposer que les Cordilières ont reçu momentanément des pluies ou des neiges qu'elles ne reçoivent plus de nos jours; il se serait alors passé sur ces montagnes un phénomène aqueux analogue à celui dont on a observé les traces sur toutes les grandes montagnes de l'Europe.

Ces faits sont remarquables en eux-mêmes, et les rapprochements auxquels ils peuvent donner lieu nous paraissent dignes de toute l'attention que l'auteur leur a donnée. Ils demeureront comme des jalons, sans doute trop peu nombreux encore, au milieu des discussions auxquelles ils ne manqueront pas de donner lieu.

D'après tout ce que nous venons de dire, les terrains stratifiés de l'Amérique méridionale forment, suivant M. d'Orbigny, huit groupes bien distincts, savoir :

1°. Les anciens terrains cristallins, où domine le gneiss;

2°. Les terrains de transition siluriens et dévoniens;

3°. Les terrains carbonifères;

4°. Le terrain triasique;

5°. Les terrains crétacés;

6°. Les terrains tertiaires guaraniens et patagoniens;

7°. Le limon pampéen;

8°. Les dépôts modernes, qu'il nomme aussi diluviens, d'après la nature de la cause qui les a produits ou émergés.

Ces différents groupes de couches ont des gisements tout à fait dissemblables et souvent discordants, et, suivant M. d'Orbigny, ces discordances résultent directement des dislocations qui ont bouleversé la surface du sol américain, et y ont fait naître les chaînes de montagnes dont il est sillonné.

A l'instar de ce qui a été essayé en Europe, et de ce que M. Pissis a tenté de son côté pour le Brésil (1), M. d'Orbigny a cherché à mettre en rapport les solutions de

(1) *Voyez* le Rapport sur le Mémoire de M. Pissis, *Comptes rendus*, t. XVII, p. 28.

continuité que présente la série des terrains américains avec l'apparition successive des chaînes de montagnes qui forment les traits principaux du relief de l'Amérique méridionale.

Sa classification embrasse deux des systèmes de montagnes déjà signalés par M. Pissis.

Ainsi que nous l'avons dit au commencement de ce Rapport, un terrain de gneiss très-anciens se montre dans une grande étendue sur les côtes orientales de l'Amérique méridionale. Il occupe la partie orientale du Brésil à l'est de la Mantiquiera, du 16e au 27e degré de latitude australe, et y forme une série de petites chaînes dont la direction générale est, d'après les observations de M. Pissis, de l'est 38 degrés nord, à l'ouest 38 degrés sud. Ce système, que M. d'Orbigny nomme *système brésilien*, paraîtrait être l'un des plus anciens dont on puisse suivre les traces à travers les modifications postérieures de l'écorce terrestre. M. Pissis le regarde comme antérieur aux terrains de transition du Brésil, et peut-être a-t-il précédé le soulèvement du plus ancien système de montagnes décrit jusqu'ici en Europe. Il est probable qu'il affecte à de grandes distances les roches fondamentales du sol américain; car la direction générale que nous venons d'indiquer ne diffère que très-légèrement de celle nord 45 degrés est, que M. de Humboldt a signalée depuis les premières années de ce siècle dans les roches schisteuses du littoral de Venezuela et dans les montagnes de granit-gneiss qui se prolongent du bas Orénoque au bassin de Rio-Negro et de l'Amazone (1).

Cependant l'ensemble des collines de gneiss qui s'élèvent dans les pampas, entre le cap Corrientes et la sierra de Tapalquen, ainsi que les collines de Monte-Video, sont caractérisées par une direction différente qui court de l'ouest 25 à 30 degrés nord, à l'est 25 à 30 degrés sud. M. d'Orbigny les désigne provisoirement sous le nom de *système pampéen*, et il pense que ce système est presque aussi ancien que le *système brésilien*. Si des observations ultérieures confirment cette conjecture, les relations de ces deux systèmes, dont les directions sont presque perpendiculaires l'une à l'autre, rappelleront naturellement celles qui existent en Europe entre le système du Westmoreland et celui des Ballons.

Au milieu de la multitude de dislocations dont le terrain silurien présente les traces, M. d'Orbigny a cherché à reconnaître les soulèvements qui auraient affecté ce terrain avant qu'il fût recouvert, mais il n'a pu en définir aucun d'une manière certaine.

Il n'a pas mieux réussi relativement au terrain dévonien; l'examen le plus attentif de l'innombrable quantité de montagnes et de collines diversement orientées appartenant à ce terrain, ne lui a permis de découvrir aucun système de dislocation spécialement limité à lui; mais, au Brésil, M. Pissis a signalé un système de dislocation qu'il regarde comme immédiatement postérieur à la formation des terrains de transition dont « le dépôt fut interrompu, dit-il, par des commotions qui les élevèrent, sur » quelques points, de 1 000 ou 1 100 mètres au-dessus de la mer, déterminant sur

---

(1) HUMBOLDT, *Essai géognostique sur le gisement des roches dans les deux hémisphères*, page 56.

» d'autres de larges fentes dirigées de l'est à l'ouest, par où s'échappèrent des diorites
» qui s'étendirent à la manière de laves, et modifièrent les roches qui se trouvèrent
» sur leur passage. Les montagnes les plus élevées du Brésil, celles de la province de
» Minas-Geraes, l'Itacolumi, la Caraça, le Morro d'Itambe, et les plateaux du sud de
» San-Paolo, se rapportent à ce soulèvement qui redressa les couches suivant une di-
» rection est-ouest, et donna à cette contrée la forme qu'elle présente aujourd'hui (1). »

M. d'Orbigny appelle *système itacolumien* l'ensemble des crêtes formées par cette dislocation. Il serait porté à y réunir les montagnes des îles Malouines, qu'il désigne sous le nom de *système malouinien*, si toutefois il se vérifie que ces montagnes sont formées de couches siluriennes redressées dans une direction est-ouest.

Ainsi, d'après lui, les îles de gneiss qui forment la partie la plus ancienne du relief du sol américain se seraient étendues vers l'ouest par des dislocations survenues après le dépôt des terrains de transition, tandis que, peut-être, de nouveaux points auraient surgi du sein des eaux aux Malouines et près du Cochabamba actuel, dans la Bolivie.

Ce phénomène paraît avoir été antérieur au dépôt du système carbonifère, à la suite duquel se sont opérées de nouvelles dislocations, dont les traces les plus marquées se sont présentées à M. d'Orbigny dans la province de Chiquitos.

Les collines de cette province ont pour base le gneiss sur lequel s'appuient des couches siluriennes et dévoniennes, couronnées par des grès que M. d'Orbigny rapporte aux assises supérieures du système carbonifère, et flanquées par des couches triasiques et par des dépôts tertiaires. Ces collines présentent un parallélisme général qui en fait un système bien caractérisé, orienté de l'est-sud-est à l'ouest-nord-ouest, auquel se rattachent les chaînes de Parecys, du Diamantino et du Cuyaba, dans la partie occidentale du Brésil. M. d'Orbigny désigne tout cet ensemble sous le nom de *système chiquiteen*, et le regarde comme postérieur aux dernières assises carbonifères et comme antérieur au trias, attendu que les dernières couches qu'on y voit dérangées appartiennent, d'après lui, au système carbonifère.

La production d'un grand système de dislocations dans l'Amérique méridionale à cette époque se trouve confirmée, d'après M. d'Orbigny, par le contact immédiat des argiles bigarrées des régions situées à l'est de Cochabamba, avec les terrains dévoniens. Ce contact semble annoncer en effet une dénudation des terrains carbonifères, antérieure au dépôt du terrain triasique.

Les collines du système chiquitéen joignent presque les montagnes du Brésil à la base des Andes. C'est un nouvel appendice qui est venu s'ajouter à la suite de celui déjà formé par le système itacolumien. Lorsqu'on jette les yeux sur la carte géologique de la Bolivie dressée par M. d'Orbigny, il peut sembler au premier abord qu'il y a de nombreux traits de ressemblance dans la disposition des terrains des collines de Chiquitos et de la chaîne orientale des Andes. Cependant la direction qui domine dans

(1) Pissis, *Comptes rendus des séances de l'Académie des Sciences*, t. XIV, p. 1044.

les montagnes de Chiquitos n'est pas exactement la même que celle des crêtes qui se dessinent sur les flancs de la Cordilière, au sud-est des plaines de Moxos et de Santa-Cruz-de-la-Sierra, et la hauteur des deux massifs est trop différente pour qu'il soit naturel de les rattacher à une seule et même époque de soulèvement.

Les montagnes colossales qui dominent au nord-est le lac de Titicaca, et auxquelles se rattache toute la région orientale des Cordilières du cinquième au vingtième degré de latitude australe, ou pour mieux dire, les Andes proprement dites, les *Antis* des anciens Incas, forment un système distinct, auquel M. d'Orbigny a donné le nom de *système bolivien*. La direction moyenne de ce système, bien différente de celles qui dominent dans le reste des Cordilières, est du sud-est au nord-ouest. Les crêtes qui le composent sont formées de couches redressées des terrains siluriens, dévoniens, carbonifères et triasiques. Les célèbres Nevados d'Ilimani et de Sorata, reconnus par M. Pentland comme les cimes les plus élevées du nouveau monde, sont les deux points culminants d'un axe de roches granitoïdes dirigé aussi du sud-est au nord-ouest, qui, s'élevant sans doute par une large crevasse, a été le mobile de l'élévation de tout le système bolivien.

Cette élévation a eu lieu après le dépôt du trias, comme l'attestent les couches des terrains triasiques que M. d'Orbigny a vues dans une position inclinée et à la hauteur de plus de 4 000 mètres au-dessus de l'Océan. Les terrains triasiques forment, dans les différentes localités où on les observe en Bolivie, les dernières couches soulevées. Sur tous les points du système bolivien où M. d'Orbigny les a vus, lorsqu'ils sont recouverts ils le sont seulement par les couches horizontales des terrains pampéens, ou par les alluvions modernes, produits purement terrestres et non marins. Il paraît donc certain que le système bolivien a pris les formes caractéristiques de son relief après la période des terrains triasiques. On peut conjecturer aussi que ce phénomène a eu lieu avant le dépôt des terrains jurassiques et crétacés, sans quoi ces terrains se seraient déposés sur le trias de la Bolivie et auraient été soulevés avec lui.

C'est donc probablement entre les périodes triasiques et jurassiques, ou à peu près à cette époque de notre chronologie européenne, que tout le massif compris entre le plateau occidental de la Bolivie et les plaines de Santa-Cruz et de Moxos se sera élevé au-dessus des mers, pour conserver jusqu'à nos jours le même cachet orographique.

Cherchant à compléter au moins d'une manière conjecturale le tableau des grands phénomènes géologiques dont l'Amérique méridionale a été le théâtre et le produit, M. d'Orbigny est porté à supposer, d'après les observations des derniers voyageurs, que deux grandes dislocations ont eu lieu pendant le cours de la grande période crétacée : l'une, représentée par le *système colombien*, dirigé environ dans la direction du nord 33 degrés est au sud 33 degrés ouest, aurait formé les montagnes de la Suma-paz et du Quindiu, en élevant les terrains crétacés du plateau de Bogota ; l'autre aurait donné naissance au *système fuegien*, qui occupe la partie occidentale de la Terre-du-Feu, et se dirige nord 30 degrés ouest au sud 30 degrés est.

L'effet de ces phénomènes divers et successifs aurait été d'élever au-dessus des eaux les principaux centres montagneux de l'Amérique méridionale; mais ces divers groupes n'auraient pas encore été reliés entre eux par la grande chaîne continue des Cordilières. Cette vaste chaîne est sinueuse comme nos Alpes. Elle présente différentes parties orientées très-diversement : sans parler de celles que M. d'Orbigny rapporte au système colombien et au système fuegien, et sans sortir de l'espace qu'il a observé par lui-même, on y remarque deux directions bien distinctes.

Depuis le détroit de Magellan jusqu'en Bolivie, sur un espace de 35 degrés qui embrasse toute la longueur du Chili, la Cordilière court du sud 5 degrés ouest au nord 5 degrés est; puis, dans la Bolivie même, elle s'infléchit tout à coup à l'ouest et se dirige du sud-est au nord-ouest.

En entrant dans le Pérou méridional, les montagnes conservent un parallélisme constant avec celles de la Bolivie, jusque près du cinquième parallèle de latitude australe, ce qui permet de supposer que les lignes géologiques observées par M. d'Orbigny dans le système bolivien se continuent à l'est de la Cordilière proprement dite jusqu'à cette latitude, embrassant ainsi un espace total de 15 degrés.

Plus au nord, la chaîne change de nouveau de direction pour reprendre momentanément celle de la Cordilière du Chili.

Ainsi, dans l'intervalle compris entre le détroit de Magellan et l'équateur, les Andes présentent deux grands systèmes de crêtes et de vallées. Ces deux systèmes, que M. d'Orbigny désigne sous les noms de *système bolivien* et de *système chilien*, se croisent à peu près comme le font en Europe les systèmes des Alpes occidentales et de la chaîne principale des Alpes, et ils paraissent de même être le résultat de dislocations successives.

La circonstance que la Cordilière, dans l'intervalle de la Terre-du-Feu à Quito, se compose de plusieurs grands tronçons différemment orientés et d'origine probablement diverse, se rattache à un fait curieux qui confirme d'une manière remarquable la réalite de la distinction basée sur la différence des directions.

Sur le grand plateau bolivien on n'a jamais senti aucune commotion de tremblement de terre. C'est au moins ce que M. d'Orbigny a appris et ce qu'il a éprouvé sous le parallèle d'Arica, et il est naturel de se demander si la présence, par ce parallèle, du système bolivien, n'a pas quelque influence sur le peu d'extension des tremblements de terre. Il paraît, en effet, que dans le centre de la Cordilière du Chili on ressent encore de très-fortes secousses, lors des tremblements de terre qui ravagent la côte, près de laquelle ils agissent avec le maximum d'intensité.

Une autre particularité qui distingue les chaînons du système chilien de ceux du système bolivien, c'est la présence de lambeaux encore problématiques de terrain jurassique et de masses très-développées de terrain crétacé en couches fortement disloquées et soulevées à des grandes hauteurs. Aussi, d'après M. d'Orbigny, ce serait après la période crétacée, mais avant celle des dépôts tertiaires, que le système chilien aurait pris naissance. Il devrait son origine à l'éruption des roches porphyriques, ou peut-être d'une partie seulement de ces roches, qui sont, dans l'Amérique méridionale, de natures très-variées.

M. d'Orbigny a trouvé en effet à Cobija, sur la côte même de l'océan Pacifique, des porphyres syénitiques, noirâtres, très-compactes; au Morro d'Arica, des porphyres pyroxéniques; à Palca (Bolivia) et à Machacamarca, des porphyres syénitiques; aux montagnes de Cobija et de Palca (Pérou), et sur toute la ligne occidentale des Cordilières, ce sont des wackes anciennes amygdalaires très-variées, contenant une grande quantité de substances diverses; aux Missions, c'est une roche amygdalaire grise ou violacée. Des roches porphyriques ont aussi été observées par MM. Gay, Darwin et Domeyko dans diverses parties de la Cordilière du Chili.

Suivant M. d'Orbigny, la fin de la période crétacée aurait été marquée dans l'Amérique méridionale par une série de dislocations qui se serait manifestée à l'ouest des terres déjà hors des eaux, et qui aurait donné à la Cordilière du Chili son premier relief, en laissant surgir une série continue de masses porphyritiques. Ce vaste épanchement porphyrique s'est effectué dans la direction du nord 5 degrés est au sud 5 degrés ouest, depuis le détroit de Magellan jusqu'à la jonction du système chilien avec le système bolivien que la bande de roches éruptives a longé à l'ouest, en élevant les terrains crétacés du plateau de Guancavelica. Le bouleversement des eaux dû à ce mouvement aurait eu pour résultat, suivant M. d'Orbigny, de former, en lavant les terres continentales, le dépôt tertiaire guaranien qui couvre la province de Moxos et qui paraît niveler le fond d'une grande partie du bassin des pampas. C'est attribuer à ce dépôt une origine analogue à celle qu'on a souvent été conduit à attribuer en Europe à une partie du terrain de l'argile plastique. Le manque de fossiles dans le dépôt guaranien, sa nature toujours ferrugineuse, peu stratifiée, sembleraient favorables à cette supposition.

Une nouvelle période de repos succédant alors aux perturbations, les mers tertiaires se dessinent à l'est et à l'ouest du système chilien. Sur le dépôt de nivellement du terrain guaranien commencent à s'étendre les sédiments marins du terrain patagonien. Des affluents terrestres apportent, des continents voisins, des ossements de mammifères, des bois et des coquilles fluviatiles. Les uns proviennent sans doute de la crête du système chilien et apportent des ossements encore pourvus de leurs ligaments dans la mer patagonienne du sud-est; d'autres arrivent du grand continent du nord, c'est-à-dire du Brésil, déjà en grande partie hors des eaux.

Le continent de l'Amérique méridionale possède déjà, pour ainsi dire, à l'état d'esquisse, la configuration qu'il doit conserver; il offre déjà une chaîne hors des eaux traçant la Cordilière du nord au sud, et séparant ainsi l'un de l'autre l'océan Atlantique et le grand Océan par une bande de terre étroite, comme de nos jours l'isthme de Panama. On conçoit dès lors comment les terrains tertiaires des deux versants peuvent être contemporains, quoiqu'ils ne renferment pas d'espèces fossiles de coquilles qui leur soient communes, et, malgré les réserves que nous avons faites ci-dessus, on doit convenir que l'hypothèse proposée par M. d'Orbigny explique si heureusement la différence complète des faunes de ces deux terrains, d'âge au moins très-rapproché, qu'il est difficile de ne pas lui attribuer, par cela seul, une assez grande probabilité.

Mais les mers, qui empiétaient alors si largement sur les contours qu'a pris définitivement l'Amérique méridionale, devaient reculer et s'éloigner du pied de la Cordilière, en laissant le continent s'agrandir, vers l'est, de tout l'espace occupé par le terrain tertiaire patagonien, et vers l'ouest, de la bande occupée par les terrains tertiaires du Chili, qui longe dans toute son étendue la Cordilière chilienne.

M. d'Orbigny rattache cet événement à l'apparition des trachytes qui ont fait éruption dans l'axe de cette Cordilière et qui en ont complété le relief à une époque évidemment très-moderne.

En étudiant la position des trachytes et des conglomérats trachytiques, M. d'Orbigny a pu se convaincre que ces deux espèces de roches ont joué un rôle tout différent. Ses cartes font voir, en effet, que les trachytes solides ont dû, à diverses reprises, surgir sur de grandes lignes à l'état incandescent. Quelquefois soulevés en masses pâteuses presque solides, ils ont donné naissance à ces cônes obtus si remarquables et en même temps si caractéristiques qui, au sommet des Cordilières, ont absolument la même forme qu'en Auvergne. Si, sur d'autres points, ces roches ont une apparence stratifiée, cela résulte évidemment de l'épanchement de masses plus ou moins fluides qui se sont étendues en nappes. On en voit un exemple dans la coupe laissée par le Rio-Maure, où l'auteur a distinctement remarqué l'alternance des bancs de trachytes avec les conglomérats ponceux, ou sur la côte près de Tacua, où les conglomérats ponceux recouvrent les trachytes durcis également en nappes.

A l'exception près de l'alternance observée au Rio-Maure, M. d'Orbigny a toujours trouvé les trachytes sous les conglomérats. Les premiers présentent des aspérités de formes très-diverses, qui se manifestent à la surface du sol par différents accidents extérieurs, tandis que les derniers forment partout des sortes de couches, pour ainsi dire horizontales, qui nivellent ces aspérités. Les conglomérats ponceux sont composés par bancs alternatifs de ponces plus ou moins grosses, ou de fragments de verres volcaniques, dont les éléments ne sont réunis par aucun ciment, ce qui pourrait porter à croire que ces conglomérats ont été projetés à l'état de cendres pendant la sortie et postérieurement à la sortie des trachytes. On pourrait même se demander si tous les conglomérats appartiennent à la même époque que les trachytes, et si leur position supérieure ne les rapporterait pas quelquefois à un âge un peu plus moderne.

Dans l'Amérique méridionale, les roches trachytiques ne se montrent que sur la chaîne des Cordilières, et dès lors accompagnent le plus souvent les roches porphyritiques. En Bolivie, elles se montrent seulement sur le grand plateau bolivien, sur le plateau occidental et sur le versant ouest de la Cordilière. Personne n'en a signalé au Brésil.

M. d'Orbigny admet que sur le versant occidental de la longue crête, première esquisse de la Cordilière, formée par les éléments réunis des divers systèmes mentionnés ci-dessus, le sol s'ouvrit de nouveau, et que les matières incandescentes trachytiques, poussées avec violence vers cette vaste issue, débordèrent de toutes parts, disloquèrent les porphyres, les roches crétacées et envahirent tout le sommet de la chaîne.

Dans le vaste massif de la Bolivie les choses se sont passées d'une manière plus compliquée, au moins en apparence. Les lignes de dislocation du système chilien, rencontrant les reliefs préexistants au système bolivien, et ne pouvant rompre ce large massif, l'ont longé à l'ouest comme l'avaient fait antérieurement les roches porphyritiques. Les trachytes et leurs conglomérats, qui, d'après M. de Humboldt, forment un dôme immense sur le plateau de Quito, formeraient, d'après M. d'Orbigny, un autre dôme sur le plateau occidental de la Bolivie. En outre, ces roches seraient sorties par des fentes anciennes des roches de sédiment, sur cette ligne si interrompue de mamelons trachytiques qui, à l'est du grand plateau bolivien, borde le pied des dislocations des roches dévoniennes, depuis Achacache jusqu'à Potosi. Elles ne sont pas la cause première du système bolivien, mais elles ont pu en soulever quelques parties en en augmentant le relief, de même qu'elles ont peut-être donné à la Cordilière chilienne la plus grande partie de son relief. Les trachytes auraient donc agi dans le nouveau monde comme dans l'Italie méridionale et en Grèce, où leurs lignes d'éruption ont suivi celles de systèmes de montagnes d'une origine plus ancienne, notamment du système des Pyrénées.

Une dislocation de 50 degrés ou de 550 myriamètres de longueur, qui a produit une des plus hautes chaînes du monde, qui a élevé au-dessus des mers tous les terrains tertiaires marins des pampas sur une immense largeur, n'a guère pu avoir lieu sans amener un déplacement proportionné dans les eaux marines. C'est alors, suivant M. d'Orbigny, que, balancées avec force, celles-ci ont envahi les continents, anéanti et entraîné les grands animaux terrestres, tels que les *Mylodons*, les *Megalonyx*, les *Megatherium*, les *Platonyx*, les *Toxodons* et les *Mastodontes* de la faune perdue, en les déposant, avec les particules terreuses, à toutes les hauteurs, dans les bassins terrestres ou dans les mers voisines.

Ces matières nivelantes, simultanément entraînées et déposées sur les plateaux des Cordilières jusqu'à 4000 mètres au-dessus de l'Océan, sur les plaines de Moxos, de Chiquitos et sur tout le fond du grand bassin des pampas, ont constitué le terrain pampéen.

Le terrain pampéen, qui est à toutes les hauteurs en couches horizontales, qui se compose partout des mêmes limons, qui ne renferme que des restes de mammifères, n'a pu être, en effet, que le produit d'une cause terrestre générale. M. d'Orbigny a cru trouver cette cause dans l'un des soulèvements opérés dans la grande Cordilière, qui a dû produire un déplacement subit des eaux de la mer, lesquelles, mues et balancées avec force, ont envahi les continents et anéanti les grands animaux terrestres en les entraînant tumultueusement dans les parties les plus basses des continents ou dans le sein des mers, et ce n'est évidemment qu'au soulèvement des trachytes que le phénomène peut être rapporté.

M. d'Orbigny a remarqué que sur quelques points du plateau bolivien, les conglomérats trachytiques paraissent recouvrir le terrain pampéen, ce qui ferait croire qu'ils sont postérieurs à ce grand dépôt. Cette remarque coïncide avec celle rapportée plus haut, que les conglomérats trachytiques semblent n'être pas tous exactement de la même époque. La plupart seraient contemporains du terrain pampéen, mais quelques-uns seraient postérieurs.

En Auvergne, les nombreux mammifères de la faune antérieure à cette époque qu'on a trouvés en différents points sont enveloppés de roches trachytiques et de leurs conglomérats. Il y aurait ici un rapprochement qui ne serait pas sans valeur.

A ce mouvement pourraient peut être se rattacher ou se comparer beaucoup de faits observés en diverses parties de la surface du globe, puisque partout on rencontre des restes d'une faune terrestre particulière, entièrement éteinte, et que dans une foule de localités on trouve des dépôts analogues à ceux des pampas renfermant des ossements de mammifères d'espèces détruites.

L'apparition des roches trachytiques auxquelles appartiennent les sommets les plus élevés des Cordilières du Chili et du Pérou ne paraît cependant pas avoir été le dernier des grands mouvements géologiques dont l'Amérique méridionale a été le théâtre. Cette apparition paraît se lier à l'origine du limon pampéen, et ce terrain est recouvert, ainsi qu'on l'a vu plus haut, par d'autres dépôts qui indiquent un autre grand événement plus moderne. Ce dernier grand événement semble ne pouvoir être cherché ailleurs que dans la première effervescence des volcans américains actuellement en activité, qui, jusqu'au moment dont nous parlons, n'avaient pas encore commencé la série de leurs éruptions.

La longue ligne des volcans du Chili, rangée suivant l'axe de la bande trachytique, est le chaînon extrême de cette grande chaîne volcanique en zigzag qui, s'appuyant sur un demi grand cercle de la Terre, tiré de la république de Bolivia à l'empire des Birmans, marque les limites de la grande masse des terres américaines et asiatiques et de la vaste étendue maritime de l'océan Pacifique. Ce fut sans doute un jour redoutable dans l'histoire des habitants du globe, et peut-être même dans l'histoire du genre humain, que celui où cette immense batterie volcanique, qui ne compte pas moins de 270 bouches principales, vint à gronder pour la première fois. Peut-être les traditions d'un déluge universel se rapportent-elles à ce grand événement qui n'aurait pu manquer d'être un grand désastre. L'auteur est favorable à cette opinion, qui déjà avait été émise avant lui, mais seulement comme une hypothèse. Il cite à l'appui plusieurs faits qui, dussent-ils même rester isolés, nous paraîtraient mériter l'attention des géologues.

Nous avons rapporté plus haut les observations d'après lesquelles M. d'Orbigny conclut que les coquilles récentes soulevées sur les plages de l'océan Atlantique et du grand Océan ne doivent pas l'avoir été par une action lente, mais par un mouvement brusque. Ces remarques, jointes aux faits également cités plus haut relativement aux bancs de *conchillas* des pampas, aux coquilles de Monte-Video et de la Patagonie, et à toutes celles du littoral du grand Océan, le conduisent à admettre un exhaussement subit et général de toute la côte, qui aurait donné au continent la configuration que nous lui connaissons.

Ce dernier mouvement du sol américain, qui aurait coïncidé avec la première effervescence des volcans, aurait déterminé un balancement des mers adjacentes dont les eaux, en bondissant par-dessus les crêtes des montagnes, auraient raviné, dégradé les terres à toutes les hauteurs, et entraîné de vastes alluvions dans les plaines.

Les traditions d'un déluge qu'on rencontre chez la plupart des peuples américains, pourraient n'être qu'un souvenir de cette dernière révolution. La découverte de débris de l'industrie humaine que M. d'Orbigny a faite dans les alluvions des plaines de Moxos, sur les rives du Rio-Securi, ne peut qu'ajouter aux raisons qu'on a eues pour le conjecturer. Comme il est au moins évident que cet événement est postérieur à l'existence de la faune maritime actuelle, M. d'Orbigny a cru devoir nommer *terrains diluviens* ceux qui en sont les produits.

Il résulte, en somme, du travail de M. d'Orbigny que le nouveau continent s'est formé, comme l'ancien, par les soulèvements successifs des différents systèmes de montagnes qui en sillonnent la surface; que ces systèmes sont de plus en plus étendus à mesure que leur origine se rapproche davantage de l'époque actuelle; que les reliefs résultant de ces différents systèmes se sont ajoutés successivement les uns aux autres, en avançant généralement de l'est à l'ouest. Ainsi les saillies les plus anciennes que présente le continent américain paraissent avoir pris naissance dans les régions orientales du Brésil actuel, après l'époque de la formation du gneiss. Les terrains de transition sont venus à l'ouest accroître ce premier continent de tout le système itacolumien. Les terrains carbonifères, à l'ouest des deux autres, font partie d'un nouvel appendice composé du système chiquitéen. Les terrains triasiques, à l'ouest des trois premiers systèmes, ont été soulevés dans le système bolivien, surface bien plus vaste que les autres.

Jusqu'alors l'Amérique était allongée de l'est à l'ouest. Les terrains crétacés cessent de se déposer, et la Cordilière, toujours à l'ouest des terres exhaussées, prend un premier relief du nord au sud, en changeant totalement la forme du continent. Plus tard l'éruption des trachytes et la première effervescence des volcans actuels ont complété les formes de cette vaste chaîne, et donné aux rivages du continent leur configuration actuelle; et il est bien remarquable que ces derniers phénomènes se sont surtout manifestés dans la région occidentale du continent où les tremblements ont de nos jours concentré leur action.

Cette remarque générale sur la marche des soulèvements de l'est à l'ouest, conduit à un rapprochement curieux entre le nouveau monde et l'ancien.

Buffon avait déjà été frappé de la différence d'orientation des deux grands continents. Il avait remarqué que dans l'ancien continent, ou plus exactement dans l'Europe, l'Asie et le nord de l'Afrique, les grands traits orographiques sont disposés par rapport à la ligne est et ouest, à peu près comme ils le sont dans le nouveau monde, par rapport à la ligne nord-sud.

M. Poulett-Scrope avait ajouté à la remarque de Buffon, celle de la différence essentielle que présentent les deux côtés est et ouest du continent de l'Amérique méridionale, en ce que l'un offre une longue crête hérissée de pics et de volcans, tandis que l'autre présente de larges montagnes arrondies sans aucun indice de phénomènes volcaniques.

Les résultats de M. d'Orbigny conduisent à formuler plus nettement ce rapprochement, en remarquant que dans l'Amérique méridionale, les soulèvements successifs qui ont façonné le relief du continent ont généralement leur principal point d'application de plus en plus à l'ouest à mesure qu'ils sont plus modernes, tandis qu'en Europe les soulèvements de plus en plus modernes ont exercé leurs principaux effets de plus en plus au sud.

En Amérique, les grandes plaines des pampas et de l'Amazone répondent à cette grande plaine du nord de l'Europe, dont une légère dépression est occupée par les eaux de la mer Baltique, et le vaste lac de Titicaca remplit des anfractuosités produites par la rencontre des divers systèmes qui se croisent dans les Andes, à peu près comme la Méditerranée remplit les anfractuosités plus vastes et plus profondes dues au croisement du système des Pyrénées, des systèmes alpins et de quelques autres systèmes modernes.

Les deux continents présentent chacun une grande exception à la règle indiquée relativement au sens dans lequel les soulèvements se sont succédé. L'une se trouve dans les dislocations modernes qui, suivant les observations de M. Pissis, ont achevé de façonner la côte orientale du Brésil; l'autre dans le soulèvement présumé moderne de la grande ligne des Alpes scandinaves; mais l'existence d'exceptions correspondantes de part et d'autre constitue un rapprochement de plus, et ce rapprochement est d'autant plus curieux, que les deux chaînes qui font exception se rapportent à un seul et même système de montagnes, le système des Alpes occidentales.

Des comparaisons analogues à celles que nous venons d'établir entre l'Europe et l'Amérique méridionale avaient déjà été faites entre l'Italie et l'Inde, et entre l'Europe et l'Amérique du Nord; le travail de M. d'Orbigny contribuera à rendre ces comparaisons moins rares et plus faciles. Il offrira même un point de départ plus élémentaire que ceux sur lesquels la science a pu les appuyer jusqu'ici.

Nous croyons, en effet, qu'il y a un grand fond de justesse dans la remarque suivante que fait M. d'Orbigny sur le peu de complexité de l'Amérique méridionale, lorsqu'il dit, vers la fin de son Mémoire, que « par l'extrême simplicité de la composition géologique, par les larges proportions de chaque époque, l'Amérique méridionale est, peut-être, de toutes les parties du globe, la plus facile à comprendre géologiquement, et celle dont l'étude est destinée à jeter le plus de lumières sur les grandes révolutions que notre planète a subies. En effet, loin d'être, comme l'Europe, morcelée en un grand nombre de lambeaux de terrains, ou sillonnée d'innombrables chaînons du croisement desquels l'époque est difficile à déterminer avec précision, l'Amérique méridionale montre des reliefs tracés sur des centaines de lieues et des dépôts de plusieurs degrés carrés de surface. Ici tout se manifeste sur une vaste échelle, les montagnes ainsi que les bassins, et sur ce grand continent tout est visible, les causes puissantes et leurs grands résultats. »

M. d'Orbigny avait d'autant plus le droit de faire ainsi les honneurs du continent, naguère presque inconnu dans son intérieur, dont il a si courageusement et si patiemment étudié la structure, qu'il fait avec toute la modestie du véritable savoir la part des erreurs qui pourraient lui être échappées. « J'ai cherché, dit-il, à esquisser largement l'Amérique » méridionale à toutes les époques géologiques. Le manque de beaucoup de renseigne- » ments laissera sans doute ce tableau encore imparfait.... Je suis loin de croire, ajoute-t-il, » qu'il ne se modifiera pas à mesure qu'on fera de nouvelles recherches; je désire » seulement faire connaître mes idées générales relatives à l'Amérique méridionale, » telles que me les ont suggérés les renseignements publiés jusqu'à ce jour, réunis à » mes observations personnelles. »

Cette réserve de l'auteur ne peut qu'être approuvée dans un sujet aussi vaste et aussi difficile que celui qu'il a embrassé; elle n'empêchera personne de reconnaître que le Mémoire de M. d'Orbigny enrichit la science d'un grand nombre de faits nouveaux et de beaucoup d'aperçus ingénieux. Si de nouvelles observations venaient en effet modifier dans la suite quelques-unes de ses vues théoriques, il lui resterait toujours le mérite d'avoir considéré un sujet extrêmement vaste d'un de ces points de vue élevés qui, en commandant l'attention et l'observation, ouvrent presque toujours la voie vers de nouveaux progrès.

CONCLUSIONS.

Nous avons l'honneur de proposer, en conséquence, à l'Académie de témoigner sa satisfaction à l'auteur pour les progrès incontestables que ses courageuses et persévérantes recherches ont fait faire à la connaissance géologique de l'Amérique méridionale. Nous proposerions même à l'Académie d'ordonner l'impression du Mémoire dans le *Recueil des Savants étrangers* s'il n'était destiné à paraître prochainement dans le grand ouvrage que M. d'Orbigny publie sur les contrées qu'il a visitées.

Les conclusions de ce Rapport ont été adoptées.

Signé : ALEXANDRE BRONGNIART, DUFRÉNOY,
ÉLIE DE BEAUMONT *rapporteur.*

IMPRIMERIE DE BACHELIER,
rue du Jardinet, 12.

VOYAGE

DANS

L'AMÉRIQUE MÉRIDIONALE.

GÉOLOGIE.

INTRODUCTION.

Lorsqu'en 1825 je me préparais au voyage que je devais entreprendre dans l'Amérique méridionale, la Géologie était loin d'occuper le rang qu'elle tient aujourd'hui parmi les connaissances humaines. L'étude de cette partie des sciences ne m'était pas étrangère, puisque, soit avec mon père, soit avec M. Fleuriau de Bellevue, j'avais, dès ma première jeunesse, constamment observé la nature des couches de sédiment et les nombreux fossiles qu'elles renferment. J'avais même envoyé, dès 1823, à M. Alexandre Brongniart une coupe générale des terrains crétacés inférieurs de l'île d'Aix, accompagnée des échantillons de chacune des couches qui la composent; et j'ai publié, peu de temps après, quelques espèces fossiles des terrains jurassiques des environs de La Rochelle[1]. Je comprenais donc tout l'intérêt qui pourrait se rattacher à des recherches faites dans la même direction, pendant le cours de mon voyage; aussi ne négligeais-je aucune occasion d'étendre et de compléter mes notions sur cette science, destinée à nous dévoiler l'histoire de notre planète. Deux savans illustres, dont je suis heureux et fier de pouvoir rappeler ici les noms, M. le baron de Humboldt et M. Alexandre Brongniart, voulurent bien m'honorer de leurs conseils; et l'un d'eux, M. Brongniart, me permit en outre d'étudier les roches sur sa riche collection. Grâce à cette bienveillance, j'avais, en Mai 1826, acquis assez d'expérience sur Géologie.

1. Annales des sciences naturelles, 1825.

logie. la manière de recueillir les échantillons, et sur la série d'observations indispensable aux sciences géologiques, pour oser espérer qu'un travail opiniâtre me permettrait de puiser, dans le grand livre de la nature, des renseignemens utiles à la connaissance des parties du sol américain que je devais parcourir. D'ailleurs, cette pérégrination lointaine m'avait fait prendre la résolution de consacrer entièrement mon existence à la Géologie et à l'étude des autres branches de l'histoire naturelle.

Je quittai la France en Juillet 1826. Le premier point du sol américain que je touchai, fut Rio de Janeiro. Là, des côtes de gneiss me montrèrent peu de variété; d'ailleurs, ne devant point y commencer mes courses terrestres, je n'y voyais qu'un point isolé, détaché du reste de mes observations. Je ne pris réellement possession du nouveau monde qu'à Montevideo, dont je parcourus les environs jusqu'à Maldonado, et je continuai ensuite, par terre, jusqu'à las Vacas, étudiant la géologie de toute la *Banda oriental* ou d'une grande partie de la république orientale de la Plata. J'arrivai ainsi à Buenos-Ayres, au commencement de 1827. Les environs de cette capitale m'offrirent des argiles à ossemens de grands mammifères, que j'avais déjà aperçus dans la Bande orientale.

Le Paraguay étant alors, comme il l'est encore aujourd'hui, sous plus d'un point de vue, la région fabuleuse de l'Amérique, je m'élançai vers ses frontières. Une goëlette me fit remonter le cours du Parana sur près de trois cents lieues, jusqu'à Corrientes, c'est-à-dire jusqu'au-delà du 28.e degré de latitude. Dans cette navigation, où, plus que dans toute autre, on est soumis à l'influence des vents, j'avais bien, quand la brise soufflait du nord, parcouru les falaises escarpées des rives du Parana, aux environs de notre mouillage; mais quelquefois aussi, par un demi-pampero du sud, j'avais, avec le regret de ne pouvoir y descendre, longé de magnifiques coupes géologiques naturelles. Ce que je connaissais de la géologie des rives du Parana, n'avait fait qu'irriter mon désir d'en suivre l'ensemble; aussi me promis-je d'employer, à mon retour, tous les moyens pour arriver à ne rien perdre de ce qui pouvait m'éclairer à ce sujet.

Je parcourus pendant près d'une année la province de Corrientes, tantôt vers le sud, tantôt vers l'est, la croisant dans tous les sens et étudiant partout sa composition géologique, ainsi que celle du grand Chaco, situé vis-à-vis. Sur un sol vierge, à la superficie duquel il n'a été fait aucun changement, les besoins de la civilisation ne l'ayant pas encore exigé, on conçoit qu'il n'y ait ni carrière, ni excavation, qui puisse en dévoiler la composition.

Les cours des rivières et des ruisseaux donnent donc seuls au géologue les moyens d'étudier la superposition des couches. Le Parana, au-dessus de Corrientes, pouvait m'offrir, de l'est à l'ouest, par ses falaises, une magnifique coupe géologique. Je pensai que le seul moyen de bien la voir était de suivre, par eau, toute la côte. Je ne balançai pas un instant, malgré les dangers et les privations auxquels devait m'exposer une telle entreprise. Je pris une petite pirogue et remontai le cours du Parana jusqu'aux frontières des Missions, séparé par la seule largeur de ce fleuve des possessions du célèbre Docteur Francia. J'avais aussi reconnu combien les cartes géographiques étaient fautives; et, pensant que mes recherches géologiques seraient illusoires, si je les rapportais à la configuration mal exprimée du sol, je réunis, dans ces excursions géologiques et géographiques à la fois[1], une série complète d'observations, en ayant soin de recueillir des échantillons de toutes les couches[2]. Cette course m'ayant donné une connaissance étendue du cours du Parana, au-dessus de Corrientes, je devais désirer de poursuivre ces investigations en descendant ce fleuve.

Si j'avais pris passage sur les navires qui portent journellement les produits de Corrientes à Buenos-Ayres, j'aurais éprouvé, sans doute, les mêmes regrets qu'en venant dans cette province. Il n'y avait pas à balancer. J'achetai un petit bateau. Je pris auprès du gouvernement une patente de patron de barque; et, avec un bon pilote de la rivière, qui connaissait le nom de toutes les parties du Parana, je m'abandonnai aux hasards d'une course géologique et géographique de près de trois cents lieues.

Je longeai toute la rive orientale, bordée de falaises depuis Corrientes jusqu'à *Señor allado,* les côtes basses qui lui succèdent, les coupes naturelles élevées de *Bella vista,* jusqu'au Rio de Santa-Lucia, au 29.e degré de latitude sud, où je reconnus une coupe géologique admirable. Plus loin, je suivis sur la même rive, les murailles escarpées de la côte de Curuzu Cuatia et de Feliciano, où je trouvai de beaux échantillons de bois fossiles et des ossemens de mammifères de grande taille; puis j'arrivai à la Bajada, capitale de la province d'Entre-Rios, au-delà du 31.e degré. Je recueillis, en ce lieu, un bon nombre de coquilles fossiles d'origine marine, et d'espèces entière-

1. J'ai relevé à la boussole (boussole d'arpenteur munie d'une alidade), tout le cours du Parana. Voyez la Partie géographique spéciale.

2. Ces échantillons, ainsi que tous les autres produits de mes recherches, sont déposés dans la collection géologique du Muséum d'histoire naturelle.

Géologie. ment perdues. En passant sur la rive occidentale du Parana, à Santa-Fe, je reconnus, comme me l'avaient déjà fait pressentir mes courses dans le Chaco, que le cours du Parana lui-même est une de ces failles gigantesques, proportionnées au grandiose de toute la nature de ces contrées. En effet, à Santa-Fe, le sol marin n'existe plus. Je rencontrai partout les argiles rougeâtres pampéennes, qui, sans interruption, se montrent ensuite jusqu'à Buenos-Ayres, et de là, sur tout le sol des Pampas proprement dites, qu'elles caractérisent; dépôt immense (l'un des plus grands connus), semé partout des restes de ces mammifères géans qui peuplaient l'Amérique avant la période actuelle.

Dans les circonstances politiques où se trouvait Buenos-Ayres[1], l'exécution de mes projets rencontrait souvent des obstacles. La campagne était alors infestée de hordes d'Indiens; et, voulant parcourir le sol de la Patagonie, force me fut de m'y rendre par mer. Un séjour de huit mois du 40.e au 41.e degré de latitude sud me permit d'étudier à fond tout le sol compris entre la Bahia de San-Blas et le sac de San-Antonio. Je remontai aussi le cours du Rio Negro, sur près de vingt lieues, visitant les immenses lacs de sel de ces terrains tertiaires marins ou d'eau douce, que je reconnus facilement pour être de l'âge de ceux de la Bajada. Là, les falaises escarpées des rives de l'Océan, sur plus d'un degré de longueur, me donnèrent encore une coupe naturelle dont la hauteur atteint plus de cent mètres au-dessus du niveau de la mer. Dans toutes mes courses je recueillis non-seulement des échantillons des roches, mais encore toutes les espèces de fossiles que je pus rencontrer.

Revenu de Patagonie à Buenos-Ayres, en 1829, je ne pus franchir les Pampas, toute communication avec le Chili étant alors, pour ainsi dire, suspendue, par suite des guerres de Quiroga. Je dus donc me résigner à doubler le cap Horn, pour me rendre dans le grand Océan. Je trouvai le Chili en proie aux mêmes révolutions que Buenos-Ayres. Continuellement arrêté dans ses observations, un naturaliste y serait difficilement arrivé à quelques résultats importans; je résolus de l'abandonner pour aller en Bolivia, dont le président Santa-Cruz voulait bien m'offrir sa puissante protection. En m'y rendant, je visitai Cobija et ses belles roches d'origine ignée, Arica et ses basaltes; et de là, je commençai à m'élever vers ces colosses du squelette de la terre, qui forment la chaîne des Cordillères. Je traversai le plateau particulier, élevé de 4,500 mètres au-dessus de l'Océan; le plateau bolivien, au niveau de

1. Les révolutions de Lavalle, en 1828. (Voyez Partie historique.)

4,000 mètres, où viennent se dessiner l'Ilimani et le Sorata, aux cimes couvertes de neiges éternelles, et partout je réunis des observations simultanées sur la géologie et la géographie.[1] Géologie.

Je séjournai quelques mois sur ces hautes régions; puis, franchissant, près de l'Ilimani, la chaîne orientale des Cordillères, je descendis sur son versant est. Je visitai tour à tour les provinces de Yungas, de Sicasica et d'Ayupaya, montant et descendant sans cesse cette surface, la plus accidentée et la plus disloquée de toute la Bolivia, et marchant continuellement sur des roches granitiques, des schistes ou des grès siluriens. Je repassai un rameau de la chaîne orientale pour me rendre au plateau de Cochabamba, d'où j'eus encore cent lieues de montagnes à franchir, en me dirigeant à l'est, pour atteindre les derniers contre-forts des Cordillères. Dans tout cet espace, compris entre la Paz et Santa-Cruz de la Sierra, j'avais pu obtenir les faits géologiques les plus intéressans; et, malgré les dislocations sans nombre du sol, j'avais reconnu un ordre de succession dans les couches, qui s'étaient montrées les mêmes de chaque côté du rameau oriental des Cordillères.

A Santa-Cruz de la Sierra, plus de montagnes. Des terrains d'alluvion uniformes couvrent partout un sol de plaines. Poursuivant mes voyages vers l'est, je franchis les immenses forêts qui séparent Santa-Cruz de la province de Chiquitos, où je trouvai, sur quelques points, les grès de transition de la Cordillère; puis j'arrivai aux rochers de gneiss, qui, sur plus de cent lieues, couvrent le sol de Chiquitos, cachés seulement par endroits sous des couches tertiaires de l'âge de celles de Corrientes, dont elles ne sont peut-être que la continuité. Après avoir traversé les chaînes de terrain de transition, j'arrivai aux frontières du Brésil, non loin du Rio du Paraguay et de Matto grosso. Huit mois de courses m'avaient permis de connaître, en parcourant, en tous sens, la province de Chiquitos, la composition géologique de ce groupe de collines qui forme, pour ainsi dire, le centre du continent américain.

De Chiquitos, je voulus me rendre aux parties orientales de la province de Moxos, par les forêts qu'habitent les sauvages Guarayos. Je franchis plusieurs chaînes de gneiss et retrouvai les grès de transition, avant d'arriver à ces immenses plaines en partie inondées qui composent le sol uniforme de Moxos. Je sillonnai les terrains plats du Carmen, de Concepcion, et près

1. Manquant d'instrumens, je fus encore obligé de réduire celles-ci à des itinéraires relevés à la boussole, et à quelques triangles mesurés. (Voyez Partie géographique.)

Géologie. de San-Joaquin, je vis reparaître le terrain tertiaire. Je me dirigeai vers les montagnes qui bordent l'Iténès, non loin du fort de Beira, où je retrouvai avec plaisir les grès de transition qui composent une partie du versant oriental des Cordillères. De ce point je descendis l'Iténès jusqu'à son confluent avec le Mamoré, qui forme le Rio de Madeira, l'un des grands affluens de l'Amazone; puis je remontai le Mamoré, jusqu'aux dernières Missions de la province.

Il m'importait beaucoup, autant pour la zoologie que pour la géologie, de connaître toute la succession des terrains, depuis ces plaines basses de Moxos jusqu'aux parties les plus élevées des Cordillères orientales, d'autant plus, qu'au nord de la chaîne je n'étais, jusqu'alors, descendu qu'à la moitié du versant. L'exécution de ce projet me fit remonter en pirogue le cours du Mamoré, du Guaporé, jusqu'au pays des Yuracarès, où je vis, après quinzè jours de navigation, les premières roches de grès. M'élevant, par gradation, de ce point sur cette pente abrupte, je traversai des couches disloquées, jusqu'aux sommets neigeux de Palta-Cueva. J'y rencontrai, à une hauteur de plus de cinq mille mètres au-dessus du niveau de l'océan, des coquilles marines fossiles dans les terrains siluriens qui couronnent les parties les plus élevées de cette chaîne. Je descendis de nouveau de l'autre côté sur le plateau de Cochabamba.

Une traversée de douze lieues au niveau des neiges m'avait appris combien est difficile et dangereuse la route de Moxos à Cochabamba. D'un autre côté, je devais beaucoup de reconnaissance au gouvernement bolivien pour la haute protection qu'il voulait bien m'accorder. Je saisis avec empressement l'occasion qui s'offrait à moi de reconnaître sa bienveillance, en lui rendant quelques services. Je conçus le projet de chercher de nouvelles communications qui abrégeassent la distance, tout en faisant disparaître les dangers. Je demandai quelques indigènes, et m'aventurai dans une autre direction au nord de la Cordillère, foulant, pendant quarante jours, un sol connu seulement jusqu'alors des sauvages Mocéténès et Yuracarès. Je vis, dans ce voyage, les sommets neigeux de Tutulima et d'Altamachi, et les pentes accidentées de la chaîne, jusqu'à ses derniers contre-forts; et je descendis à Moxos par le Rio Securi, ignoré des géographes.

De retour à Trinidad de Moxos, je songeai à gagner Santa-Cruz de la Sierra, en remontant, sur plus de cent lieues d'étendue, le Rio Grande et le Rio Pyray, qui coulent au milieu des alluvions modernes. De là je m'élevai sur les contre-forts de la Cordillère, en prenant une direction différente de celle que j'avais suivie, en descendant vers les plaines. Je parcourus les provinces de Valle grande, de la Laguna et de Yamparais, jusqu'à Chuquisaca, au travers de terrains de transition, où je recueillis de nombreux fossiles. De Chuquisaca, je vis des terrains variés, franchissant tantôt des roches d'origine ignée, tantôt des plaines couvertes de blocs erratiques, jusqu'à Potosi. Je fus quelque temps arrêté par l'étude de la fameuse montagne dont la richesse est devenue proverbiale. Il me restait ensuite, pour arriver sur le plateau à parcourir, une surface dont le terrain varie à chaque pas, s'élevant ici en masses énormes de pegmatite, là couronné de belles colonnades de basalte, ou offrant à la vue d'immenses plaines trachytiques. Géologie.

Sur le plateau, à la hauteur moyenne de quatre mille mètres au-dessus du niveau de la mer, je traversai une surface unie de près de sept degrés de longueur, où viennent saillir à la surface, au milieu de plaines d'alluvion ou de cendres trachytiques, soit des sommités porphyritiques, soit des grès anciens. Les provinces de Poopo, d'Oruro, de Carangas, de Pacages, de Sicasica, furent visitées jusqu'à la Paz, d'où, avant d'abandonner les sommités, je voulus explorer avec soin les alentours de la Laguna de Titicaca, dont les eaux majestueuses, au niveau des plateaux, viennent former un des plus élevés et des plus grands lacs connus. Je franchis de nouveau la Cordillère occidentale, et je revis Arica, après avoir parcouru, pendant plus de trois années, une grande partie de la république de Bolivia, et soigneusement étudié les principaux traits de la géologie d'une étendue de quatorze degrés de longueur, sur neuf de large; surface de beaucoup supérieure à celle de la France.

En laissant Arica, je m'embarquai, visitai les ports d'Islay, du Callao, de Valparaiso; et, accompagnant toutes mes richesses en histoire naturelle, je revis le sol de la patrie, en Février 1834, après huit années d'absence.

Je déposai immédiatement le produit de mes recherches dans les riches collections du Muséum d'histoire naturelle, et mes travaux, soumis au jugement de l'Académie des sciences, parurent à M. Cordier, son commissaire pour la géologie, dignes d'un rapport favorable, où sont consignés les principaux faits géologiques de mon voyage.[1]

Sept années se sont écoulées depuis ce rapport, sans que j'aie publié mes observations géologiques. Si je les avais produites de suite, je l'aurais fait sans points de comparaison, puisque, parti trop jeune pour avoir par-

1. Voyez *Nouvelles Annales du Muséum d'histoire naturelle*, t. III, p. 84 et suiv. Ce rapport a été fait le 24 Avril 1834.

couru toute la France, je n'en connaissais que quelques parties. Je n'aurais donc alors donné qu'un aperçu incomplet. Persuadé d'ailleurs, que tous les travaux spéciaux faits sans critique, sans rapprochemens avec des points bien connus, et sans être rattachés à l'ensemble de la science, nuisent plus qu'ils ne sont utiles à son avancement; au risque même d'être devancé par quelqu'autre voyageur, je dus chercher d'abord, à tout prix, les moyens d'étudier nos chaînes de montagnes et la géologie de notre territoire, afin de leur comparer ce que j'avais vu. Retenu depuis, par beaucoup de motifs, je n'ai pu réaliser que peu à peu mes projets, en luttant constamment contre des obstacles tout à fait indépendans de ma volonté. Possédant aujourd'hui assez d'observations pour espérer de rendre mon travail aussi complet que possible, je le soumets enfin au jugement des géologues, non toutefois sans réclamer leur indulgence pour des recherches difficiles à faire, et dont les résultats ne le sont pas moins à résumer.

Une seule publication importante sur les localités que j'ai parcourues a paru depuis le rapport fait sur mes travaux à l'Institut, en 1834 : c'est l'ouvrage de M. Darwin, imprimé en 1839[1], et relatif aux Pampas. Le rapport de M. Cordier, spécifiant mes observations sur cette partie, leur antériorité est incontestable. D'ailleurs, je m'empresserai de citer le savant voyageur anglais chaque fois que j'aurai recours à ses observations, soit pour compléter, soit pour corroborer les miennes.

Comme on a pu en juger par l'ensemble de mes voyages, ils présentent deux séries distinctes d'observations qui n'ont pas de points de contact. De là, division de mon travail en deux parties. La première renferme tout ce qui concerne le grand bassin tertiaire des Pampas, depuis la frontière du Paraguay jusqu'en Patagonie. La seconde comprendra toute la république de Bolivia, ou la géologie de la chaîne des Cordillères et des plaines du centre de l'Amérique, situées à l'est de ces montagnes.

Je commencerai toujours par les spécialités. Je décrirai en détail toutes les localités, toutes les couches que j'y ai rencontrées, les fossiles qu'elles renferment. Je terminerai chaque description partielle par un résumé. A mesure que j'avancerai, ces résumés embrasseront un plus vaste ensemble, jusqu'à ce que, groupant chaque partie, à la fin de tous les faits généraux, je puisse comparer entr'eux non-seulement les bassins eux-mêmes, mais encore leur âge respectif relativement aux formations analogues de notre Europe.

1. *Narrative of the Surveying voyages of his Majesty's ships Adventure and Beagle*, t. III, *by Darwin*.

Toutes mes descriptions partielles se rapporteront aux coupes et aux cartes coloriées, dont les diverses teintes indiqueront les terrains ou les étages. Pour les limites de ces terrains sur les cartes, il n'y a de rigoureux que les points que j'ai visités; pour les autres, on concevra facilement que je suis loin d'avoir la prétention de les donner comme certaines; mais, connaissant presque tous les ouvrages publiés sur l'Amérique, j'ai cru devoir, dans l'intérêt de la Géologie, y puiser des renseignemens sur ces mêmes limites au pourtour de chaque bassin, tout en ayant soin d'indiquer mes sources dans le texte; ainsi je pourrai compléter mes observations, les étendre au-delà des lieux que j'ai visités, et réunir en un seul cadre tout ce qu'on connaît aujourd'hui de la composition géologique d'une grande partie de l'extrémité sud de l'Amérique méridionale. Puisse cet essai, malgré ses imperfections, remplir le but que je me suis proposé d'atteindre, celui d'être utile à la science, en faisant connaître quelques-uns des grands traits de la géologie du nouveau monde, et en donnant aux voyageurs les moyens d'en approfondir l'étude! Géologie.

Paris, le 1.er Février 1842.

PREMIÈRE PARTIE.

GÉOLOGIE DES PAMPAS.

CHAPITRE PREMIER.

Environs de Rio de Janeiro (Brésil).

Mon court séjour à Rio de Janeiro ne m'ayant pas permis de parcourir un vaste rayon autour de la capitale du Brésil, je ne donnerai, sur la constitution géologique de ce lieu, que des renseignemens peu complets et surtout isolés, ne se rattachant à aucune autre partie de mes investigations américaines. Pourtant je vais dire, en quelques mots, ce que j'ai remarqué sur l'ensemble orographique de cette contrée et sur sa composition géologique, au risque de reproduire l'énoncé des faits observés par mes devanciers sur cette terre si accidentée.

La forme orographique d'un pays est toujours en rapport avec sa composition géologique; et le voyageur exercé doit, pour ainsi dire, deviner par avance, à la seule configuration des côtes qu'il entrevoit, l'âge du terrain qu'il y rencontrera. Je n'avais encore que peu d'expérience lors de mon arrivée aux attérages du Brésil, et néanmoins, en me rappelant ce que j'avais observé sur quelques points du littoral de la Bretagne, sans tenir compte de la différence des proportions, je me dis, de suite, en voyant les îlots semés sur la côte américaine, qu'ils devaient appartenir à la même époque.

Les premiers points que j'aperçus furent les îles Santa-Ana, situées au nord du cap Frio, c'est-à-dire au sud du 22.e degré de latitude méridionale. Elles se montrent sous la forme de quatre îlots isolés, assez élevés au-dessus de la mer. Trois d'entr'elles représentent des cônes écrasés à sommet obtus, dont les pentes paraissent être de cinquante à cinquante-cinq degrés, tandis que la quatrième offre l'aspect d'une langue de terre peu élevée au-dessus des eaux. Quand je m'avançai vers le sud, les îles Ancoras les remplacèrent, en me présentant, dans leur îlot principal, deux cônes de hauteur différente, accolés ensemble, les autres n'étant que des rochers. Bientôt le cap Frio, qui fait partie de la côte ferme, s'éleva en géant à l'horizon. Ses deux mamelons coniques, surmontant une masse très-élevée, dont les pentes latérales sont analogues à celles des îles, vinrent se dessiner sur la ligne des mers, et me faire croire encore à leur identité de composition.

La nuit m'empêcha de suivre la côte depuis le cap Frio jusqu'à l'entrée du Goulet de Rio de Janeiro; mais ce que j'aperçus le lendemain me fit supposer que le terrain

Géologie. était le même. Je me trouvai, en effet, au milieu de beaucoup de petits îlots de forme conique, représentant tout à fait les îles Santa-Ana et Ancoras. Derrière ces îlots se déroule un vaste rideau de hautes montagnes, de forme variée, au milieu desquelles on distingue la Gabia, avec son sommet assez horizontal, le Pain de sucre, véritable représentant de son nom; le tout dominé par le Corcovado[1], dont la cime pointue est coupée perpendiculairement vers la mer.

L'aspect des montagnes, la forme des îlots m'avaient fait supposer que leur composition devait être identique et que toutes les parties du terrain devaient se composer de gneiss ou de granit. Ce fait devint constant pour moi dès que je pus le vérifier. Je rencontrai, près de la ville, en marchant vers San-Christovaõ (Saint-Christophe), des carrières immenses du plus beau gneiss porphyroïde, rempli de lames de mica noir et de grands cristaux de feldspath rose et blanc et de quartz. Ces gneiss, représentant souvent une pegmatite à gros grains[2], sont quelquefois traversés par de larges filons de quartz hyalin. Ils ont servi à la construction de la ville de Rio de Janeiro. Des excursions au-delà de Saint-Christophe, de l'autre côté de la rade, à Santo-Domingo, dans les baies de Botafogo, du côté du Jardin des plantes, sur les flancs et au pourtour du Corcovado, me montrèrent partout des gneiss ou des pegmatites plus ou moins micacés, dont les couches, souvent visibles, paraissent généralement plonger vers le sud. Voici, de plus, les faits géologiques qui me frappèrent dans ces diverses courses.

Le Corcovado me présenta, sur ses flancs, près de la cascade où commence l'aqueduc qui alimente Rio de Janeiro, une roche à beaucoup plus petits grains, contenant quelques cristaux de grenat et d'assez larges filons de quartz hyalin et du pétrosilex schistoïde veiné de parties noirâtres, qui paraissent dues à du mica en feuilles imperceptibles. Cette montagne, à pente très-roide du côté des terres, est, ainsi que je l'ai dit plus haut, coupée presque perpendiculairement vers la mer[3], et offre, de ce côté, un escarpement de presque toute son élévation (746 mètres) au-dessus des eaux. L'aspect en est très-pittoresque et donne un cachet tout particulier à l'ensemble du paysage.

Le Pain de sucre de Rio de Janeiro, également composé de gneiss, n'est pas un des faits géologiques le moins singulier : c'est une masse énorme, un peu couchée de côté, figurant un cône tronqué, très-aigu, dont le sommet est couvert de grands arbres. Toutes les petites plages qui séparent les montagnes du littoral sont remplies de sable quartzeux, blanc, presque sans mélange.

---

1. M. de Freycinet (*Voyage autour du monde*, t. I, p. 75) donne au Corcovado 746 mètres d'élévation au-dessus du niveau de la mer. M. Darwin l'indique (*Narrative of the Surveying voyages of his Majesty's ships, Adventure and Beagle*, t. III, chap. II) comme ayant 2,300 pieds anglais.

2. Je dois ces déterminations et celles qui suivent à la complaisance de M. Cordier.

3. C'est, en diminutif, une forme analogue à la *Silla de Caracas*, si bien décrite par M. de Humboldt (Relation, t. IV, p. 249). Ce rapprochement de forme est d'autant plus important, qu'il y a également unité de composition, la Silla de Caracas paraissant appartenir au gneiss.

La baie de Rio de Janeiro, l'une des plus vastes du monde, présente, dans son ensemble, sur une plus grande échelle, l'image de la rade de Brest. Non-seulement elle est également étroite à son entrée, bordée de rochers, très-profonde et très-étendue dans son intérieur; mais encore sa composition géologique est à peu près analogue; ce qui, en y joignant ce que j'ai dit du Corcovado et de la Silla de Caracas, vient appuyer ma première proposition[1]. L'analogie ne va pourtant pas plus loin, puisqu'ici tout est plus grandiose. Le bassin est beaucoup plus vaste, et les montagnes sont beaucoup plus élevées. A l'extrémité de la baie, qui disparaît à l'horizon, on voit souvent se perdre au sein des nuages, les aiguilles remarquables des montagnes des Orguas (des orgues), appartenant, sans doute, à la chaîne de la *Serra do mar*. Au nord de la baie sont des collines basses, au sud de plus hautes montagnes. Ces dernières paraissent appartenir à la chaîne générale ou *Serra do mar*, qui suit parallèlement le littoral de la mer, depuis le cap Santo-Thome jusqu'au-delà de Sainte-Catherine, où elle semble s'abaisser et disparaître; chaîne qui, elle-même, se rattache, près de San-Paulo, au grand système qui se développe dans la province de Minas Geraes.

Géologie.

1. Voyez page 17.

CHAPITRE II.

Montevideo, Maldonado et autres points de la République orientale de l'Uruguay.

La république orientale de l'Uruguay forme une vaste langue de terre, limitée à l'ouest par le Rio Uruguay; au sud (vers le 34.° degré de latitude sud) par le cours de la Plata; à l'est par la mer, tandis qu'elle se joint au nord (vers le 31.° degré de latitude sud) à toute la province de Rio grande do Sul (Brésil). Elle peut être géographiquement divisée en trois petits bassins distincts :

1.° Le bassin oriental, dont les eaux se rendent aux lacs Merim, à la Lagoa d'os patos. Ce bassin appartient également aux états politiques de l'Uruguay et du Brésil; il est séparé à l'est par la chaîne du Cerro Largo, qui s'étend du nord au sud et pousse son dernier rameau jusqu'à la mer, près de Maldonado.

2.° Le bassin occidental, dont toutes les eaux se rendent à l'Uruguay. Ce bassin, presqu'aussi grand que le premier, circonscrit à l'est par le même Cerro Largo, et au sud par une suite de collines, se divise en deux larges golfes : l'un formé par les affluens directs de l'Uruguay, l'autre par tous les cours d'eau spéciaux au Rio Negro.

3.° Le bassin méridional, dont toutes les eaux s'écoulent dans la Plata. Celui-ci est borné au nord par des collines assez élevées, formées d'un rameau du Cerro-Largo, qui courent de l'est à l'ouest, en décrivant une courbe, et traversent ainsi toute la Bande orientale, par le parallèle de 33° 40'.

De ces trois bassins, je n'ai vu que le dernier. Je vais en décrire la composition géologique, tout en cherchant à le rattacher aux deux autres par les renseignemens que me fournissent les voyageurs.

Maldonado.

Je commencerai par les collines qui circonscrivent l'extrémité orientale du bassin. Je les ai observées aux environs de Maldonado et de San-Carlos. La côte, en cet endroit, suit, pour ainsi dire, la direction de l'est à l'ouest. Elle est formée de pointes plus ou moins élevées, toujours rocheuses, qui ne sont que l'extrémité d'autant de collines, ayant leur direction générale au nord-est. Entre ces collines et les pointes qu'elles forment sur le littoral, se prolongent, au bord de la mer, des plages sablonneuses, des dunes ou des lacs ayant la même direction que les collines, et s'avançant, plus ou moins, sur les terres, dans chaque petite vallée. Je visitai successivement plusieurs de ces pointes, ainsi que les collines qui leur donnent naissance, et je pus reconnaître les faits suivans. La *Punta del Este* (pointe de l'Est), ainsi que la petite île de Goriti, que je regarde comme la suite de la pointe même, sont composées d'une pegmatite rougeâtre, grenue, en partie décomposée, qui s'élève peu au-dessus du niveau de la mer et se cache promptement sous le sable et les alluvions, lorsqu'on veut la suivre dans l'intérieur. En marchant vers l'ouest, on trouve la vaste baie de Maldonado, large d'une lieue et demie, remplie de sable quartzeux à gros grains, dont les dépôts récens viennent, sous la forme de dunes, recouvrir le sol jusque près de la ville (une lieue environ). Lorsqu'on traverse la baie sablonneuse, on arrive à la *Punta de la Ballena* (pointe de la Baleine), qui, au lieu d'être au rez de la mer, forme une falaise élevée de dix à treize mètres, également composée de pegmatite rougeâtre, en mamelons, recouverte par une sorte de gneiss friable à grains moyens, variable dans ses teintes, mais le plus souvent gris rosé. La Punta de la Ballena est un rameau de la *Punta negra* (pointe noire), la plus élevée de toutes et appartenant, sans aucun doute, à la continuité des plus hautes collines des environs, qui se rattachent au grand système du Cerro Largo et constituent les limites orientales du bassin méridional dont j'ai parlé. Cette pointe est composée des mêmes gneiss que la pointe de la Ballena, gneiss qui paraissent former des couches presque verticales, plongeant vers le sud. Au-delà de la pointe Noire est un lac alongé, qui suit la direction générale (nord et sud) de la colline. De l'autre côté du lac j'aperçus une petite montagne conique, nommée le Pain de sucre (*El pan de azucar*), qu'on m'assurait être composée de la même roche que plusieurs autres sommités dont je vais parler, c'est-à-dire de roche granitique.[1]

Lorsqu'on laisse le littoral, et qu'on s'avance dans l'intérieur, on voit paraître un sol mollement ondulé, divisé en collines plus ou moins élevées, couvertes de terre végétale, séparées par de petites vallées remplies d'alluvions argileuses ou formant des lacs. Ces dépôts rougeâtres, qui remplissent les vallées, sont peut-être de l'âge de l'argile pampéenne; mais je n'y ai pas vu de traces d'ossemens de mammifères. Sur les collines, aux environs de Maldonado, on trouve, de distance en distance, isolés les uns des autres, et suivant à peu près la direction nord et sud, des mamelons ovales ou circulaires, en dômes arrondis, de diverses hauteurs, les uns perçant à peine le sol, les autres s'élevant au-dessus de plus de trente mètres. Ils forment ordinairement une seule masse de roche granitique, fortement micacée, remplie de parcelles de feldspath blanc. Cette masse est très-arrondie, comme usée extérieurement; et il s'en détache à la superficie, en suivant exactement la configuration de l'ensemble, une calotte épaisse de près de deux mètres, dont les parties subdivisées sont quelquefois en place. La forme du Pain de sucre étant absolument la même, je ne balance pas à le croire composé de la même roche.

En résumé, l'examen de la constitution géologique des environs de Maldonado montre, sur les collines et à la Punta de la Ballena, des mamelons de roches granitiques qui percent des roches stratifiées appartenant au gneiss, dont les parties décomposées, ou peut-être l'argile pampéenne, forment les dépôts qu'on aperçoit dans les ravins au-dessous de la terre végétale. Toutes les collines paraissent se rattacher à

1. M. Darwin (*loc. cit.*, p. 52) dit que les montagnes de cette partie sont des roches granitiques ou des schistes anciens.

Géologie. l'extrémité orientale de l'un des rameaux du Cerro Largo ou dernières ramifications primitives des montagnes brésiliennes.

Montevideo.

Tout l'intervalle compris entre Maldonado et Montevideo appartient au même système de roches. Ce sont partout des collines composées de roches granitiques ou de gneiss qui viennent mourir près de la mer. A Montevideo, la côte court est et ouest, formée par deux pointes, entre lesquelles se creuse une baie profonde. La pointe orientale, assiette de la ville de Montevideo, est assez élevée au-dessus du niveau de la mer; et, avec une autre petite pointe située plus à l'est, constitue une large colline bifurquée, dont la direction est presque nord. Cette colline irrégulière se compose d'un gneiss compacte, dont les couches, très-relevées, plongent au sud. Ce gneiss est rempli de lames de mica noir, et quelquefois de tourmaline. Il sert à bâtir. On trouve aussi au nord du granite à grains fins.

La pointe occidentale de la baie est formée par le *Cerro,* montagne dont le cône, très-écrasé, s'élève de 292 mètres[1] au-dessus de la mer. Cette montagne se compose du même gneiss que la colline de Montevideo, ou d'une roche, espèce d'amphibolite verdâtre à grains fins. Toutes les plaines ondulées qui entourent le Cerro, et qu'on peut suivre jusqu'aux *Barrancas de Santa-Lucia* (les falaises de Sainte-Lucie), sur une longueur de vingt-quatre kilomètres environ, formées d'ailleurs de gneiss plus ou moins compacte, se recouvrent d'une argile siliceuse blanchâtre, ou kaolin grossier, remplie de fragmens de feldspath. Sur plusieurs points de ces plaines, je fus frappé de rencontrer, à la surface du sol, des filons de quartz hyalin, larges d'un mètre, plus ou moins, dont les débris se montrent encore en place, sur quelques centaines de mètres de longueur, les gneiss qu'ils sillonnaient ayant, sans doute, été décomposés et entraînés par les eaux pluviales. Ces filons offrent de loin un aspect singulier. On pourrait les prendre pour d'anciennes enceintes, s'ils ne montraient, par leurs fissures, qu'ils appartiennent évidemment à un seul filon dont les parties extérieures seules sont visibles. Dans tous les cas, ils sont très-remarquables. Les falaises de Santa-Lucia, que je n'ai pas pu visiter, retenu que j'étais par les guerres nationales, sont, d'après plusieurs fragmens que j'en ai vus, composées de roches granitiques rougeâtres compactes. Ces falaises, ainsi que le pourtour du Cerro et le littoral de la pointe de Montevideo, offrent partout des roches qui hérissent tout le littoral et le rendent très-dangereux.

Entre ces deux pointes existe une baie, qui, large de deux kilomètres environ et assez profonde, s'étend, au nord-ouest, très-avant dans les terres. Elle est d'abord remplie de dunes de sable blanchâtre quartzeux, qui, sur plusieurs points, notamment à *Punta de Piedras* (pointe des pierres), laissent voir à découvert cette roche stratifiée, noirâtre (de l'âge des gneiss), divisée en feuillets.

1. Le père Feuillée, Histoire, etc., t. III, p. 177.

Au sortir des dunes, on aperçoit, sous la terre végétale souvent d'une grande épaisseur, une argile analogue à celle que j'ai trouvée autour du Cerro ou peut-être l'argile pampéenne à ossemens. Géologie.

Aux renseignemens qui précèdent se bornent mes observations sur la géologie de Montevideo. Depuis, M. Arsène Isabelle m'a communiqué un fait très-curieux que ses fouilles lui ont fait découvrir sur la colline de Montevideo et près du Cerro. En creusant dans la cour de sa propre maison, à trois quadras[1] du fort de San-Jose, et à environ quatre ou cinq mètres d'élévation au-dessus du niveau de la mer, il a trouvé une couche d'argile calcaire blanchâtre, se délitant facilement à l'eau, remplie de gros grains de quartz isolés, de paillettes de mica, et d'un grand nombre de débris de coquilles. Sous cette couche, sur le gneiss, se trouve un banc de coquilles bien conservées, ayant encore leurs couleurs, parmi lesquelles j'ai reconnu les espèces suivantes: *Natica Isabelleana*, d'Orb.; *Trochus patagonicus*, d'Orb.; *Siphonaria Lessonii*, Blainv.; *Buccinum deforme*, King? et *Achmæa subrugosa*, d'Orb.[2], toutes espèces vivant actuellement soit sur la côte de Patagonie, soit sur celle de Maldonado et du Brésil, en dehors de l'embouchure de la Plata, dans les eaux salées.

M. Isabelle, ayant bien constaté ce dépôt moderne, voulut s'assurer s'il se trouvait également au même niveau, de l'autre côté de la baie, au pied du Cerro. Ses recherches ne furent point infructueuses. Il reconnut autour du Cerro, à la hauteur de quatre ou cinq mètres au-dessus du niveau des eaux actuelles, une couche horizontale, composée d'un grand nombre de coquilles entières, non roulées, parmi lesquelles j'ai reconnu les espèces suivantes : *Buccinanops globulosus*, d'Orb.; *Ostrea puelchana*, d'Orb.; *Mytilus edulis*, Linn.[3], coquilles que j'ai retrouvées vivant actuellement dans la mer, soit à Maldonado, soit au sud de la Plata, sur la côte de la Patagonie.

La présence de ce dépôt de coquilles, tout à fait identiques à celles qui vivent actuellement sur les côtes maritimes voisines, n'a pas seulement ici la même importance que les dépôts du même âge, que je signalerai, par la suite, sur plusieurs points du littoral de la Patagonie et de l'océan Pacifique. Il s'y rattache peut-être des considérations d'un autre genre. Si les mêmes espèces vivaient actuellement à Montevideo, comme il arrive des espèces fossiles de la même époque des dépôts de Patagonie et des côtes occidentales de l'Amérique, on pourrait dire qu'un soulèvement partiel les a laissées où elles sont; mais il n'en est pas ainsi. Montevideo actuel est un point où l'eau est si peu chargée de parties salines, qu'on y trouve des coquilles identiques à celles qui vivent aujourd'hui jusqu'à Buenos-Ayres (l'*Azara labiata*), et que les coquilles marines qu'on y voit encore sont réduites à des espèces du genre *Solen*, et à des *Balanus* qui supportent, à ce qu'il paraît, plus que les autres, une eau presque douce; ainsi toutes les espèces fossiles que j'ai signalées, non-seulement ne vivent plus près

1. La quadra vaut environ 150 de nos mètres.

2. Voyez à leur égard la partie zoologique des *Mollusques*, et la partie *Paléontologique* de mon voyage.

3. Rien ne peut faire distinguer cette espèce du *Mytilus edulis* de nos côtes.

Géologie. de Montevideo, mais sont toutes purement marines et propres aux côtes baignées par l'eau salée, soit à Maldonado, où l'on commence à en retrouver quelques-unes, soit sur les côtes maritimes de la Patagonie. De cette différence il serait permis de conclure qu'à l'époque où se déposaient les coquilles de Montevideo et du Cerro, l'eau salée remontait jusqu'à ces points, et dès-lors, beaucoup plus haut qu'aujourd'hui, puisque les mêmes espèces ne commencent à vivre qu'à plus d'un degré en dehors des eaux fluviales. Ce fait se rattacherait à la grande question des dépôts marins de l'âge actuel, et porterait à croire qu'il a fallu un exhaussement général de l'ensemble au-dessus du niveau des mers actuelles, pour que, dans un lieu où vivaient des coquilles marines, les eaux douces de la Plata soient venues les remplacer.

En résumé, les environs de Montevideo m'ont offert des collines de gneiss, appartenant, sans aucun doute, à la continuité du système primitif de roches déjà décrit à Maldonado, et sur lequel repose, à la hauteur de quatre à cinq mètres au-dessus de la Plata, un banc de coquilles marines, contenant, en tout, les espèces qui vivent actuellement sur les côtes maritimes, à plus d'un degré en dehors de ce point, en s'avançant vers l'embouchure, et distinctes de celles qui vivent dans la baie même de Montevideo.

Bassin méridional de la Banda oriental ou de la République orientale de l'Uruguay.

J'ai traversé par terre la surface de ce bassin dans toute sa longueur, depuis Montevideo jusqu'à *Las Vacas*, c'est-à-dire sur une étendue de plus de cinquante lieues, en marchant de l'est à l'ouest. Pour mieux me faire comprendre, je vais suivre mon itinéraire, en passant en revue tout ce que les terrains m'offriront successivement; et je finirai par un résumé, qui donnera une idée de la composition de l'ensemble.

En partant de Montevideo, la terre végétale couvre partout le sol; pourtant, aux ondulations des légères collines, on pourrait croire qu'elles sont composées des mêmes roches qu'à Montevideo; fait dont on acquiert la certitude à Piedras, où l'on trouve des roches granitiques à sommets arrondis. Quelques lieues avant d'arriver à Canelones, l'horizontalité de la campagne, les argiles que je remarquai dans quelques petits ravins, me firent reconnaître la présence de cette couche argileuse de couleur grise ou rougeâtre, remplie de concrétions calcaires, appartenant à la dernière époque des terrains tertiaires, qui forme tout le fond des Pampas proprement dites, et contient de beaux restes de megatherium et de tatous gigantesques. A en juger par les allures du sol, cette *argile*, que je nomme *pampéenne*, non-seulement occupe tout l'intervalle compris entre les plaines de Canelones et le ruisseau de Canelon grande, mais encore paraît s'étendre au loin vers le nord[1]. La nature des berges du ruisseau de *Canelon*

1. J'avais d'autant plus de raison de rapporter ce terrain à l'argile des Pampas que, depuis mon passage, le n.° 2551 de l'*Universal* de Montevideo (31 Mars 1838), donna la description d'un tatou gigantesque (j'en parlerai à la Paléontologie), dont MM. Bernardo Berro, Tadeo

chico et de *Canelon grande*, tous deux affluens du Rio de Santa-Lucia, me la firent encore reconnaître. Au-delà, l'horizontalité de la plaine se remarque jusqu'au Rio de *Santa-Lucia*. Pourtant le lit de cette rivière, la plus forte de toutes celles qui se trouvaient sur la route que j'avais à suivre, me montra un sable quartzeux à gros grains et beaucoup de galets de granite, de gneiss et de quartz, provenant évidemment de ces roches; ce qui me fit croire que les collines formant la ligne de faîte du partage des eaux vers le nord, sont de même nature que celles de Montevideo et de Maldonado.

Au sortir du Rio de Santa-Lucia, les plaines argileuses horizontales reparurent et continuèrent à se montrer sur les deux tiers de la distance qui sépare cette rivière de celle de San-Jose (Saint-Joseph); mais, à six lieues environ du Rio de San-Jose, on voit, comme aux environs de Maldonado, sortir de terre, de distance en distance, des mamelons granitiques : les uns en dômes arrondis ou en cône très-écrasé, à surface presque polie; les autres, beaucoup plus petits, paraissant des blocs isolés, dont aucune partie n'est anguleuse, comme s'ils eussent été roulés ou usés par une cause quelconque. D'autres de ces masses ont la forme d'un champignon, étant très-élargies vers le haut, tandis que leur base est fortement évidée. Deux ou trois lieues de suite je vis les mêmes blocs granitiques au sommet d'une légère colline. Ils se rapprochèrent et me semblèrent alors appartenir à une espèce de chaîne dont l'ensemble se dirigeait, en s'élevant, vers le nord, tandis qu'elle s'abaissait et disparaissait vers le sud.

Au-delà de ces rochers les plaines se montrèrent de nouveau jusqu'auprès de San-Jose, où des terrains d'alluvion me cachèrent le sol. Le Rio de San-Jose, de même que le Rio de Santa-Lucia, charrie du sable quartzeux à gros grains et beaucoup de fragmens de gneiss et de granite. Le terrain s'ondule de nouveau, près de cette rivière, comme aux environs de Maldonado et de Montevideo. En effet, San-Jose est situé sur une colline élevée; et, à peu de distance au-delà, les autres collines paraissent composées de gneiss rougeâtre. Néanmoins, dans les parties basses, on aperçoit quelques blocs isolés de granite, trop gros pour avoir été apportés, et qui, dès-lors, appartiennent au sol, ou ont été transportés par des forces tout à fait différentes des courans actuels. Ces blocs erratiques sont semblables à beaucoup de ceux que j'avais vus la veille, et la présence de plus grandes masses à peu de distance ôterait toute idée d'un transport éloigné.

De San-Jose jusqu'à l'Arroyo Pabon je traversai des collines remplies de rochers granitiques, formant des mamelons plus ou moins élevés, sans néanmoins dépasser jamais quatre à six mètres au-dessus de la terre végétale, qui cache partout le sol. Lorsque cette terre est enlevée par les eaux, on remarque soit une argile onctueuse, remplie de fragmens de quartz et de feldspath, provenant de la décomposition du granite, soit des traces du dépôt de l'argile pampéenne. Le ruisseau de Pabon même coule entre des rochers granitiques, dont la surface est arrondie et polie. Du ruisseau de Pabon jus-

---

Vilardebo et Arsène Isabelle ont été reconnaître les restes, sur les bords du Pedernal, affluent du Rio de Santa-Lucia, distant de dix-sept lieues de Montevideo; ce qui prouve évidemment que ces terrains s'étendent au loin, dans la vallée du Rio de Santa-Lucia.

Géologie. qu'à celui del Rosario je traversai des collines diamétralement à leur direction et j'y rencontrai des mamelons granitiques arrondis, dont plusieurs avaient encore la forme d'un champignon, comme s'ils eussent été taillés. En foulant tantôt des collines ondulées, tantôt des lieux couverts des mêmes rochers granitiques, j'arrivai près d'un ruisseau, où le granite me montra une teinte noirâtre dans certaines parties, et dans d'autres la couleur rougeâtre des blocs que j'avais vus jusque-là. Un peu avant d'arriver au ruisseau de Saint-Jean, je passai une colline de même nature, qui n'est que la continuité de celle où est située la ville de la Colonia del Sacramento. Je crus, en conséquence, que les petits îlots de San-Gabriel, voisins de cette ville, devaient être granitiques; opinion dans laquelle, plus tard, plusieurs personnes me confirmèrent, en m'assurant qu'ils sont composés de la même roche que l'île de *Martin Garcia*, dont j'ai vu beaucoup de fragmens. C'est un granite bleuâtre, à petits grains, très-compacte.

Les roches granitiques cessent tout à fait de se montrer, non loin du Rio de San-Juan. La plaine devient unie. Dans tous les endroits où les ravins me le permirent, je rencontrai l'argile pampéenne à ossemens de mammifères, qui forme le sol des environs de Buenos-Ayres et celui des alentours de Canelones; puis je la reconnus partout jusqu'à las Vacas, où je terminai mes courses dans la Banda oriental. Cette argile fait effervescence; elle est souvent assez dure, toujours grise ou rouge, fréquemment caverneuse et remplie de concrétions calcaires. Je n'y ai jamais vu de traces de gypse.[1]

Résumé sur l'ensemble du versant méridional de la République orientale de l'Uruguay.

Le versant méridional de la république orientale de l'Uruguay forme une surface allongée, bornée au nord par de petites montagnes, d'où partent les eaux, pour se diriger vers la Plata. Cette surface représente la moitié d'un bassin, dont le cours de la Plata viendrait représenter le fond, tandis que les Pampas, sur la rive occidentale de ce fleuve, en compléteraient l'autre côté. Je vais chercher maintenant, si les faits géologiques sont en rapport avec cette supposition. J'ai déjà dit que tous les environs de Maldonado et de Montevideo sont composés de gneiss, soulevés, en quelques endroits, par des mamelons de granite ou de pegmatite; que les collines qui forment ces roches se rattachent à l'extrémité orientale du bassin et ne sont que les derniers rameaux des chaînes brésiliennes du Cerro Largo, dont un autre bras, se dirigeant à l'ouest, sert de limites vers le nord. Les renseignemens obtenus sur les lieux me portent à croire que ce dernier rameau est, vers l'est, composé de gneiss, comme à Montevideo; mais, si l'on suppose que les roches granitiques qui sont à découvert entre le Rio de Santa-Lucia et le Rio de San-Jose, et qu'on retrouve encore dans tout l'intervalle compris entre

1. Je signale ici ce fait, afin qu'on ne puisse pas confondre deux couches d'argile bien distinctes entr'elles par leurs époques, dont l'une, rougeâtre, sans gypse, appartient au dépôt supérieur, tandis que l'autre est inférieure à la formation marine de ces contrées.

cette dernière rivière et le Rio de San-Juan, s'étendent vers le nord jusqu'au faîte de partage du bassin, on sera disposé à regarder l'extrémité occidentale de cette chaîne comme se formant des mêmes roches granitiques que j'ai retrouvées sur une grande surface; roches qui composent les mamelons ou îlots de San-Gabriel et de Martin Garcia, et s'étendent jusqu'au bord de la Plata, depuis l'embouchure du Rio de Santa-Lucia jusqu'à la Colonia del Sacramento.

Suivant ces observations, l'extrémité orientale des limites du bassin se composerait de gneiss, tandis que l'extrémité occidentale serait formée de roches granitiques. De plus, cette dernière roche viendrait représenter un grand massif occupant tout l'intervalle compris entre les affluens du Rio de Santa-Lucia et du Rio de San-Juan, et montrerait une languette entre le Rio de San-Jose et de Santa-Lucia; ces deux dernières parties courant nord et sud, dans une direction diamétralement opposée à celle de la chaîne. L'examen des couches qui recouvrent ces roches montre des traces des grès tertiaires marins, constituant le fond du grand bassin des Pampas, seulement près de *Punta Gorda*[1], où ils sont la suite du massif de la province d'Entre-Rios, tandis que les argiles à ossemens se déposaient partout à la superficie des Pampas proprement dites, sur des centaines de lieues carrées. Cette argile est aussi venue combler et niveler d'un côté toutes les parties basses des vallées actuelles du Rio de San-Jose et de Santa-Lucia, et toutes les parties occidentales et méridionales du petit bassin dont je m'occupe en ce moment. Les argiles à ossemens étant les couches tertiaires les plus modernes du bassin des Pampas, ainsi que je le prouverai plus tard, on devrait regarder l'ensemble du versant méridional de la république orientale de l'Uruguay comme les dernières limites orientales du grand bassin tertiaire des Pampas.

La coupe longitudinale des terrains, depuis Maldonado jusqu'à Las Vacas (avec les teintes portées sur la carte n.° 1), fera connaître clairement cette partie. (Voyez Géologie, planche de coupes, n.° 2, fig. 1.)

---

1. M. Darwin dit (*loc. cit.*, p. 171) qu'à Punta Gorda, où je ne suis pas allé, il a trouvé, à la partie inférieure, une argile rouge à nodules de marne, en tout identique à celle des Pampas, recouverte de calcaire blanc, contenant de grandes huîtres d'espèces éteintes et d'autres coquilles marines, le tout recouvert, de nouveau, par l'argile à ossemens des Pampas. Il est évident pour moi qu'il y a erreur dans le rapprochement de M. Darwin. Si la couche argileuse supérieure est analogue à celle des Pampas, il n'en est pas ainsi de l'inférieure; elle est, sans aucun doute, la même que j'ai trouvée sous les huîtres, dans la province d'Entre-Rios; mais alors elle appartient au grand dépôt marin antérieur à l'argile pampéenne, et ne peut, sous aucun rapport, dépendre de la même époque, comme je le prouverai plus tard, en décrivant les terrains de la province d'Entre-Rios.

CHAPITRE III.

Géologie des provinces de Corrientes et d'Entre-Rios.

Les provinces de Corrientes et d'Entre-Rios offrant une partie bien circonscrite sous le rapport géographique, je vais m'en occuper séparément avec d'autant plus de raison, que j'en ai pu étudier la géologie sur toute la longueur du cours du Parana, depuis les Missions jusqu'à Buenos-Ayres.

Ces deux provinces forment une surface allongée, dans la direction nord, environ 25 degrés à l'est, tronquée au nord et bornée, un peu au-delà du 27.ᵉ degré de latitude sud, par le Rio Parana; à l'ouest par le même fleuve, après sa jonction au Rio du Paraguay; à l'est par le Rio Uruguay, et au sud vers le 34.ᵉ degré de latitude sud, par le confluent du Parana et de l'Uruguay. Cette surface a sept degrés ou cent soixante-quinze lieues géographiques de longueur, et de largeur, terme moyen, quarante à cinquante lieues. Elle se compose d'un pays très-plat, souvent inondé, sur lequel on remarque à peine quelques très-légères ondulations, élevées seulement de quelques dizaines de mètres au-dessus des parties environnantes. Dans toute la province de Corrientes les points les plus hauts n'ont certainement pas plus de cinquante mètres au-dessus du cours du Parana; dans celle d'Entre-Rios, les ondulations prennent un peu plus de puissance; pourtant, même à leur maximum d'élévation, elles n'excèdent jamais cent mètres au-dessus du niveau ordinaire du Parana. Il s'ensuit que le terrain de cette surface offre une assez grande uniformité, et qu'il conserve environ la pente du cours du Parana; néanmoins il s'élève, à trois endroits différens, vers le 29.ᵉ degré, au 31.ᵉ degré, et vers le 32.ᵉ degré de latitude sud, pour s'abaisser, de nouveau, tout à coup, au-delà du 32.ᵉ degré. On conçoit d'avance, d'après l'uniformité extérieure, que la composition géologique doit offrir peu de variété. Toute cette surface appartient aux terrains tertiaires, sans qu'il y ait toutefois unité de composition, ni de couches; aussi, pour la faire connaître plus en détail, vais-je prendre le cours du Parana vers l'extrémité nord de cet ensemble, et décrire tout ce que la géologie a pu m'offrir sur cette coupe naturelle de près de trois cents lieues de long.

Coupe est et ouest de la province de Corrientes, prise sur le cours du Parana, des Missions jusqu'à Corrientes (plus de quarante lieues géographiques).

(Pl. IV, fig. 1.)

Le manque complet d'excavations dans toute la province de Corrientes m'aurait mis dans l'impossibilité d'en reconnaître le sol, si je n'avais pu le faire que par l'examen de sa surface extérieure, recouverte, presque partout, d'alluvions ou de terre végétale, et laissant à peine, de loin en loin, sur le cours de quelques ruisseaux, un peu de ses couches apparentes; mais le cours du Parana, m'offrant, dans sa longueur, des falaises escarpées, et dès-lors, une coupe naturelle complète de la composition géologique de la province, j'ai saisi cette occasion d'obtenir une connaissance exacte de son ensemble. A cet effet, j'ai voulu remonter le fleuve, depuis Corrientes jusqu'aux parties accessibles du côté des Missions, recueillant, sur tous les points, des échantillons, et mesurant la puissance des couches qui composent les falaises. Ce sont ces premiers résultats que je vais exposer. Ils donnent, de la province de Corrientes, une coupe dans la direction de l'est à l'ouest, ou de toute sa largeur du 59.e degré 20 minutes au 61.e degré 7 minutes de longitude occidentale de Paris, ou mieux, sur une longueur d'environ quarante et quelques lieues géographiques, comprises entre la Barranquera, dernières limites vers l'ouest de la province de Corrientes, et la ville capitale. Géologie.

M. Bonpland a trouvé, près de Santa-Ana (province des Missions), des roches d'origine ignée[1] très-remarquables, dont le massif vient expliquer géologiquement le coude formé, dans cet endroit, par le Parana. En effet, s'il n'avait pas rencontré d'obstacles, le Parana, dont le cours est au-dessus de ce point, presque du nord au sud, se serait probablement joint à l'Uruguay, vers le 28.e degré de latitude; mais, arrêté tout à coup par ces roches qui constituent, à ce qu'il paraît, des collines élevées, il tourne subitement, fait alors plusieurs petits coudes, cherchant, sans doute, un passage au milieu des rochers, et se dirige ensuite à l'ouest, en longeant l'extrémité occidentale de la province des Missions et l'extrémité septentrionale de la province de Corrientes. Dans cette partie de son cours il forme juste un angle de quatre-vingt-dix degrés avec sa direction générale, jusqu'à ce qu'il trouve le Rio du Paraguay. Alors il reprend sa direction première et se dirige au sud-sud-est. Les collines élevées de la province des Missions sont composées d'une roche amigdaloïde grise ou violacée, espèce de vake congénère du mimosite, avec des amandes de terre verte, ou des cavités cellulaires tapissées de terre verte. De cette roche infiltrée de carbonate de chaux, les terrains vont en s'abaissant peu à peu vers l'ouest, jusqu'au-delà du 59.e degré de longitude occidentale. Je ne les ai pas vus tout à fait jusqu'à ce parallèle, et mes recherches ne s'étendent point au-delà du 59.e degré 20 minutes de longitude. C'est donc à l'ouest de ces limites que je vais commencer ma description.

Vers le Curupaïti et l'Ybera-Tingay, le Parana est séparé de ses anciennes berges par des marais; aussi les falaises basses qu'elles forment sont-elles couvertes de végétation; néanmoins elles montrent à nu, sur plusieurs points, un grès ferrifère rempli d'oxide de fer. Plus à l'ouest, ces falaises s'éloignent encore davantage du Parana, et finissent par ne se distinguer, plus ou moins loin dans les terres, que par une légère ondulation du sol. Elles sont assez marquées vers la Barranquera, le premier point habité de la province de Corrientes; puis s'abaissent tout à fait et disparaissent, un peu à l'ouest de ce lieu. Elles reparaissent tout à coup sous la forme d'un promontoire près

1. Je dois la détermination de ces roches à la complaisance de M. Cordier.

Géologie. d'Itaibaté[1]. Alors elles sont élevées de huit à neuf mètres, entièrement formées d'un grès rougeâtre très-quartzeux, ferrugineux, friable, par endroits; dans d'autres, surtout dans les parties inférieures, uni par un ciment ferrugineux et constituant des rochers irréguliers, souvent caverneux, remplis, par places, d'oxide rouge ou d'hydrate de fer en rognons géodiques ou en grains, et de belles sardoines de diverses couleurs, alors en petits morceaux roulés. Je n'y vis aucune trace de fossiles. Ces grès forment des couches horizontales ou plongeant très-légèrement à l'ouest. Dans certains endroits elles renferment si fréquemment de larges géodes d'oxide rouge de fer de la plus belle teinte, qu'elles offriraient, sans aucun doute, au commerce local une branche lucrative d'exploitation. Les mêmes falaises, composées par intervalle d'un grès plus ou moins friable, quelquefois nullement aggrégé, ou montrant tout à coup des groupes de roches très-ferrugineuses, irrégulières, en grosses masses, hérissant la côte[2], se montrèrent sur environ sept lieues de long, jusqu'à la côte de Santa-Isabel. Leur hauteur est très-variable; généralement elles sont moins élevées, lorsqu'il n'y a pas de parties dures.

Tandis que le Parana offrait ces falaises sur sa rive gauche appartenant à Corrientes, je gravis plusieurs fois la berge, pour m'assurer si son autre rive, faisant partie du Paraguay, me montrerait la même composition; mais de ce point jusqu'à Corrientes, je n'ai aperçu, sur la côte du Paraguay, que des parties marécageuses, basses, couvertes de terrains d'alluvion; aussi ne puis-je rien dire de leur composition géologique.

Un peu au-delà de la côte de Santa-Isabel, après une légère interruption de la falaise, je la trouvai, près de Yaapé, composée de même, pour les parties inférieures, c'est-à-dire de *grès ferrugineux* (voyez pl. IV, fig. 1, couche A), ayant alors environ trois ou quatre mètres de puissance. Les grès sont recouverts d'une couche épaisse de deux mètres environ d'un calcaire argileux gris blanchâtre (voyez même coupe, couche B), caverneux, à pâte compacte, sans aucune trace de fossiles, contenant des cailloux de quartz et beaucoup de grains arrondis de fer hydraté. Je l'appellerai calcaire à fer hydraté. Ces grains sont même en si grande quantité, qu'ils offrent, sur ces côtes boisées, les moyens d'établir une excellente forge de fer, lorsque l'industrie voudra s'approprier les richesses naturelles de ce sol. Ces calcaires à fer hydraté passent souvent d'une manière insensible à leur partie supérieure à des couches d'*argile* gypseuse (même coupe, couche C), de même couleur, également remplie de nodules plus durs. Cette partie supérieure ne contient plus de grains d'hydrate de fer, mais bien, par endroits, un grand nombre de petits rognons de gypse, le plus souvent disséminés par couches horizontales. Cette argile varie de hauteur; à Yaapé elle n'a pas plus de quatre mètres de puissance; je n'y ai pas vu de traces de fossiles.

En suivant la côte de Yaapé vers l'ouest, on voit les grès ferrugineux devenir entièrement friables, diminuer d'épaisseur, tandis que les couches supérieures, surtout celle

1. *Ita-ibaté* veut dire *pierre élevée* dans la langue guaranie.

2. Ces roches sont tout à fait identiques à celles qu'on trouve disséminées dans les sables jaunes inférieurs aux meulières, depuis Meudon jusqu'à Viroflay, près de Paris.

de l'argile gypseuse, prennent une plus grande puissance. Au-delà de Yaapé des marais empêchent, pendant quelques lieues, de juger de la composition de la côte. A une ou deux lieues avant d'arriver à Iribucua, et de ce point jusqu'à Iribucua même, la falaise se montre de nouveau, sur une hauteur d'environ treize mètres. Les grès ferrugineux continuent à s'incliner à l'ouest, n'offrant plus à Iribucua que deux ou trois mètres de puissance, encore lorsque les eaux du Parana sont basses. Ils sont, dans ce lieu, composés de gros grains et contiennent beaucoup de rognons de sardoine; mais ils sont infiniment moins ferrugineux et ne présentent plus ces masses caverneuses que j'ai signalées à Itaibaté. Les calcaires ferrugineux n'ont pas pris plus de puissance; ils n'ont pas au-delà de trois mètres d'épaisseur, tandis que les argiles gypseuses atteignent, à elles seules, plus de hauteur que les deux autres couches réunies. Des recherches de plus de quinze jours dans tous les petits ravins où cette dernière couche se trouve à découvert, ne m'ont offert aucune trace de corps organisés, ce qui me porterait à croire qu'elle n'en contient pas.

Géologie.

D'Iribucua, en marchant vers Itaty, on perd, par intervalle, la suite des couches, celles-ci étant couvertes d'alluvions ou de végétation. Pourtant elles se montrent sur plusieurs points, notamment au Puerto Lengua et au Puerto de la Cruz. Dans ce dernier lieu les grès ferrugineux, dont la pente vers l'ouest, depuis Itaibaté, est plus forte que la pente du Parana, viennent s'achever entièrement, et il ne reste plus à nu, dans les falaises, que la couche de calcaire ferrugineux et la couche d'argile gypseuse. Celle-ci étant toujours la plus puissante, et renfermant, de ce point jusqu'à Itaty [1], beaucoup de rognons de gypse disséminés ou placés dans une stratification peu déterminée. Les *grès ferrugineux* reparaissent un peu avant d'arriver à Itaty. Ils se montrent sous l'aspect caverneux d'Itaibaté, c'est-à-dire fortement colorés par le fer et formant des masses irrégulières très-dures, qui représentent des rochers sur les côtes et résistent aux efforts du courant.

D'Itaty à Corrientes on remarque quelques discontinuités; pourtant le grès se montre partout avec ses blocs ferrugineux; ses couches se relèvent en partant d'Itaty, à mesure que les couches argileuses diminuent de hauteur; il en résulte que, vers Itacora, en face des Ensenadas, c'est-à-dire vers la moitié de la distance comprise entre Itaty et Corrientes, le grès acquiert une puissance de six mètres de hauteur, tandis que le calcaire et l'argile n'en offrent pas plus de deux chacun. Ces proportions de puissance et cette composition se continuent jusqu'à la ville de Corrientes, où les grès ferrugineux, très-abondans, ont servi à la construction de plusieurs édifices importans.

Résumé de la coupe est et ouest de la province de Corrientes.

En résumé, l'on voit qu'en traversant, de l'est à l'ouest, la province de Corrientes, on trouve une grande uniformité de composition dans les terrains tertiaires qui forment

1. *Itaty*, par une contraction de la langue guaranie, veut dire *pierre blanche*. Ce nom lui est venu, sans doute, des falaises blanchâtres argileuses qui bordent le Parana en cet endroit.

Géologie. son sol. Ces terrains se composent partout de trois couches, de *grès ferrugineux*, de calcaires à fer hydraté et d'*argile gypseuse*, ne contenant aucune trace de fossiles. Les couches, d'abord relevées vers l'ouest, s'abaissent par une inclinaison plus forte que la pente du Parana, jusqu'auprès d'Itaty, tandis qu'elles se relèvent et deviennent presqu'horizontales, ou du moins très-peu inclinées à l'ouest, de ce dernier point jusqu'à Corrientes, laissant, au milieu de leur longueur, près d'Itaty, une dépression sensible. Les couches dont se compose l'ensemble suivent, en tout, la même dépression, et paraissent avoir subi les mêmes lois. Si, maintenant, au lieu de côtoyer les falaises du Parana, je prends, dans les terres, la même direction de l'est à l'ouest, je trouverai partout le sol couvert, soit de terre végétale, soit d'alluvions. Le grès ferrugineux ne se montre nulle part, pas plus que le calcaire à fer hydraté. Si l'on aperçoit le sol dans quelques ravins, il appartient toujours à l'argile gypseuse. Cette disposition, en apparence sans intérêt, en a beaucoup sous le rapport de la forme extérieure de la province. En effet, l'argile, souvent onctueuse, toujours assez tenace, couvrant toute la superficie du sol, permet aux eaux de séjourner et de représenter d'immenses marais, ou cette série si singulière de petits lacs, qui se remarque de Corrientes jusqu'à Iribucua et dans les environs de Caacaty[1]. Lorsque l'argile gypseuse est à nu, ou n'est recouverte que par la terre végétale, elle forme sur le sol, soit des plaines unies, soit des amas d'eaux plus ou moins durables, toujours d'une grande étendue, comme la Cañada de San-Antonio, le cours du Riachuelo, et toute cette immense surface de la Maloya et de la Laguna d'Ybera. Lorsqu'au contraire l'argile est recouverte par un diluvium composé de sable fin presque pur, comme à San-Cosme et à Caacaty, ces sables reposent immédiatement sur l'argile; et, par suite d'une singulière disposition, ils laissent, de distance en distance, une multitude de dépressions plus ou moins profondes, où les eaux s'amassent encore, et il en résulte cette quantité de petits lacs dont j'ai parlé. On voit dès-lors, qu'à l'exception de la terre végétale et des dépôts qui se font journellement dans les marais, les seules parties alluviales de quelque importance qui recouvrent le sol de la province, sont composées de sables fins d'une puissance variable de quelques mètres, qui se sont déposés par petites collines suivant la direction générale du sud-ouest, en traversant diagonalement toute la province dans le sens des pentes.

J'ai déjà dit qu'au nord du Parana, sur la rive appartenant au Paraguay, il ne paraissait pas y avoir concordance de couches. Là non-seulement les premières lieues du littoral du Parana, au nord, ne montrent que des terrains bas et argileux, mais encore tous les renseignemens que j'ai pu obtenir, de même que l'inspection des cartes d'Azara[2], m'ont prouvé que les terrains argileux s'étendent très-loin dans le Paraguay.

---

1. Le fait curieux, observé par MM. Élie de Beaumont et Dufrenoy, dans leur magnifique carte de France, que les terrains tertiaires se distinguent par la présence de lacs nombreux, se justifie puissamment à Corrientes; et je retrouverai ce caractère extérieur sur beaucoup de points du bassin des Pampas.

2. Voyage dans l'Amérique méridionale (Atlas).

On pourrait donc supposer que les falaises du sud du Parana, telles que je les ai décrites, offriraient un point de relèvement des couches qui, dans la province de Corrientes, les aurait placées sur un niveau actuel plus élevé qu'au Paraguay. Alors l'extrémité nord de la province de Corrientes paraîtrait former le bord d'une partie relevée, ou peut-être une faille de plus de quarante lieues de longueur, dont la différence de niveau serait au moins d'une douzaine de mètres, à moins que les couches du sol du Paraguay ne fussent inférieures à celles de Corrientes; ce qui me paraît difficile à admettre. Géologie.

Ce que je viens de dire relativement à la différence de niveau des rives nord et sud du Parana, au-dessus de son confluent avec le Rio du Paraguay, pourrait peut-être se rattacher à des causes plus générales. Si je continue au-delà de Corrientes la direction de l'est à l'ouest, suivie dans l'examen des couches de cette province, le Parana déviant brusquement et allant au sud, je suis obligé, pour suivre ma ligne, de le traverser et d'entrer dans le grand Chaco. En m'avançant vers l'ouest, j'ai trouvé, sous les alluvions de sa rive droite, à plus d'une lieue dans l'intérieur, une argile rougeâtre, qui m'a paru analogue à l'*argile pampéenne*. Les Indiens Tobas, interrogés sur ce point, me dirent et me montrèrent, plus tard, par des fragmens rapportés de l'intérieur, que l'argile pampéenne couvre, en cet endroit, une vaste surface du grand Chaco. Si je ne me suis pas trompé sur l'analogie des argiles du grand Chaco avec les argiles pampéennes des environs de Santa-Fe, de Buenos-Ayres et de Canelones, il faudrait supposer qu'il y aurait, dans la direction du nord au sud, une faille immense qui occuperait tout le cours du Parana, depuis Corrientes jusqu'au-delà de la Bajada, ou sur plus de cent vingt-huit lieues de longueur. On verra ultérieurement, lorsque je comparerai les deux rives du Parana sur toute sa longueur jusqu'à Buenos-Ayres, que cette supposition s'appuie sur beaucoup de faits. Quoi qu'il en soit, la figure 1, planche II, montrera comment je conçois comparativement la géologie des deux rives du Parana, en face de Corrientes.

Géologie du cours du Parana (rive gauche) depuis Corrientes (province de Corrientes) jusqu'au-delà de la Bajada (province d'Entre-Rios), sur environ cent vingt-huit lieues géographiques de longueur, dans la direction sud, 17 à 18 degrés à l'ouest.

(Pl. IV, fig. 2.)

Pour suivre la marche déjà adoptée, je vais prendre le Parana à Corrientes et le décrire dans son cours, en le descendant, et longeant sa rive gauche, la seule qui soit élevée et présente des falaises.

J'ai dit qu'à Corrientes même le *grès ferrugineux*, alors assez dur et très-caverneux, forme un banc solide qui hérisse la côte de rochers; j'ai dit encore que ce banc a environ six mètres de puissance au-dessus des eaux du Parana, et qu'il est recouvert par

Géologie. deux mètres de calcaire à fer hydraté, sur lequel reposent deux mètres environ d'argile gypseuse. Les mêmes couches, presqu'horizontales, se montrèrent ensuite, sans interruption, jusqu'auprès de l'embouchure du Riachuelo, où, les ayant mesurées de nouveau, je trouvai, au grès ferrugineux, alors peu agrégé et très-légèrement coloré par le fer, une hauteur de cinq mètres au-dessus du Parana; au calcaire à fer hydraté, une puissance de douze mètres; à l'argile gypseuse, quatre mètres d'épaisseur au-dessous de la terre végétale; ainsi, dans cet endroit, la couche intermédiaire aurait pris une grande puissance, et les autres auraient, au contraire, perdu de la leur. Deux autres coupes, mesurées quelques lieues plus loin, l'une à *Punta Blanca* et l'autre avant l'embouchure du Sombrero, me montrèrent plus d'épaisseur aux grès, toujours friables, et une telle diminution des couches supérieures que, lorsque je mesurai une quatrième fois l'ensemble, au-delà de l'embouchure du *Rio Empedrado*, c'est-à-dire à plus de douze lieues au-dessous de Corrientes, je trouvai douze mètres aux grès, et trois mètres de puissance seulement à chacune des deux couches supérieures, sans qu'elles eussent toutefois changé de nature. En partant des falaises de l'Empedrado, la côte s'abaisse encore, les deux couches supérieures disparaissent avant d'atteindre le village del Señor Allado, où le grès, toujours des plus friable et peu coloré, se trouve seul à découvert, jusqu'un peu au-delà du ruisseau de Gonzalez, où il disparaît à son tour, pour être remplacé par des terrains marécageux couverts d'alluvions modernes. J'ai remarqué que le grès ferrugineux contient des rognons de sardoine, dont les dimensions décroissent à mesure qu'on s'avance vers le sud.

Des côtes basses se montrent sur huit ou neuf lieues de longueur, jusqu'à peu de distance du village de Bella Vista, où la falaise reparaît. Elle est d'abord composée de grès ferrugineux non agrégé, beaucoup plus chargé de fer aux parties inférieures qu'ailleurs, et contenant des sardoines et des jaspes. Un peu au-delà de Bella Vista on voit paraître, sous le grès, une couche horizontale d'argile bleuâtre, formée de particules très-fines; elle est très-onctueuse, et ne montre aucune trace de fossiles. Cette couche, en suivant la pente du cours du Parana, se découvre de plus en plus; elle donne toute sa puissance à la Pointe de Chamorro, où la falaise acquiert sa plus grande hauteur. L'ensemble des couches se compose alors : 1.° d'un grès très-ferrugineux; 2.° d'une couche de sept mètres d'argile bleuâtre, dont la contexture est parfaitement uniforme; 3.° d'un grès ferrugineux très-friable, dont l'épaisseur n'est pas moindre de quarante mètres; les parties les plus inférieures de ces grès, au contact de l'argile, se chargent tellement de fer, que cette substance unit entr'elles les diverses particules et en forme une légère couche solide, remplie de fer hydraté et d'oxide rouge de fer; 4.° au sommet de la falaise, sur quelques lieues de longueur, de trois mètres environ d'épaisseur, d'un calcaire analogue au calcaire à fer hydraté des coupes précédentes. Ce calcaire alors ne contient pas de grains de fer; il est simplement caverneux et beaucoup plus compacte que vers Corrientes. Il disparaît ensuite.

En résumé, cette falaise non interrompue, depuis Bella Vista jusqu'à l'embouchure du Rio de Santa-Lucia, ou sur plus de treize lieues de longueur, se compose de couches horizontales qui me paraissent être la continuation des couches déjà décrites avant Corrientes; seulement au milieu des grès, alors plus puissans, plus friables et surtout moins colorés, se montre une couche d'argile inconnue jusqu'alors; mais cette couche, reposant sur les mêmes grès, peut en être considérée comme un simple accident. Au-dessus du grès ferrugineux on ne trouve plus, dans un court espace, qu'un lambeau des couches du calcaire à fer hydraté, sans que s'y montre pourtant l'argile, qui lui est supérieure. L'extrémité sud de la falaise est seulement composée de grès friable; elle s'achève près de Goya, un peu au-delà du 29.° degré de latitude sud. L'aspect des falaises est des plus singulier. Vu leur peu de solidité, l'eau des pluies tombant perpendiculairement sur leur partie déclive, mine, plus que d'autres, certains endroits irrégulièrement coupés, par intervalle, de petits ravins, y dessine une quantité de monticules coniques, déchirés, figurant parfois, en petit, des tourelles en ruines, ou bien en grand, des reliefs dont l'aspect rappelle ces anciennes sculptures gothiques à demi effacées par le temps, que présentent nos belles églises de Normandie.

Géologie.

Tous les renseignemens que j'obtins à Goya me donnèrent la certitude que sur ce point, comme à Corrientes, l'autre rive du Parana est composée d'argile pampéenne, connue, dans le pays, sous le nom de *Tosca*. Il y aurait donc encore ici disparité de composition entre les deux rives.[1]

Au-delà de Goya, et sur près d'un degré de longueur, la rive du Parana me montra partout des terrains marécageux et d'alluvion, une argile plus ou moins noirâtre, ou une terre végétale très-épaisse. Je ne pus donc juger, en aucune manière, de la composition géologique de cet intervalle. Après avoir passé le Rió Corrientes, c'est-à-dire quelques minutes avant le 30.° degré de latitude sud, je trouvai, près du village de la Esquina, un lambeau de grès, élevé au plus de neuf mètres au-dessus du cours du Parana. Ce grès, des plus friable, et formant des couches presqu'horizontales d'une composition uniforme, me parut composé de grains quartzeux beaucoup plus fins que ceux des grès précédens; et, sans pouvoir l'assurer, je crus qu'il devait appartenir à une couche différente, peut-être supérieure aux premières et analogue à celles de Cavallu Cuatia. Ce lambeau parut sur six lieues de longueur environ, et fit place ensuite aux alluvions modernes qui occupent, sur neuf lieues de longueur, le terrain jusqu'au Rio de Guayquiraro, limitrophe des provinces de Corrientes et d'Entre-Rios, et au-delà, jusqu'à quelques lieues au sud de Curuçu Chali.

Les premières falaises que j'aperçus à environ cinq lieues au nord de Cavallu Cuatia, s'élèvent, peu à peu, jusqu'à l'Arroyo Verde, à plus de deux lieues sud du village de Cavallu Cuatia, et s'abaissent ensuite jusqu'au Rio de Conchitas. J'ai mesuré plusieurs fois la puissance des couches, en étudiant leur composition. Voici ce que je trouvai dans l'ensemble, depuis le commencement jusqu'à l'Arroyo Verde, lieu où les couches sont plus complètement apparentes, et où elles se montrent dans toute leur puissance (voyez la coupe pl. IV, n.° 2):

1. Voyez pl. II, fig. 3.

Géologie. 1.° On aperçoit, au bord même du Parana, près de l'Arroyo Verde, et en partie cachée par les eaux, une couche d'un ou deux mètres de *grès tertiaire marin* (voyez la coupe, couche D), très-fortement colorée en rouge par le fer. Ce grès, qui se montre pendant quelques lieues, disparaît au nord et au sud, sous les autres couches. Il contient, à l'état d'empreintes, des débris de coquilles marines, des genres *Ostrea* et *Venus*; mais ces débris ne peuvent être déterminés d'une manière précise, vu leur mauvais état de conservation. Il renferme aussi beaucoup de fragmens de bois.

2.° Immédiatement au-dessus de ce *grès marin* repose une couche épaisse d'un mètre environ de grès quartzeux, très-dur, à cassure lustrée, ne contenant aucune trace de corps organisés. Cette couche, d'abord horizontale, plonge bientôt au sud, avec la couche précédente, et disparaît avec elle. Elle semble bien n'être qu'une dépendance des *grès à ossemens* (voyez, sur la coupe, la couche E), qui au-dessus occupent, sur vingt mètres de hauteur, toute la longueur de la falaise. Ce grès quartzeux friable est assez fortement coloré par le fer, en jaune rougeâtre. Il se compose de grains fins, et contient quelques troncs d'arbres silicifiés, souvent de quelques mètres de longueur. J'y ai recueilli également l'*humerus* siliceux, du *Toxodon paranensis*[1]. Cette couche, qui paraît être horizontale jusqu'à l'Arroyo Verde, semble avoir été brisée sur ce point, et plonge ensuite, au sud, sur une inclinaison bien plus forte que celle du courant du Parana. Je l'ai suivie depuis le nord de Cavallu Cuatia jusqu'à quelques lieues au nord du Rio de Conchitas.

3.° Au-dessus du grès friable est une roche de calcaire (voyez coupe, couche F) cloisonné gris, contenant, dans ses compartimens, de l'argile et du gypse. Cette couche, épaisse de sept à dix mètres dans sa plus grande puissance, renferme d'autant plus de calcaire, elle est d'autant plus compacte qu'elle est plus inférieure, tandis qu'en dessus elle passe insensiblement à l'état argileux. Je n'y ai vu aucune trace de corps organisés. Elle se montre depuis quelques lieues au nord de Cavallu Cuatia jusqu'au Rio de las Conchitas. Elle augmente de puissance du nord au sud jusqu'à l'Arroyo Verde, et diminue ensuite en plongeant au sud.

4.° J'ai dit que le calcaire grossier passe à l'état argileux à ses parties supérieures. En effet, il ne montre, pour ainsi dire, pas de ligne de démarcation avec une couche puissante d'une dizaine de mètres d'*argile grise* (voyez la coupe, couche G), contenant des amas de gypse fibreux ou lamellaire, et des rognons de calcaire. Dans les parties supérieures de cette argile s'étend un banc d'un demi-mètre de gypse en rognons, composés de cristaux informes. Ce banc est surtout très-marqué près de Cavallu Cuatia et près de Feliciano. On l'exploite comme plâtre, et il sert à l'approvisionnement de Buenos-Ayres; mais la grande quantité d'argile qu'il contient le rend d'un mauvais usage et l'empêche d'être blanc. L'argile de cette couche se montre sur toute la longueur de la

1. Voyez *Paléontologie*, pl. VIII, fig. 1, 2, 3. J'en dois la détermination à la complaisance de M. Laurillard.

falaise. De peu d'épaisseur au nord de Cavallu Cuatia, elle augmente jusqu'à l'Arroyo Verde, et de là s'incline vers le sud avec les autres couches.

Géologie.

Si, après avoir décrit les couches qui composent les falaises d'Entre-Rios, je cherche à les comparer à celles de Bella Vista, dans la province de Corrientes, je trouverai cette différence tranchée, qu'à Bella Vista il n'y a pas, dans toutes les couches qui composent la falaise, de traces de corps organisés, tandis que les couches inférieures de Cavallu Cuatia ou d'Entre-Rios en montrent en grand nombre, ce qui me porterait à croire que l'ensemble des falaises d'Entre-Rios est supérieur aux couches de Bella Vista, tout en appartenant au même système tertiaire. Je tire ces résultats au moins de la considération des couches fossilifères; et, si j'examine aussi l'ensemble géographique de l'espace compris entre les 29.e et 30.e degrés 30 minutes de latitude sud, le changement de direction des rivières m'amène au même résultat. En effet, lorsqu'on voit tous les cours d'eau suivre une direction uniforme au sud-ouest, depuis l'extrémité nord de Corrientes jusqu'au 30.e degré, on doit supposer qu'elles parcourent une surface dont les élémens géologiques sont identiques, ce que me prouve l'examen des couches; mais aussi, lorsqu'on voit ces mêmes cours d'eau prendre tout à coup une direction est et ouest, comme le Guayquiraro, l'Arroyo Hondo, on doit se croire sur des couches différentes; c'est encore ce qui existe; ainsi je pense que les falaises d'Entre-Rios, de Cavallu Cuatia jusqu'à l'Arroyo de las Conchitas, sont supérieures à celles de Corrientes, tout en appartenant au même système tertiaire.

Les couches d'Entre-Rios n'offrent pas une inclinaison régulière; on les voit suivre une ligne horizontale, en augmentant de puissance depuis leur naissance au nord jusqu'à l'Arroyo Verde; puis, au-delà de ce point, elles s'enfoncent, vers le sud, sur une pente plus forte que le cours du Parana, puisque quelques-unes d'entr'elles disparaissent sous la ligne des eaux. Elles s'abaissent encore davantage un peu avant d'arriver au Rio de las Conchitas, où elles sont tout à coup interrompues par les terrains bas et couverts d'alluvions modernes, qui remplissent le lit du Rio de las Conchitas.

Entre les derniers points de la falaise d'Entre-Rios et les premières parties élevées au sud du Rio de las Conchitas, il y a une interruption d'une lieue et demie, au moins; puis paraissent les falaises de la Bajada, ainsi composées:

1.° Il s'y présente d'abord une couche de grès quartzeux friable de seize mètres de puissance, formée de grains de quartz blanc, et contenant, avec beaucoup d'ossemens de poissons et de fragmens de bois, un grand nombre de fossiles marins très-bien conservés. Tous ces fossiles paraissent avoir vécu en ce lieu, et n'y avoir pas été roulés par la mer. Je pus en juger par les acéphales, dont les deux valves sont presque toujours réunies. Les mollusques que j'y ai reconnus sont : *Pecten paranensis*, d'Orb.; *Pecten Darwinianus*, d'Orb.; *Ostrea patagonica*, d'Orb.; *Ostrea Alvarezii*[1], d'Orb. Ils sont peu nombreux en espèces, mais très-multipliés en individus. Cette couche, au maximum de son développement à la pointe nord de la Bajada, va ensuite en

1. Voyez, pour toutes ces espèces, la partie paléontologique, pl. VII et suivantes.

Géologie. s'abaissant fortement vers le sud. Je nommerai cette couche *grès ostréen* (voyez les coupes, couche H).

2.° Au-dessus du grès est une couche de *calcaire arénifère*, assez dur (voyez coupe, couche I). Elle se divise en trois bancs, chacun d'un mètre environ de puissance, ainsi composés, en commençant par le plus inférieur. Premier banc : conglomérat de calcaire rempli de coquilles marines, le plus souvent à l'état d'empreintes, parmi lesquelles j'ai reconnu les espèces suivantes : *Ostrea Alvarezii*, d'Orb. (avec son test); *Venus Munsterii*, d'Orb.; *Arca Bonplandiana*, d'Orb.; et *Cardium platense*, d'Orb. Second banc : calcaire à gros grains sans coquilles, et rempli de petits cailloux quartzeux roulés. Troisième banc : calcaire à petits grains, mêlé de sable quartzeux, ou, pour mieux dire, c'est un grès aglutiné par des parties calcaires. Ces trois bancs, qui suivent la même direction que le grès inférieur, donnent, surtout les inférieurs, une chaux hydraulique très-estimée. Un bon nombre de fours à chaux, placés le long de la côte du Parana, exploitent le calcaire à ciel ouvert. Cette chaux se transporte à Buenos-Ayres, à Corrientes et dans tous les autres lieux voisins, et forme, à la Bajada, l'une des branches principales du commerce local.

3.° Sur le *calcaire arénifère* se remarque une couche épaisse de trois à quatre mètres de *grès quartzeux* friable presque blanc, mélangé de particules et de rognons de calcaire. Je n'ai remarqué, dans cette couche, aucune trace de végétaux ni de corps organisés (voyez les coupes).

4.° Une dernière couche, composée d'argile calcaire rougeâtre, épaisse de deux à trois mètres. Cette couche, la plus supérieure du système, m'a beaucoup intéressé. C'est mon argile pampéenne, analogue à celle des Pampas, ce que j'ai pleinement vérifié, par la présence des ossemens; elle est ici d'une grande importance, en fixant sur sa position exacte par rapport aux grès marins qui lui sont inférieurs; position qui, du reste, se trouve en rapport avec tout ce que j'ai observé dans le bassin des Pampas.

Le résumé des couches tertiaires rencontrées au sud du Rio de las Conchitas, est que toutes sont supérieures à celles de Cavallu Cuatia, et qu'elles constituent l'étage supérieur des terrains tertiaires marins, sur lesquels viennent s'appuyer les argiles pampéennes qui forment dessus un immense dépôt fluviatile. L'ensemble de ces couches est fortement incliné vers le sud; il s'ensuit qu'à Punta Gorda, à huit ou dix lieues de distance, les argiles pampéennes seules y constituent une falaise de près de trente mètres de hauteur. On y trouve beaucoup d'ossemens.[1]

Résumé de la coupe géologique offerte par la rive gauche du Parana, depuis Corrientes jusqu'à la Bajada, ou composition générale des deux provinces de Corrientes et d'Entre-Rios.

Les falaises finissent à dix ou douze lieues au sud de la Bajada; et, d'ailleurs, y ayant trouvé la couche la plus supérieure, l'argile pampéenne, j'ai cru ne pas devoir

1. M. Darwin a reconnu à la Bajada les mêmes animaux fossiles que dans les Pampas.

suivre la même rive plus au sud, où, du reste, en m'avançant davantage, je n'aurais rencontré que des terrains inondés. Mes observations sur le système tertiaire des provinces de Corrientes et d'Entre-Rios s'arrêtent donc à Punta Gorda. Après avoir fait connaître, en détail, la composition et la succession des couches, sur tout le cours du Parana, il me reste à envisager cette vaste étendue sous un point de vue plus général, en y rattachant le reste de la superficie des deux provinces. Géologie.

Je considère tout le système tertiaire des provinces de Corrientes et d'Entre-Rios comme pouvant se diviser en trois époques distinctes. 1.° La première, inférieure, que j'appellerai *tertiaire guaranien*, parce que son ensemble s'étend au loin sur les lieux habités par les Guaranis; il ne contient aucune trace de corps organisés marins. 2.° La seconde, moyenne, que j'appellerai *tertiaire patagonien*, parce que le terrain qui la forme se développe surtout vers le sud des Pampas. Il se compose d'une alternance de couches marines et de couches contenant des ossemens de mammifères et du bois. 3.° La troisième, supérieure, que j'ai nommée *argile pampéenne*, parce qu'elle constitue, en effet, toutes les Pampas proprement dites. Elle ne contient que des ossemens de mammifères.[1]

Je vais maintenant suivre la circonscription de ces trois époques.[2]

Dans ma coupe est et ouest (pl. IV, fig. 1) on a vu que, toutes les parties nord de la province de Corrientes appartenaient au tertiaire guaranien, composé de grès et d'argile: ce tertiaire, en couches inclinées à l'ouest, occupe toute la largeur de la province. En suivant vers le sud, j'ai retrouvé les mêmes couches, variant plus ou moins de puissance jusqu'au 29.e degré de latitude sud, et je crois même qu'elles se montrent plus ou moins jusqu'au 30.e degré, sur les collines du Rio-Corrientes. L'aspect extérieur de ces terrains est assez singulier. On y voit sortir de vastes dépressions couvertes d'alluvions modernes, constituant la laguna d'Ybera et la Maloya, de nombreux cours d'eau, séparés par de très-légères collines, qui gardent une espèce de parallélisme, en se dirigeant au sud-ouest ou sud-sud-ouest, vers le Parana; un seul, le Mérinay, allant à l'Uruguay. La direction de ces rivières vient placer le faîte de partage à l'extrémité nord-est de la province de Corrientes, près de la province des Missions.

Le tertiaire patagonien commence vers le 30.e degré de latitude sud, et continue jusqu'au 32.e degré. Il est sillonné par des rivières, dont le cours est est et ouest, dirigées

---

1. On peut voir l'ensemble des couches qui composent ces trois époques, à la planche V, fig. 1, contenant la succession comparative des couches au nord des Pampas et au sud en Patagonie.

2. On voit que mon opinion diffère ici tout à fait de celle qu'a émise M. Darwin (*loc. cit.*, p. 149 et p. 171), qui, des couches marines inférieures à l'argile pampéenne, des argiles inférieures aux couches marines et des couches pampéennes elles-mêmes, semble ne former qu'une seule et même époque. Je n'ai pas trouvé, non plus, que les couches marines passassent graduellement aux couches de l'argile pampéenne, dont elles m'ont toujours paru très-distinctes. Je ne doute pas que si M. Darwin avait suivi le cours du Parana bien au-dessus de la Bajada, il n'eût pensé comme moi sur les âges différens des couches.

Géologie. les unes sur le Parana, les autres sur l'Uruguay. Ainsi le faîte de partage des eaux serait, en ce lieu, sur une ligne nord et sud, parallèle aux grands cours du Parana et de l'Uruguay.

Comme je l'ai dit, j'ai trouvé l'argile pampéenne à la Bajada, reposant immédiatement sur le tertiaire patagonien, et de là s'inclinant brusquement au sud, jusqu'à Punta Gorda, où les couches inférieures ne sont plus visibles. Si, de ce point, j'en cherche les limites dans la province d'Entre-Rios, je pourrai croire, par les renseignemens pris sur les lieux, qu'elle suit au sud-est et occupe toute l'extrémité méridionale de la province d'Entre-Rios, jusqu'au confluent du Parana et de l'Uruguay.[1]

Comparées au Chaco, les provinces de Corrientes et d'Entre-Rios forment un promontoire, une partie plus élevée, appartenant à une époque plus ancienne, séparées qu'elles sont du Chaco couvert d'argile pampéenne, par une immense faille qui occupe toute la longueur du Parana, depuis le 27.e jusqu'au-delà du 32.e degré de latitude sud. En cherchant, dans les faits géologiques voisins, les causes de cette faille, je crois qu'il sera facile de la déduire de la direction des cours d'eau. J'ai dit qu'il se trouvait des roches d'origine ignée près de Santa-Ana, aux Missions, où ces roches paraissent former des collines élevées. En suivant les faîtes de partage des plaines des deux provinces qui m'occupent, on voit évidemment que ces faîtes partent des Missions, se dirigent d'abord au sud-ouest et ensuite au sud, et qu'ils viennent évidemment des collines des roches d'origine ignée des Missions. Je crois dès-lors qu'il faut attribuer à ces roches le soulèvement des provinces de Corrientes et d'Entre-Rios, leur élévation au-dessus des argiles pampéennes du Chaco, et conséquemment, la grande faille qui existe sur tout le cours du Parana. On devrait croire, en même temps, que ce soulèvement a eu lieu postérieurement à l'époque des tertiaires patagoniens, puisque les autres couches supérieures occupent un niveau à peu près identique au reste du pourtour du bassin des Pampas.

---

1. La description que donne M. Darwin de la Punta Gorda à l'embouchure de l'Uruguay, confirme mes prévisions, puisque j'ai la certitude que cette pointe n'est que la continuité des couches de la Bajada.

CHAPITRE IV.

Provinces de Santa-Fe et de Buenos-Ayres.

J'ai déjà dit que l'argile pampéenne paraissait occuper le grand Chaco, en face de Corrientes[1], et qu'elle se montrait également de l'autre côté du Parana, près de Goya.[2] Je devais donc m'attendre à la rencontrer en face de la Bajada. C'est, en effet, ce qui eut lieu, lorsque, traversant le Parana, je trouvai les premières falaises près de Santa-Fe. Elles se composent entièrement d'argile pampéenne, alors de cinq à dix mètres de puissance. Ces falaises courent au loin vers le nord. Tous les renseignemens que je pris à Santa-Fe relativement à l'extension de l'argile pampéenne, me prouvèrent qu'elle occupe, vers l'ouest, une largeur de plus d'un degré, et qu'elle est à moitié chemin de Cordova, près du Rio Secundo, bornée par des sables représentant, sans aucun doute, mon tertiaire patagonien. J'appris aussi qu'au nord elle s'étend sur tous les terrains connus des habitans de Santa-Fe, au long de la rive droite du Parana. En partant de Santa-Fe, je suivis cette rive jusqu'à Buenos-Ayres; et je vis partout, sans interruption, les mêmes falaises d'argile pampéenne, plus ou moins puissantes, sans jamais en apercevoir la partie inférieure. A Santa-Fe, la campagne est presqu'horizontale; elle est singulièrement semée de petits lacs plus ou moins salés, qui caractérisent toute la superficie des Pampas proprement dites, couverte d'argile pampéenne. Dans le Riacho de Corouda, la falaise, sur plus de douze lieues de longueur, est de la même hauteur qu'à Santa-Fe. L'argile y est souvent imprégnée de parties salines qui font efflorescence à l'extérieur. Les bestiaux des fermes voisines lèchent avec tant de plaisir ces parties, qu'ils y forment, pour ainsi dire, des grottes, où ils finissent par se cacher, y amenant fréquemment des éboulemens. La falaise augmente peu à peu de puissance, jusqu'au Rio Carcarañan ou Rio Tercero. J'ai reconnu que Falkner[3] le premier y a fait

---

1. Voyez p. 33.
2. Voyez p. 35.
3. Ce lieu est peut-être le premier où l'on ait rencontré des ossemens du tatou gigantesque. Falkner dit (*Description des Terres magellaniques*, traduction de Lausanne, 1787, t. I.er, p. 78): « Sur les bords du Carcarañan ou Tercero, environ à trois ou quatre lieues de l'endroit où « cette rivière se jette dans le Parana, on trouve des amas d'os d'une grosseur extraordinaire, « et qui paraissent être des os humains. Il en est de plus grands les uns que les autres, comme « s'ils avaient appartenu à des personnes d'âges fort différens. J'y ai vu des os de la cuisse ou « des fémurs, des côtes, des thorax et autres parties de l'homme. J'y ai vu même des dents, « et particulièrement des dents mâchelières, qui avaient près de trois pouces de diamètre à « leur base.

« J'ai trouvé dans les mêmes lieux la coquille d'un animal composé d'os à peu près hexagones,

Géologie. la découverte du tatou gigantesque. C'est près de ces falaises que j'ai également aperçu le plus d'ossemens. Malheureusement, lorsque je suivais le Parana, cette rivière était débordée de toutes parts. Une grande masse d'eau couvrait le pied des falaises, où des circonstances plus favorables m'auraient permis de recueillir des ossemens que les courans n'entraînent pas aussi facilement que les argiles qui les renferment, de sorte qu'ils doivent nécessairement les laisser au lieu même où ils sont tombés. J'eus, à plusieurs reprises, le regret de voir percer, en dehors de la falaise, diverses parties de squelettes de grands animaux, entre autres un squelette presque entier avec la tête; je l'aperçus à moins d'une lieue au-dessous du Carcarañan, sur le bord du Parana. C'était, sans doute, un megatherium identique à celui qui existe au cabinet de Madrid et qu'on a trouvé dans la même couche à Lujan, non loin de Buenos-Ayres.[1]

Au-delà du Carcarañan la falaise de même nature paraît élevée de plus de trente mètres. Les plaines qui la dominent sont également d'une grande horizontalité et semées de petits lacs. Je vis la même composition et le même aspect de terrain au Rosario et à San-Nicolas. C'est là que j'avais rencontré, pour la première fois, en 1827, des ossemens de quelques mammifères. Je retournai en chercher; et mes deux courses me procurèrent plusieurs fragmens de mâchoires de *Canis*, du *Ctenomys bonariensis* et du *Kerodon antiquum*[2]. La nature des couches ne changea pas près de San-Pedro, où des circonstances particulières me forcèrent de rester quelques jours. J'y rencontrai partout la plaine horizontale couverte de petits lacs si nombreux, qu'on ne peut faire une demi-lieue sans y en voir. Ce sont des dépressions de quelques mètres de profondeur tout au plus : les unes susceptibles de se dessécher, les autres conservant, au contraire, une eau stagnante, quelquefois douce, le plus souvent salée. Cette disposition est très-marquée au sud de Buenos-Ayres. On peut le voir sur notre carte géologique, n.° 1.

Les environs de San-Pedro me montrèrent sur les plaines, au sommet des falaises, élevées alors d'environ trente mètres au-dessus du cours du Parana, plusieurs petits

---

« dont chacun avait un pouce de diamètre au moins; la coquille elle-même avait environ neuf pieds « d'étendue. Elle semblait, à tous égards, excepté dans sa grandeur, être la partie supérieure de « l'écaille d'un armadille ou tatou; mais celui-ci n'a aujourd'hui qu'environ une palme de lar- « geur. »

Voilà donc, dès cette époque, des notions sur le tatou gigantesque. — Les os fossiles des grands mammifères étaient déjà cités, dès 1770, par le père Guevarra, *Historia del Paraguay, Rio de la Plata y Tucuman*, p. 8. Ce sont évidemment ces os qui ont amené la fable des géans en Amérique.

1. Voyez *Descripcion del esqueleto de un quadrupedo muy corpulento*, par Joseph Garrega.

2. M. Laurillard a bien voulu examiner ces ossemens et leur donner, avec moi, des noms. Voyez la Paléontologie spéciale, pl. IX.

M. Darwin, plus heureux que moi, a rencontré, dans le Rio Terceiro et à la Bajada, plusieurs autres espèces de mammifères.

monticules, à peine de deux ou trois mètres d'épaisseur, ayant la forme allongée, et généralement disposés dans la direction du cours du fleuve. Ces bancs sont composés de sable très-fin, si remplis de coquilles, qu'ils ont reçu des habitans le nom de *Conchillas* (petites coquilles). Lorsque j'étudiai zoologiquement ces bancs, je n'eus pas de peine à reconnaître qu'ils sont formés de l'espèce qui vit aujourd'hui très-multipliée dans les eaux douces et saumâtres de l'embouchure de la Plata, forme des bancs au fond de la baie de Montevideo, et habite, quoique moins commune, jusqu'aux plages sablonneuses de Buenos-Ayres. Cette coquille, regardée par quelques auteurs comme une corbule et dont l'animal m'a déterminé à en former un nouveau genre sous le nom d'*Azara*, en l'appelant *Azara labiata* [1], ne vit plus actuellement près de San-Pedro, et ne commence à se trouver, en descendant le fleuve, qu'au Riacho de las Palmas, assez près de Buenos-Ayres; ainsi, dans ce moment, aux environs de San-Pedro, elle ne pourrait être déposée sur les rives du Parana, et bien moins encore sur les argiles pampéennes, à trente mètres au-dessus du niveau des eaux de la rivière. Ces bancs, dont la puissance est assez forte et assez étendue pour qu'on les exploite dans le pays, afin d'en faire la chaux hydraulique, ne permettent pas de penser qu'ils y aient été apportés par l'homme. Si, d'un côté, l'état fossile des coquilles prouve qu'elles appartiennent à un dépôt contemporain de l'époque humaine, leurs deux valves souvent réunies, leur parfaite conservation éloigne, d'autre part, toute idée de transport, et démontre qu'elles vivaient non loin de là, sinon sur le lieu même. Il faut donc admettre que ces bancs de *Conchillas* appartiennent tout à fait au domaine de la géologie. [2]

Géologie.

Ces dépôts se rattachent évidemment à la cause qui a déterminé la formation des *medanos* ou anciennes dunes, qu'on trouve également disséminées, très-loin de la mer, au sein des Pampas, vers le sud, et dont j'aurai l'occasion de parler plus tard. Les uns et les autres sont postérieurs aux argiles des Pampas et annoncent le séjour long-temps prolongé des eaux sur une partie considérable de ces immenses plaines, après l'anéantissement des mammifères de grande dimension qui les peuplaient. Si l'on cherche dans les faits plus généraux encore ce qui peut expliquer la présence de ces bancs de coquilles actuellement vivantes à l'embouchure de la Plata, bien au-dessus du niveau du fleuve, et à au moins un degré de distance du lieu où cette espèce vit aujourd'hui, on devra peut-être supposer qu'ils ont été le résultat des causes d'exhaussement qui ont produit les dépôts de coquilles marines de Montevideo [3], et qui ont porté au-dessus du niveau des mers de Patagonie et du Pérou, les coquilles marines que j'ai trouvées en place à la baie de San-Blas, à Cobija et à Arica, sur les côtes de l'Océan atlantique et du grand Océan.

Les bancs de conchillas sont disséminés dans la campagne. L'un d'eux se trouve

1. Voyez *Paléontologie*, pl. VII, fig. 20, 21.

2. Ce fait est consigné, dès 1834, dans le rapport géologique fait à l'Académie des sciences par M. Cordier. M. Darwin n'en parle pas.

3. Voyez p. 23.

Géologie. entre le couvent de San-Pedro et le Parana. Il a deux ou trois mètres d'épaisseur sur une étendue de six cents mètres environ.

De San-Pedro jusqu'à Buenos-Ayres, sur une longueur de plus d'un degré et demi, ou trente-sept à trente-huit lieues géographiques, je vis, sans interruption, les falaises d'argile pampéenne; je les visitai sur les rives du Barradero, à Sarate, et sur une grande surface des environs de Buenos-Ayres, où elles montrent, lorsque les eaux de la Plata sont basses, ces immenses bancs connus dans le pays sous le nom de *tosca*. C'est toujours la même argile, plus ou moins durcie, toujours caverneuse ou remplie de nodules calcaires et renfermant des ossemens de mammifères.

Les provinces de Santa-Fe et de Buenos-Ayres m'ayant montré partout l'uniformité complète de l'argile pampéenne, il ne me reste plus qu'à rassembler les renseignemens que j'ai pu obtenir, soit sur les limites de l'argile pampéenne au pourtour du bassin, soit sur les accidens ou les dépôts supérieurs de cette partie des Pampas.

Dans un premier voyage à la Cruz de Guerra, mon savant ami, M. Parchappe, ayant parcouru les Pampas de Buenos-Ayres jusqu'au 36.e degré de latitude sud et au 63.e degré de latitude occidentale de Paris, constata les faits géologiques suivans[1]. Il s'assura d'abord, comme je l'ai effectivement reconnu sur plusieurs points, qu'on a beaucoup exagéré l'horizontalité des Pampas, qu'il y a évidemment un faîte de partage des eaux entre le versant à la Plata et le versant au Rio Salado, et que tous les terrains sont partout légèrement ondulés. Au sud du Rio Salado le terrain est généralement plat; mais, au milieu de cette nappe verte, on trouve comme semés, en grand nombre, des groupes de petits monticules sablonneux, que les habitans appellent *medanos* (dunes). Ces mamelons sablonneux et couverts d'une végétation plus rare que dans le reste de la plaine, forment des îlots rarement élevés d'une trentaine de mètres au-dessus du niveau de la plaine, et qui néanmoins y représentent relativement de petites montagnes. Ces medanos sont formés, à leur surface, d'une terre sablonneuse très-fertile, et dessous de sable fin. Ils constituent quelquefois de petites chaînes n'affectant aucune direction particulière, et dont l'étendue ne dépasse pas souvent une demi-lieue; ou bien ils s'arrondissent et bordent des anses qui renferment un réservoir d'eau, dont l'ouverture se présente à l'ouest; enfin, et c'est le cas le plus général, ils donnent lieu à des groupes irréguliers et plus ou moins hauts. Le *medano de los pozos de Piche* est un des plus remarquable, et c'est celui dont j'ai donné la mesure. M. Parchappe a remarqué que la transition des terrains plats et argileux de la Pampa, à la pente sablonneuse et assez rapide des medanos, est subite, et que ceux-ci semblent comme jetés au hasard sur la plaine. M. Parchappe visita successivement le medano partido, les medanos monigotes, le medano de la Cruz de Guerra, les medanos de Oca, le medano del Buey, le medano de Rojas, le medano de Oquil, disséminés autour de la Cruz de Guerra.

Il me paraît évident que ces medanos ont été déposés à la surface des Pampas

1. Voyez cette relation, partie historique de mon voyage, tome I.er

postérieurement à la formation des argiles pampéennes qu'ils recouvrent. Je serais même porté à croire, que ces dépôts se sont formés en même temps que les bancs de conchillas de San-Pedro, dont j'ai cherché à discuter l'époque.[1]

Géologie.

M. Parchappe, dans son voyage à la Cruz de Guerra, a remarqué que les nombreuses lagunes qu'il a trouvées à la surface des Pampas, forment généralement un petit bassin qui présente une ouverture du côté de l'ouest, et dont les bords, assez escarpés, ont environ une dizaine de mètres au-dessus du niveau des eaux. Ces lagunes sont comme adossées à des hauteurs plus ou moins considérables, et qui les bordent toujours du côté de l'est, ou dessinent une anse dont l'ouverture se présente au côté opposé. Je pense que les lagunes des Pampas proprement dites, celles de la province de Corrientes, de la Patagonie et de toutes les surfaces tertiaires de l'Amérique, doivent tenir à la cause qui en a produit également un grand nombre sur notre sol, comme l'ont fait remarquer MM. Dufrenoy et Élie de Beaumont, dans la présentation à la Société géologique de leur magnifique carte géologique de la France. J'en reparlerai aux faits généraux.

M. Parchappe a remarqué sur plusieurs points des Pampas et notamment près de la Cruz de Guerra, des plaines imprégnées de parties salines, nommées dans le pays *Salitrales*. Ces salitrales, assez communs dans toute la province de Buenos-Ayres, deviennent plus nombreux à mesure que l'on s'avance vers le sud. Ce sont ces mêmes efflorescences salines que j'ai remarquées sur les rives du Parana, et qui sont générales dans le système tertiaire des Pampas.

En résumé, M. Parchappe a rencontré partout, jusqu'à la Cruz de Guerra, l'argile pampéenne très-bien développée. Plusieurs puits creusés à la Cruz de Guerra même ont donné, en commençant par les parties supérieures : d'abord deux décimètres de terre végétale, puis deux mètres trois décimètres d'argile pure (argile pampéenne), rougeâtre, et cinq décimètres de la même argile plus dure, de la même couleur, nommée tosca. Il est à remarquer que c'est toujours au-dessous de cette couche d'argile dite tosca, qu'on trouve de l'eau, dans toute la province de Buenos-Ayres. Cette couche sablonneuse, qui lui est inférieure, paraît être une dépendance de l'argile pampéenne.

Je vais maintenant suivre M. Parchappe au sein des Pampas jusqu'à la Bahia Blanca, c'est-à-dire jusqu'au 39.e degré de latitude sud, en traversant toutes les plaines dans la direction générale du sud-sud-ouest, et reproduisant toutes ses remarques relatives à la géologie de cette vaste surface.

De Buenos-Ayres jusqu'à la *Guardia del Monte*, l'argile pampéenne se voit partout, de même qu'à Chascomus. Au-delà du Rio Salado, des plaines se montrent d'abord; elles sont remplacées, près de la poste de Caquel, par de légères hauteurs composées d'argile pampéenne durcie, fortement saturée de parties salines. Ces hauteurs, disséminées sur beaucoup de points des plaines, sont partout formées d'argile pampéenne plus compacte et nullement de sable, comme les medanos de la Cruz de

1. Voyez p. 43.

Géologie. Guerra. De Caquel, après avoir passé près de plusieurs petites hauteurs d'argile, entr'autres celle des Juncal et du Cacique negro, le terrain devient plat, tout en s'élevant insensiblement jusqu'aux montagnes du Tandil. Au fort même de l'Indépendance, situé au pied et au nord des montagnes, au 37.e degré 13 minutes de latitude sud et au 61.e degré 40 minutes de longitude ouest de Paris, un puits de vingt mètres environ de profondeur, n'a donné qu'un dépôt de tosca ou d'argile pampéenne durcie. Ce sondage est pour moi d'une grande valeur géologique, puisqu'il prouve évidemment que l'argile pampéenne vient, sans interruption, s'appuyer sur les roches anciennes des montagnes, et que ces roches n'ont pas soulevé le système argileux des Pampas, mais qu'elles existaient dans le même état, lorsque les argiles se sont déposées autour, comme je l'ai déjà reconnu dans la Banda oriental[1]. Ainsi je pourrais croire que les montagnes du Tandil, de la Tinta et celles qui se remarquent jusqu'au cap Corrientes, étaient des îlots, lors du dépôt de l'argile pampéenne, et qu'elles n'ont, en aucune manière, modifié la forme du bassin des Pampas, dont les limites des couches paraissent être presqu'indépendantes, comme le démontrera l'ensemble des renseignemens que j'ai réunis.

M. Parchappe a gravi l'un des mornes du Tandil, voisin du fort de l'Indépendance. Il a trouvé la roche partout à nu. La direction de la chaîne paraît être est-nord-est et sud-sud-ouest; sur les flancs et à la base, on voit des roches stratifiées dont les couches sont inclinées de quarante-cinq degrés environ à l'horizon, vers le sud. Ces roches, dont M. Parchappe a rapporté des échantillons, que j'ai déposés dans les collections géologiques du Museum, sont des roches quartzeuses, voisines des gneiss[2]. Au-dessous de ces couches, et sur toute la sommité des mamelons, la montagne est composée d'une roche granitique, tirant, en général, du gris au rouge. Elle est fendue en feuillets dirigés dans tous les sens, ou présente comme des aiguilles ou cones émoussés; des veines de quartz en traversent quelques points. M. Parchappe croit que ces mamelons ne sont pas plus élevés que le Cerro de Montevideo; ils n'auraient donc pas au-delà de trois cents mètres au-dessus du niveau des Pampas. A deux lieues du fort de l'Indépendance, M. Parchappe observa, sur la droite, au sommet d'un mamelon, d'énormes blocs de roche granitique isolés et comme posés à la main sur le sol. Ils sont arrondis, comme s'ils eussent été roulés; quelques-uns s'effeuillent, se fendent, se délitent et se partagent en fragmens, par l'action de l'atmosphère. Cette roche granitique est noirâtre. Ce qui précède peut faire croire que le Tandil appartient au système primitif des environs de Montevideo.

En suivant au sud-sud-ouest, entre les montagnes, sur une distance d'environ dix à douze lieues, M. Parchappe s'approcha de la Sierra de la Tinta, située au sud des mamelons du Tandil, et courant à peu près est et ouest. Il s'exprime ainsi à son égard[3] : « Cette chaîne présente une longue et grande muraille d'une hauteur uniforme,

---

1. Voyez p. 27.
2. M. Cordier les a déterminés comme des Pétrosilex tabulaires ou même feuilletés.
3. Voyez ma Partie historique, t. I.er, p. 640.

Géologie.

« dont les flancs sont coupés à pic et laissent apercevoir des couches horizontales de « calcaire. Je crus y reconnaître de beau marbre blanc, veiné de rouge pâle; je trouvai « aussi, roulés dans le ravin, quelques morceaux de silex. » Loin d'être de même composition que la Sierra del Tandil, la Sierra de la Tinta serait donc formée de roches calcaires stratifiées, coupées à pic du côté du nord et peut-être inclinées vers le sud. Quant à l'âge de ces roches, M. Parchappe n'en ayant pas rapporté d'échantillons, je ne puis en rien dire. Si ce sont des marbres, comme le pense mon ami, ce pourraient être des roches de la formation silurienne; mais tout ce qu'on avancerait sous ce rapport serait trop conjectural pour qu'on doive s'y arrêter. Il faut seulement croire que la Sierra de la Tinta est plus moderne que les mornes du Tandil, et plus ancienne que les couches horizontales qui viennent s'y appuyer. Peut-être néanmoins pourrait-on se demander si cette suite de couches horizontales ne se composerait pas de terrains crétacés. J'inclinerais à le croire, d'abord par la présence du silex que M. Parchappe y a rencontré, puis parce que cette formation paraît être développée près du port Famine, au détroit de Magellan[1], et peut-être dans les Andes, près de Mendoza.

Tous les renseignemens que j'ai pu obtenir sur la composition des montagnes qui vont à l'est joindre le cap Corrientes, au 38.e degré de latitude sud, m'ont prouvé que ces montagnes sont granitiques, comme celles du Tandil et de la république orientale de l'Uruguay. Pour celle de Tapalquen, située à l'ouest-nord-ouest du Tandil, M. Darwin nous apprend qu'elle est composée d'une roche quartzeuse[2], dont il n'indique pas l'âge, mais qui est indubitablement de l'époque des gneiss.

En laissant les montagnes, M. Parchappe trouva encore des terrains horizontaux analogues à ceux des Pampas. Il remarqua que les couches étaient un peu plus dures. Il traversa un terrain ondulé, coupé, dans la direction du sud-est, par de légères collines de calcaire argileux rougeâtre, accidentellement cachées par un terrain sablonneux très-mou. Sur différens points, les mêmes couches, supportant une argile épaisse de deux mètres, se montrèrent sans interruption. Le sol seulement se couvrit, de plus en plus, de sable à sa superficie, jusqu'à la Bahia Blanca, au 39.e degré de latitude sud et au 64.e degré 30 minutes de longitude ouest de Paris. Des courses multipliées sur le cours du Rio Naposta et du Sauce grande, ont partout montré à M. Parchappe l'argile pampéenne assez dure, sur laquelle s'étend un banc argileux. On a creusé un puits au nouvel établissement de la baie Blanche. Les couches traversées ont été les suivantes : sur environ quatre mètres de profondeur, en commençant par la plus supérieure, trente-trois centimètres de terre végétale, mêlée d'humus, de sable

---

1. M. Le Guilloux a rapporté de ce lieu des ancyloceras, qui appartiennent évidemment au terrain crétacé.

2. M. Darwin (*loc. cit.*, p. 134) dit seulement que c'est une rangée de collines élevées de quelques cents pieds anglais, composée d'une roche de quartz pur, sans stratification, en plate-forme, entourée de coupes verticales. La colline qu'il a gravie n'avait pas plus de cent mètres.

Géologie. et d'argile; cinquante centimètres d'une argile mêlée de pierres calcaires; tout le reste d'argile dure, pierreuse ou tuf calcaire (sans doute l'argile pampéenne), fortement saturée de parties salines. Le creusement des fossés du fort a offert vingt-cinq centimètres de terre végétale argilo-sablonneuse, soixante-quinze centimètres d'argile brun-jaunâtre, vingt-cinq centimètres de tuf argileux calcaire.

Quelques fragmens de tuf argileux et du calcaire rapportés par M. Parchappe, m'ont donné la certitude que ces dépôts appartiennent bien au même âge que l'argile pampéenne, dont ils ne sont que des parties plus ou moins durcies. Ainsi toute la région comprise entre la Sierra del Tandil et la Bahia Blanca, appartient encore aux couches qui constituent les Pampas proprement dites, et dans lesquelles se trouvent des ossemens de mammifères.

M. Parchappe, en interrogeant les guides et les Indiens, s'est assuré qu'entre la Sierra de la Ventana et les Andes il n'existe aucun groupe de montagnes; qu'en remontant le Rio Colorado, le terrain est partout sablonneux et couvert, jusqu'à une soixantaine de lieues, de l'acacia dit algarrobo. Ce dernier renseignement me prouve évidemment que le tertiaire patagonien commence au-delà de la Sierra de la Ventana, et s'étend, vers l'ouest, jusqu'auprès des Andes. Du reste, M. Parchappe n'a pas vu la Sierra de la Ventana.

Le voyage de M. Darwin me fournit des renseignemens plus précis à cet égard. Il assigne une hauteur de trois mille cinq cents pieds anglais à la Sierra de la Ventana[1], et la voit composée d'une roche quartzeuse gris-blanchâtre, sur les flancs de laquelle se trouve une couche de schiste rougeâtre. Il y reconnaît aussi, à la hauteur de quelques centaines de pieds et adossés à la roche, des restes de conglomérats, qu'il regarde comme très-modernes et contemporains du calcaire des Pampas. Le quartz blanc est usé; ce que M. Darwin regarde comme l'effet de l'action des flots. Il ne dit pas l'âge de la Sierra de la Ventana elle-même. Quant à la supposition de l'âge des conglomérats, elle ferait croire que la montagne a été soulevée à l'époque de l'argile pampéenne, fait dont l'admission me paraît bien difficile. Ce que j'ai vu dans la Banda oriental et ce qu'a trouvé M. Parchappe au Tandil[2], prouverait, au contraire, que le dépôt des Pampas n'a nullement été dérangé par les roches sur lesquelles il est venu s'appuyer.

Plus heureux que moi, M. Darwin, profitant de circonstances plus favorables relativement à la tranquillité du pays, a pu parcourir l'intervalle compris entre le Rio Negro de Patagonie et la Bahia Blanca. Je vais donc compléter mes observations par celles de ce voyageur, afin de donner une idée plus exacte de l'ensemble. M. Darwin, arrivé au nord du Rio Colorado[3], voit cesser la végétation propre à la Patagonie et commencer celle des Pampas. Ce point lui semble être la limite des terrains calcaréo-argileux. En effet, au fond de la Bahia Blanca, à Punta Alta et dans

1. *Loc. cit.*, p. 125 et suiv.
2. Voyez p. 46.
3. *Narrative*, *etc.*, p. 87.

un autre endroit, M. Darwin a rencontré, au sein d'une falaise, un grand nombre de restes de mammifères de races éteintes, tels que des mégathériums, des toxodons et de grands édentés. Il dit que ces restes n'ont point été remaniés, puisque les animaux sont entiers; croit qu'ils ont été enveloppés par une mer voisine de la côte, les trouve pourtant associés avec des coquilles fossiles dont les analogues vivent encore sur le littoral[1], et remarque des serpules sur les os de mammifères. Il entre dans beaucoup de détails à l'égard de ces animaux fossiles, de la végétation qu'il leur fallait[2], finissant par dire que ces êtres habitaient probablement les lieux mêmes, « durant une époque « tellement récente, géologiquement parlant, qu'à peine peut-on la regarder comme « terminée. »

Il y a, dans ces diverses hypothèses de M. Darwin, plusieurs opinions que je ne puis comprendre. Si les animaux se sont déposés entiers, il est impossible que les os soient couverts de serpules; car on sait par expérience que, pour qu'un os puisse recevoir des corps parasites marins, il faut qu'il soit entièrement dépourvu de ses ligamens, de ses cartilages et des parties graisseuses. La présence des serpules annoncerait donc, au contraire, un long séjour au sein des eaux salées, séjour suffisant pour séparer les ossemens les uns des autres, par le seul effet même du plus faible courant, s'ils s'étaient déposés dans la mer.

M. Darwin dit que ces animaux sont de races éteintes, ce qui annoncerait évidemment une époque passée et différente de l'état actuel des côtes de la Bahia Blanca. Il croit, d'un autre côté, que les coquilles marines, qu'il y trouve mêlées, sont identiques à celles qui vivent aujourd'hui dans la baie, et que les animaux appartiennent à une époque géologique à peine passée. On ne peut encore s'expliquer ces faits. Si les animaux sont de races éteintes, ce qui est prouvé; si leurs parties n'ont pas été disséminées, ce qui démontrerait qu'ils ont été déposés flottans en ce lieu, comment sont-ils mélangés avec des coquilles qui vivent actuellement sur une côte des plus stérile? Je ne puis le concevoir; aussi faut-il supposer que les coquilles fossiles sont contemporaines des ossemens de mammifères, et doivent alors différer, zoologiquement, de celles qui se trouvent sur les côtes, puisque tous les mammifères fossiles sont distincts de ceux qui existent dans ces mêmes contrées, ou qu'elles sont d'un âge différent des os des mammifères. En ce cas, tout serait d'accord, leur identité avec celles d'aujourd'hui, et leur différence d'époque avec les restes d'animaux qu'elles recouvrent.

Un seul mot pourrait, ce me semble, éclaircir toutes ces questions. Je crois effectivement qu'il y a, dans ce lieu, deux époques distinctes, comme je l'ai trouvé pour les conchillas de San-Pedro[3]. On a vu que sur les argiles pampéennes reposent, à quarante lieues des régions où elles vivent, des coquilles d'une époque bien plus récente. Sup-

1. *Loc. cit.*, p. 96. (Il y a six espèces marines et une terrestre.)
2. *Loc. cit.*, p. 103.
3. Voyez p. 43.

Géologie. posons que la même chose existe à la Bahia Blanca, et tout s'explique de soi-même. Les animaux, après avoir flotté, y auront été enveloppés entiers dans l'argile; ils seront tous d'une même époque; mais ces bancs d'argile, devenus compactes, baignés plus tard par les flots de la mer, auront laissé à nu des parties d'ossemens, et ces parties auront pu se couvrir de serpules; les coquilles s'y seront ensuite déposées jusqu'à la dernière époque de soulèvement qui aura placé les bancs d'argile loin de la mer, en même temps peut-être qu'elle éloignait les bancs de conchillas de l'embouchure de la Plata, et qu'elle soulevait les coquilles marines récentes, dont je parlerai postérieurement, à la Bahia de San-Blas. En résumé, la question se réduirait à un léger changement dans l'assimilation de contemporanéité des couches à ossemens et des coquilles marines identiques; assimilation qui me paraît impossible.

Je ne suis entré dans cette discussion qu'afin de prouver que les faits, en apparence contradictoires, pourraient peut-être concorder avec tout ce que je connais des Pampas. D'après M. Darwin, les limites de l'argile pampéenne seraient au Rio Colorado; et il y aurait, dans la Bahia Blanca, sur l'argile à ossemens, un dépôt de coquilles marines identiques à celles qui vivent aujourd'hui sur la même côte.

En suivant l'Itinéraire de Don Pablo Zizur, de la Guardia de Lujan à Las Salinas (les Salines)[1], à travers les Pampas, on arrive à la Cruz de Guerra, dont j'ai déjà parlé[2]. Je ne commencerai donc à suivre le voyageur qu'au-delà de ce point. De la Cruz de Guerra, Zizur marche deux jours sur le terrain des Pampas, en apercevant, de temps en temps, des medanos. Au-delà, vers le sud, il trouve, à la Cabeza del Buey, un sable rouge fin, recouvrant une argile durcie, également rougeâtre. On pourrait donc croire que les Pampas proprement dites et l'argile pampéenne se continuent sous l'aspect qu'elles ont à Bahia Blanca, vers le sud-ouest, jusqu'à la saline de la Cruz de Guerra. Au-delà de la Cabeza del Buey, Zizur passe auprès d'un grand nombre de medanos. Il rencontre plusieurs petits lacs salés, traversant des terrains de sable rouge sans arbres jusqu'à la Laguna del Monte (lac du bois). Ce lac, de deux lieues de longueur, est rempli d'un sel amer. Plus loin, après avoir vu beaucoup de medanos, surtout au nord, se présente à lui la Laguna de San-Lucas, de deux lieues et demie de long. Le fond en est d'argile sablonneuse durcie; l'eau en est saumâtre. De la Laguna de San-Lucas jusqu'à Salinas, Zizur traverse peu de terrains bas et inondés, mais beaucoup de plaines sablonneuses, entrecoupées de petits lacs le plus souvent salés. Tous ces terrains sont bordés, au nord, par des collines sablonneuses.

Arrivé aux lagunes de Salinas, situées au 37.e degré 12 minutes de latitude sud, et par le 66.e degré de longitude ouest de Paris, et composées de deux lacs salés, il en lève le plan et en étudie toutes les parties. Voici le résumé de ses observations.

---

1. Don Pablo Zizur, officier de marine, a fait ce voyage en 1786. Sa relation, très-détaillée, est déposée au bureau topographique de Buenos-Ayres. M. Parchappe et moi en avons fait l'extrait, et les renseignemens géologiques que je cite lui sont empruntés.

2. Voyez p. 44.

Géologie.

Les deux lacs, dont le dernier se nomme *Laguna del Ueste,* sont situés dans une espèce de vallée dirigée de l'est à l'ouest, bornée, de deux côtés, par des collines de vingt à trente-cinq mètres d'élévation dans leur plus grande hauteur, au-delà desquels, vers le sud, sont des terrains ondulés. Ces hauteurs se composent de sable rouge si peu solide, qu'on y enfonce profondément. Quelquefois elles constituent des falaises, et sont, alors, coupées assez brusquement au-dessus des lacs; mais, d'autres fois, elles s'en éloignent de près d'une lieue. Autour des lacs on voit, sur plusieurs points, une espèce d'argile tendre, de couleur rouge, dont le mélange avec les particules entraînées par les pluies, forme, au fond des lagunes, un terrain fangeux. C'est sur cette superficie que le sel cristallisé se trouve par couches superposées, et dont l'épaisseur augmente de la circonférence vers le centre. Il y en a quelques-unes que leur dureté n'a pas permis de rompre, de sorte qu'on ne peut juger de leur épaisseur. Sur la surface du sel il y a tout au plus soixante-quinze centimètres d'eau. Le sel de cette saline est inépuisable; pour l'extraire, on en brise les couches avec des barres de fer.

D'après la description de Don Pablo Zizur, il me paraît évident que les terrains argileux rougeâtres des Pampas se continuent jusqu'aux Salinas, et que le tertiaire patagonien doit avoir ses limites au-delà de ce point.

Si maintenant je suis l'Itinéraire de Don Luis de la Cruz[1], à travers les Pampas d'Antico au Chili, jusqu'à la province de Santa-Fe, je reconnais, comme je l'ai marqué sur ma carte (n.° 1), que les limites où cessent les terrains sablonneux et où commencent les argiles des Pampas, sont entre le 66.e et le 67.e degré de longitude occidentale de Paris, vers le 35.e degré 30 minutes de latitude sud. C'est, en effet, par ce parallèle que la végétation change de forme, ce qu'a parfaitement observé le voyageur espagnol.

En partant du point dont je viens de parler, et fixé par l'Itinéraire de Don Luis de la Cruz, les limites de l'argile pampéenne plus au nord, me sont données par le lieu où le Rio Quinto et le Rio Segundo se perdent au milieu des sables, et coulent, sans aucun doute, sous les argiles.

Résumé de la géologie des Pampas proprement dites.

Le résumé du bassin des Pampas est que l'argile pampéenne en remplit tout le fond; qu'à Buenos-Ayres cette couche a montré, dans un puits percé en 1827, par l'ordre du gouverneur Rivadavia, une épaisseur de plus de trente mètres[2], et, au-dessous,

1. Ce voyage, exécuté en 1806 par Luis de la Cruz, renferme une description exacte de tous les terrains compris entre la partie sud du Chili et la province de Santa-Fe. Il fait donc parfaitement connaître la constitution géographique des Pampas. J'en possède l'original signé, légalisé, formant un volume in-folio assez volumineux. Il vient d'être imprimé à Buenos-Ayres, en espagnol, sur une copie, dans la *Coleccion de Documentos,* de M. d'Angelis.

2. Ce forage m'a donné non-seulement la puissance des couches d'argile pampéenne ou *tosca*, mais encore m'a prouvé qu'à Buenos-Ayres le tertiaire patagonien se trouvait au-dessous, comme on devait le supposer.

Géologie. les sables tertiaires patagoniens, où l'eau a paru avec abondance; ainsi l'argile pampéenne formerait, à elle seule, les Pampas proprement dites. Ses limites seraient, en partant de Buenos-Ayres et marchant au sud, les rives de la Plata et celles de l'océan, jusqu'au Rio Colorado. De ce point le cours du fleuve, puis une ligne qui partirait du Rio Colorado, passerait au sud des Salines (Itinéraire de Don Pablo Zizur) et irait rejoindre, au nord-ouest, le point bien marqué de l'Itinéraire de Don Luis de la Cruz. De ce dernier point il faudra prendre, comme limites vers l'ouest, le lieu où se perdent les *Rio Quinto* et *Segundo*. Ensuite les argiles pampéennes représentent, vers le nord, un long golfe jusqu'au 27.ᵉ degré de latitude sud, sur une grande largeur de la rive droite du Parana. Elles sont bornées, à l'est, par les coteaux de tertiaires guaranien et patagonien de la rive gauche de cette rivière, jusqu'à près du 32.ᵉ degré, où elles se montrent à l'extrémité méridionale de la province d'Entre-Rios. Ces mêmes argiles forment un second golfe sur les rives de l'Uruguay, couvrent la partie inférieure du cours du Rio Negro[1] et reparaissent sur la rive gauche de la Plata, près de las Vacas[2] et au-delà de la Colonia. Elles sont interrompues par un massif granitique, jusqu'à l'embouchure du Rio de Santa-Lucia[3], et montrent un troisième golfe dans la Banda oriental, sur les rivières de San-Jose et de Santa-Lucia.

L'argile pampéenne repose sur le grès tertiaire patagonien, sur tout son pourtour, au sud, à l'ouest et au nord; au nord-est, dans la république orientale de l'Uruguay, et tout autour des montagnes de Corrientes, du Tandil et de Tapalquen, elle vient se déposer immédiatement sur les roches granitiques.

L'argile pampéenne est à nu presque partout, sur la partie que je viens d'indiquer; pourtant elle supporte, aux environs de Buenos-Ayres, et de distance en distance vers le nord-ouest, jusqu'à San-Pedro, des bancs plus modernes de conchillas, contenant les espèces qui vivent de nos jours; et vers l'ouest et le sud-ouest, les monticules de sable, nommés medanos, d'un âge également postérieur au dépôt argileux des Pampas. J'ai déjà fait connaître mon opinion relativement aux bancs de conchillas[4]. Pour les medanos, je n'y vois que des alluvions provenant des grès tertiaires patagoniens, qui se sont déposés non loin des limites de ces couches, à la superficie des argiles pampéennes.

Le dépôt de l'argile pampéenne, tel que je viens d'en déterminer la circonscription, n'aurait pas moins de trente-huit degrés carrés de superficie ou 23,750 lieues carrées, de vingt-cinq au degré, ce qui passe tout ce qu'on connaissait en étendue, et prouve combien les faits géologiques ont eu de portée sur le territoire du nouveau monde.

1. C'est ce qui m'est prouvé par la correspondance de MM. Isabelle et Vilardebo, de Montevideo, et par la relation de M. Darwin (*loc. cit.*, p. 172).

2. Voyez p. 26.

3. Voyez p. 25.

4. Voyez p. 43.

CHAPITRE V.

Géologie de la Patagonie septentrionale.

Dans ce qui précède, j'ai donné la composition géologique de tous les terrains compris entre Buenos-Ayres et la Bahia Blanca, au 39.e degré de latitude sud. Les circonstances politiques m'ayant contraint à me rendre par mer de Buenos-Ayres en Patagonie, je n'ai pu reprendre mes observations géologiques que sur les rives du Rio Negro, au 41.e degré de latitude sud; mais, ayant séjourné huit mois en ce lieu, j'ai pu, d'un côté, pousser mes reconnaissances jusque près du 42.e degré de latitude méridionale, tandis que, vers le nord, je suis revenu jusqu'au 40.e degré; j'ai également remonté le cours du Rio Negro sur une assez grande longueur. Non-seulement j'ai, pendant ce séjour, réuni une suite assez nombreuse d'observations personnelles sur la géologie de la Patagonie, mais encore la multitude de renseignemens que j'ai obtenus sur les lieux, joints aux intéressans itinéraires de M. Darwin, me permettront de m'étendre bien au-delà des lieux visités par moi. Je comblerai ainsi, d'un côté, la lacune qui pourrait exister entre les dernières limites déjà décrites et les premiers points observés en Patagonie; et je suivrai, au loin, la circonscription des mêmes terrains dans toutes les directions. Pour procéder méthodiquement, je vais commencer par les régions les plus septentrionales et suivre en marchant vers le sud.

La baie de San-Blas est le point le plus septentrional que j'aie vu. Cette baie, à l'extrémité nord de laquelle vient déboucher le Rio Colorado, vers le 40.e degré de latitude sud, est encombrée d'un grand nombre de bancs de sables et d'îles. J'ai visité successivement les îles *Larga, de las Gamas, de los Chanchos,* et je me suis assuré que toutes sont entièrement formées d'atterrissemens modernes. Ordinairement le côté du large est bordé de dunes encore mobiles, et la rive intérieure est couverte de cailloux roulés, mélangés de gros graviers. Les habitans nomment *chinas* ces cailloux roulés, qui se montrent non-seulement sur toute la côte de l'extrémité sud de la baie, mais aussi sur toute la superficie du sol de la Patagonie. Presque tous se composent de roches porphyritiques très-variées et quelquefois de grès lustrés. Ils paraissent avoir été apportés des Andes, après les derniers dépôts marins, parce qu'ils couvrent le sol entier, sans appartenir aux couches sur lesquelles ils sont comme semés au hasard.

Au fond de la baie, dans un lieu nommé *Riacho del Ingles,* qui descend peut-être de la *Salina del Ingles* ou lac salé naturel, peu éloigné de ce point, je fus très-étonné de rencontrer, à près d'une lieue dans les terres et à un demi-mètre au-dessus du niveau des plus hautes marées des syzygies, et superposé au grès tertiaire, un banc immense, sablonneux, contenant, avec des cristaux de gypse, un très-grand nombre de coquilles de gastéropodes et d'acéphales, identiques à ceux qui vivent actuellement dans la baie. Ce qui me frappa surtout, ce fut de trouver toutes ces coquilles non pas

Géologie. roulées, comme celles de la côte, mais placées dans la position où elles ont vécu avec leurs deux valves réunies, et les gastéropodes dans leur position naturelle. Seulement toutes ces espèces, presque fossiles, sont entièrement décolorées et blanches; elles ont perdu leur lustre, et beaucoup ont la partie extérieure du test tout à fait décomposée.

Les coquilles que j'ai recueillies en ce lieu sont : *Volutella angulata*, d'Orb.[1]; *Scalaria elegans*, d'Orb.; *Natica limbata*, d'Orb.; *Olivancyllaria brasiliensis*, d'Orb.; *O. auricularia*, d'Orb.; *Voluta brasiliana*, Soland.; *V. tuberculata*, Wood; *Buccinanops cochlidium*, d'Orb.; *B. globulosum*, d'Orb.; *Nucula lanceolata*, Sow.; *N. puelcha*, d'Orb.; *Lucina patagonica*, d'Orb.; *Lutraria plicatula*, Lam.; *Cyprina patagonica*, d'Orb.

Minutieusement comparées avec leurs analogues vivans, toutes les espèces de ce banc ne me laissèrent, plus tard, aucun doute sur leur parfaite identité, non-seulement comme ensemble de faune, mais encore par la forme de chacune d'elles. Je me vis donc environné de toutes les espèces du pays, dans l'endroit même où elles vivaient, comme si la mer, par une cause fortuite, eût, tout d'un coup, abandonné ces lieux. Les marées dans ces latitudes, montent d'environ huit mètres; ces coquilles se rencontrent à près d'un demi-mètre au-dessus des plus hautes. Aujourd'hui elles vivent à une lieue de là, au-dessous des plus basses marées de vives eaux; on pourrait en conclure qu'elles sont sur ce banc élevées d'environ dix mètres au-dessus de leur niveau actuel.

La présence de ces fossiles prouve évidemment, sur ce point, un soulèvement fortuit de dix mètres au-dessus du niveau actuel des mers; soulèvement dont l'époque est bien certainement postérieure à l'apparition des faunes qui vivent en ce moment, et dès-lors appartient à notre époque[2]. En parcourant les plaines des environs, depuis ce point jusqu'à l'estancia de los Jabalis, je les trouvai partout couvertes de débris de coquilles marines des espèces aujourd'hui vivantes dans la baie. Leur grand nombre s'opposant à ce qu'elles fussent transportées, je les examinai avec plus d'attention. Je reconnus qu'elles formaient une ligne d'ancien rivage, à cinq à six mètres de hauteur au-dessus des bancs de coquilles en position, pouvant donner la mesure du soulèvement de cette partie, que je devais considérer comme très-récent et appartenant à l'époque actuelle et peut-être à l'âge des coquilles de Montevideo[3] et de San-Pedro.[4]

Près de l'embouchure du ruisseau, au niveau des plus basses marées, je rencontrai une couche de calcaire qui me parut tertiaire, et analogue à celle que je reconnus plus tard sur la côte, au lieu dit *Barrancas del norte* (falaises du nord). Du reste, tout le pourtour de la baie de San-Blas ne me montra que des alluvions ou des terrains d'attérrissement modernes, composés des cailloux porphyritiques roulés,

1. Voyez, pour ces espèces, la partie spéciale des *Mollusques* et la partie de *Paléontologie*.

2. C'est à cette époque que je pourrais rapporter les coquilles fossiles rencontrées par M. Darwin à la Bahia Blanca, et sur lesquelles je suis entré dans une discussion indispensable. (Voyez p. 49).

3. Voyez p. 23.

4. Voyez p. 43.

qui viennent former toute la presqu'île de los Jabalis. De ce point jusqu'à *Punta rasa* (pointe rase), le littoral de la mer, sur environ dix à douze lieues de longueur, est bordé de dunes de sable jaunâtre, composé de grains quartzeux. En dedans des dunes le sol s'élève en pente très-douce vers l'intérieur; la superficie en est couverte de sable fin et à gros grains, et de petits cailloux porphyritiques noirâtres et roulés, semblables à ceux de la côte. Nulle part je n'aperçus de terre végétale. Si l'on fait une excavation, comme je l'ai vu par plusieurs puits creusés près de la Laguna blanca, à sept lieues de la Bahia de San-Blas, sur la route du Rio Negro, on voit, après avoir traversé quelques centimètres de ce mélange superficiel de sable et de petits cailloux, une suite de grès tertiaires très-friables, dont on n'a pu trouver la fin. Lorsqu'on parvient à obtenir un peu d'eau dans ces puits, ce qui est difficile, elle est si salée que les bestiaux même ne peuvent en boire. M. Alfaro, qui a fait beaucoup de tentatives dans le but de fonder une ferme près de la Laguna blanca, n'a obtenu aucun résultat satisfaisant. Dans certains endroits la couche du dépôt superficiel manque; alors les grès eux-mêmes sont à nu sur d'assez grandes surfaces.

Géologie.

En suivant le littoral vers le sud, je vis, au lieu nommé *Punta piedra* (pointe de pierre), au-dessous des dunes, des amas considérables de galets roulés, de grès et de calcaire, amoncelés par la mer. Parmi ces galets je remarquai qu'il n'y avait que très-peu de débris de roches ignées, comme à la superficie du sol, mais que presque tous provenaient des couches tertiaires de la côte même. A la partie la plus avancée de la pointe, la marée basse découvre une grande surface de grès gris par couches horizontales sur la tranche, et analogues à celles que je remarquai dans la campagne, près de Laguna blanca.

De Punta piedra jusqu'aux falaises du nord (*Barrancas del norte*), c'est-à-dire à trois lieues au nord de l'embouchure du Rio Negro, le littoral est bordé de dunes mobiles, occupant jusqu'à une demi-lieue de largeur, surtout à *Punta rasa* (où elles ont leur plus grand développement). Aux Barrancas del norte, en dehors des dunes, on voit tout à coup paraître, au bord de la mer, une falaise élevée d'environ vingt mètres, offrant non-seulement une suite de couches à peu près horizontales, coupées perpendiculairement vers la mer, mais encore des bancs qui s'étendent au loin sous les eaux, lors des marées basses[1]. J'ai pris le plus exactement possible la composition géologique de cette falaise, et voici ce qui la constitue, en commençant par les couches les plus inférieures:

1.° A la partie inférieure, à marée basse, s'étend un calcaire marneux, souvent très-dur, à cassure conchoïde, et pénétré, en tous sens, de belles dendrites noires. Il est disséminé par petites plaques épaisses de trente à quarante millimètres, au sein d'une couche de marne grossière, dont la puissance est moindre de deux mètres. Ces plaques, qui ressemblent en tout aux pierres lithographiques, prennent le plus beau poli, et offrent alors l'aspect le plus agréable par les dendrites dont elles sont ornées.

1. Voyez pl. II, fig. 5.

Géologie. Souvent ces dendrites forment, au-dessus des plaques, comme des amas de cristaux peu prononcés. Pour reconnaître cette couche, je l'appellerai *calcaire dendritique*.

2.° Au-dessus de la marne on remarque une couche d'environ quatre mètres de puissance, composée de grès gris quartzeux, à ciment calcaire, mélangé de grains verts et de grains noirâtres. Cette couche, assez compacte, contient quelques ossemens de mammifères très-rares. Je l'appellerai *grès à ossemens*.

3.° Au-dessus du grès à ossemens existe une couche épaisse au plus d'un mètre; cette couche me paraît être une dépendance de la précédente. Elle est de même couleur, seulement plus compacte, et renferme un grand nombre de restes de poissons et des coquilles d'eau douce du genre *Unio* et *Chilina*. Les premières surtout abondent; elles sont pourvues de leurs deux valves, et rien n'annonce qu'elles aient été charriées. Je nommerai cette couche *grès à unio*. Les espèces que j'ai recueillies dans ce grès sont: l'*Unio diluvii*, d'Orb.[1]; *Chilina?* (indéterminable).

4.° Sur ces grès à unio reposent des *grès azurés* assez compactes, ayant une puissance de onze mètres. Je n'y ai remarqué aucune trace de corps organisés.

5.° Au-dessus des grès on trouve un calcaire compacte en plaques ou en rognons disséminés dans une argile très-grossière. Cette couche, d'un demi-mètre au plus de puissance, sera désignée, à l'avenir, sous le nom d'*argile calcaire*. Elle me paraît être une dépendance du grès gris.

6.° L'argile calcaire est recouverte encore par le grès gris ou bleu azuré, que j'appellerai *grès azuré*. Il est formé de grains de quartz assez fins et de débris de vieux porphyres noirs amphiboliques ou pyroxéniques[2]. Je n'y ai rencontré aucune trace de corps organisés. Il offre là seulement quatre mètres de hauteur, et, comme il est identique à celui que j'ai vu au-dessous du calcaire, je dois considérer le tout comme appartenant à la même couche.

Les falaises du nord, abandonnant brusquement le littoral, et se dirigeant à l'est, vers celles qui bordent la gauche du Rio Negro, je les laisserai momentanément, pour suivre la côte de la mer, afin d'avoir la continuité des couches vers le sud. Des falaises du nord les dunes recommencent jusqu'à l'embouchure du Rio Negro, sur environ trois lieues. Si l'on passe la rivière, on trouve encore, sur une lieue et demie de l'autre côté, un rivage composé soit de dunes basses, soit de galets roulés, appartenant en presque-totalité aux débris des falaises tertiaires de la côte du sud. On remarque surtout, dans ces galets, beaucoup de ces belles plaques de calcaire compacte, contenant partout des dendrites noires. Après avoir traversé ces dépôts modernes, constamment remués par la mer en furie, on arrive au pied des hautes falaises, appelées *Barrancas del sur* (falaises du sud), par opposition à celles du nord. Là règne, taillée presque perpendiculairement, une succession de couches qui paraissent être tout à fait horizontales sur la tranche, au pied desquelles vient battre

1. Voyez Paléontologie, pl. VII, fig. 12, 13. Il est très-curieux de rencontrer, dans ces fossiles, le genre *Chilina*, spécial, jusqu'à présent, aux régions méridionales de l'Amérique du sud.

2. C'est la détermination de M. Cordier. (Voyez le Rapport de l'Institut de 1834, pag. 27.)

la mer; aussi ne peut-on les étudier qu'à marée basse. J'y ai fait plusieurs voyages, et j'ai examiné, avec le soin le plus scrupuleux, la superposition des couches et les corps organisés qui s'y rencontrent. L'ensemble présente une puissance de plus de soixante-quinze mètres (voyez pl. II, fig. 5). Voici l'ordre des couches, en commençant par les parties inférieures: Géologie.

1.° Lorsque la mer est très-basse, on voit à découvert une couche (fig. 5, couche *a*) épaisse de deux mètres, assez friable, composée d'un grès quartzeux, à ciment calcaire d'un vert pâle, contenant un grand nombre de fossiles bien conservés des genres *Pecten* et *Ostrea*, qui, pour la plupart, sont encore dans leur position naturelle et munis de leurs deux valves. Les espèces que j'ai recueillies sont: *Pecten patagoniensis*, d'Orb.; *Ostrea Ferrarisi*, d'Orb.[1] J'appellerai cette couche *grès marin.*[2]

2.° Au-dessus de ce grès, sur une épaisseur d'un mètre environ, est un grès très-dur, grisâtre (*b*), par couches horizontales, partout pénétré de dendrites noirâtres peu distinctes. Je n'y ai reconnu aucune trace de fossiles. Je désignerai cette couche sous le nom de *grès à dendrites.*

3.° Sur le grès se trouve le *calcaire dendritique* (*c*) déjà décrit à la Barranca del norte; seulement il se compose, en ce lieu, de deux couches bien distinctes, épaisses, chacune, d'un mètre environ. Ces couches sont formées: la plus supérieure, d'un calcaire marneux, ou mieux, d'une argile rosée; la seconde, de la même roche, mais blanche. Les deux couches renferment également des plaques de pierres lithographiques pénétrées de dendrites.

4.° Au-dessus, gît le *grès à ossemens* (*d*). Il a ici environ quatre mètres de puissance. Je remarquai quelques ossemens de mammifères; mais, malgré tous mes efforts, je ne pus en obtenir aucun fragment assez entier pour qu'il fût déterminable.

5.° Le *grès à unio* se montre avec la même épaisseur et les mêmes fossiles qu'à la Barranca del norte; seulement ici les coquilles sont plus rares, tandis que les débris de poissons y sont au contraire plus nombreux; on en trouve les arêtes soit disséminées, soit agglomérées dans le grès. Elles sont de couleur jaune ou noirâtre.

6.° Le *grès azuré* (*f*), sur une épaisseur de plus de vingt-quatre mètres, ne contient pas de traces de fossiles. Il n'est ici traversé d'aucun banc calcaire, ou, du moins, je n'y ai rien observé de semblable.

7.° Sur le *grès azuré* est une couche (*h*) épaisse de deux mètres, composée d'argile calcaire peu ferme, mélangé de grains de quartz à sa partie supérieure; vers le milieu elle renferme, encore en position, des huîtres d'une grande taille, dont les feuillets sont remplis de très-jolies dendrites noires. J'appellerai cette couche *calcaire ostréen.* Elle ne recèle que mon *Ostrea patagonica.*[3]

8.° Au-dessus des bancs de calcaire, sur une épaisseur de quatre mètres, reparait le grès azuré (*f*), alors d'une couleur très-intense.

---

1. Voyez partie paléontologique, pl. VII, fig. 17, 18.
2. M. Darwin n'a pas vu cette couche; au moins n'en parle-t-il pas.
3. Voyez partie paléontologique, pl. VII, fig. 14, 15, 16.

Géologie. Si je compare ces couches à celles de la Barranca del norte, je reconnaîtrai facilement qu'ici se montrent, de plus à découvert, à la partie inférieure, le *grès marin* et le *grès à dendrites*; à la partie supérieure, le *calcaire ostréen*, qui manquent à la Barranca del norte. Ainsi, avec la même composition, la Barranca del sur est seulement plus complète dans son ensemble. Si, de ce point, je suis la côte, qui se dirige alors à l'ouest, je vois les falaises continuer, sur une distance de douze lieues et demie ou d'un demi degré en longitude. Comme la mer en bat partout le pied, je n'ai pu les suivre qu'en dessus ou les longer étant embarqué. Elles présentent une uniformité parfaite, et paraissent prendre de la puissance à mesure qu'on s'avance vers l'ouest. Elles sont ensuite interrompues par une dépression du sol, qui vient former l'Ensenada de Ros. Cette dépression, qui peut avoir une lieue et demie de large, n'est pas due à l'affaissement des couches, mais bien à une dénudation; ce dont il est facile de s'assurer aux deux extrémités de la baie, où les couches conservent leur presqu'horizontalité, et montrent, par les parties découvertes, celles qui ont été enlevées. Au-delà de l'Ensenada de Ros les falaises reparaissent, mais avec plus de puissance encore, et viennent former une muraille de douze lieues et demie ou d'un demi-degré de longitude de longueur. Elles cessent de nouveau, et sont coupées par une vallée semblable à celle de l'Ensenada de Ros. Cette seconde vallée, qui forme une large baie vers la mer, se nomme *Ensenada del agua de los loros* (Anse de l'aiguade des perroquets); puis les falaises reprennent de nouveau et s'étendent jusqu'au Sac de San-Antonio.

Ces deux baies sont presque semblables. Elles présentent une espèce de cul-de-sac vers les terres et une large baie vers la mer; elles sont remplies de dunes de sable, les unes mouvantes vers la côte, les autres fixées vers l'intérieur. A leur partie occidentale s'amoncèlent des galets, les uns appartenant aux débris des roches calcaires ou des grès tertiaires des falaises; les autres composés, comme à la Bahia de San-Blas, de petits cailloux porphyritiques, semblables à ceux de la superficie du sol.

J'ai pu observer les falaises qui bornent ces baies à l'est et à l'ouest de l'Ensenada de Ros, à l'est de l'Agua de los loros; et j'en ai reconnu partout la parfaite identité. A l'ouest de l'Ensenada surtout j'en ai suivi le pied, à marée basse, sur environ deux ou trois lieues. Je les ai étudiées avec le plus grand soin, et voici le résultat de mes observations:

En cet endroit, elles ont au maximum, cent dix mètres de hauteur, depuis les couches à découvert par la marée basse jusqu'au sommet.

Je ne rencontrai pas le *grès marin.*

Le *grès à dendrites* s'étend en un banc puissant, de quatre mètres environ, dans la mer, où il constitue des écueils dangereux. Il ne contient aucun reste de fossiles.

Le *calcaire dendritique* y existe certainement, à en juger par les galets roulés qu'il laisse sur la côte; mais je ne l'ai vu nulle part à découvert.

Le *grès à ossemens* est très-développé. Je lui trouvai environ six mètres de puissance. Il me montra avec beaucoup d'ossemens, que je ne pus enlever, vu la dureté de la roche, un beau tibia et une rotule placés l'un à côté de l'autre, dans leur position relative, ce qui annoncerait qu'ils auraient été déposés lorsque leurs ligamens les faisaient encore adhérer l'un à l'autre. Ce tibia n'a pas moins de trois cent trente-neuf millimètres de longueur; il est passé à l'état pierreux noirâtre. M. Laurillard, qui a bien voulu l'examiner, a cru pouvoir le rapporter à une espèce de rongeur, et nous lui avons provisoirement imposé le nom de *Megamys patagonensis.*[1] Je ne pus obtenir aucun des autres restes de mammifères que je rencontrai sur cette côte, ils étaient en partie usés par la mer.

Dans le banc qui devait contenir le *grès à unio*, je ne vis aucune trace de ces fossiles.

Le *grès azuré*, inférieur de plus de soixante-douze mètres de puissance, renferme, au milieu de sa hauteur, le banc de calcaire que j'ai déjà décrit à la Barranca del norte. Ce banc contenait alors les mêmes rognons qu'au premier lieu, où je l'ai observé. Dans cette masse énorme de grès azuré, plus ou moins bleu ou gris, je ne remarquai aucune trace de fossiles.

Le *calcaire ostréen* est, à l'Ensenada de Ros, divisé en trois couches bien distinctes: une première inférieure, épaisse de plus de trois mètres, composée de calcaire argileux jaunâtre, contenant du gypse; au milieu, dans une argile grise, un banc de près de deux mètres, composé d'huîtres (*Ostrea patagonica,* d'Orb.), de deux à trois cents millimètres de diamètre, toutes dans leur position naturelle et avec leurs deux valves réunies. Ces huîtres, quelquefois si nombreuses qu'elles sont en contact les unes avec les autres, paraissent, sans aucun doute, avoir vécu en place, et tout me donne la certitude qu'elles n'ont éprouvé aucun dérangement. Au-dessus du banc d'huîtres est une couche grise, mélangée de grès et de calcaire, où je n'ai pas vu de fossiles. Elle est épaisse de trois mètres.

Ces trois couches sont de nouveau recouvertes par le grès azuré, qui varie de puissance, suivant le plus ou moins de dénudation supérieure.

En comparant ces détails à ceux que j'ai donnés de la Barranca del sur, on voit qu'il y a identité parfaite de composition, et seulement plus de puissance relative des couches de grès azuré. On pourra, du reste, suivre cette concordance dans ma coupe est et ouest, donnée par la côte de la mer (pl. II, fig. 5), depuis la Barranca del norte jusqu'au sud de l'Ensenada de Ros.

Avant de parler des falaises du Rio Negro, je dois dire qu'en traversant l'intervalle compris entre ce fleuve et l'Ensenada de Ros, j'ai rencontré, sur les coteaux d'une dépression allongée du nord-est au sud-ouest, et analogue à celles de l'Ensenada de Ros et de l'Agua de los loros, quelques débris de fossiles tertiaires qui me parurent appartenir aux couches de grès azuré supérieures au calcaire ostréen. Ces fossiles, qui sont probablement dans cette couche, comme le calcaire ostréen lui-même, des dépendances du grès azuré, me frappèrent d'autant plus que j'y ai retrouvé des espèces absolument

1. Voyez partie paléontologique, pl. VIII, fig. 4 à 8.

Géologie. identiques à celles que j'avais recueillies à la Bajada, province d'Entre-Rios, également au-dessus des bancs d'huîtres[1]. En effet, je recueillis, en espèces identiques, les *Ostrea Alvarezii*, d'Orb.; *Venus Munsterii*, d'Orb., et *Arca Bonplandiana*, d'Orb., et aucune espèce distincte. Cette identité me fit d'autant plus de plaisir, qu'indépendamment de ce qu'elle me garantissait l'existence d'une disposition générale analogue dans les couches, elle me donnait la certitude de la contemporanéité d'époque.

Si, maintenant, je compare l'ensemble des falaises, depuis la Barranca del norte jusqu'à l'Ensenada del agua de los loros, je trouverai que les couches sont presqu'horizontales dans une longueur d'environ trente-trois lieues, puisqu'on rencontre, sur la ligne des marées, les mêmes couches à découvert; seulement les supérieures se relèvent à l'ouest. D'un autre côté, elles augmentent de puissance, à mesure qu'on s'avance de l'est à l'ouest.

Pour ne pas interrompre la suite de mes observations sur le littoral, j'ai passé devant l'embouchure du Rio Negro, sans parler des falaises qui bordent la rive gauche de cette rivière. Maintenant je vais, au contraire, remonter le Rio Negro. Sa rive droite, depuis son embouchure jusqu'à la première Angostura, c'est-à-dire l'espace d'environ trente-cinq lieues, est, sur trois lieues de largeur, formée de terrains d'alluvion; et les anciennes falaises sont, au-delà de ces alluvions, couvertes de végétation, ce qui en rend l'étude impossible. Heureusement qu'il n'en est pas ainsi des falaises de la rive gauche. J'ai dit[2] que, des Barrancas del norte, les falaises se dirigent à l'ouest jusqu'à trois lieues au-dessus de l'embouchure du Rio Negro, où elles viennent former la berge du fleuve. De ce point jusqu'à une grande distance dans l'intérieur, les falaises sont tantôt taillées à pic par les eaux, tantôt éloignées de quelques centaines de mètres de la rivière, et alors couvertes de végétation. On ne peut donc les suivre que par intervalles; pourtant j'en ai vu assez de parties pour me convaincre de l'identité des couches déjà décrites sur le littoral; mais je pourrais croire que ces couches se relèvent un peu plus que la pente des eaux du Rio Negro pour les plus inférieures, tandis qu'elles se dénudent près de la rivière, et ne laissent pas de falaises de plus de trente à quarante mètres de hauteur. Je vais passer en revue toutes les couches que j'y ai pu suivre.

Le *grès marin*, lorsque le Rio Negro est peu enflé, se montre à découvert à trois lieues au-dessus du Carmen, c'est-à-dire à dix lieues au-dessus de l'embouchure. Il se compose, pour les couches inférieures, de grès rougeâtres ferrugineux, très-friables. Il ne contient pas de fossiles. Au-dessus, dans ses parties moyennes, je rencontrai l'*Ostrea Ferrarisi*, alors un peu roulée, au sein du grès rougeâtre; mais, dans les couches supérieures, le grès, avec les mêmes fossiles, non dans leur position naturelle, prend, comme à la Barranca del sur, une teinte verdâtre, qui se continue jusqu'aux parties supérieures.

1. Voyez p. 38.
2. Voyez p. 56.

Le *grès à dendrites* se remarque surtout près des *Tres cerros* (les trois collines), à quelques lieues au-dessous du Rio Negro; il est alors moins dur. Géologie.

Le *calcaire à dendrites*, avec ses deux séries de couches rosée et blanche, s'aperçoit aussi aux Tres cerros. C'est là même que j'ai recueilli les plus beaux échantillons qui sont déposés dans les galeries du Museum d'histoire naturelle.

Le *grès à ossemens* et le *grès à unio* ne se sont montrés bien distinctement nulle part, sans doute par suite du mélange des éboulemens des grès azurés qui leur sont supérieurs.

Le *grès azuré* se voit ensuite partout sur le cours du Rio Negro. Ce grès forme l'ensemble des falaises sur lesquelles sont bâtis le fort et le village du Carmen, et tous les accidens que je vais décrire lui appartiennent également. Près du village du Carmen, il forme des bancs très-durs, disséminés dans l'épaisseur des grès friables. Ces bancs ont presque toujours une teinte différente; ils perdent leur couleur azurée pour devenir plus ou moins gris ou jaunâtres. Ce sont des débris de ces bancs qui ont servi à bâtir le fort du Carmen ou de Patagones. Ils me présentèrent, sur plusieurs plaques, les traces évidentes de leur dépôt sous l'eau. Il n'est personne qui, se promenant sur des plages de sable, lorsque la mer vient de les abandonner pendant les basses marées, n'ait remarqué de légers sillons onduleux, souvent interrompus, laissés par les eaux. Eh bien! ces mêmes sillons, je les ai observés sur les plaques de grès du Carmen, et si bien tracés, qu'il était impossible de s'y méprendre.[1]

C'est comme accidens des grès azurés qu'on trouve au-dessus du Carmen des rognons de gypse, assez nombreux pour qu'on les ait employés à la construction des murailles et des plafonds des bâtimens du fort du Carmen. J'y rapporte également cette couche de grès noirâtre, mélangée d'argile, qui, à la Salina d'Andres Paz, c'est-à-dire à six lieues au-dessus du Carmen, m'a offert de très-nombreux et très-beaux cristaux de sulfate de chaux, les uns en aiguilles, longues quelquefois de deux cent cinquante millimètres et larges de quatre-vingts millimètres, avec leurs facettes des mieux conservées; les autres offrant des cristaux mâclés très-remarquables par leur grande pureté.[2]

Avant de me résumer pour l'ensemble des terrains de la Patagonie, je vais jeter un coup d'œil sur la forme extérieure du terrain et sur les accidens superficiels, qui tous dépendent évidemment de causes géologiques. Le sol de la Patagonie, du 40.e au 41.e degré de latitude sud, offre une plaine immense, légèrement inclinée au nord-est, sur laquelle les vallées du Rio Colorado et du Rio Negro viennent naturellement se dessiner dans la direction de la pente qu'elles sillonnent, depuis la Cordillère jusqu'à la mer.

1. On a parlé de traces de pluie fossile, marquée sur des plaques. Il n'est pas plus étonnant de trouver les traces des eaux ainsi conservées sur les grès. C'est, du reste, un fait qui me paraît plus général qu'on ne l'a pensé, puisque je l'ai retrouvé sur les grès portlandiens du Boulonnais, non loin de Boulogne; je l'ai fait remarquer à M. de Wegmann qui m'accompagnait dans cette course géologique.

2. Depuis mon envoi, M. Brongniart a, tous les ans, signalé ces cristaux à son cours.

Géologie. Tout ce que j'ai vu de ces terrains offre d'immenses plaines uniformes, dont rien ne vient varier l'horizon ; mais, si sur cette nappe stérile, il n'existe aucun point culminant, il y a beaucoup de dépressions, dues à des dénudations partielles. En relevant à la boussole la direction de toutes ces dépressions, je l'ai toujours trouvée dans le sens de la pente générale, c'est-à-dire soit nord-est et sud-ouest, soit est et ouest. Ces dépressions, toutes indiquées dans ma carte géologique n.° 1, sont :

1.° Celle du Potrero de San-Francesco, dirigée est et ouest et située à douze lieues au-dessus du Carmen;

2.° La dépression de l'Ensenada de Ros;

3.° La dépression que j'ai trouvée entre le Carmen et l'Ensenada de Ros;

4.° La Salina de Piedra, au nord du Carmen;

5.° La Salina d'Andres Paz, à six lieues au-dessus du Carmen;

6.° La Salina del Ingles, près de la Bahia de San-Blas;

7.° Le Puerto de San-Antonio, au fond du Sac du même nom.

On peut facilement expliquer le fait de la direction des dépressions par dénudation du sol de la Patagonie, coïncidant avec la pente générale du sol, par les courans qui ont dû sillonner le terrain, lors du soulèvement de la chaîne des Cordillères; courans qui, en même temps, ont déposé, à la superficie et surtout dans ces dépressions, beaucoup de cailloux porphyritiques, provenant évidemment des roches ignées qui forment la chaîne des Cordillères.[1]

De ces dépressions, celles qui ont eu une issue sont seulement remplies, à leur superficie, de quelques monticules de sable mouvant, transportés par les vents; mais, lorsqu'elles sont circonscrites, elles forment des salines naturelles plus ou moins étendues, telles que :

1.° La Salina de Piedras, dont la surface de sel a près de trois lieues de long, sur une lieue de large; la couche de sel cristallisé en est épaisse de dix à quinze centimètres.

2.° La Salina d'Andres Paz, dont le sel a une demi-lieue de surface, sur huit à dix centimètres d'épaisseur. Elle est à six lieues au-dessus du Carmen.

3.° La Salina del Ingles, de deux lieues de diamètre, située près de la Bahia de San-Blas.

4.° La Salina del Algarrobo, située à dix lieues au nord du Carmen. Le diamètre en est de deux lieues environ.

5.° La Salina del Colorado, située au sud du Rio Colorado.

6.° Les Salinas de la péninsule de San-Jose, les plus vastes et les plus nombreuses de toutes. Dans ces dernières on trouve, comme à la Salina d'Andres Paz, de beaux cristaux de sulfate de chaux.

7.° Une saline très-étendue, située à six lieues au sud du Carmen.

8.° Beaucoup de lieux moins riches en sel et que, dans le pays, on nomme salitrales; comme ceux de Punta Rasa, etc.

---

1. Ces mêmes cailloux sont charriés par le cours du Rio Negro. M. Cordier y voit des porphyres pétro-siliceux anciens, des grauwackes ou phyllades de la période phylladienne.

Géologie.

Ces salines, que j'ai pu étudier avec soin, ne sont point, comme on l'a cru en Europe, des mines de sel gemme; ce sont de véritables bassins remplis, au fond, de sel cristallisé. La description de ces salines, complètement identiques quant à leur figure, peut expliquer, en partie, la manière dont elles se sont formées. Toutes représentent, comme je l'ai dit, au milieu de plaines horizontales, une dépression ou dénudation des couches sur une profondeur de souvent quarante à soixante mètres au-dessous de la superficie du sol. Ces dépressions dessinent un bassin en pente douce, où la partie occupée par le sel a ordinairement le tiers au plus du diamètre, c'est-à-dire qu'il existe alors, tout autour, des pentes plus ou moins inclinées, convergeant vers le centre. Cette forme, le plus ordinairement oblongue dans le sens de la pente générale des terrains, depuis la Cordillère, me porte à adopter, pour leur formation, une hypothèse qui me paraît découler des faits. Je suppose d'abord qu'elles ont été creusées par des courans violens d'eau salée venant des Cordillères. Les formations les plus supérieures étant composées de terrains marins, partout éminemment imprégnés de sel, j'admets que le retrait subit des eaux y a laissé des eaux qui, n'ayant aucune issue, se sont trouvées retenues et ont formé des lacs d'eau salée bien circonscrits. Si ces lacs eussent été situés dans un pays humide ou moins sec que la Patagonie, au sein des Pampas, par exemple, ils seraient probablement restés sans cristallisation, comme ceux qu'on rencontre si fréquemment dans ces lieux; mais se trouvant, au contraire, dans une contrée où il pleut rarement, et dont la sécheresse est extrême, les eaux se seront promptement évaporées, en concentrant peu à peu, vers le fond, leurs parties salines; ou bien, s'augmentant journellement du lavage continuel des terres environnantes, par les pluies annuelles, elles ont enfin passé à l'état de cristallisation complète, qu'elles conserveront, sans doute, tant que l'atmosphère ne changera pas.[1]

Pour compléter mes observations sur le terrain tertiaire patagonien, je n'ai plus qu'à en fixer les limites. Mes fréquentes conversations avec le pilote Don Gorge, qui avait fait la reconnaissance de toute la côte vers le sud, me donnent la certitude que toute la péninsule de San-Jose, au-delà du 42.° degré de latitude sud, se compose des mêmes grès tertiaires qu'au sud du Rio Negro. Ce même pilote, ainsi que M. le capitaine Bibois, m'assurèrent qu'au port Valdes, situé sur la partie la plus avancée de la péninsule de San-Jose, ils avaient vu, à diverses reprises, un squelette presqu'entier de baleine, dont les os saillaient au milieu de la falaise. Ils rencontrèrent aussi des huîtres semblables à celles que j'ai trouvées dans les falaises du sud. Une expédition faite de Buenos-Ayres en 1829, dans le but d'obtenir de la glace, me rapporta un oursin et des huîtres[2] fossiles du port de San-Julian, situé au 49.° degré de latitude sud. La comparaison que j'en fis avec celles de Patagonie[3], m'a fait acquérir la certitude de leur parfaite identité.

1. Ces opinions sont publiées, dès 1838, dans la Partie historique de mon Voyage, t. II, p. 129.

2. Ces huîtres avaient été signalées depuis 1670, par le voyageur Narborough (Histoire des navigations aux Terres australes, t. II, p. 18).

3 Cette espèce est déposée depuis 1834 dans les collections du Muséum.

Géologie. Si je cherche d'autres preuves, je les trouverai dans les observations de M. Darwin, qui a vu beaucoup de points de la côte sud de la Patagonie, sur l'Océan atlantique. Ce savant rencontra, au port Desiré, au port San-Julian, au Rio de Santa-Cruz et jusqu'au détroit de Magellan[1], les mêmes terrains tertiaires recouverts par des galets.

Les limites du terrain tertiaire, en remontant du littoral jusqu'aux Cordillères, me sont données par le voyage de Don Basilio Villarino, exécuté en 1782[2]. Cet observateur voit les falaises du Rio Negro de même composition jusque par le parallèle du 69.e degré 30 minutes de longitude occidentale de Paris, c'est-à-dire bien au-dessus de l'île de Choleechel. Les premiers changemens qu'il remarque sont des collines élevées, couvertes de sable blanc, de petites pierres et d'une poudre blanche qui s'éboule et s'enfonce sous les pieds. Ces collines ou petites montagnes, elles-mêmes souvent coupées à pic sur le bord de la rivière, sont également blanches. Il arrive à des terrains plus fermes jusqu'au confluent du Rio Diamentino ou au-dessus, et trouve des pierres blanches dures, propres à bâtir. Je questionnai les Indiens pour savoir quel pouvait être ce terrain blanc, et l'un d'eux, en me montrant des débris de ponce[3], que je venais de recueillir sur les rives du Rio Negro, où ils avaient été apportés par le courant supérieur, me dit que ces collines contenaient beaucoup de ces roches. D'après ces renseignemens je croirais que les montagnes blanches, observées par Villarino, ne sont que des conglomérats ponceux de cendres trachytiques, semblables à ceux que j'ai reconnus, plus tard, sur le versant occidental des Andes, près d'Arica, et sur une surface immense du plateau bolivien, près de la chaîne occidentale. Pour les roches blanches dures, peut-être appartiennent-elles à la formation crétacée, qu'on a rencontrée près du port Famine, au détroit de Magellan.

Résumé géologique de la partie septentrionale de la Patagonie.

Pour résumer mes observations sur le sol de la Patagonie, je dirai que je regarde tous les terrains tertiaires qui composent cette partie comme appartenant à une seule et même époque, le tertiaire patagonien, formé de dépôts marins, où sont néanmoins venus s'intercaler quelques restes organisés terrestres ou fluviatiles, charriés peut-être par des affluens. Ce terrain tertiaire, qui commence à paraître sous les argiles pampéennes, entre le 39.e et le 40.e degré de latitude sud, s'étend de là vers le sud, jusqu'au détroit de Magellan. Vers l'ouest, il s'approche beaucoup des derniers contre-forts des Andes, et forme, au nord, une large bande, qui suit, en dehors et au-dessous, les argiles pampéennes, sans doute jusqu'au-delà du 27.e degré de latitude sud.

---

1. Voyez *loc. cit.*, p. 193, 208, etc.

2. *Diario de la descubierta y reconocimiento del Rio Negro en la costa oriental patagonica.* Je possède l'original de ce voyage, signé par Villarino et légalisé par Viedma. Il a été imprimé sur une copie, dans la *Colecion de documentos* de M. d'Angelis.

3. Ces échantillons sont déposés au Muséum. La rigidité de leur tissu fait penser à M. Cordier qu'ils sont très-récens.

En Patagonie, je n'ai pas vu les couches inférieures au grès marin; pourtant, si je considère l'analogie de celui-ci avec le dépôt marin de la province d'Entre-Rios, je croirais qu'il doit s'appuyer sur des couches analogues à celles de Corrientes. Géologie.

Le tertiaire patagonien, dans ces contrées, est partout à découvert; seulement, une fois déposé et consolidé, il a été évidemment sillonné de grands courans d'eau salée, venant de l'ouest; courans qui, non-seulement ont formé, dans le sol, de vastes dépressions, mais encore ont laissé partout, à la superficie des couches, un léger mélange de sable et de petits cailloux porphyritiques, provenant, sans doute, des roches qui composent la Cordillère. Ces traces de courans me paraissent bien postérieures au dépôt marin, et pourraient peut-être coïncider avec l'époque du grand dépôt de l'argile pampéenne. J'ai parlé encore d'autres dépôts marins contenant des coquilles analogues à celles qui vivent aujourd'hui; ceux-là, que j'ai rencontrés au fond de la Bahia de San-Blas, sont postérieurs à l'argile pampéenne; en effet, s'ils reposent immédiatement sur les grès, c'est qu'en cet endroit les argiles manquent.

Maintenant, si je compare les terrains tertiaires de la Patagonie à ceux de la province d'Entre-Rios (voyez pl. V), je trouverai que : 1.° tous deux ont, à la partie inférieure, des grès marins, avec des mollusques d'espèces éteintes; 2.° un peu au-dessus, dans l'un et dans l'autre, viennent des grès où l'on rencontre des ossemens de mammifères et des bois fossiles; 3.° cette couche supporte, au nord, des alternances de grès et d'argile remplie de gypse; au sud, des grès azurés; 4.° au nord et au sud, des couches contenant, au milieu d'une alternance de grès et de calcaire, l'*Ostrea patagonica* dans les assises moyennes, et au-dessus des agglomérats marins renfermant, des deux côtés, à neuf degrés ou deux cent vingt-cinq lieues de distance, trois espèces identiques, qui prouvent leur parfaite contemporanéité. Ces concordances démontrent jusqu'à l'évidence qu'il y a analogie non-seulement de puissance relative et de composition, mais encore de corps organisés, entre les couches du tertiaire marin de la Patagonie et celles de la province d'Entre-Rios; ce qui m'a déterminé à considérer le tout comme appartenant à une seule et même époque, que j'ai nommée *tertiaire patagonien*.

CHAPITRE VI.

Considérations générales sur le grand système tertiaire des Pampas.

§. 1.er *Circonscription.*

Un fait géologique des plus remarquable est, sans aucun doute, l'immense extension du système tertiaire du sud de l'Amérique méridionale. Quand on le compare aux petits bassins disséminés sur le sol européen, on est forcé d'admirer, au nouveau monde, la puissance des agents qui ont soulevé les Cordillères, dont la chaîne sillonne toute la longueur du continent, tandis que se déposaient ces couches uniformes prolongées du détroit de Magellan aux collines primitives de Chiquitos, et peut-être au bassin supérieur de l'Amazone. Ici tout s'est fait sur une grande échelle et la nature semble avoir proportionné l'étendue des dépressions aux reliefs qui les séparent.

Le bassin tertiaire des Pampas se termine et s'enfonce sous l'Océan atlantique, de l'embouchure de la Plata au détroit de Magellan ou du 34.e au 52.e degré de latitude sud. De ce dernier point ses limites, plus ou moins éloignées des Cordillères, sont encore peu certaines; mais tout ferait penser que le dépôt de cette époque occupe les plaines, jusqu'au pied même des derniers contre-forts de la chaîne. S'il en est ainsi, comme semble le prouver l'itinéraire de Luis de la Cruz[1], on peut croire que les terrains tertiaires forment, vers les Cordillères, deux golfes : l'un entre les sources du Rio Negro et la chaîne orientale voisine du Cerro Payen[2]; l'autre, beaucoup plus considérable, au nord de cette chaîne, jusqu'au massif des montagnes de San-Luis et de Cordova. Dans ce vaste golfe, le tertiaire paraît s'étendre jusqu'à Villa Vicencio[3], près de Mendoza. Il aurait alors atteint, sur ce point, le maximum de développement, n'ayant pas moins de trois cents lieues géographiques de largeur. Le massif de montagnes, dont l'extrémité sud forme

1. Ce voyageur a trouvé toutes les plaines uniformément composées.
2. Voyez la carte n.° 1. Cette montagne est placée d'après l'itinéraire de Luis de la Cruz.
3. M. Darwin a retrouvé, dans cet endroit, le tertiaire patagonien avec ses bois fossiles.

le cap de Cordova, s'étendant loin des Cordillères, rétrécit tout à coup le bassin tertiaire, dont les limites suivent, du sud au nord, le pied de ces mêmes montagnes de Cordova, de Tucuman et de Salta[1]. Peut-être de ce point devrais-je suivre le littoral du bassin jusqu'au-delà de Santa-Cruz de la Sierra[2], et le faire se joindre alors, au bassin géographique des affluens méridionaux de l'Amazone, puisque j'ai retrouvé des terrains tertiaires analogues dans la province de Moxos[3], jusqu'au 13.ᵉ degré; mais ce serait trop hazarder, puisque les plaines de Santa-Cruz, couvertes partout d'alluvions, ne m'ont permis de reconnaître le sol que sur un petit nombre de points. Pour le moment, je m'arrêterai aux collines primitives de la province de Chiquitos[4], où, vers le 17.ᵉ degré, j'ai rencontré les derniers dépôts tertiaires, analogues aux couches les plus inférieures de Corrientes; et je bornerai les limites septentrionales du bassin aux collines de gneiss de Chiquitos, vers le 17.ᵉ degré de latitude sud. Géologie.

A l'est de la province de Chiquitos, le bassin tertiaire occupe probablement le golfe formé par les sources du Rio du Paraguay, jusqu'aux montagnes primitives ou de transition des *Parexis,* vers le nord, en y comprenant presque toute la province de Cuyaba. En revenant vers le sud, l'uniformité du territoire du Paraguay ferait penser que la composition en est analogue, d'un côté, à celle des terrains de Chiquitos, et, de l'autre, à celle des terrains de Corrientes, où j'ai pu la constater[5]. De Corrientes, le terrain tertiaire s'étend jusqu'aux roches d'origine ignée des Missions, et paraît remplir, plus à l'est, le bassin de l'Uruguay[6] et une grande partie de la Banda oriental, à l'ouest du Cerro Largo, jusqu'au confluent de l'Uruguay et du Parana. On n'en

---

1. Tout le pied de ces montagnes se compose de grès friables en couches horizontales. C'est au moins ce que nous apprend Don Pablo Soria, dans son *Informe del rio Bermejo*, ou Description de la navigation de cette rivière, depuis Salta jusqu'au Paraguay.

2. Au-delà de Santa-Cruz, vers le nord, j'ai vu les terrains tertiaires sur le cours du Rio Piray.

3. Le tertiaire guaranien s'est de nouveau montré à mes yeux dans les plaines à l'est de la province de Moxos, non loin de la Mission de San-Joaquin.

4. Principalement entre San-Miguel et San-Jose. Les salines naturelles situées au sud de ce dernier point indiqueraient, peut-être, la continuité des terrains marins de la Patagonie.

5. Voyez page 51, où j'ai décrit avec détails ce que j'ai observé sur cette dernière province.

6. M. Isabelle (*Voyage à Buenos-Ayres et à Porto Alegre*, p. 327 à 402) indique le terrain tertiaire depuis l'embouchure de l'Uruguay jusqu'à la Mission de San-Borja. Il l'a encore rencontré au *Rio Grande*, beaucoup plus à l'est. J'ai pu confronter les échantillons déposés au Muséum et je me suis positivement assuré de leur identité avec ceux des rives du Parana.

Géologie. voit plus ensuite que des lambeaux, reposant sur les roches granitiques de la rive gauche de la Plata.[1]

Circonscrit ainsi, le bassin tertiaire des Pampas offre une surface irrégulière, rétrécie vers le nord, du 17.e au 26.e ou 27.e degré, entre les derniers contre-forts des Cordillères, à l'ouest, et les montagnes du Brésil ou du Paraguay, à l'est. Très-élargi de ce point jusqu'à l'embouchure de la Plata, il y est encore limité par les Cordillères et par les montagnes primitives du Brésil ou de la Banda oriental. De là, n'étant plus borné à l'est, ses couches viennent se perdre sous les eaux de la mer; aussi, depuis le parallèle de la Plata jusqu'au détroit de Magellan, à mesure que la Cordillère s'abaisse vers le sud, la largeur des terrains tertiaires diminue et finit par former une sorte de langue de terre d'autant plus étroite qu'elle se rapproche davantage de l'extrémité méridionale du continent.

Les couches tertiaires des Pampas s'étendent donc du 17.e au 52.e degré de latitude sud, sur une longueur nord et sud de 35 degrés ou 875 lieues géographiques. Leur plus grande largeur, de l'est à l'ouest, est de 12 degrés ou 300 lieues, et leur superficie d'environ 206 degrés ou plus de 128,000 lieues carrées de surface. En résumé, le bassin tertiaire des Pampas serait plus de trois fois aussi grand que la France entière, représentant, à lui seul, une étendue plus vaste que la France, l'Espagne, le Portugal et l'Angleterre réunis.

§. 2. *Composition.*

En laissant momentanément de côté les différentes roches sur lesquelles reposent les couches tertiaires, dont je m'occuperai plus tard, le bassin tertiaire des Pampas, comme je le conçois, se compose de couches appartenant à trois époques différentes : 1.° l'une, inférieure, sans aucun reste de corps organisé, et que je désigne sous le nom de *Tertiaire guaranien;* 2.° une seconde, évidemment marine, renfermant des coquilles d'espèces éteintes et que j'appelle *Tertiaire patagonien;* 3.° une troisième, contenant seulement des squelettes de mammifères, et que je nomme *Argile pampéenne.* Il n'y a plus ensuite, sur l'argile pampéenne, que des couches de notre époque, dont je parlerai aux conclusions.

Je vais décrire séparément ces trois époques, sous le rapport de leur circonscription, de leur composition et des corps organisés qu'elles renferment.

1. Sur le cours du Rio Negro, sur les affluens du Rio de Santa-Lucia, près del Rosario, et aux environs de las Vacas. (Voyez la description de ces diverses localités.)

4. Tertiaire guaranien.

Les couches guaraniennes, que j'ai vues dans les falaises du Parana, au-dessus de la ville de Corrientes, jusqu'à la province des Missions[1], que j'ai également rencontrées au-dessous de cette ville jusqu'au Rio Corrientes, se continuent vers l'est jusqu'à l'Uruguay et bien au-delà, aux environs de San-Borja[2]. Il paraîtrait même qu'elles couvrent une grande partie des provinces des Missions actuellement portugaises et comprises dans la province de Rio Grande do sul[3], et le nord de la république orientale de l'Uruguay jusqu'au sud du Salto. Sur la rive droite de l'Uruguay ils forment une pointe, en obliquant au nord-nord-ouest, pour rejoindre les sources du Guayquiraro, à la frontière sud de Corrientes. Vers le nord, j'ai retrouvé ce tertiaire, au 17.e degré de latitude sud, dans la province de Chiquitos (Bolivia), ce qui me ferait croire que l'intervalle compris entre Corrientes et ce point, ou la plus grande partie du Paraguay, en serait composée. Il paraît aussi exister près des contre-forts des Cordillères, non loin de Salta; c'est au moins ce que porte à supposer l'itinéraire de Soria sur le Rio Vermejo[4], et l'on devrait s'attendre à le trouver même beaucoup plus au nord.

A Chiquitos, les couches inférieures reposent sur des collines de gneiss, dont elles nivellent les intervalles. Aux Missions, elles sont soulevées par des roches d'origine ignée. Vers le 30.e degré de latitude, elles disparaissent sous les tertiaires patagoniens.

Le tertiaire guaranien se compose ordinairement de trois couches concordantes :

1.° De *grès ferrugineux*, souvent remplis de rognons d'oxide rouge ou d'hydrate de fer géodique et de belles sardoines de diverses couleurs, à angles très-roulés. Ce grès forme, au-dessus de Corrientes, des masses caverneuses et dures. Il est beaucoup plus friable au-dessous de ce point, et offre quel-

---

1. Voyez mes descriptions et mes coupes du cours du Parana (pl. IV, fig. 1, 2) jusqu'aux Missions, p. 28.

2. Voyage de M. Isabelle à Buenos-Ayres et au port Alegre, p. 402.

3. Presque tout le cours de l'Uruguay, depuis le Salto Grande jusqu'à San-Borja, et sur le cours de l'Ibicuy (Voyage de M. Isabelle, p. 360 à 402). J'ai comparé les échantillons rapportés par cet observateur plein de zèle, et je me suis assuré de leur identité.

4. *Informe del Rio Bermejo* (relation manuscrite).

Géologie. ques couches intermédiaires d'argile. Je n'y ai rencontré aucune trace de fossiles[1]. Cette couche a environ cinquante mètres dans son plus grand développement.

2.° De *calcaire à fer hydraté,* espèce de calcaire argileux gris blanchâtre, rempli de rognons plus durs, souvent très-compactes, de cailloux de quartz et de beaucoup de grains arrondis de fer hydraté. Il ne renferme pas de traces de fossiles. Sa plus grande puissance est de quatre mètres environ.[2]

3.° D'*argile gypseuse grise,* remplie de nodules plus durs. Elle est de même nature que la couche précédente, mais ne contient plus de fer, cette substance y étant remplacée par un grand nombre de petits rognons de gypse, disséminés par couches dans l'argile. Je n'y ai pas vu de fossiles. Sa plus grande puissance est de quatre mètres.

Ces trois couches, d'une épaisseur variable, plongent légèrement à l'ouest des Missions, jusqu'à Corrientes. De cette ville, vers le sud, elles paraissent être presqu'horizontales, se relèvent peu à peu au-dessus de la pente du Parana, jusqu'au 30.e degré, où elles finissent par s'enfoncer au sud, sous le tertiaire patagonien.

2. Tertiaire patagonien.

J'ai étudié ses couches dans les coupes naturelles offertes par le cours du Parana, depuis la Esquina jusqu'à la Bajada, sur deux degrés de longueur. Ce tertiaire couvre la partie sud de la province d'Entre-Rios, présente un lambeau sur les rives de l'Uruguay, près de son embouchure, se montre assez développé au nord du Rio Negro, république de l'Uruguay, et sur les rives de l'Ibicuy (Brésil méridional).[3]

Recouvert partout par l'argile pampéenne, depuis l'embouchure de la Plata, le tertiaire patagonien ne reparaît plus qu'au 40.e degré de latitude sud, au-delà du Rio Colorado. J'en ai scruté les couches de la Bahia de San-Blas jusqu'au Saco de San-Antonio, sur près de deux degrés de longueur du littoral de l'Océan, où il forme des falaises perpendiculairement coupées vers la mer. Je les ai vues également sur près d'un degré, en remontant le Rio

1. Les terrains tertiaires que j'ai trouvés nivelant les collines de gneiss de Chiquitos, appartiennent à cette couche.

2. C'est cette couche ou du moins une analogue, que j'ai vue à l'est de la province de Moxos, au 13.e degré de latitude sud, près de la mission de San-Joaquin.

3. Les échantillons de bois fossiles et des grès qui les renferment, et que M. Isabelle a rapportés, le prouvent évidemment.

Negro. Plusieurs fossiles que je possède, ainsi que les investigations de M. Darwin[1], donnent la certitude que les mêmes couches se montrent, sans interruption, jusqu'au détroit de Magellan. Les voyages de Basilio Villarino et de Luis de la Cruz m'apprennent que ces terrains se montrent jusque près des derniers contre-forts des Cordillères, où M. Darwin les a trouvés non loin de Villa Vicencio, au nord de Mendoza[2]. Il est probable qu'ils se continuent au-delà, en suivant au nord, jusqu'à la province de Chiquitos. Géologie.

Le tertiaire patagonien repose, dans la province d'Entre-Rios, sur le tertiaire guaranien. Il en est ainsi à l'ouest de l'Uruguay, et c'est probablement ce qui a lieu sur beaucoup des points où je ne l'ai pas vu. Il est recouvert, au sud de la province d'Entre-Rios, à Buenos-Ayres, au Rio Colorado, frontière de la Patagonie, et partout à l'ouest des Pampas, par la grande formation d'argile pampéenne.[3]

Il se compose des couches suivantes, analogues au nord et au sud des Pampas, et que j'énumère en partant des plus inférieures :

1.° De *grès marins*, plus ou moins ferrugineux, verts ou rougeâtres, composés de grains quartzeux très-fins, et enveloppant soit des empreintes, soit le test bien conservé de coquilles marines, souvent dans leur position naturelle. Ces coquilles sont : *Pecten patagonensis* et *Ostrea Ferrarisi*, d'Orb. ; des Vénus indéterminables, toutes espèces éteintes.

2.° Au sud, des grès gris et des calcaires blanchâtres, remplis de dendrites noires ; au nord du grès ferrugineux très-dur, sans fossiles.

3.° Au-dessus, de *grès à ossemens*, formé, au sud, d'un grès gris, assez compacte ; au nord, d'un grès friable rougeâtre, composé de grains quartzeux, et renfermant, avec des tronçons de bois fossiles, passés à l'état siliceux et appartenant à des conifères, un très-petit nombre d'ossemens de mammifères. Ces restes, appartenant à des animaux de races éteintes, sont les *Megamys patagonensis* et *Toxodon paranensis*. A la partie supérieure de ces couches se trouve, en Patagonie, un banc contenant, avec beaucoup de débris de poissons, des coquilles évidemment fluviatiles, et munies encore de leurs deux valves ; c'est l'*Unio diluvii* et une *Chilina*, que je n'ai pu déterminer, mais qui, ainsi que l'unio, sont évidemment des espèces perdues.[4]

---

1. *Narrative, etc.*, p. 201.

2. *Ibidem*, p. 405.

3. Le forage d'un puits fait à Buenos-Ayres même démontre qu'il existe, en ce lieu, au-dessous de l'argile (voyez pl. II, fig. 6).

4. M. Darwin (*Proceedings* de la Société géologique de Londres, séance du 3 Mai 1837) dit que ces coquilles ont de l'analogie avec les coquilles vivantes. Les comparaisons ont prouvé le contraire.

Géologie. 4.° On voit ensuite, au nord, des alternances de grès rougeâtre et d'argile remplie de gypse; au sud, des grès azurés d'une grande puissance, le tout sans aucune trace de corps organisés.

5.° Au nord et au sud, une alternance d'argile et de grès, composée de grains quartzeux, réunis par du calcaire. Je trouve, dans ces couches, aux deux extrémités des Pampas, absolument les mêmes fossiles marins en très-grand nombre et dans leur position naturelle. C'est d'abord l'*Ostrea patagonica*, formant des bancs immenses composés de coquilles avec leurs deux valves, et, au-dessus, les espèces marines suivantes, toutes inconnues à l'état vivant, sur les côtes voisines, et évidemment perdues : *Ostrea Alvarezii*, *Ostrea Ferrarisi*, *Venus Munsterii*, *Arca Bonplandiana*, *Cardium platense*, *Pecten paranensis*, *Pecten Darwinianus*. Sur cette couche on rencontre encore des alternances de grès ou d'argile, contenant beaucoup de gypse.

Toutes ces couches, composant un ensemble bien complet et appartenant évidemment à une même époque, sont, pour ainsi dire, horizontales et parallèles entr'elles. Je les crois d'un âge postérieur aux tertiaires guaraniens, et bien antérieur aux argiles pampéennes.[1]

3. Argile pampéenne.

J'ai étudié cette argile à la Bajada (province d'Entre-Rios, à son point de contact avec les couches inférieures), à Santa-Fe et dans les falaises élevées des rives du Parana, jusqu'à Buenos-Ayres, ou sur près de cent lieues de longueur. Je l'ai vue encore aux environs de Buenos-Ayres, près de Canelon, et à las Vacas, dans la république orientale de l'Uruguay. Les limites en sont : la mer, de Buenos-Ayres au Rio Colorado; de là, une ligne d'abord un peu inclinée à l'ouest, qui va, du sud au nord, vers le point marqué[2] de l'Itinéraire de Luis de la Cruz, et de là, en suivant une ligne nord-nord-est, passant par les lieux où se perdent, dans les Pampas, les deux rivières dites *Rio Quinto* et *Rio Secundo*. L'argile pampéenne figure ensuite un golfe étroit, dirigé au nord près des rives du Parana. En revenant au sud, le cours de cette rivière sert de limites. De plus, l'argile pampéenne a formé plusieurs petits dépôts dans la vallée du Rio Negro (république

1. M. Darwin (*Narrative, etc.*, p. 201) regarde comme artificielles les limites entre les couches marines et l'argile, et les croit de la même époque. Aux considérations générales j'espère prouver le contraire.

2. Voyez la carte n.° 1.

de l'Uruguay) et sur les roches granitiques de la Bande orientale de la Plata.

Cette couche, qui remplit le fond du bassin des Pampas, et compose exclusivement toutes les Pampas proprement dites, occupe une très-large surface arrondie vers le sud, surface qui n'aurait pas, à elle seule, moins de 38 degrés carrés ou 23,750 lieues carrées de superficie.

Les argiles pampéennes reposent immédiatement, au nord, au sud et à l'ouest, sur le tertiaire patagonien; à l'est, près des chaînes du Tandil et de la Ventana, ainsi que dans la Bande orientale, elles s'appuient sur les roches granitiques. Elles ne supportent aucun grand dépôt; seulement elles ont, à leur surface, des sables d'alluvion ou de petits bancs de coquilles fossiles identiques à celles qui vivent actuellement soit dans la mer, soit près de l'embouchure de la Plata.

L'argile pampéenne se compose d'une seule couche, où il serait même difficile de trouver une stratification marquée. Il y a bien, dans certains endroits, des parties plus ou moins dures, plus ou moins arénacées; mais ces parties, loin d'être séparées du reste par des lignes horizontales, qui se montrent toujours dans les couches lentement déposées au sein des eaux, forment une masse où l'on ne reconnaît que des zones peu distinctes, qu'on ne peut suivre long-temps, dans aucune des coupes naturelles des falaises. En un mot, on dirait, en examinant l'argile pampéenne, qu'elle s'est, en quelque sorte, déposée dans un laps de temps très-court, comme le résultat d'une grande commotion terrestre.

On n'a, jusqu'à présent, rencontré, dans les couches des Pampas, que des restes de mammifères à l'état tout à fait fossile. Ces mammifères, appartenant tous à des espèces éteintes, sont les suivans[1]:

ESPÈCES TROUVÉES DANS L'ARGILE PAMPÉENNE.	ESPÈCES DES CAVERNES DU BRÉSIL.
CARNASSIERS.	
Canis incertus, Nob., San-Nicolas (Buenos-Ayres).	*Canis*.
RONGEURS.	
Kerodon antiquum, Nob., San-Nicolas (Buenos-Ayres).	
Ctenomys bonariensis, Nob., San-Nicolas (Buenos-Ayres).	
Ctenomys priscus, Owen, Bahia blanca.	

1. A la partie paléontologique spéciale, je discuterai tout ce qui tient aux formes des espèces éteintes, comparées aux espèces actuellement vivantes sur le sol américain.

ESPÈCES TROUVÉES DANS L'ARGILE PAMPÉENNE.	ESPÈCES DES CAVERNES DU BRÉSIL.
ÉDENTÉS.	
Mylodon Darwinii, Owen, sous-genre de Megatherium, Bahia blanca (39° sud).	
Scelidotherium leptocephalum, Owen, Bahia blanca.	
Orycteropus, Owen, Bahia blanca.	
Megalonyx, Bahia blanca.	*Megalonyx.*
Megatherium Cuvieri, Bahia blanca.	*Megatherium.*
Holophorus euphractus, Owen, Bahia blanca.	*Holophorus euphractus.*
PACHYDERMES.	
Toxodon platensis, Owen, Rio Negro (Banda oriental). Bahia blanca (39° sud).	
Glossotherium, Owen, Rio Negro (Banda oriental).	
Mastodon angustidens, Cuvier, Santa-Fe (32° sud).	*Mastodon.*
Equus, Bahia blanca (39° sud). Bajada (32° sud).	*Equus neogœus.*

§. 3. *Résultats généraux et conclusions.*

Avant de remonter aux terrains tertiaires des Pampas, il est indispensable d'examiner rapidement les différentes époques qui en ont précédé le dépôt sur le sol de l'Amérique méridionale, en comparant ces époques à ce que l'on a l'habitude d'y trouver d'analogue en Europe. Laissant momentanément de côté toutes les roches d'origine ignée, dont l'âge est plus ou moins problématique, je ne m'arrêterai qu'aux roches dont la superposition a fait postérieurement connaître l'âge relatif.

Les gneiss et les autres roches stratifiées de la même période couvrent la plus grande partie de la province de Chiquitos, où elles forment un massif considérable, tout à fait indépendant des Cordillères et des montagnes du Brésil. Leurs inégalités y sont nivelées horizontalement par les couches inférieures du tertiaire des Pampas. Ces mêmes roches montrent encore à nu un second massif aussi indépendant, à l'extrémité sud des montagnes brésiliennes, dans la Banda oriental; elles supportent alors les dépôts les plus récents de l'époque tertiaire. Il en est absolument de même des collines constituant, au sein des Pampas, des îlots, telles que la Sierra del Tandil, la Sierra de la Ventana, et les autres mamelons qui s'y rattachent. Toutes ces roches de gneiss et les roches granitiques dont elles sont presque partout accompagnées, me paraissent avoir formé trois groupes distincts, celui de

Chiquitos, celui de la Banda oriental et celui des Pampas, tous indépendans des autres, bien plus grands et sans doute contemporains, qui représentaient, peut-être, au Brésil, les premiers points sortis des eaux sur le continent américain. Géologie.

Les roches siluriennes, à l'égard desquelles j'aurai beaucoup à dire, en traitant de la Bolivia, sont on ne peut plus développées sur la chaîne orientale et sur tout le versant des Cordillères boliviennes, jusqu'à ses derniers contre-forts, vers les plaines du centre du continent américain. Elles sont généralement très-disloquées et presque partout recouvertes par les roches carbonifères. Je les ai retrouvées à l'est de la province de Chiquitos (Bolivia), où le tertiaire guaranien, étranger aux pentes des Cordillères, vient, comme pour les gneiss, combler les grandes vallées qu'elles ont formées dans leur dérangement.

D'après ce que je viens de dire, les terrains carbonifères accompagnent presque partout les terrains siluriens, sur le massif oriental des Cordillères de Cochabamba. Ils forment également des chaînes à l'est de la province de Chiquitos; et, là, le terrain tertiaire est venu en niveler les vallées. Aux contre-forts des Cordillères, près de Santa-Cruz de la Sierra (Bolivia), les couches tertiaires presqu'horizontales semblent encore s'appuyer sur des roches carbonifères disloquées, comme si elles n'avaient en rien souffert de leur dislocation, évidemment antérieure à leur dépôt.

Les roches des époques carbonifère et silurienne forment donc un massif énorme, à l'est de la Cordillère proprement dite. Elles se développent à l'est de la province de Chiquitos, et paraissent, en traversant tout le Brésil, offrir une surface immense de là jusqu'à la province de Minas Geraes[1]. Ne pourrait-on pas se demander, si ces différens points, qui ne recouvrent aucune couche d'âge plus moderne, n'ont pas été soulevés à la même époque, puisque les roches granitiques paraissent avoir été partout la matière soulevante?

Je n'ai vu nulle part en Amérique de trace du muschelkalk.

La formation jurassique ne s'est, non plus, montrée nulle part[2]; fait très-extraordinaire, lorsqu'on se reporte au sol européen, où ces terrains ont tant d'extension.

Pour les terrains crétacés, ils sont loin d'être inconnus au sol américain;

---

1. Voyez l'intéressant Mémoire de M. Clausen, relatif à cette localité, Bulletins de l'académie de Bruxelles, t. VIII.

2. Il est, en effet, très-remarquable que le terrain jurassique ne se soit jusqu'ici trouvé nulle part en Amérique.

Géologie. M. Élie de Beaumont, d'après une lettre de M. Gay[1], les a cités le premier dans les Cordillères du Chili. M. de Buch les a signalés sur le plateau de Bogota[2], et les intéressantes collections de fossiles recueillies par M. Boussingault, dans les mêmes lieux et sur une grande surface de la Colombie, m'ont conduit à des résultats semblables. J'ai même pu déterminer, dans la formation crétacée, l'étage auquel appartiennent ces fossiles, que je regarde comme contemporains du terrain néocomien de notre France[3]. M. Le Guilloux[4] a rencontré des couches crétacées à l'extrémité du continent américain, aux bords du détroit de Magellan, où elles supportent des terrains tertiaires. Peut-être doit-on encore rapporter à la même époque les roches de la Sierra de la Tinta[5], sur lesquelles s'appuient les argiles pampéennes; celles qui ont été vues dans les Cordillères du Chili, près de Mendoza, par M. Darwin[6], et celles qu'a découvertes Luis de la Cruz[7], beaucoup plus au sud, près d'Antuco, dans la Cordillère même, entre Tilqui et Auquinco. C'est aussi à cette époque que M. Dufrenoy rapporte les terrains observés près de Coquimbo, par M. Ignacio Domeyko. Quoi qu'il en soit, à l'exception de la Colombie et des Cordillères, où les terrains crétacés sont très-développés, ils ne semblent avoir laissé ailleurs que des lambeaux peu étendus.

Il paraîtrait résulter de tous ces faits que, loin de s'être déposé dans des bassins déjà bien tracés par les couches antérieures, comme on le voit, par exemple, aux environs de Paris, où la formation tertiaire repose sur la craie blanche, le terrain tertiaire aurait succédé aux époques convulsives qui ont anciennement disloqué le sol américain, et serait, après une longue suite de crises, venu niveler les nombreuses inégalités du sol. C'est au moins ce que je crois voir aux parties septentrionales et orientales du bassin, où le massif est des Cordillères de Cochabamba, les collines de gneiss de Chiquitos, ainsi que les collines granitiques de la Banda oriental et des Pampas, n'ont évidemment en rien dérangé la disposition presqu'horizontale des terrains tertiaires des Pampas, qui, dans toutes ces parties, sont venus, au contraire, en combler les inégalités, en y formant cette vaste surface unie que

1. Voyez Comptes rendus de l'Académie des sciences, t. VI, p. 916, Janvier, Juin 1828.
2. Pétrifications du voyage de M. de Humboldt, par M. Léopold de Buch, 1839.
3. Je publie, en ce moment, un travail spécial sur ces fossiles.
4. Ces échantillons sont déposés au Muséum. Ils consistent en Ancyloceras ou Hamites, etc.
5. Voyez p. 47 ce que j'ai dit de ces roches.
6. *Narrative*, p. 405.
7. *Colecion de Documentos*, t. I.er, p. 77.

j'ai décrite; ainsi, à l'est et au nord, toutes les grandes dislocations auraient précédé le dépôt tertiaire.

Si pourtant je cherche au sein de ce vaste dépôt, quels dérangemens il a pu éprouver, j'en trouverai un grand nombre de preuves; mais ces dérangemens ont eu lieu à plusieurs époques différentes; et ces époques semblent d'autant plus multipliées et plus rapprochées de nous, qu'on s'avance davantage vers les régions méridionales. Pour mieux faire comprendre la manière dont je m'explique tous les faits géologiques relatifs aux Pampas, je vais suivre, selon l'ordre chronologique que je crois pouvoir leur assigner, les âges des dépôts et les dérangemens qu'ils ont dû successivement éprouver.

En se reportant à l'époque du tertiaire guaranien, on le voit, après les grandes dislocations du nord et de l'est, se déposer en couches horizontales, qui paraissent avoir nivelé les accidens du sol. N'ayant jamais rencontré de corps organisés dans les roches de cette époque, il m'est impossible de pousser plus loin mes recherches à leur sujet. Je n'y verrai donc qu'un dépôt de transition d'époque qui, dans le système tertiaire, antérieur à l'arrivée des animaux marins, se serait composé des débris des couches plus anciennes, disséminées à la surface du bassin.

Bientôt la mer tertiaire, plus tranquille, s'est peuplée de mollusques peu variés en espèces, mais très-multipliés en individus[1]. En quelques endroits, ces mollusques ont habité les lieux qui les recèlent encore; d'autres fois, ils semblent avoir été le jouet des courans.

Il est certain qu'à cette époque il existait des continens au pourtour de cette mer tertiaire. Les troncs silicifiés de conifères et les ossemens de grands mammifères de la côte de Feliciano sur le bord du Parana[2], ainsi que les ossemens de megamys et les coquilles d'eau douce des falaises de la Patagonie[3], en sont la preuve irrécusable. S'il m'était permis de pousser plus loin mes suppositions, d'après les faits que j'ai observés, je dirais que ces continens occupaient des points peu éloignés des lieux où j'ai trouvé ces fossiles, et qu'ils étaient distincts. Voici, du reste, les argumens sur lesquels j'appuyerais mon hypothèse.

En comparant sous le rapport de leur composition les grès patagoniens

---

1. Ceux que j'ai trouvés à la partie inférieure du tertiaire patagonien, au pied des falaises d'Entre-Rios (voyez p. 37), et que j'ai recueillis en Patagonie (Voyez p. 57).

2. Voyez p. 36, le *Toxodon paranensis.* M. Darwin a rencontré les mêmes troncs d'arbres près de Mendoza, sur des couches fortement soulevées des contre-forts orientaux de la Cordillère du Chili.

3. Voyez, p. 59, le *Megamys patagonensis.*

Géologie. de la province d'Entre-Rios à ceux de la côte de Patagonie, on reconnaît que, tout en appartenant à une seule et même époque zoologique, tout en s'étant déposés, en même temps, dans la même mer, ces grès ne se composent pas moins d'élémens tout différens, qui pourraient faire croire à des origines distinctes. Les grès de la province d'Entre-Rios sont simplement quartzeux et colorés par des oxides de fer. Après avoir vu les grès qui constituent les immenses systèmes silurien et carbonifère du massif oriental des Cordillères boliviennes et les collines au sud et à l'est de Chiquitos, on devrait penser que le grès tertiaire provient de leur décomposition et de leur remaniement. Le grès tertiaire de Patagonie se forme de grains de quartz et de débris évidens de vieux porphyre noir, amphibolique ou pyroxénique[1], d'un aspect bien distinct de ceux d'Entre-Rios, et dont aucune trace ne se retrouve au nord; ce qui me porterait à supposer qu'à cette époque il y avait, hors des eaux, vers le nord et le nord-est, un continent ou des roches porphyritiques, et un autre de grès, non loin du 41.e degré de latitude sud.

D'autres faits péremptoires appuient ma supposition. La composition des couches annonce, à n'en pas douter, des provenances d'élémens composans différentes. On doit donc supposer que les courans qui charriaient du nord au sud, dans cette mer tertiaire, les sables de la province d'Entre-Rios, ne s'étendaient pas jusqu'au 41.e degré de latitude sud. D'un autre côté, les ossemens de mammifères et les coquilles fluviatiles que j'ai recueillis en Patagonie, dénotent des continens voisins de la mer, et même si voisins que ces ossemens y arrivaient encore avec leurs ligamens, ce que prouvent la rotule que j'ai trouvée dans sa position relative avec le tibia auquel elle appartenait[2] et les unios pourvus de leurs deux valves qui y sont déposés; circonstances qu'on ne rencontre aujourd'hui qu'aux environs des embouchures de rivière. Il résulterait de ces faits qu'il existait, à l'époque des tertiaires marins, deux continens distincts: l'un au nord ou au nord-est du bassin tertiaire; l'autre peut-être, à l'ouest ou au sud-ouest.

A ces produits des affluens terrestres a succédé, dans le bassin tertiaire, une série de dépôts de grès toujours analogues vers le sud, et composés, au nord, d'argile ne contenant aucun fossile, tout en présentant, comme je l'ai vu au Carmen, en Patagonie, des traces manifestes d'un dépôt purement aqueux[3]. Ces changemens dans la nature des matières

1. Cette détermination est faite par M. Cordier.

2. Voyez p. 59.

3. Voyez p. 61.

déposées en annoncent évidemment un dans la forme des continens environnans, ou tout au moins dans la direction des courans d'eau douce qui venaient y aboutir, ceux-ci n'ayant plus rien apporté au sud ni au nord, dans la mer tertiaire. Géologie.

Bientôt, à cette époque d'intermittence, en succède une autre, où l'on ne voit plus de traces d'affluens fluviatiles. Les mers tertiaires se peuplent de nouveau, sur toute leur surface, de mollusques très-nombreux, présentant une seule espèce d'huître, dont les bancs occupent, dans la province d'Entre-Rios, comme sur toute la côte de Patagonie, un horizon très-marqué où ces coquilles vivaient en société, et n'ont éprouvé aucun dérangement, puisqu'on les trouve partout dans leur position naturelle et pourvues de leurs deux valves. Si j'en juge par analogie, je pourrai croire que le bassin était alors peu profond, et que les eaux ne s'élevaient pas à plus de dix mètres au-dessus de ces bancs.

Des causes plus ou moins éloignées ayant agi de nouveau sur les mers tertiaires, des dépôts assez épais sont venus tout à coup recouvrir les bancs d'huîtres et les anéantir sur toute la surface où elles vivaient[1], parce qu'elles n'avaient aucun moyen de s'élever au-dessus des matières qui les étouffaient. De nouvelles couches de grès se sont ensuite déposées, et avec elles a paru une série d'êtres marins jusqu'alors inconnue; série plus variée dans sa forme et surtout beaucoup plus nombreuse que celles qui l'avaient précédée. Ces mollusques couvrirent, à ce qu'il paraît, tout le bassin, depuis la Patagonie jusqu'à la province d'Entre-Rios, se composant, dans cet immense intervalle, de la même faune marine, bien différente de celle qui existe aujourd'hui sur le littoral de l'Océan atlantique et qui ne contient aucun analogue actuellement vivant. Après l'époque où vivaient ces coquilles marines, il n'y a plus eu, à la surface des terrains tertiaires, que des dépôts de peu d'importance, ne renfermant aucune trace de corps organisés.

Par la nature de ces couches presqu'horizontales, quoique toujours composées, au nord, de grès quartzeux et, au sud, de débris porphyritiques, qui

1. J'ai remarqué, sur nos côtes, que chaque fois que, par un coup de vent ou telle autre cause fortuite, des dépôts vaseux venaient couvrir des bancs d'huîtres ou telles autres coquilles fixes, elles périssaient immédiatement. J'en ai pu juger par les effets contraires. A Noirmoutiers, par exemple, près du Rocher de Cob, après un fort vent de nord qui avait balayé la côte, on vit paraître, sous une couche de boue, un banc d'huîtres, détruit (au dire des habitans) depuis une dizaine d'années, par l'envahissement des parties vaseuses de la baie. C'est à cette cause que j'attribue l'extinction d'une partie ou de la totalité de la faune locale, dans un lieu uniforme.

Géologie. prouvent une différence de provenances dans les élémens, depuis les couches inférieures jusqu'aux plus supérieures, le tertiaire patagonien ne paraît pas avoir éprouvé de déplacement pendant que s'en opérait le dépôt; au moins n'en ai-je vu aucune trace, toutes les couches étant parallèles. Je crois, en conséquence, que tous les changemens qui ont modifié l'horizontalité des dépôts marins des Pampas, sont postérieurs à la fin de cette période tertiaire, que je regarde comme devant être assez ancienne, puisqu'elle ne contient que des coquilles d'espèces éteintes. Le tertiaire marin des Pampas ne serait donc pas, pour moi, du même âge que l'argile pampéenne; mais, ainsi que je vais m'efforcer de le prouver par des faits, ces deux dépôts appartiendraient à deux ordres de choses bien différens.

Les premiers changemens qui se sont opérés à la surface des terrains tertiaires marins me semblent postérieurs à leur dépôt complet, tout en étant antérieurs à l'argile pampéenne. Je veux parler du soulèvement partiel des provinces de Corrientes et d'Entre-Rios, dont le résultat fut cette immense faille que j'ai reconnue sur le cours du Parana, depuis Corrientes jusqu'à la Bajada[1], faille qui n'a pas moins de cinq degrés ou cent vingt-cinq lieues de longueur. Si ce soulèvement, qui provient des porphyres amygdalaires[2] des Missions, n'était pas antérieur aux grandes causes qui ont amené le dépôt de l'argile pampéenne, les couches des terrains guaranien et patagonien de ce massif seraient recouvertes, en stratification concordante, par l'argile, tandis qu'au contraire toute la partie soulevée n'en montre aucune trace, et que l'argile, à son niveau ordinaire au sein des Pampas, s'appuie, en stratification discordante, à l'extrémité sud de la faille, sur les couches inclinées du tertiaire patagonien[3]. Du reste, la présence de l'argile pampéenne à l'ouest du Parana, après sa jonction au Paraguay, prouve évidemment que ces mêmes argiles venaient, en se déposant, se heurter contre les falaises déjà existantes de la rive orientale de la faille du fleuve. D'après ces faits, il me serait démontré que les roches ignées des Missions ont fait irruption et soulevé le massif des provinces de Corrientes et d'Entre-Rios, entre les derniers dépôts marins et l'époque des argiles pampéennes.

---

1. Voyez p. 40 et les coupes n.os 2, 3, 4, pl. II.

2. Ces roches, de couleur violette ou grise, remplies de cavités irrégulières, tapissées de terre verte, ont été considérées par M. Cordier comme des vackes congénères des mimosites.

3. Voyez pl. IV, fig. 2, et carte n.° 1.

J'arrive enfin à l'argile pampéenne elle-même. C'est peut-être, sous le point de vue d'où je l'envisage, l'un des plus beaux faits géologiques connus, et celui qui mérite le plus de développement.

Reportons-nous, un instant, à la fin de l'époque tertiaire. Supposons que, depuis long-temps, les mers sont circonscrites, et que les continens voisins sont peuplés de grands mammifères, qui, au milieu d'une végétation abondante, sous une température plus élevée qu'elle ne l'est aujourd'hui, couvrent de riches campagnes. Supposons encore ou plutôt admettons, comme un fait prouvé, que cette époque, très-voisine de la nôtre, est néanmoins de beaucoup antérieure à notre création, puisqu'elle ne présente que des animaux de races entièrement distinctes de celles qui couvrent maintenant le sol américain. Faisons, ensuite, succéder tout à coup, au repos complet de la nature, une de ces grandes catastrophes du globe, comme, par exemple, le soulèvement des Cordillères, et nous aurons, pour résultat immédiat, l'anéantissement de tous les êtres sur cette partie du monde, le grand dépôt argileux des Pampas.

Je vais d'abord étendre cette hypothèse et développer tous les faits qui, paraissant s'y rattacher, me portent à croire que les choses se sont passées ainsi.

J'admets avec les géologues[1] que le retrait des matières composant le globe terrestre est venu, par suite de leur refroidissement, déterminer, d'un côté, un grand affaissement, pour remplir le vide intérieur de l'écorce consolidée, tandis que, pressée de l'autre et poussée avec violence, par l'affaissement même, vers les grandes fissures qui en résultèrent, la matière ignée a fait naître, du nord au sud, cette chaîne immense qui sillonne tout le continent américain. Si je cherche à comparer ce grand soulèvement des Andes aux faits géologiques que j'ai observés dans les Pampas, j'arriverai à me convaincre que l'époque de ce grand mouvement coïncide avec toutes les circonstances locales, avec tous les autres faits géologiques, et donnerait celle du relief des Cordillères. Il est impossible, en effet, qu'un changement semblable se soit opéré dans la forme du globe, sans amener presqu'instantanément, de grandes perturbations sur toute sa surface. En Amérique, si je cherche à m'en rendre compte d'une manière satisfaisante en scrutant les faits, je pourrai croire que ce déplacement de matière en a dû causer, au même instant, un mouvement subit des eaux de la mer, qui,

1. C'est l'opinion de M. Élie de Beaumont. M. Rozet l'a publiée dans un mémoire sur l'Auvergne.

Géologie. mues et balancées avec force[1], ont aussi dû, tout à la fois, envahir les continens, entraîner et anéantir les mastodontes qui peuplaient les régions orientales de la Cordillère bolivienne, les mégathériums, les mégalonyx, et cette multitude d'animaux qu'on découvre chaque jour dans les cavernes et dans les fentes des montagnes du Brésil, puisque toutes ces espèces diffèrent de celles qui les ont, plus tard, remplacées. C'est peut-être alors que, mélangés avec les parties terreuses, violemment enlevées aux continens, les animaux se sont tumultueusement déposés dans les parties les plus profondes du vaste bassin tertiaire des Pampas, en y formant l'immense dépôt de l'argile pampéenne. Voici la série des idées qui, s'appuyant sur mes observations, m'amènerait à ce rapprochement:

1.° Il est évident que les animaux fossiles des Pampas sont contemporains des animaux rencontrés dans les cavernes et dans les fentes des rochers du Brésil, puisque beaucoup d'espèces, comme les mégathériums, sont absolument identiques. Tous ces animaux appartenant à la même faune, et cette faune ayant été entièrement anéantie avant la création de la zoologie actuelle, on pourrait croire qu'il y a eu alors une seule et même cause de destruction pour tous les animaux terrestres du continent américain, et que cette cause se trouve dans les grandes perturbations apportées à la surface du sol, à l'instant du soulèvement des Cordillères. S'il n'en était pas ainsi, il serait difficile de concevoir et de se rendre compte de ces deux faits importans: d'un côté, l'anéantissement fortuit et simultané des grands animaux terrestres qui peuplaient les continens américains; de l'autre, cet amas immense de l'argile pampéenne.[2]

2.° Je suppose que cette destruction a pour cause l'envahissement des continens par les eaux, ce qui serait tout à fait en rapport avec le grand dépôt des Pampas, évidemment produit par elles. Comment, en effet,

1. Après avoir vu, aux environs du Callao, port de Lima, les ravages que peut faire un simple tremblement de terre, je suis autorisé à croire que le soulèvement des Andes a suffi pour détruire, d'un seul coup, par le mouvement des eaux, toutes les faunes terrestres du globe. Au Callao, lors du tremblement de terre de la fin du siècle dernier, les eaux sorties de leur bassin, ont entraîné, à plus d'une lieue dans les terres, des navires alors au mouillage, et changé l'aspect de toute la campagne, aujourd'hui couverte de galets.

2. M. Darwin (p. 210) se demande la cause de la destruction des êtres rencontrés dans les Pampas. Il est vrai que, préoccupé de l'idée qu'ils vivaient sur le lieu où ils se trouvent, et qu'il n'y avait eu aucun brusque changement dans l'état des choses, il lui était réellement impossible de s'expliquer cette extinction de tant de races.

expliquer d'une autre manière cette destruction complète, et la puissance homogène des dépôts à ossemens des Pampas? J'en vois une preuve évidente dans le nombre d'ossemens et d'animaux entiers plus grand au pourtour qu'au centre du bassin, comme l'a trouvé M. Darwin[1]. Ce fait annoncerait au moins que les animaux flottaient, et que, dès-lors, ils durent être plus particulièrement déposés sur le littoral. Géologie.

3.° D'autres faits, qui prouveraient mieux que tout le reste la coïncidence d'époque, et de résultats du soulèvement des Cordillères et du dépôt de l'argile des Pampas par les eaux, comme suite de ce soulèvement, sont, sans contredit, ce grand nombre de dépressions, de dénudations qui sillonnent le sol de l'est à l'ouest, et cette dispersion des cailloux de porphyre sur tout le terrain tertiaire de la Patagonie. Si ces dénudations étaient postérieures au dépôt de l'argile des Pampas, il est évident que les cailloux porphyritiques dont le sol est couvert, en dessus des couches marines en place sur tout le pourtour des Pampas; il est évident, dis-je, que ces cailloux se trouveraient, en même temps, à la superficie de l'argile pampéenne, tandis qu'ils cessent de se montrer, aussitôt que paraît l'argile[2]. On peut donc voir dans le soulèvement des Cordillères la cause qui, en même temps, a chassé les eaux de l'ouest à l'est avec assez de violence, pour dénuder des parties étendues du sol tertiaire dans la direction de la pente, pour porter des Andes au bassin argileux les cailloux de porphyre qui couvrent le sol entier de la Patagonie. On doit peut-être encore reconnaître, dans ce même fait, la cause qui a balayé, sur tout le terrain tertiaire de la Patagonie, la terre végétale, et les dépôts postérieurs à sa formation, pour les entraîner et les déposer dans ce vaste réservoir des Pampas argileuses.

4.° Je crois que les eaux qui ont formé le dépôt argileux des Pampas doivent avoir été salées, et voici sur quoi je fonde cette opinion : Toutes les argiles à ossemens du sommet des Andes, sont fortement imprégnées de parties salines. Il en est de même des argiles pampéennes, qui montrent des efflorescences sur les différens points de leur épaisseur; mais une plus

---

1. M. Darwin a effectivement trouvé les plus grands amas à la Bahia blanca, aux confins du bassin vers le sud (*loc. cit.*, p. 95), à la Bajada, également sur le littoral (*loc. cit.*, p. 149) et sur les affluens du Rio Negro, encore au pourtour du bassin.

2. M. Darwin (p. 87 et 203) dit qu'ils se rencontrent du détroit de Magellan au Rio Colorado. Ce voyageur aurait donc aussi remarqué qu'ils cessent à l'instant où les argiles des Pampas commencent. Il les fait provenir de la Cordillère.

Géologie. forte preuve est, sans aucun doute, la présence des lacs salés de cette même époque au sommet des Cordillères, et dans toutes les dépressions déterminées par les eaux sur les plaines de la Patagonie, où les dispositions locales leur ont permis de séjourner. Ce rapprochement expliquerait peut-être l'existence de ces salines naturelles semées à la surface des terrains tertiaires, sillonnés par les eaux à l'époque de la formation pampéenne.

5.° Dans les hypothèses qui précèdent, le dépôt des Pampas aurait dû s'opérer, pour ainsi dire, instantanément et dans un laps de temps très-limité. Il serait le résultat de courans violens, qui, entraînant à la fois les terres et les autres matériaux superficiels, enlevés aux continens par les eaux, en auraient fait un seul mélange. C'est, en effet, ce qu'on remarque partout dans le bassin des Pampas, où, à deux cents lieues de distance, l'argile a la même couleur rougeâtre, le même aspect; et, loin de former des couches distinctes, diversement colorées, résultant partout des dépôts qui se font seulement dans les eaux, l'ensemble se compose, au contraire, d'une seule masse plus ou moins poreuse, mais n'offrant jamais de stratification bien distincte. Toutes les falaises qu'elles constituent sont aussi d'une seule teinte rougeâtre, absolument identique sur toute leur épaisseur, comme si les matériaux dont elles sont composées avaient été mélangés dans une seule eau bourbeuse, un peu teintée par les oxides de fer. D'un autre côté, j'ai remarqué que les ossemens ne sont, pour ainsi dire, qu'isolés dans les couches inférieures, tandis que les animaux entiers ne se trouvent qu'au pourtour ou dans les parties les plus supérieures du bassin[1]. Un second argument de beaucoup de valeur est l'identité de couleur et d'aspect que présente le limon qui, dans les cavernes et dans les fentes des rochers de la province de Minas Geraes, enveloppait les ossemens des mammifères et l'argile pampéenne. En effet, des fragmens rapportés par M. Clausen m'ont prouvé leur analogie complète de couleur et de contexture.

6.° J'emprunte un dernier argument aux lois existantes de la distribution géographique des êtres. Les grands animaux terrestres trouvés dans le bassin des Pampas, appartiennent soit à la série des *édentés*, soit aux *pachydermes*. Aujourd'hui ces animaux n'occupent, au moins ceux de grande taille, que les régions les plus chaudes du continent. En effet, on ne

---

1. Ces fossiles sont en effet très-rares à Buenos-Ayres. Ils abondent, au contraire, dans la Banda oriental, ainsi qu'à la Baie blanche. M. Darwin (*loc. cit.*, p. 95) dit qu'ils sont entassés dans ce dernier lieu; ce qui viendrait encore à l'appui de mes suppositions.

voit les grands tatous[1] qu'en dedans des tropiques, au sein d'une riche végétation, tandis que, vers les régions tempérées, il n'y a plus que de petites espèces[2]. On en devra conclure que les animaux d'espèces perdues, beaucoup plus grandes encore que les plus volumineuses de notre époque, vivaient sous une température élevée et au sein d'une végétation luxuriante. J'ai dit que les espèces des Pampas se trouvaient également dans les cavernes et dans les fentes des rochers des montagnes de la province de Minas Geraes, au Brésil.[3] Là, ces espèces n'ont point été charriées; elles sont probablement sur leur sol natal, ce qui en confirmerait parfaitement l'existence dans la zone chaude d'habitation que leur taille seule me faisait leur assigner; ainsi les rapports zoologiques donneraient la certitude que les animaux fossiles des Pampas, loin d'être dans leur propre région[4], vivaient sous une zone très-chaude, qu'ils habitaient des régions couvertes de végétation, et que, s'ils se trouvent fossiles aujourd'hui au sud des Pampas, dans l'argile pampéenne, c'est qu'ils y ont été transportés. Tous ces faits concorderaient donc, d'un côté, avec l'époque reculée à laquelle je fais remonter l'extinction des mammifères; et, de l'autre, avec le grand mouvement auquel j'attribue leur présence dans les argiles des Pampas.

Après ce qu'on vient de lire, mes conclusions relatives aux argiles des Pampas[5], sont que tous les faits géologiques observés par moi sur le

---

1. Le tatou géant d'Azara, et le *Dasypus novemcinctus*, Linn., les plus grands du sol américain, ne s'éloignent pas des régions tropicales.

2. Les seules espèces qui s'avancent vers le sud, sont les *Dasypus cinctus* et *Dasypus tricinctus*, les plus petits du genre.

3. Le mégathérium s'est trouvé, en même temps, dans les cavernes du Brésil. M. Darwin l'a rencontré dans les Pampas, jusqu'au 39.ᵉ degré de latitude sud (*loc. cit.*, p. 95). Il est évident qu'il y a été transporté, ou il faudrait supposer que cet animal aurait également vécu sur les montagnes et dans les plaines, par une température très-chaude et par une température plus que tempérée, au milieu d'une végétation active, et dans des plaines stériles; toutes choses qui paraissent peu probables.

4. M. Darwin semble vouloir prouver : 1.° que les animaux fossiles sont d'une époque à peine passée (p. 104, 210); et 2.° qu'ils ont pu vivre près des lieux où ils se trouvent, par une température peu différente de celle qui existe (p. 97). J'ai déjà résolu ces deux questions. Il est évident que les mammifères des Pampas se rattachent à toute cette faune éteinte des cavernes du Brésil, qui ne se compose que d'espèces perdues, et dès-lors antérieures à la faune actuelle.

5. Un seul observateur a vu, depuis moi, le sol argileux des Pampas, et les considérations géologiques qu'il tire de leur examen sont bien différentes des miennes. M. Darwin, *loc. cit.*, p. 52, regarde la formation de l'argile rouge des Pampas comme tirant son origine de l'estuaire

Géologie. sol américain, concourent à prouver qu'il y a coïncidence parfaite entre l'époque à laquelle les Cordillères ont pris leur relief, la destruction complète, sur le sol américain, des grandes races d'animaux qui ont peuplé ce continent avant la création actuelle, et le grand dépôt argileux à ossemens des Pampas; ainsi ces trois grandes questions, d'une immense importance pour la géologie américaine et pour l'histoire chronologique des faunes, pourraient s'expliquer par une seule et même cause, l'une des époques de soulèvement des Cordillères; cause à laquelle on doit peut-être attribuer aussi plusieurs des grands phénomènes analogues dont notre Europe a été le théâtre.

Après ces grandes époques de perturbation générale, le sol américain n'a éprouvé que peu de dérangemens, au moins dans les Pampas. Aucune grande couche ne s'est déposée, et la nature n'a pas changé de forme postérieurement à la création actuelle, qui remplaça la création détruite. Si, en effet, je jette un coup d'œil sur le grand bassin des Pampas, je ne trouverai, à sa surface, que quelques légères modifications, qu'il faut, je crois, attribuer non à des mouvemens lents, mais bien à des causes fortuites. Ce sont, par exemple : 1.° la présence des bancs de conchillas disséminés sur le sol des Pampas, à plus de quarante lieues de l'endroit où les coquilles qui les composent vivent aujourd'hui, et à une hauteur différant de plus de vingt mètres de l'état actuel des choses; 2.° les bancs de coquilles marines de Mon-

même de la Plata, qui étendait au loin ses limites, et couvrait de ses eaux saumâtres les contrées basses environnantes. Il croit même rencontrer sur les bords de la rivière des signes fréquens de l'élévation graduelle du sol. Ailleurs, p. 96, le voyageur dit que la même argile rougeâtre s'est déposée dans une mer voisine de la côte. Pour répondre à la première hypothèse, il suffira, je pense, de jeter les yeux sur l'ensemble de l'argile des Pampas, qui, dans certains endroits, a jusqu'à sept degrés et demi de largeur, fait qui éloigne toute idée d'un dépôt amené par les eaux de la Plata. De plus, si, d'un côté, l'argile est déposée dans la mer, et, de l'autre, par les eaux fluviales à de très-grandes distances, pourquoi, dans l'un et dans l'autre cas, ainsi que sur les points intermédiaires, l'argile présente-t-elle les mêmes caractères, la même couleur, et contient-elle les mêmes êtres? Je dois dire, en passant, qu'on a beaucoup abusé des affluens pour y voir la cause du transport des grands animaux. Cette idée ne peut vraiment s'appliquer qu'aux fleuves de notre Europe bordés de villes, et dans lesquels les hommes jettent continuellement des animaux, qui sont ensuite transportés par les courans. J'ai vu, dans mes voyages, d'immenses cours d'eau, tels que le Parana, le Paraguay, l'Uruguay, la Plata, et tous les affluens boliviens de l'Amazone; et je puis assurer que, pendant huit années, je n'ai jamais rencontré un seul animal flottant au sein des vastes solitudes du nouveau monde. Je crois qu'il faut renoncer en partie à cette supposition, puisque les faits viennent la détruire. Il est certain que jamais les animaux sauvages ne se jettent dans les fleuves et que les inondations ne les entraînent que très-rarement.

tevideo; 3.° les bancs de coquilles de la Bahia de San-Blas, en Patagonie, élevés de dix mètres au-dessus du niveau actuel de l'Océan. Géologie.

Je dis que ces exhaussemens des bancs ne sont pas dus à une action lente de relèvement des côtes, mais bien à une cause fortuite; et voici sur quoi je me fonde : Lorsque la mer abandonne peu à peu un rivage, elle laisse, partout, sur la partie découverte, des coquilles évidemment en contact incessant avec l'action du mouvement des lames; dès-lors toutes ces coquilles sont plus ou moins roulées, et aucune n'est dans sa position naturelle. Or, rien de semblable ne se voit pour les bancs de coquilles de la Bahia de San-Blas, où les bivalves sont, au contraire, en place, telles qu'elles ont vécu. Il est donc évident que, pour qu'elles soient ainsi dans l'état où elles vivent au fond de la mer, il faut qu'elles se soient trouvé tout à coup exhaussées du fond de cette mer et soulevées au niveau qu'elles occupent aujourd'hui. Je crois donc que tous les soulèvemens partiels que je viens de signaler dans les Pampas, peuvent se rattacher soit aux grandes éruptions volcaniques des Cordillères, si marquées sur les côtes occidentales du continent américain, soit à des soulèvemens partiels analogues à ceux qu'on a observés sur toute la côte orientale de la Patagonie vers le sud.[1]

C'est probablement à ces causes qu'il faut encore attribuer les medanos des Pampas.

Mon résumé général sur le bassin tertiaire des Pampas se réduit aux faits suivans :

1.° Avant les premiers dépôts tertiaires, il n'y avait pas de bassin régulier dans les Pampas. Les premières couches sont donc venues niveler l'ensemble.

2.° Une seconde époque purement marine s'est ensuite déposée lentement. La mer tertiaire était alors bornée par des continens dont les cours d'eaux apportaient des débris terrestres dans les eaux salées, qui nourrissaient des espèces marines éteintes aujourd'hui.

3.° Une troisième époque, due au soulèvement des Cordillères, aurait amené la destruction de la faune terrestre, et le grand dépôt des argiles des Pampas.

4.° Après l'extinction des grandes races d'animaux, le sol n'aurait changé que partiellement de forme, et n'aurait été recouvert que par endroits de dépôts appartenant à l'époque actuelle,

1. M. Darwin en décrit plusieurs, *loc. cit.*, p. 204, 208, 217.

CHAPITRE VII.

Côtes occidentales de l'Amérique méridionale, du Chili, de la Bolivia et du Pérou. Description du versant occidental de la Cordillère.

§. 1.er *Côtes du Chili.*

Tant de voyageurs se sont occupés de Valparaiso, le seul point où j'aie touché les côtes du Chili, qu'il ne me resterait qu'à répéter ce qui a été dit plusieurs fois; aussi vais-je y passer rapidement, afin d'arriver plus tôt aux points où mes travaux, devenant plus généraux, en embrassant un vaste ensemble, pourront présenter plus d'intérêt géologique.

Vues de la mer, à quinze ou vingt kilomètres de distance, la côte et toute la Cordillère représentent une grande ligne horizontalement divisée en trois étages; l'un bas, assez uniforme, composé de la côte; l'autre intermédiaire, peu accidenté, appartenant au second plan; et, enfin, le troisième et le plus haut, constituant la Cordillère. Celui-ci présente une chaîne peu déchirée, où, de distance en distance, s'élèvent des sommités coniques neigeuses. Comparée aux Pyrénées, vues de Rabastins (Hautes-Pyrénées), aux Alpes bernoises, vues du Jura, la Cordillère en diffère complètement sous le rapport de ses reliefs. De ces trois chaînes, la moins accidentée est, sans contredit, la Cordillère, tandis que les Alpes sont, au contraire, celles qui offrent le plus de pointes déchirées.

L'ensemble de la côte de Valparaiso présente aux yeux, à peu de distance, comme dans le panorama que j'en ai donné[1], une longue suite de collines peu différentes en hauteur, une ligne peu variée, sur laquelle on voit à peine s'élever quelques points, et encore seulement de quelques mètres au-dessus du reste, non sous forme de mamelons, mais comme de très-légers dômes. Cet ensemble, d'un aspect très-monotone et dénué de végétation, atteint de cinq à huit cents mètres au-dessus du niveau de la mer, et représente une croupe, un plateau d'abord assez mollement ravinés dans l'intérieur. Plus on s'approche du littoral, plus les ravins se creusent, et les parois en sont alors abruptes jusqu'au littoral, où des roches granitiques (de diorite, de pegmatite et d'eurite[2]) à nu sont très-escarpées ou coupées presque perpendiculairement vers la mer, qui en bat le pied, en beaucoup d'endroits.

---

1. Voyez partie historique, Vues, pl. VI.
2. Détermination de M. d'Omalius d'Halloy.

Géologie.

Quelques courses au sud et au nord de Valparaiso m'ont fait reconnaître de petites plages de sable quartzeux jaunâtre à la Lagunilla, à la Playa ancha, dans la baie de Valparaiso, à la Viña la mar et au Rio de Aconcagua. Au sud de la Playa ancha sont des côtes coupées à pic. Entre la Playa ancha et Valparaiso s'étendent, en pentes abruptes vers la mer, des roches granitiques, dont les débris présentent, sur la plage, un grand nombre de blocs de diverses grandeurs, arrondis par la vague, ou des rochers saillans au-dessus des eaux, comme ceux de Curumillera, etc. Au sud de Valparaiso, les coteaux se couvrent de terre végétale et offrent peu de parties à nu; au nord, à la Viña la mar et jusqu'au Rio d'Aconcagua, les collines sont composées de roches fendillées et partagées en une multitude de petits fragmens éboulés dans les ravins, ou encore en place, tout prêts à crouler au moindre choc. Si ces roches fendillées sont, comme il serait naturel de le penser, le produit des nombreux tremblemens de terre, on se demandera pourquoi ce phénomène, que j'ai également retrouvé sur plusieurs parties de la côte du Pérou, ne se fait pas remarquer au sud de Valparaiso, sur les collines de même nature.

Mes recherches aux environs de Valparaiso, ne m'ont présenté aucune trace de fossiles sur la côte; et, sous ce rapport, cette côte diffère beaucoup des autres points du littoral du grand Océan, au sud et au nord. Je n'ai même vu, nulle part, ces gros cailloux roulés qui, suivant les lieux, viennent à diverses hauteurs, et bien au-dessus des mers actuelles, représenter les anciens rivages. Ainsi Valparaiso ne m'a offert que des roches granitiques, des diorites, des pegmatites et des eurites, traversées de veines de quartz et de grands filons de serpentine. Ces roches, lorsqu'elles sont en place, ne montrent aucune sommité, mais des espèces de plateaux presqu'uniformes. Brisées comme à la *Viña la mar* et à *Quillota*, elles se composent de débris très-nombreux, de petits morceaux anguleux, qu'on trouve encore en position, c'est-à-dire ayant, les uns à côté des autres, des angles correspondans, qui prouvent qu'ils se sont détachés d'une seule et même masse.[1]

De Valparaiso, je suis allé à Santiago, en des circonstances peu favorables pour les recherches[2]; aussi, n'ayant pu suivre l'intervalle avec assez de soin pour le décrire, je m'abstiendrai d'en parler, toutes mes observations, bornées à des points isolés, ne se rattachant à aucun ensemble.

Postérieurement à mon retour, j'ai obtenu des matériaux paléontologiques fort intéressans sur diverses localités du Chili. Je crois devoir en donner ici les principaux résultats géologiques, en attendant ma publication spéciale de Paléontologie sur ces corps organisés. Je dois à la complaisance de M. le capitaine de vaisseau Cécile, de M. Hanet Cléry, officier de marine, de M. Largilliert de Rouen et de M. Petit de la Saussaye, la communication d'un bon nombre de mollusques fossiles recueillis sur l'île de *Quiri-*

1. M. Darwin a vu le même fait. *Narrative*, etc., p. 313.

2. Quelques mois après la révolution de la fin de 1829, la campagne était si peu sûre, que, de Valparaiso à Santiago, il fallait voyager en armes et par caravanes.

Géologie. *quina*, dans le port de Concepcion, au 36.° degré 45 minutes de latitude sud. Ces fossiles sont renfermés en deux couches, l'une formée d'un grés dur verdâtre micacé, à ciment calcaire, et contenant, avec de nombreux fragmens de bois, les espèces suivantes :

Natica araucana[1], d'Orb., pl. XII, fig. 45.
Fusus difficilis, d'Orb., pl. XII, fig. 11, 12.
Pyrula longirostra, d'Orb., pl. XII, fig. 13.
Trigonia Hanetiana[2], d'Orb., pl. XII, fig. 17, 18.
Cardium acuticostatum, d'Orb., pl. XII, fig. 19—22.
Mactra Cecilleana, d'Orb., pl. XIV.
Chenoconcha Largillierti, d'Orb., pl. XIV.

L'autre couche est composée de grès jaunâtre moins dur, plus calcaire, dans lequel se trouvent :

Venus auca, d'Orb., pl. XII, fig. 17, 18.
Cardium acuticostatum, d'Orb., pl. XII, fig. 19—22.
Arca araucana, d'Orb., pl. XIII, fig. 1, 2.
Cardium auca, d'Orb., pl. XIII, fig. 14, 15.
Cyprina incerta, d'Orb., pl. XIV.

Comparaison faite de toutes ces espèces avec les coquilles actuellement vivantes sur cette même côte, je les ai trouvées tout à fait différentes, non-seulement sous le rapport des espèces, mais encore pour les formes génériques, puisqu'on ne rencontre plus, aujourd'hui, dans cette partie des côtes chiliennes, de *Natica*, de *Fusus*, de *Pyrula*, de *Trigonia*, de *Cardium*, ni d'*Arca*. Ce fait annoncerait une faune assez ancienne, que je rapporte néanmoins, d'après sa composition zoologique, à la formation tertiaire, et que je croirais contemporaine des couches fossilifères du *tertiaire patagonien* de la Bajada et de la Patagonie.[3]

En résumé, sans connaître la superposition, l'inclinaison des couches de grès de l'île de Quiriquina, port de Concepcion, je crois pouvoir affirmer, d'après les fossiles, que ces couches sont tertiaires, que leurs espèces éteintes pourraient les faire regarder comme contemporaines du tertiaire patagonien des Pampas, et qu'on ne peut nullement les rapporter à la période géologique actuelle.

Lorsque j'étais à Valparaiso, en 1833, le capitaine d'un trois-mâts baleinier du Hâvre voulut bien me donner un gros tronçon de bois fossile et une huître énorme qu'il avait recueillie sur la côte du Chili, non loin de l'île de la Mocha, au sud du 38.° degré de latitude australe. Cette huître, de plus de trente centimètres de longueur, rencontrée sur une côte où il n'existe pas d'espèces de ce genre, m'a également prouvé que des grès tertiaires de la même époque que ceux de l'île de *Quiriquina*, se montraient encore fort au sud de ce point, circonstance qui n'est pas pour moi de mince intérêt, puisqu'elle donne plus de valeur à un fait.

1. Elles sont toutes figurées pl. XII, XIII, XIV de la Partie paléontologique.

2. La présence du genre *Trigonia* dans les terrains tertiaires est un fait curieux, et que je crois avoir le premier signalé. Il est vrai qu'il n'a rien d'étonnant, puisqu'il existe une trigonie vivante.

3. Voyez première partie, p. 70.

Géologie.

Je dois à la complaisance de MM. Gaudichaud et Hanet Cléry la communication de nombreux fossiles recueillis à Coquimbo, au nord de Valparaiso (29 degrés 55 minutes de latitude sud). M. Darwin[1] dit que ces terrains tertiaires, déposés en terrasses parallèles, sont le produit de soulèvemens partiels du sol; qu'ils forment un front vers la côte; que des coquilles actuellement vivantes se trouvent sur le dessus, engagées dans le calcaire tendre, que cette couche de l'époque tertiaire la plus moderne passe à une autre inférieure, contenant avec celles d'aujourd'hui, des espèces éteintes. Par leur aspect, leur dureté, leur composition, les fossiles de Coquimbo que j'ai étudiés appartiennent évidemment à trois couches distinctes.

La première ou la plus inférieure, formée d'un grès très-grossier, très-dur, de couleur grise, composée de gros grains de quartz et de feldspath agglutinés par un ciment calcaire, renferme, à l'état de conservation assez parfait ou à l'état de moule, les espèces suivantes :

Bulla ambigua, d'Orb., pl. XII, fig. 1—3.
Fusus Cleryanus, d'Orb., pl. XII, fig. 6, 9.
Fusus Petitianus, d'Orb., pl. XII, fig. 10.
Venus Hanetiana, d'Orb., pl. XIII, fig. 3, 4.
Venus incerta, d'Orb., pl. XIII, fig. 5, 6.
Venus Cleryana, d'Orb., pl. XIII, fig. 7, 8.
Lucina auca, d'Orb., pl. XIV.
Venus Petitiana, d'Orb., pl. XIII, fig. 9, 11.
Lucina chiliensis, d'Orb., pl. XIII, fig. 12, 13.
Cardium auca, d'Orb., pl. XIII, fig. 14, 15.
Mya coquimbensis, d'Orb., pl. XIV.
Tellina Hanetiana, d'Orb., pl. XIV.
Oliva serena, d'Orb., pl. XIV.
Perna Gaudichaudi, d'Orb., pl. XV.

La seconde couche, qui paraît être supérieure, se compose d'un grès très-friable, mélangé de parties calcaires dont la couleur est jaune assez foncé, et ne ressemble en rien à la couche inférieure. Je ne possède qu'une seule espèce de cette couche. C'est une grosse térébratule, voisine de celle qui vit de nos jours sur la côte.

La troisième couche est un conglomérat de débris et de coquilles entières, appartenant toutes aux espèces qui vivent actuellement dans la mer. C'est principalement le *Crepidula dilatata*, Lamarck.

Si je dois juger des couches d'après les fossiles, j'en conclurai nécessairement que la plus inférieure ne contient aucune des espèces de la côte actuelle, et qu'elle semble appartenir au même âge que les terrains fossilifères de la Bajada, de la Patagonie, et surtout de l'île de Quiriquina, puisque toutes ces faunes sont dans les mêmes conditions, et qu'une espèce, le *Cardium auca*, est commune entre l'île de Quiriquina et Coquimbo. J'en conclurai encore que la seconde et la troisième couche se distinguent de la première par leur composition toute différente, et par leurs fossiles, qui appartiendraient à l'époque actuelle. Quant au passage que M. Darwin croit voir, de l'une à l'autre, j'aurais d'autant plus de raison d'en douter, que les fossiles et la nature de la roche m'indiquent le contraire. Quoi qu'il en soit, il est certain que la côte de Coquimbo a des couches tertiaires de deux âges différens, les unes contenant des espèces dont les analogues sont perdus, les autres renfermant des coquilles dont les analogues existent sur la même côte.

---

1. *Narrative*, etc., p. 423 et suiv.

Géologie.

Dans la faune perdue, il y a, comme à l'île de Quiriquina, quatre genres (*Bulla*, *Cardium*, *Mya* et *Perna*) qu'on ne trouve pas aujourd'hui sur toutes les côtes chiliennes. Les *Mya* et les *Perna* surtout manquent sur le littoral de l'Océan pacifique, dans l'hémisphère austral, jusqu'à la ligne équatoriale.

Les observations de M. Domeyko, d'après le savant rapport fait à l'Académie des sciences par M. Dufrenoy[1], prouvent que, sur une bande nord et sud, à dix ou douze lieues de la côte de Coquimbo, un calcaire compacte, appartenant aux terrains crétacés, se montre vers la moitié de la hauteur de la Cordillère. Les couches de ce calcaire s'appuient sur des conglomérats de tufs, de brèches porphyritiques, eux-mêmes en contact avec de la syénite. Ces terrains crétacés se composent de grès siliceux, de calcaires cristallins et dolomitiques, de grès argilo-calcaire très-coquillier, sur lequel repose un calcaire compacte argileux, rempli de corps organisés qui paraissent être des hippurites. Les fossiles que M. Dufrenoy a bien voulu me communiquer sont les suivans:

Nautilus Domeykus, d'Orb., pl. XXII.
Turritella Andii, d'Orb., pl. VI, fig. 11.
Ostrea hemisphærica, d'Orb., pl. XXII.
Pecten Dufrenoyi, d'Orb., pl. XXII.
Hippurites (indéterminable), pl. XXII.
Terebratula ænigma, d'Orb., pl. XXII.
Terebratula Ignaciana, d'Orb., pl. XXII.

Sous le rapport de la distribution géographique des êtres fossiles, ces espèces sont fort importantes, en ce qu'elles montrent, pour la première fois, sur le sol américain, les *Hippurites* et les *Nautilus*, qu'on n'y avait pas encore signalés. D'après ces hippurites, propres aux terrains crétacés, et la forme du *Pecten Dufrenoyi*, analogue à celle du *Pecten quinquecostatus*, je crois, comme l'a pensé M. Dufrenoy, que ces fossiles appartiennent aux terrains crétacés, sans qu'on en puisse fixer l'âge positif dans la formation.

Relativement aux térébratules, M. Dufrenoy s'exprime ainsi : « Deux térébratules « voisines de la *Concinna* et de l'*Ornithocephala*, qui font partie de l'envoi de M. Do- « meyko, sont les seuls fossiles qui ne sont pas habituels du terrain de craie; leur « présence ferait même présumer qu'il existe du calcaire jurassique dans les Cordil- « lères du Chili. Cette formation secondaire n'ayant pas encore été signalée dans « l'Amérique méridionale, nous indiquons ce rapprochement sans l'affirmer d'une « manière positive, afin d'attirer l'attention de M. Domeyko sur cette question d'un « haut intérêt pour la géologie de cette contrée. »

En résumé, les faits que j'ai pu réunir sur Coquimbo attestent qu'il existe des masses de granite et de syénite, des conglomérats porphyritiques, et en roches de sédiment, les étages suivans:

Un calcaire jaune dur, peut-être jurassique, avec les *Terebratula ænigma* (voisine du *Concinna*) et *Ignaciana*.

A dix lieues environ dans l'intérieur, une large bande de terrains crétacés, contenant beaucoup de fossiles.

1. Voyez les Comptes rendus de l'Académie des sciences, t. XIV, n.° 15, 1842, p. 560.

Des terrains tertiaires anciens remplis de fossiles, dont les analogues ne sont plus vivans, et que je considère comme étant de l'époque patagonienne. Géologie.

Des couches tertiaires très-modernes, contenant les espèces qui vivent actuellement sur la côte.

§. 2. *Côtes de la Bolivia.*

De Valparaiso, je m'embarquai pour Cobija, le seul port de la république de Bolivia, et longeai la côte, mais à une trop grande distance pour distinguer autre chose que les derniers plans de la Cordillère, qui court presque parallèlement. Cette chaîne me montrait, sur une ligne mollement ondulée, ses points neigeux, formant, presque toujours, des cônes à sommet obtus, et jamais de pointes déchirées. Cet aspect diffère complètement de tous les profils de nos chaînes européennes et m'annonçait une composition distincte de tout ce que j'avais vu jusqu'alors sur le sol américain.

Après avoir passé successivement devant Coquimbo et Copiapo, après avoir côtoyé le désert de sable d'Atacama, je me trouvai en face de la pointe sud de la baie de Mexillones (23.e degré de latitude sud), marquée par une haute montagne en pain de sucre écrasé, qui règne sur des plate-formes assez élevées, coupées perpendiculairement vers la mer, à l'extrémité nord de la pointe. Au-delà est la baie elle-même, composée de terres basses, que domine, au nord, une montagne connue des marins sous le nom d'*Alto de Cobija.* La montagne de Mexillones, ainsi que l'Alto de Cobija, sont de couleur noirâtre. Si j'en juge par analogie des autres parties du littoral, je les croirai composées du même porphyre syénitique que les pointes de Cobija.

La plate-forme coupée à pic de la pointe de Mexillones me montra sa tranche blanchâtre, et je crus y voir d'abord des terrains stratifiés; d'autant plus qu'à une hauteur uniforme une zone noirâtre remplaçait la teinte blanche près de la mer. En poursuivant jusqu'à Cobija, j'aperçus ces mêmes lignes blanches non-seulement sur les escarpemens, mais encore sur toutes les pointes de rochers qui forment des îlots sur la côte, en représentant, le plus souvent, de petits cônes. Tout le sommet était d'un beau blanc, et la base, près des eaux, d'une teinte noirâtre. Si je n'avais fait que passer devant ces zones, sans les visiter avec soin, leur aspect m'aurait convaincu que ce devaient être des dépôts stratifiés, et j'y aurais, peut-être, vu des terrains tertiaires; mais lorsque, plus tard, j'étudiai les zones blanches, j'y reconnus un produit zoologique plutôt qu'une dépendance de la géologie. Je vis, en effet, que cette teinte, plus ou moins superficielle, est le produit de couches de fiente d'oiseaux de mer. Cette matière, nommée *guano* dans le pays, forme, comme engrais, une des principales branches de commerce. Il serait difficile d'expliquer ces amas si considérables par la quantité ordinaire d'oiseaux que nous sommes habitués à voir sur notre littoral; mais, en Amérique, il n'en est pas ainsi. Le grand nombre de points inhabités permet à la gent ailée de nicher en paix; tandis que cette mer vierge pour la pêche et peut-être l'une des plus poissonneuses du monde, leur offre une nourriture facile.

Géologie. Il en résulte que les oiseaux y sont si nombreux que, dans certaines saisons, leurs diverses espèces obscurcissent l'air de leurs troupes voyageuses[1]. Ces oiseaux de mer, se reposant toujours pour dormir en grandes sociétés sur les mêmes endroits, augmentent journellement la couche de guano; et, comme il ne pleut pas dans le pays, le sol n'est jamais balayé par ces averses auxquelles nous sommes accoutumés en Europe. Le guano ne peut donc être enlevé que de la main des hommes, ou par les vagues, jusqu'à la hauteur qu'atteignent celles-ci, ce qui explique la zone noirâtre que je voyais régner partout assez près du niveau de la mer et qui n'était que la roche à nu, lavée des houles, dans les tempêtes.

Ce *guano*, ainsi que plusieurs autres phénomènes qui résultent du manque de pluie sur la côte du Pérou et de la Bolivia, ne laisse pas que d'intéresser la géologie, puisque cette matière, qui recouvre tous les îlots et tous les rochers du rivage, forme des couches si épaisses, qu'on les a exploitées depuis l'époque de la civilisation des Incas[2] jusqu'à nos jours, c'est-à-dire depuis au moins cinq siècles, comme à l'île d'Iquique, par exemple, sans avoir encore pu les épuiser.

Cobija, où je séjournai quelque temps, offre, comme la plupart des ports de la côte péruvienne, une pointe avancée qui garantit des vents de sud. Sur un littoral courant à peu près nord et sud, le port n'est marqué que par cette pointe. Orographiquement, Cobija se compose (voyez Planche géologique, n.° 6) sur la côte de petits caps, dirigés est et ouest, transversalement au rivage (*A x x a*), puis de terrains en pente, s'élevant graduellement du bord de la mer (*B B*) jusqu'à une lieue environ du commencement des hautes montagnes (*c c*), qui forment comme une muraille de plus de mille mètres jusqu'aux plateaux sablonneux qui les recouvrent. Ces montagnes suivent aussi la direction générale nord et sud, parallèlement à la Cordillère.

Sous le rapport géologique, Cobija est une localité très-curieuse, que je vais chercher à décrire.

En suivant la côte, j'ai trouvé, sur le lieu même où est situé le bourg et derrière les maisons, une falaise haute de dix à quinze mètres, composée de couches horizontales, espèce d'aggrégat formé de fragmens et de coquilles entières, appartenant aux espèces vivant actuellement sur la côte (*d d*). Les coquilles que j'ai reconnues sont les suivantes.

Purpura chocolatta, Duclos.
Purpura concholepas.
Triton scaber, King.
Calyptræa radiata.
Chiton aculeatus, Barnes.
Serpula.
Fissurella crassa, Lamk.
Venus rufa, Lamk.
Venus Dombeyi, Lamk.
Trochus luctuosus, d'Orb.

Ces coquilles, toutes décolorées et à moitié fossiles, se trouvent principalement dans

1. Ces troupes se composent d'espèces des genres *Puffin*, *Fou*, *Pélican*, *Cormoran* et *Paille-en-queue*. Voyez Partie historique, t. II, p. 360, la description des troupes d'oiseaux.

2. Garcilaso de la Vega, *Comentarios reales de los Incas*, *lib. V*, *cap. III*, p. 134.

une couche de détritus de coquilles, et de quelques petits fragmens de roches porphyritiques. Au-dessus est une couche argileuse gris-brun, plus mélangée de fragmens arrondis ou anguleux de roche, fortement saturée de sulfate de soude, le tout formant un conglomérat très-friable, évidemment composé des produits des remaniemens des couches à fossiles et des détritus des roches qui composent les montagnes voisines. Dans cette argile (fait assez curieux) sont de petites couches de gypse fibreux, épaisses de six à sept centimètres.

La côte parcourue au nord et au sud, présente, sur plusieurs points, les mêmes couches avec leurs fossiles, ou au moins les conglomérats modernes qui les recouvrent. Ceux-ci forment, au nord, des falaises élevées d'une vingtaine de mètres (*D D*), entièrement composées de cailloux roulés, de gros graviers, et, en dessus, de morceaux de roche anguleux. Ces mêmes terrains montrent partout une bande large d'une lieue, plus ou moins (*B B*), s'élevant graduellement du littoral jusqu'au pied des montagnes porphyritiques, dont je parlerai plus tard. Je remarquai seulement que la surface de ces débris modernes est couverte de fragmens de roches d'autant plus gros, qu'on s'éloigne de la mer ou qu'on s'approche davantage des montagnes. Le grand nombre de blocs roulés jusqu'au pied même de ces montagnes, à plus de deux cents mètres au-dessus du niveau des mers actuelles, me fit croire que, lors d'une époque reculée, qu'on pourrait faire remonter au commencement de notre période, ce devait être un ancien rivage de la mer; et la quantité de coquilles éparses à la superficie du sol, vient encore appuyer cette opinion.

J'observai même un fait qui me parut très-remarquable. Plusieurs rochers de porphyre syénitique percent en divers endroits, *a a*, les alluvions dont je viens de parler, jusqu'à cent mètres de hauteur au-dessus de l'océan, et y forment des pointes saillantes, sur lesquelles l'examen me fit reconnaître, encore en place, blanches et décolorées, les coquilles qui y vivaient, quand ces rochers étaient submergés par la mer, les *Purpura concholepas*, *Chiton spinosus*, *Calyptræa radiata*, et beaucoup de *Fissurella* et de *Patella*, qu'on trouve aujourd'hui sur les rochers encore couverts des eaux de la mer. Ce fait me paraît important, en ce qu'il prouve, comme les autres faits déjà mentionnés, qu'il y a eu exhaussement de toute la côte au-dessus du niveau des mers actuelles, postérieurement à notre époque, et que cet exhaussement n'a pas été graduel, mais fortuit; dans le cas contraire, les coquilles seraient dispersées et roulées, et ne seraient pas en place sur ces roches.

En suivant la côte vers le nord, au pied des falaises dont j'ai parlé, on voit des galets roulés appartenant aux différentes roches, et, de distance en distance, sur un grand nombre de points, s'élèvent, à la hauteur de dix à douze mètres, des sommités de diorite grenue[1] ou compacte (*F F*), formant des masses un peu coniques très-usées. Ces blocs, dont on peut voir la dimension comparative dans la planche VI de la Partie géologique, paraissent n'être là que des pointes isolées, et j'ai même cru voir que quel-

1. Je dois la détermination de cette roche à la complaisance de M. Cordier.

Géologie. ques-uns étaient libres. Dans tous les cas, leur grand nombre et l'énorme volume des parties qui apparaissent hors du sol, annoncent qu'ils n'ont pas été transportés, et qu'ils sont peut-être les sommets de masses plus considérables, cachées soit sous les alluvions, soit sous la mer. Je remarquai qu'ils présentent, en dehors, leur côté le plus étroit, comme s'ils étaient les aiguilles saillantes d'une chaîne.

Au sud du village sont, souvent très-avancées dans la mer, des pointes porphyritiques, composées d'une roche noirâtre, hérissées d'aspérités et formant des mamelons, de petites chaînes de différentes dimensions, toujours dirigées de l'est à l'ouest, transversalement à la ligne des montagnes. L'un de ces mamelons (*A*) garantit le port de Cobija; il peut avoir près d'un kilomètre de long sur une soixantaine de mètres de largeur; il est composé d'un porphyre syénitique[1], noirâtre, à pâte très-fine, le plus souvent uniforme, d'autres fois amygdalaire, renfermant, alors, de petites amandes calcédonieuses blanches. Quelquefois cette roche se colore de carbonate vert de cuivre, et contient des mouches de pyrites de cuivre. En regardant de cette pointe (à l'ouest) vers la montagne, on s'aperçoit que la petite chaîne dont je viens de parler, se prolonge au milieu des conglomérats modernes, et y forme deux autres mamelons (*aa*) d'une assez grande hauteur.

Le prolongement de la côte plus au sud, montre plusieurs de ces petites chaînes de porphyres syénitiques, affectant toutes la même direction, c'est-à-dire transversales à la côte. Du point où j'ai pris la vue n.° 6, on en voit une peu éloignée de la première (*x x*). Cette direction, diamétralement opposée, des groupes de porphyres syénitiques et des montagnes porphyritiques, m'offrit de l'intérêt. Je crus qu'elles pouvaient prouver deux époques bien distinctes, parce que les chaînes de porphyres syénitiques seraient, dès-lors, sorties par des fentes, de larges fissures des roches porphyritiques, bien postérieurement au soulèvement de celles-ci, et vers l'époque où la mer s'élevait jusqu'au pied des montagnes; ou, ce qui me paraît plus probable encore, ces chaînes préexistaient à la formation des montagnes porphyritiques, qui dépendent évidemment de la masse des Cordillères.

J'ai dit que la côte, à près d'une lieue, est bordée de montagnes qui forment une chaîne dirigée nord et sud, constituant, en ce lieu, les derniers contre-forts des Cordillères, et s'élevant au moins de mille mètres, jusqu'aux plateaux sablonneux dont elle est couronnée. Ces montagnes, *CC*, assez mamelonnées, laissent entr'elles des ravins assez profonds, dont les parois sont très-abruptes. L'intervalle qui sépare ces ravins représente comme des festons avancés sur des terrains d'alluvion qui en couvrent le pied. J'en ai parcouru une grande surface, et je suis même remonté assez haut sur leurs flancs. Je les ai trouvés partout composés de roches de la plus grande beauté, que M. Cordier a reconnues pour être des roches porphyritiques ou wackes anciennes, amygdalaires et porphyroïdes, très-variées dans leur composition. La masse de ces roches

1. Ces déterminations sont celles de M. Cordier.

est formée de wackes amygdalaires violacées, contenant des cristaux de feldspath disséminés, et des amandes très-nombreuses et très-apparentes de carbonate de chaux, de calcédoine; elles sont souvent à l'intérieur tapissées de cristaux de quartz, et renferment, en outre, assez fréquemment, de l'épidote fibreuse, de la céréotite (hydrate d'alumine et de silice). L'ensemble en est traversé par un grand nombre de filons et de veines de fer oligiste écailleux ou en belles lames d'une grande dimension, d'épidote, de carbonate de chaux, de jaspes, de carbonate de fer, de gypse, de scories rouges amygdalaires, dont la pâte est en partie décomposée, et de masses scoriacées rougeâtres, renfermant des pyrites ferrugineuses décomposées et passées à l'état d'hydrate de fer.[1] Une course que je fis jusqu'à mi-montagne, à l'effet de visiter une excavation pratiquée pour l'exploitation d'une prétendue mine d'argent, me procura de beaux échantillons de carbonate de cuivre et du fer oligiste lamelleux, renfermés dans une gangue quartzeuse. Je vis, tout auprès, un très-large filon courant obliquement de haut en bas, dans le sein de la montagne, et composé d'une syénite décomposée jaunâtre ou roche feldspathique. Géologie.

Une mine de cuivre exploitée à trois lieues au nord de Cobija, à mi-hauteur, dans une gorge de la montagne porphyritique, me montra de beaux échantillons de cuivre sulfuré ou de sulfure de cuivre[2] ferrifère, mêlé d'un peu de carbonate de cuivre, dans une gangue quartzeuse.

Pour me résumer sur les faits géologiques observés à Cobija, je dirai :

1.° Des mamelons coniques de diorite (*FF*) se montrent sur plusieurs points de la côte, et sortent en dehors des galets; c'est la roche la plus ancienne de l'ensemble; elle paraît former de grandes masses dont on ne voit que les sommités, le reste étant caché sous les eaux. On pourrait croire que ces masses préexistaient au soulèvement des Cordillères.

2.° Les mamelons de porphyres syénitiques qui, en petites chaînes (*Aax*) dirigées est et ouest, transversalement à la direction des Cordillères, sillonnent le littoral, soit au sein des conglomérats, soit dans les eaux, peuvent être postérieurs aux diorites, tout en ayant précédé le soulèvement des Cordillères. Du reste, je n'attache aucune importance à cette opinion, qui ne serait que la déduction des caractères de la roche elle-même, puisqu'il est également possible que ces chaînes transversales à la direction des Cordillères ne soient que le résultat de fentes produites par la dislocation des roches porphyritiques, remplies par ces matières syénitiques.

3.° Les montagnes (*CC*), composées de roches porphyritiques ou de wackes anciennes amygdalaires très-variées, sont évidemment les derniers contre-forts du versant occidental de la Cordillère. Ce sont ces roches qui, sous diverses formes, occupent une très-grande

1. M. Itier regarde cet ensemble de roches comme ressemblant beaucoup à ce qu'il a trouvé au mont Cenis.

2. L'exploitation de ce minerai donne souvent 40 pour cent; mais le manque de combustible l'empêche d'être productif.

Géologie. surface des Cordillères, sur une grande longueur du littoral. J'ai, du moins, la certitude qu'elles se montrent depuis Coquimbo, Cobija, Arica, pour ainsi dire sur toute la suite de la Cordillère, jusqu'à Lima, et peut-être beaucoup au-delà. Ces montagnes s'élèvent à Cobija de mille mètres environ au-dessus du niveau de la mer; elles se recouvrent d'un immense plateau sablonneux, qui appartient au désert d'Atacama, et s'étend dans les terres, en pente assez peu inclinée, jusqu'au village de Calama, où les roches porphyritiques reparaissent jusqu'au sommet de la Cordillère.[1]

4.° Il est évident que l'ancien rivage de la mer était le pied même des montagnes porphyritiques, ce qui me semble prouvé par la présence de cailloux roulés jusqu'à ce point, par les coquilles des espèces actuellement vivantes qu'on rencontre encore sur les mamelons basaltiques où elles ont vécu, par leurs bancs de débris bien au-dessus du niveau actuel des mers, et par leurs restes disséminés partout sur le sol entier (*BB*).

5.° S'il est certain que tous les terrains en pente (*BB*), compris entre la mer et les montagnes, sont l'ancien rivage de la mer, on doit supposer, pour l'ensemble, un exhaussement qui ne serait pas moindre de deux cents mètres; il faudrait supposer encore que ce soulèvement n'a point été graduel, puisqu'il n'y a qu'une seule pente des montagnes à la mer; mais qu'il résulterait d'une seule et même cause fortuite, ce qui, du reste, serait parfaitement indiqué par les coquilles qui, non roulées, existent sur le rocher auquel elles adhéraient à l'état de vie, lorsque les eaux couvraient le tout.

6.° Il me reste à parler d'un fait postérieur aux dépôts que je viens de décrire, et qui ne m'a pas moins beaucoup intéressé, en ce qu'il rentre dans le domaine de la géologie. On sait que, depuis les temps historiques les plus reculés, il ne pleut jamais sur tout le versant occidental des Cordillères, depuis l'extrémité méridionale du désert d'Atacama jusque très-près de l'équateur; on sait aussi que les seules vallées fertiles sont arrosées par la fonte des neiges de la Cordillère même; on sait enfin que tout l'intervalle de ces vallées est couvert soit de collines sèches, comme celles de Cobija, soit de sables mouvans, transportés au gré des vents. Je dus donc être étonné de trouver partout, au milieu d'un sol brûlé et sans aucune végétation, dans la direction des ravins des montagnes de Cobija, des lits de torrens dont les traces sont évidentes. Leur profondeur, souvent de plus de quatre mètres sur six ou huit de largeur, annonce un volume d'eau assez considérable, pour que des blocs d'un énorme volume aient pu être transportés. D'un autre côté, l'on peut remonter à l'époque de ces cours d'eau, par la réunion des faits environnans, qui témoignent que ces torrens ont sillonné le sol, non-seulement lorsqu'il avait déjà pris les formes actuelles, mais encore lorsqu'il était couvert de la faune terrestre d'aujourd'hui. On en a la preuve, en ce que ces mêmes eaux ont charrié de nombreux restes du *Bulimus derelictus*, dont les coquilles, à moitié fossiles, blanches et décolorées, sont amoncelées et mélangées au sable transporté sur les bords du torrent. Il est dès-lors de toute évidence que ces cours d'eau ont existé sur un sol où l'on ne trouve plus aucune trace d'humidité, et où maintenant

1. A Calama l'on exploite une belle mine de soufre natif.

il ne pleut jamais. Pour expliquer ce fait, qui est loin d'être exceptionnel, puisque je l'ai observé sur toute la côte, depuis le 12.e jusqu'au 23.e degré de latitude sud, aux environs d'Arica, d'Islay et de Lima, il faut supposer qu'il s'est opéré, depuis notre époque, un changement immense, soit par suite de la direction des vents régnans, soit par suite de causes géologiques. Le premier cas serait peut-être plus difficile à admettre que le second, puisqu'on expliquerait ces lits de torrens, en supposant, en Amérique, des causes analogues à celles qui ont fait descendre les glaciers d'Europe au milieu des vallées aujourd'hui tempérées. Il est évident que si un abaissement momentané de température a fortuitement couvert de neiges les montagnes, il se formera des torrens sur les pentes, aussitôt qu'y sera rétablie la température de cette latitude. On conçoit que j'attache beaucoup plus d'importance au fait même, vu sa généralisation, qu'à l'explication des causes qui l'ont produit, celles-ci demeurant très-problématiques. Géologie.

§. 3. *Côtes du Pérou.*

Iquique.

Toutes les montagnes élevées qui, au-delà des conglomérats modernes, bordent la côte entre Cobija et Arica, paraissent être porphyritiques. Ces montagnes, vers le 21.e degré, s'éloignent quelquefois de la côte et laissent alors une surface sablonneuse, appartenant à l'époque des conglomérats modernes, chargés, ainsi que ceux de Cobija, de beaucoup de sel marin ou sel gemme, à la superficie et dans un grès à gros grains encore friable. C'est à cette même époque qu'il faut rapporter les terrains contenant le salpêtre exploité près d'Iquique et dont notre Europe a tiré tant de profit[1]. Des montagnes semblables à celles de la côte reparaissent vers Pisagua : elles sont coupées à pic près de la mer, et laissent, au-dessus, des plaines de sable. Ces côtes sont surtout très-élevées près de la Quebrada de San-Victor, à dix lieues au sud d'Arica; puis, de ce point, les montagnes s'abaissent, de nouveau, jusqu'à une ou deux lieues du Morro d'Arica, où les plaines sablonneuses recommencent et forment des dunes près du rivage.

Arica, Tacna et versant occidental de la Cordillère.

Vu de la mer, à quelques lieues de distance, l'ensemble de la côte et de la Cordillère offre un aspect assez singulier. On y voit d'abord se dessiner, sur la ligne des eaux, au sud, quelques collines escarpées, qui s'abaissent et viennent mourir vers le nord, au Morro d'Arica, espèce de promontoire, dernier point élevé du littoral. La côte au-delà, basse et sablonneuse, s'élève graduellement en collines de couleur grise ou

---

1. M. Darwin, qui a vu ces exploitations (*Narrative*, p. 444 et suiv.), dit que le nitrate de soude consiste en une couche de deux ou trois pieds, bordant, au-dessous des alluvions, un grand bassin qui a dû être une mer ou un lac intérieur. Son élévation est de trois mille trois cents pieds anglais au-dessus du niveau de la mer.

Géologie. blanchâtre, mollement ondulées. Derrière ce premier plan se montre un vaste rideau brun, noirâtre, constituant tout le versant occidental des Cordillères. Je fus étonné du peu d'inégalités de ces montagnes. En effet, leur ensemble offre bien quelques points plus élevés que les autres, mais aucun pic saillant et peu de grandes fissures. Derrière ce vaste rideau dominent les principaux pics neigeux du plateau occidental. Ils ont tous la forme d'un cône écrasé, à sommet obtus, et représentent, chacun en particulier, un véritable pain de sucre de forme élargie. Les plus saillans de ces pics sont le Tacora et le Nyuta, au pied desquels je devais passer, en traversant le plateau. Lorsque, plus tard, je leur comparai, de souvenir, les chaînes des Pyrénées et les Alpes, bien loin de trouver aucune ressemblance, je vis entr'eux une disparité complète. Comme des formes analogues se sont montrées à moi sur toute la longueur de la chaîne, depuis Valparaiso jusqu'à Lima, je crois que cet aspect peu accidenté, et des pics neigeux coniques, à sommet obtus, sans aspérités, caractérisent les grands soulèvemens de roches trachytiques, si différens de ceux des roches granitiques aux sommets couverts d'aspérités.

La côte d'Arica ne manque pas d'intérêt; je l'étudiai avec d'autant plus de soin, que, de ce point, je devais commencer à prendre possession du continent et gravir peu à peu les Cordillères. Arica se compose orographiquement, au nord, d'une petite montagne dite *Morro*, coupée à pic vers la mer et s'étendant, à l'est, en une colline assez haute. Tout le reste des environs est couvert de sables mouvans, montant vers l'intérieur, jusqu'aux derniers contre-forts de la Cordillère.

Géologiquement, Arica présente des faits très-curieux. Le Morro[1], qui s'élève au sud à la hauteur d'environ deux cent quarante mètres au-dessus du niveau de la mer, est coupé perpendiculairement sur l'Océan et se compose de roches d'origine très-différente.

A sa base, vers le nord, sont des couches, plongeant légèrement à l'ouest, d'un calcaire phylladifère ou phtanite argilifère noirâtre, par feuillets assez minces, qui s'étend au loin sous les eaux. Ce calcaire phylladifère appartient à l'époque carbonifère, à en juger par des empreintes de *productus* que présente un des échantillons que j'y ai recueillis, et les nombreux restes que j'ai pu observer sur les lieux.

Les flancs du Morro sont composés, à une grande hauteur, d'un porphyre pyroxénique très-noir, où l'on distingue des cristaux de pyroxène et de feldspath décomposés.[2] Ce porphyre a évidemment soulevé, disloqué et entraîné avec lui une partie des couches de calcaire carbonifère, puisqu'on trouve partout, dans cette masse, enveloppés de matière porphyritique, des blocs plus ou moins volumineux de calcaire noirâtre, contenant des empreintes de *productus*. Dans certains endroits les morceaux de cette roche, en petits fragmens anguleux, forment une brèche; en d'autres, ces fragmens sont très-gros, à angles non émoussés et soulevés à une assez grande hauteur. C'est surtout à l'extrémité nord du Morro qu'on voit les marques évidentes du soulèvement

1. Voyez pl. VII, Carte de Bolivia, et pl. VIII, fig. 1, la coupe transversale des Cordillères.
2. Détermination de M. Cordier, sur les échantillons déposés au Muséum.

des roches carbonifères par les porphyres. Dans cette partie, les flancs de la montagne sont fendillés ou partagés en blocs, par de larges filons de porphyres, représentant l'image du chaos. En marchant au sud, le porphyre pyroxénique, encore souvent fendillé, contient moins de roches carbonifères et devient enfin presque pur. Alors, de même que vers le nord, ses fentes offrent des cristaux plus ou moins complets, par plaques de quartz et de carbonate de chaux. En suivant encore plus au sud, toutes les pointes avancées dans la mer appartiennent au porphyre pyroxénique. Dans les flancs du Morro sont plusieurs cavernes très-profondes, que la vague paraît avoir creusées, lorsque la mer venait y battre. Je crus au moins le reconnaître aux parois en partie usées et à la présence, vers le sud, de cavernes semblables, encore aujourd'hui sous-marines. On entend la mer s'y engouffrer avec fracas, et lorsqu'il vente, les eaux, trouvant une petite issue à l'extrémité, en sortent en jet.

Géologie.

A la partie supérieure du Morro s'étendent en couches presque horizontales et à une assez grande hauteur, des bancs d'une roche blanc-jaunâtre, que l'analyse a fait reconnaître à M. Cordier pour un pétrosilex à grains grossiers.

Cette roche couvre les porphyres pyroxéniques. Je n'ai pu apprécier au juste le contact, en regardant d'en bas; et les sables mouvans aux côtés de la montagne couvrent cette partie, ce qui empêche d'en bien juger. Je n'ai aucun indice de l'âge certain de cette roche; ce qu'il m'a été permis de vérifier, c'est qu'elle est en stratification concordante avec des couches de grès rouges assez friables, petits feuillets, qui les revêtent partout, et semblent appartenir à la même époque.

Au-dessus de ces couches, on trouve un sable terreux imprégné et consolidé en une croûte épaisse par le sel, qui se montre souvent en gros rognons blancs ou rosés, ou en petites couches.

Au nord et au sud du Morro règnent des dunes qui, surtout au nord, s'étendent assez loin dans les terres, jusqu'à une hauteur de plus de cent mètres au-dessus du niveau de la mer. On y voit partout un grand nombre de débris marins, de coquilles ou d'ossemens de cétacés. Les coquilles sont les mêmes que celles qui vivent aujourd'hui dans la mer voisine, et annoncent que la mer couvrait ces plaines. Ces dunes occupent, sur une lieue de largeur, l'intervalle de quatorze lieues compris entre Arica et la vallée de Tacna.

Lorsque les vents balaient les sables mouvans, il reste souvent à découvert, à une lieue plus ou moins dans l'intérieur, de petites collines, couvertes des mêmes croûtes de sel que j'ai observées au sommet du Morro[1]. Ce sont des grains de sable, de gros graviers, de petits cailloux porphyritiques roulés, et même des blocs de plus de trente centimètres de diamètre, liés ensemble par le sel, qui en cimente les diverses parties. Plusieurs excavations pratiquées m'en ont donné la preuve la plus complète;

1. M. Meyen (traduction de son voyage, Annales des voyages, 1834, t. IV, p. 139) croit à tort que c'est l'argile qui unit le sable; c'est le sel, phénomène général sur toute la côte et que M. Darwin (*Narrative*, p. 44) a également décrit près d'Iquique.

Géologie. d'ailleurs, c'est de là qu'on extrait le sel employé dans tout le pays aux usages domestiques. Lorsqu'on atteint ces croûtes durcies, il suffit de creuser à quelques centimètres, pour en trouver d'un beau blanc, entourant toutes les roches roulées et les unissant entr'elles. Afin d'en expliquer la présence dans les mêmes circonstances aux environs d'Iquique, M. Darwin[1] dit que la pluie lave le sel contenu dans le sable salifère des collines et le transporte au milieu des plaines, où il se concrète dans le sol sablonneux des vallées. M. Darwin oublie qu'il n'a pas plu, sur toute la côte depuis les temps historiques les plus reculés, ce qui ferait remonter le lavage par les pluies tout au moins jusqu'à l'époque des torrens desséchés, que j'ai décrits à Cobija[2] et qu'on retrouve sur toute la côte; mais, pour que cette hypothèse fût admissible, il faudrait encore ne trouver du sel que dans le fond des vallées, et l'on n'y en trouve, au contraire, aucune trace. Le sel ou la zone salifère appartient, sans aucun doute, au domaine de la géologie; il n'occupe pas les vallées, mais il constitue une croûte au sommet du Morro d'Arica, et sur toutes les collines qui, à une hauteur de deux à trois cents mètres au-dessus du niveau de l'Océan, forment une ligne marquée sur toute la côte, ligne correspondant peut-être à l'ancien rivage de la mer, que j'ai déjà décrit à Cobija.[3]

Ce qui me porterait à croire que, sur le littoral de la côte actuelle, la zone salifère appartient au rivage ancien, c'est l'horizon qu'elle représente, parallèlement à la côte, sur une surface immense, puisque je l'ai vue à Cobija, à Arica, près de Tacna, et non loin d'Islay, c'est-à-dire du 17.e jusqu'au 23.e degré de latitude sud; c'est surtout la présence constante, sous le sel, de cailloux roulés de roches porphyritiques, qui annonceraient un ancien rivage analogue à celui qui borde la côte près d'Arica, où l'on trouve encore les mêmes galets et les mêmes blocs arrondis par la vague. J'ai dit aussi que ce ne pouvait pas être le produit d'un lavage, puisqu'il ne pleut pas sur cette côte, et que, d'ailleurs, s'il avait plu, les eaux saturées se seraient naturellement dirigées vers la mer, en entraînant les parties salines, rien ne pouvant les arrêter sur la pente. Une preuve plus forte encore, qui repousserait tout à fait cette hypothèse, c'est que, si l'on examine le rapport d'âge des nombreux ravins, secs aujourd'hui, qui ont sillonné le littoral dans le sens de la pente de la côte, on reconnaît facilement que ceux-ci sont postérieurs à l'exhaussement de cet ancien rivage, puisque partout où ils passent, sur toute la hauteur où les eaux pouvaient atteindre, les parties salines ont été dissoutes et emportées, ce qui explique pourquoi, sans jamais trouver de sel dans les vallées, on en trouve seulement sur les collines où les eaux n'ont pu l'atteindre, et où, dès-lors, il est resté sans fondre.

Cette observation, qui me paraît décider péremptoirement la question, vient également en éclairer une seconde, qui ne laisse pas d'avoir de l'importance. Dans l'intervalle

1. *Narrative*, p. 44.
2. Voyez p. 98.
3. Voyez p. 98.

compris entre Arica et Tacna, au milieu des sables mouvans et des collines salifères, privés de toute végétation, on traverse trois anciens lits de torrens, à sec depuis les temps historiques, la *Quebrada de los Gallinazos* (ravin des Urubus), la *Quebrada del escrito* (le ravin de l'Écrit, distant de cinq lieues d'Arica), la *Quebrada de los malos nombres* (le ravin des mauvais noms, éloigné de neuf lieues d'Arica). Ces lits de torrens sont très-profonds, larges de plus de vingt mètres, et forment, de chaque côté, de petites falaises coupées perpendiculairement, sur une hauteur de six à huit mètres. Ces nombreux cours d'eau, à sec depuis les temps historiques, qui sillonnent la côte et que j'ai retrouvés, plus tard, près d'Islay, sont donc le produit de causes générales. On pourrait demander quelles étaient ces causes; je crois que, dans l'état actuel de la science, il serait prématuré de les rechercher; mais il est permis de fixer les limites du phénomène. J'ai dit que les ravins sillonnent la côte dans la direction de la pente, et qu'ils ont entraîné, sur leur route, les parties salifères de la zone que j'ai indiquée. En en considérant le volume et la direction, on s'assure qu'ils descendent tous de la Cordillère même, et qu'ils correspondent aux grandes vallées du versant occidental de ces montagnes, où il ne pleut plus. D'un autre côté, ils traversent seulement la bande salifère, sans paraître l'avoir altérée au-delà de leur largeur respective. Ne pourrait-on pas en conclure que les eaux qui ont formé ces ravins sont toutes provenues exclusivement de la Cordillère? Si, au contraire, des pluies abondantes eussent tombé sur la côte, cette croûte salifère se serait, sans doute, dissoute, et le sel se serait rendu, par les pentes latérales des petites vallées, vers les cours d'eau; ce qui ne paraît pas avoir eu lieu. Je crois donc que les eaux qui ont formé les lits desséchés de tout le littoral ne sont pas provenues de pluies locales, mais bien de la Cordillère, où, par des causes qui nous sont inconnues, il y aurait eu, soit des pluies qu'on n'y connaît plus aujourd'hui, soit des neiges dont la fonte aurait amené ces érosions subites. Il se serait enfin passé, dans les Cordillères, un phénomène aqueux, analogue à celui qu'on a observé sur toutes nos grandes montagnes d'Europe.

Géologie.

Le littoral d'Arica à Tacna est très-uniforme. Ce sont d'abord, près d'Arica, des galets roulés sur le bord de la côte, au-dessus du niveau de la marée, et à mer basse, une suite de blocs arrondis appartenant soit au porphyre pyroxénique, soit au calcaire carbonifère. En marchant vers le nord, les blocs sont de moins en moins fréquens, et diminuent de grosseur, bientôt remplacés par le sable fin, qu'on remarque ensuite sur toute la côte. Indépendamment des ravins secs dont j'ai parlé, il y a, dans l'intervalle, deux cours d'eau. Le premier, à la sortie de la ville, est le Rio d'Arica. Ses eaux, à en juger par les berges, anciennement bien plus volumineuses qu'elles ne le sont aujourd'hui, coulent sur un lit de galets formés de roches porphyritiques et trachytiques. La seconde rivière, le Rio de Lluta, beaucoup plus large que le premier, coule également sur un lit de galets analogues. Elle descend du plateau particulier des Cordillères, et prend sa source à l'ouest du Tacora, en des ravins couverts d'efflorescences sulfureuses; aussi les eaux du Lluta ne sont-elles rien moins que potables.

La ville de Tacna est située dans une vallée qui descend des Cordillères et se dirige

Géologie. au sud-ouest vers la mer. En la prenant à son débouché dans la plaine sablonneuse, elle est circonscrite au nord par des collines dites *Cuesta de Caraca*, qui ne sont pas interrompues depuis le pied de la Cordillère jusqu'à trois lieues au-dessous de la ville. Au sud, la vallée se forme de l'extrémité de la colline (*Cuesta de Muelles*). Entre ces deux collines elle est couverte, sur deux lieues de largeur, d'un très-grand nombre de blocs de porphyre et de syénites roulés, de toute taille. Ces gros galets ont, sans aucun doute, été entraînés de la Cordillère par les eaux torrentielles descendues des montagnes à une époque ancienne, coïncidant avec celle des rivières aujourd'hui à sec. J'en ai acquis la preuve en observant trois lits de cette nature, qui aboutissent à la hauteur de Tacna dans la vallée dont je viens de parler, et séparés les uns des autres par des collines semblables à la Cuesta de Muelles, dont la plus rapprochée de la ville porte le nom de *Cuesta d'Arunta*. Il en résulte qu'au-dessus de Tacna la vallée, réduite au seul lit du Rio de Tacna, est très-rétrécie et n'a pas plus d'une lieue de largeur; alors aussi les cailloux sont plus petits; et, au-delà des lieux soumis aux irrigations artificielles, il n'y a plus que des sables mouvans semblables à ceux des plaines d'Arica.

La colline de Caraca, élevée, dans quelques endroits, de deux cents mètres au-dessus de la vallée, m'a montré à la partie inférieure, pour ainsi dire stratifiée, de véritables trachytes, ou, suivant M. Cordier, des porphyres pétrosiliceux à cristaux de quartz et de mica, tantôt parfaitement denses, tantôt un peu boursouflés, dont la pâte est légèrement décomposée. Ces roches sont recouvertes, à une grande hauteur, de cendres trachytiques ou conglomérat ponceux, contenant également des cristaux de quartz, et paraissant appartenir tout à fait à la même époque que les roches trachytiques qui sont inférieures. On pourrait croire, vu l'inclinaison occidentale des trachytes, parallèle à l'ensemble du versant, qu'ils se sont déposés sous les eaux avant le soulèvement des Cordillères, et qu'ils ont été soulevés avec elle. Quoi qu'il en soit, ces conglomérats trachytiques ponceux ou cendres trachytiques couvrent, comme je m'en suis assuré, en les parcourant toutes, les collines au sud de la vallée, celles d'Arunta de Muelles, etc. Les renseignemens que j'ai obtenus durant deux séjours à Tacna, m'ont également donné la certitude que ces mêmes cendres trachytiques revêtent, sur une grande surface, au nord et au sud de Tacna, le pied occidental des Cordillères. Elles appartiennent, du reste, aux grands phénomènes des Cordillères, puisque je les ai retrouvées dans une grande partie du plateau occidental et du grand plateau bolivien, comme on le verra aux descriptions de ces points intéressans.

A la superficie des conglomérats ponceux, au sommet des collines, je trouvai beaucoup de fragmens de blocs de ponces, d'une assez forte dimension, et des morceaux assez volumineux de basaltes cellulaires porphyroïdes, de couleur noirâtre. Ces dernières roches contrastent, par leur couleur, avec les collines entièrement blanchâtres : elles sont en morceaux de diamètre très-variable, à angles non émoussés et disséminés sur le sol.

Tacna est élevée de 1795 pieds anglais au-dessus du niveau de la mer. De ce point, je me dirigeai vers le sommet de la Cordillère, par la vallée de Tacna. On passe à Pocolualle, à Casa blanca, à Calana, pour arriver à Pachia, distant de quatre lieues de Tacna. Jusqu'à Calana, la vallée est formée des collines de conglomérat trachytique de Caraca et d'Arunta; mais elle se bifurque au sud, alors la côte d'Arunta s'éloigne et la nouvelle vallée est séparée de celle de Tacna par un massif des mêmes roches, appelé *la Hiesera*. Depuis Tacna, l'on rencontre toujours de nombreux galets porphyritiques ou syénitiques; seulement ces galets sont d'autant plus volumineux qu'on approche davantage de la Cordillère. Les collines trachytiques s'élèvent de plus en plus, à mesure qu'on avance, et finissent par former de véritables montagnes. Géologie.

Au-dessus de Pachia, la vallée s'élargit de nouveau et se bifurque encore. Un bras conduit dans celle de Palca; l'autre, au nord, dans un ravin profond, qui renferme, à deux lieues de distance, les eaux thermales de *Calientes*, où l'on a établi des bains. Je n'ai pas vu ces eaux; et tout ce que j'en puis dire, c'est qu'elles sont sulfureuses et abondantes.

L'intervalle de deux lieues, compris entre Pachia et l'entrée du ravin de Palca, est privé de végétation, et couvert, sur une plaine en pente, d'un nombre considérable de galets de toute dimension et de gros blocs arrondis, transportés par les eaux, lorsqu'il y en avait dans la profonde fissure des Cordillères qui vient y aboutir. Aujourd'hui il n'en coule plus. Ces blocs, disséminés sur la vallée, annoncent pourtant des torrens volumineux et très-puissans; ainsi nul doute, comme je l'ai déjà dit[1], que ces anciens lits, sillonnant le sol du versant occidental des Cordillères, ne viennent de la Cordillère même, et ne soient contemporains de toutes les traces d'érosion qui couvrent toute cette partie du sol américain, où il n'a pas plu depuis les temps historiques les plus anciens.

A l'entrée de la *Quebrada de Palca* (ravin de Palca) on atteint les contre-forts proprement dits de la Cordillère, puisque le même système de montagnes et la pente abrupte existent, sans interruption, jusqu'au sommet de la crête occidentale des Cordillères. On se trouve devant des masses énormes, qui s'élèvent en gradins jusqu'aux parties les plus hautes de la chaîne. On y pénètre par une vallée très-étroite, lit d'un torrent, dont les parois sont très-escarpées, et ne laissent sur beaucoup de points pas d'autre chemin que l'emplacement même où coulaient jadis des eaux impétueuses, mais où il ne reste aujourd'hui aucune trace d'humidité.

Le chaos le plus absolu règne à l'entrée de la Quebrada de Palca. On n'y voit aucune roche en grosse masse. Les flancs de la montagne sont couverts de blocs plus ou moins gros, amoncelés, et analogues à ceux que j'ai vus aux environs de Valparaiso[2]. Ce sont des syénites partagées en fragmens anguleux, éboulés en plusieurs endroits, restés encore en position sur d'autres, pouvant crouler au moindre contact. Ce fendillement des roches peut encore s'attribuer ici à l'action des tremblemens de terre, très-fréquens sur le

1. Voyez p. 98 — 103.
2. Voyez p. 88.

Géologie. littoral. J'en avais senti un assez fort pendant mon séjour à Arica, (durant lequel j'éprouvai une oscillation horizontale très-marquée. J'appris, plus tard, que les tremblemens de terre longent seulement la côte, et qu'ils sont d'autant plus intenses qu'on se trouve plus rapproché de la mer; ainsi les secousses capables de renverser les maisons au port d'Arica, causent beaucoup moins de dégâts dans la ville de Tacna. Elles diminuent d'intensité d'une manière sensible, en remontant vers les Cordillères, sont peu appréciables à Palca, et, vers la Paz, sur la chaîne orientale, les habitans n'ont jamais senti aucune commotion[1]. Il est probable que, si ce sont les tremblemens de terre qui ont ainsi fendu, partagé et fait ébouler les roches de la Quebrada de Palca, ce phénomène doit s'être manifesté lors des secousses analogues à celles qui ont détruit plusieurs fois la ville d'Arica. Ces morceaux, séparés du reste, deviennent de moins en moins nombreux, à mesure qu'on s'enfonce dans le ravin; en s'élevant vers le sommet, à quelques lieues, on n'en trouve déjà plus aucune trace.

A l'entrée du ravin de Palca, toutes les montagnes sont composées de syénites[2], qu'on traverse l'espace de trois lieues. Ces roches forment des masses énormes, déchirées, qui se dressent de chaque côté. Au-delà de Choluncoy, je remarquai, sur le coteau nord, des roches stratifiées, rougeâtres, dont l'escarpement au-dessus du ravin ne me permit pas de recueillir d'échantillons; mais que je crus néanmoins être des conglomérats porphyritiques, et cela avec d'autant plus de raison, que des porphyres violacés, analogues à ceux de Cobija, se montrèrent ensuite jusqu'à Palca, où ils forment toutes les montagnes des environs. Au-delà de ce village, situé à mi-hauteur de la chaîne, on marche, pendant quelques lieues, au fond du ravin, sur des roches porphyritiques.[3] Ces roches et leurs conglomérats se continuent sur une grande surface; on les traverse en abandonnant le ravin, pour retrouver ensuite au-delà, quelques points de syénite, qui disparaissent à leur tour, et font place aux porphyres, jusqu'au sommet de la côte de Cachun, qui forme la partie la plus élevée du versant occidental des Cordillères, avant de descendre sur le plateau occidental, situé lui-même à une hauteur moyenne de quatre mille quatre cents mètres au-dessus de l'Océan, et se composant entièrement de roches trachytiques.

§. 4. *Résumé géologique sur le versant occidental des Cordillères.*

Tout en offrant des différences énormes dans sa composition, dans ses accidens, le versant occidental des Cordillères de l'Amérique méridionale, depuis le 12.e jusqu'au 34.e degré de latitude sud, paraît se rattacher à un ensemble de phénomènes qui se généralise d'autant plus qu'on approche des époques plus récentes.

---

1. Je puis citer, à l'appui de ce fait, le travail statistique du docteur Indaburro, inséré dans *El Iris de la Paz*, 1829, n.° 1, travail où l'auteur dit positivement : « *No se conoce niguno volcan, ni menos se esperimentan temblores y teremotos.* »

2. Toutes les roches granitiques porteront, avec la teinte rouge de carmin, le n.° 1.

3. La teinte rose violacée et le n.° 2, distingueront les roches porphyritiques.

Si, avant de parler des roches de sédiment, je passe en revue toutes les roches d'origine ignée, je vois que : 1.° des roches granitiques, des diorites, des pegmatites, des eurites, et surtout des syénites, apparaissent sur un très-grand nombre de points, mais principalement aux parties inférieures de la pente, près de la mer. Ce sont, en effet, ces roches qui constituent les collines de Valparaiso[1], qui représentent une bande longitudinale aux Cordillères, à dix lieues dans l'intérieur de Coquimbo[2], qui forment des pointes au nord de Cobija[3], à l'entrée du ravin de Palca[4], près de Tacna. On remarquera qu'elles sont dans tous ces lieux situées à l'ouest des porphyres, avec lesquels elles se trouvent presque toujours en contact immédiat, comme si elles avaient servi de limites aux éruptions des porphyres. Géologie.

2.° Des roches porphyritiques très-variées se montrent à Coquimbo : elles composent une chaîne de montagnes parallèle à la côte de Cobija[5], ou des collines transversales à l'ouest du même point; elles continuent ensuite, sans interruption, sur le versant occidental des Cordillères, à Iquique, au Morro d'Arica, sur la pente de Palca, jusqu'au sommet de la Cordillère[6]. Je les ai retrouvées à Islay[7], sur la côte du Pérou, et même jusqu'aux environs de Lima[8], où elles forment les premiers contre-forts des montagnes, et se prolongent souvent jusqu'à la côte. On peut dire qu'elles constituent à elles seules la majeure partie de la masse du versant occidental de la Cordillère. Toutes leurs chaînes courent généralement nord et sud, au moins jusqu'au 21°.

3.° Près de Tacna[9], et sur une lisière nord et sud, de six à huit lieues de largeur, au pied même des derniers contre-forts syénitiques ou porphyritiques de la Cordillère, j'ai rencontré des collines composées de roches et de conglomérats trachytiques. Ces collines sont absolument de même nature que tout le plateau occidental des Cordillères, et que la partie occidentale du grand plateau bolivien. On pourrait attribuer ces restes, situés au pied occidental de la chaîne, près de Tacna, à la cause qui a formé les grandes surfaces de trachytes constituant tout le sommet proprement dit de la Cordillère. A Tacna, comme au faîte des Andes, les conglomérats ponceux recouvrent les trachytes proprement dits et sont en couches peu inclinées ou horizontales.

Les roches de sédiment du versant occidental des Cordillères sont les suivantes :

---

1. Voyez p. 89.
2. Voyez p. 92.
3. Voyez p. 97.
4. Voyez p. 105.
5. Voyez p. 96.
6. Voyez p. 106.
7. Je ne décris pas ces points, n'ayant pu y recueillir assez de faits. Je me bornerai à les citer, chaque fois que j'y devrai rattacher quelques observations partielles.
8. Voyez la note précédente.
9. Voyez p. 104.

Géologie.

1.° Une roche de l'époque carbonifère, avec *Productus*, et qui, au Morro d'Arica[1], a été soulevée, disloquée par les porphyres. C'est le seul point de la côte où j'aie trouvé des traces de cette formation, répandue sur le plateau bolivien des Cordillères.

2.° Deux térébratules, recueillies par M. Domeyko[2], ont fait penser à M. Dufrenoy que le terrain jurassique pourrait être représenté près de Coquimbo. Ce fait, neuf dans la science et très-exceptionnel, puisqu'on n'a jamais rencontré ailleurs de traces de cette formation, demande à être confirmé. L'une des térébratules est pourtant si voisine de la *T. concinna*, qu'il est très-difficile de l'en distinguer.

3.° Le terrain crétacé, bien caractérisé par ses hippurites et par ses *Pecten*, s'est montré à mi-hauteur dans la Cordillère de Coquimbo. Il paraît exister encore non loin de Copiapo, et peut-être dans la Cordillère même, sur la route de Santiago à Mendoza. Il est, quoi qu'il en soit, ainsi que le terrain carbonifère, fortement disloqué, et ne présente que des lambeaux disséminés sur plusieurs points.

4.° J'ai signalé, d'après les fossiles, à la Mocha, à l'île de Quiriquina, près de Concepcion[3], à Coquimbo, des terrains tertiaires contenant seulement des espèces dont les analogues n'existent plus aujourd'hui sur le littoral de l'océan Pacifique. Je puis encore citer Payta, au Pérou[4], pour ses fossiles de la même époque. Il en résulterait que, sur plusieurs points de la côte, et toujours assez près de la mer, se rencontrent des couches tertiaires qui paraissent appartenir à la même époque que mon tertiaire patagonien, si répandu à l'est de la Cordillère[5], sans que pourtant ces couches contiennent les mêmes espèces des deux côtés de la chaîne. On pourrait en conclure que, quoique contemporains, ces deux dépôts se faisaient isolément à l'est et à l'ouest de la Cordillère, qui aurait déjà eu un certain relief.

5.° On trouve à Coquimbo (Chili), à Cobija[6] (Bolivia), aux environs d'Arica, de Tacna, près d'Islay et au Callao (Pérou), soit des dépôts de coquilles actuellement vivantes dans la mer voisine, soit des dépôts de sels, au milieu de lits de galets et de gros sable, tous indices d'un changement subit dans le niveau du grand Océan. Ce changement serait variable et atteindrait la hauteur de près de deux cents mètres au-dessus des eaux actuelles. Il en résulterait que des traces constantes d'ancien rivage se montreraient sur une multitude de points du littoral de l'océan Pacifique, et dès-lors appartiendraient à des causes générales, dont les effets se seraient étendus sur une grande surface. On pourrait encore se demander si ces phénomènes, que j'ai signalés également dans le grand bassin des Pampas[7], ne sont pas de nature à se rattacher à

1. Voyez p. 100.
2. Voyez p. 92.
3. Voyez p. 90, 91.
4. Je dois les fossiles de ce point à la complaisance de M. Gaudichaud. Ils paraissent appartenir à la même époque que ceux de l'île de Quiriquina et de Coquimbo.
5. Voyez p. 70.
6. Voyez p. 94.
7. Voyez p. 87.

de grands mouvemens, qui se sont manifestés non-seulement sur toutes les côtes de l'Amérique, mais encore sur le littoral de tous les continens.

Il me reste maintenant à citer d'autres faits, postérieurs à tous les dépôts et non moins intéressans, vu leur généralisation. Je veux parler des traces des anciens cours d'eau, qui, en partant des montagnes, ont, dans le sens de la pente, sillonné presque tous les points de la côte du Chili, de la Bolivia et du Pérou, en des lieux où il n'a pas plu depuis les temps historiques. Je rappelle seulement ce fait, dont ailleurs j'ai déjà discuté l'étendue, en exposant ce qui m'en paraît être la cause.[1]

Après toutes ces modifications successives de la forme extérieure du sol, il me reste encore à citer ces roches fendillées et divisées en petits morceaux, que j'ai trouvées à Valparaiso[2], près de Tacna, et que je crois pouvoir attribuer aux effets des tremblemens de terre si fréquens sur la côte occidentale de l'Amérique méridionale.

---

1. Voyez p. 98 et p. 102.
2. Voyez p. 89.

CHAPITRE VIII.

Description géologique du plateau occidental de la Cordillère.

Loin de former une simple chaîne continue, comme la figurent les géographes systématiques, la Cordillère, ainsi que je l'ai représentée dans ma carte de Bolivia[1], constitue, à son sommet, un massif de deux degrés de largeur, borné à l'ouest par la crête de Cachun, et à l'est par les *Andes* proprement dites ou la *Cordillère orientale* de l'Ilimani, qui s'abaisse ensuite à l'orient, vers les plaines de Moxos, pour former le versant oriental. Entre ces deux chaînes se trouve une surface immense, divisée en deux plateaux. L'un à l'ouest, que je nommerai *Plateau occidental*, est élevé, terme moyen, de 4400 mètres au-dessus du niveau de la mer; l'autre, beaucoup plus vaste, ne l'est que de 4000. Je nommerai ce dernier *Plateau bolivien*. Pour mieux les décrire dans leur forme et dans leur composition géologique, je vais les traiter séparément; puis je me résumerai sur l'ensemble.

Le plateau occidental, dont je m'occuperai dans ce chapitre, est bordé à l'ouest par une crête que je gravis en remontant de Palca vers la Paz. Elle porte, sur ce point, le nom de *Cachun*, et est un peu plus élevée que le plateau; elle s'abaisse ensuite au sud, pour laisser passer, dans une de ses gorges, le Rio de Azufre, qui se rend à la mer sous le nom de Rio de Lluta. Le plus souvent cette crête forme, dans la direction du nord au sud, une véritable chaîne, qui représente à elle seule la Cordillère proprement dite; mais, par le parallèle du 20.ᵉ degré, elle s'infléchit à l'ouest et prend alors la direction variable N. O. ou N. N. O. au S. E. ou S. S. E.

La crête occidentale reçoit, vers le 15.ᵉ degré, un bras qui la croise et l'unit, à l'est aux Andes, par un chaînon dirigé au nord, tandis qu'au sud elle s'élève jusqu'au 21.ᵉ degré, où elle reçoit, presque diamétralement à sa direction, un autre chaînon, qui, se dirigeant à l'est-sud-est, va borner l'extrémité sud des plateaux et former le *nœud argentin*[2], lequel se rattache au massif de montagnes de Salta et de Tarija.

A l'est, le plateau occidental est également borné par une chaîne dirigée nord-ouest et sud-est, qui prend naissance vers le 16.ᵉ degré, s'élève peu à peu, et se couronne de pics coniques très-nombreux, surtout vers le 17.ᵉ degré de latitude sud (près du point où je la traversai); puis elle s'abaisse tout à coup au sud du 17° 30′, et laisse alors passer, dans une large gorge, le Rio Maure, la plus forte rivière du plateau occidental. Au-delà du Rio Maure, la chaîne qui suit au sud-est s'élève de nouveau et

1. Voyez Carte géologique, n.° 7, et pl. VIII, fig. 1, la coupe transversale des Cordillères.

2. Je l'appellerai ainsi, parce qu'il sert de limites entre les républiques Bolivienne et Argentine.

montre, au sud du 18° 20′, quatre points élevés, dont les deux plus hauts, le *San-Jama* ou *Sacama* et le *Gualalieri,* sont coniques. La chaîne paraît s'abaisser ensuite jusqu'au 20° 30′, où elle est croisée, à l'est, par le nœud de Porco; au sud, elle continue jusqu'au-delà du 21.e degré, où elle va se réunir au nœud argentin et termine le plateau de ce côté. Géologie.

Le plateau occidental, ainsi circonscrit, à l'est, par la *chaîne* que je désignerai sous le nom de *Delinguil*[1], et à l'ouest par la *Cordillère proprement dite,* commence au 16.e degré. Au point où je l'ai traversé (vers le 17° 20′), il atteint plus de quinze lieues de largeur; il se rétrécit ensuite jusqu'au 18° 30′, pour s'élargir de nouveau, de plus en plus, au sud, où, vers le 21.e degré, il se sépare tout à fait de la Cordillère, en se dirigeant au sud-est.

Après en avoir indiqué la configuration par ses traits les plus saillans, je vais en décrire la composition géologique, en continuant mon itinéraire, interrompu à la côte de Cachun; itinéraire que j'ai suivi à deux reprises, en 1830 et en 1833, en passant de Tacna à la Paz.

De la côte de Cachun, élevée à peu près de quatre mille six cents mètres au-dessus de l'Océan, je descendis sur le plateau. J'avais en face, à deux lieues de distance environ, au milieu de la plaine, le Cerro du Tacora, cône trachytique[2], tronqué et obtus, un peu moins élevé que le Chipicani, c'est-à-dire de plus de cinq mille mètres. Il est formé de deux pointes, entre lesquelles, et regardant à l'ouest, se trouve une forte dépression, un ravin où naît le *Rio de Azufre,* espèce de torrent fortement saturé de sulfate de fer et de sulfate d'alumine, dont les bords sont couverts de dépôts jaunâtres, et les eaux mortelles pour les animaux. M. Pentland[3] a dit que ce ruisseau « a sa source « dans un volcan éteint, véritable solfatare, dont les vapeurs sont condensées dans « les eaux du ruisseau. » M. Meyen[4], qui a vu ce point, croit que le Tacora n'est rien moins qu'une solfatare. Il n'y a vu aucune trace d'éruption récente, ni aucun vestige de cratère, et je puis affirmer le même fait. Le Rio de Azufre prend ses eaux, chargées de vitriol ferrugineux et d'alun, dans une gorge où l'on trouve partout du soufre natif sur un trachyte décomposé, qui paraît former, à lui seul, tout le pic du Tacora. Pour que le Tacora eût été jadis un volcan, il faudrait que son cratère remontât à l'époque des éruptions trachytiques, et personne, je crois, n'ayant encore démontré qu'il y ait eu de véritables cratères dans les trachytes, je me range à l'opinion de M. Meyen, pour repousser l'idée d'un cratère au sommet du Tacora.

Au nord du Tacora, séparé de la crête par une petite vallée, se montre une suite de hautes collines dirigées au nord-nord-est. A leur forme arrondie, analogue à la forme

1. On connaît dans le pays, sous ce nom, l'une des montagnes de la chaîne, près du point où passe le chemin de la Paz.

2. Toutes les roches trachytiques sont colorées en violet foncé et portent le n.° 3.

3. *Nouvelles annales des voyages*, 2.e série, t. XIV, p. 33.

4. *Idem*, 3.e série, t. IV, p. 166.

Géologie. de toutes celles du plateau, je les crois composées de trachytes. Au sud s'étend une vaste plaine couverte de blocs épars, appartenant aux roches trachytiques. Je la suivis quelques lieues, marchant continuellement sur ces mêmes débris jusque près de Tacora, village le plus élevé du monde peut-être, puisqu'il est à quatre mille trois cent quarante-quatre mètres[1] au-dessus du niveau de l'Océan. Là on aperçoit, au sud, la montagne du Niyuta, un peu moins élevée que le Tacora et beaucoup plus écrasée. Plus au sud, formant des pics isolés, à sommet obtus, on voit plusieurs autres montagnes, dont les pentes sont peu roides, sans anfractuosités, ni grandes aspérités. Ce sont des dômes analogues, pour la forme, au Puy-de-Dôme (Auvergne), et qui ne ressemblent, en rien, aux montagnes des Pyrénées et des Alpes. En un mot, le plateau occidental, dans cette partie, ne montre qu'une vaste plaine, sur laquelle s'élèvent, le plus souvent, isolément ou formant des chaînes dirigées au sud-sud-est, des mamelons plus ou moins hauts de figure toujours conique, et appartenant tous, sans aucun doute, à une même époque, ou au moins à un seul ensemble de faits, que je rapporte à celle des roches trachytiques.

Au sud et au sud-est du Tacora, jusqu'au passage de Gualillas, une plate-forme qui s'étend dans la plaine et descend des contre-forts du Tacora, présente des trachytes disposés presque par couches; d'autres points montrent des grès rouges ou des couches horizontales d'une roche composée d'hydrate de fer comme poreux, ou offrant l'aspect de traces de végétaux. M. Cordier, qui a bien voulu examiner cette roche, la regarde comme un accident du conglomérat trachytique, et le produit remarquable de leur stagnation. Ces couches sont recouvertes, au fond d'une large vallée comprise entre le Tacora et le Niyuta, par une terre végétale tourbeuse, où se voient partout des efflorescences salines, épaisses souvent de quelques centimètres. Ces efflorescences sont très-communes sur le plateau, et mon muletier, qui avait suivi la route de Potosi, et qui avait traversé le Despablado, ou les plaines qui continuent le plateau vers le sud, me dit les avoir retrouvées sur de très-grandes surfaces.

De la vallée du Tacora on monte graduellement, dans la plaine, jusqu'à une légère colline qui unit les chaînes du Tacora et du Niyuta, et forme le passage de Gualillas, élevé de 4520 mètres. A l'est-sud-est se remarque une large dépression sans issue, chargée des mêmes efflorescences salines, blanches comme de la neige, au milieu de laquelle est le lac d'Aracoyo, d'une demi-lieue environ de diamètre. Cette dépression a pour limite à l'est une légère colline de conglomérat ponceux[2], qui la sépare du Rio d'Ochusuma ou d'Ancomarca, lequel descend des flancs du Chipicani et traverse tout le plateau, pour se réunir au Rio Maure.

J'avais en face le Chipicani ou Ancomarca, élevé de 5760 mètres au-dessus de l'Océan. Cette montagne conique ou, pour mieux dire, en demi-cercle, offrant une large ouverture,

---

1. Toutes les hauteurs précises que j'indique dans ce travail, ont été empruntées à l'*Annuaire du Bureau des longitudes* pour 1834, et observées par M. Pentland.

2. Les conglomérats ponceux sont colorés de violet clair et portent le n.° 4.

est couverte de neiges perpétuelles, excepté sur les bords de sa dépression orientale, où les pentes sont trop abruptes pour que ces neiges puissent y rester. Ces pentes, de couleur rouge-jaunâtre, sont sans doute, comme tout ce plateau, formées de trachyte décomposé[1]. M. Pentland[2] voit un cratère dans cette dépression orientale de la cime du Chipicani. M. Meyen[3] combat cette opinion, en disant qu'on ne trouve, sur le plateau, aucune trace récente de produits volcaniques, et qu'on n'y ressent aucun tremblement de terre. Si M. Pentland a voulu dire que le Chipicani est un volcan récent, je me joindrai à M. Meyen, pour croire qu'il n'en est pas ainsi, puisque rien n'annonce, en effet, qu'il y ait eu des déjections volcaniques sur la Cordillère; mais s'il veut parler d'un ancien cratère de l'âge du trachyte, c'est une autre question, à peu près résolue par les géologues, qui n'admettent pas de cratères de cette époque.

Toutes les collines qui, en s'abaissant au sud vers la plaine, y viennent former les derniers contre-forts du Chipicani, sont composées de conglomérats trachytiques ou conglomérats ponceux, disposés en couches presqu'horizontales. Ces conglomérats, formant des falaises coupées perpendiculairement sur les bords de tous les cours d'eau, sont d'un beau blanc. Ils renferment une très-grande quantité de petits cristaux de quartz parfaitement terminés, et des morceaux de ponces plus ou moins volumineux. On trouve de ce point jusqu'au Rio Maure, c'est-à-dire sur cinq à six lieues, tout le sol couvert de ces mêmes conglomérats ponceux blanchâtres, qui rendent la campagne uniforme et presque sans végétation. Ces conglomérats constituent, par endroits, de petits monticules, plus ou moins décomposés; d'autres fois leurs débris, dont les parties les plus légères ont été enlevées par les eaux, laissent à la surface une immense quantité de cristaux isolés de quartz, qui brillent au soleil et fatiguent beaucoup la vue. Dans la direction du sud-est on entrevoit, autant que l'éloignement le permet, des plaines semblables, terminées, à l'horizon, par cinq points élevés de la chaîne du Delinguil, qui borde la crête orientale du plateau. Ces points forment surtout trois cônes très-obtus, qui, formés par le Sacama, se dessinent à l'horizon.

Le Rio Maure coule dans une large fente, que je crus avoir près de deux cents mètres de profondeur, creusée au milieu des couches presqu'horizontales de conglomérat ponceux et trachytique blanc, avec ses cristaux de quartz, et des bancs de porphyre basaltiques, violacés, épais de quelques mètres. La haute tranche des bords du Rio Maure offre une singulière alternance des conglomérats trachytiques et des porphyres. La couche supérieure se compose de conglomérats ponceux. Les bancs moyens de porphyre, puis les conglomérats trachytiques reparaissent. Cette alternance ferait croire que les conglomérats ponceux et les porphyres ont coulé ou ont été déposés l'un après l'autre, et qu'ils se sont ainsi successivement recouverts.

Du Rio Maure on monte constamment, sur une distance d'environ quatre lieues.

1. C'est également l'opinion de M. Meyen. *Loc. cit.*, p. 171.
2. *Loc. cit.*, p. 33.
3. *Loc. cit.*, p. 171.

Géologie. jusqu'au sommet de la chaîne du Delinguil, qui forme le bord oriental du plateau occidental, en foulant toujours des porphyres basaltiques violacés, remplis de cristaux de pyroxène, de feldspath et de nombreux rognons de mésotype[1]. Ils sont souvent décomposés et laissent à nu, sur le sol, beaucoup de cristaux de pyroxène, dont je recueillis une grande quantité. En abandonnant les conglomérats trachytiques au Rio de Maure, pour prendre les porphyres, je m'aperçus que la configuration du sol change aussitôt. Ce ne sont plus des plaines unies, mais bien des coteaux, indices parfaits de la roche plus dure qui couvre l'ensemble; aussi les montagnes ou les collines des environs du Delinguil sont-elles un peu plus accidentées que les dômes que j'avais vus jusqu'alors; néanmoins ces accidens ne sont nullement comparables à ceux des montagnes granitiques. Les porphyres basaltiques de cette partie de la chaîne occupent une assez grande surface. Ils ne sont pourtant qu'accidentels, puisqu'au sud, au nord, à l'est et à l'ouest les conglomérats trachytiques blancs se montrent de toutes parts. L'alternance de ces porphyres avec les conglomérats ponceux m'avait fait penser qu'ils devaient appartenir à la même époque géologique. M. d'Omalius d'Halloy, consulté sur ce point, croit aussi, lui, qu'ils sont du même âge et dépendent des roches trachytiques. Au milieu de ces porphyres se trouve une montagne un peu plus élevée que le reste, et connue sous le nom de Delinguil; elle montre une vaste dépression près de son sommet. Au nord et au sud se voient encore des cônes semblables à ceux du plateau et d'une composition analogue, suivant la direction générale du sud-est.

A la côte du Delinguil, j'avais atteint la crête orientale du plateau, et je voyais en même temps, à l'ouest, le Tacora, le Chipicani, le Niyuta à la forme conique non déchirée, et à l'est la chaîne des Andes ou Cordillère orientale, sur laquelle se dessinent l'Ilimani, l'Ancumani ou Sorata, et le Guaina Potosi, aux sommets accidentés, couverts de leurs neiges éternelles. Je pouvais juger du contraste frappant que présentent, dans leurs formes, les pics de ces deux chaînes. Il était impossible à l'œil le moins exercé de ne pas saisir cette différence, qui tient évidemment à leur composition géologique respective, comme je le ferai ressortir au résumé général sur l'ensemble des Cordillères.

Pour me résumer sur la composition géologique du plateau occidental des Cordillères, je dirai qu'il est composé partout de trachytes plus ou moins décomposés et de conglomérats ponceux; les premiers à l'ouest, formant tous les pics élevés; les seconds au milieu, en couches horizontales, nivelant le sol dans toutes ses parties, et lui donnant une grande uniformité. En effet, les plaines et les collines qui séparent le Tacora du Rio Maure, sont toutes couvertes de ces conglomérats, remplacés à l'est du Rio Maure, sur la croupe du Delinguil seulement, par des porphyres basaltiques du même âge que les trachytes. Les montagnes de ce plateau, toutes de forme conique, à pentes non

1. M. Cordier regarde cette roche comme une wacke dans laquelle se distinguent des cristaux de péridot plus ou moins décomposés, passant à l'état de limbilite; des cristaux de pyroxène et des rognons de mésotype.

accidentées, à sommet obtus, sont très-nombreuses. Celles qui sont situées sur le plateau même, telles que le Tacora, le Chipicani, le Niyuta, et une foule d'autres plus basses, qui n'ont point de noms, sont disposées dans une direction parallèle à la Cordillère, ou suivant une ligne nord-ouest et sud-est. Les autres, toutes placées sur la crête orientale, telles que le Delinguil, le Sacama, le Gualatieri, etc., ont la même forme et suivent une direction parallèle. Si je cherche au loin les traces des conglomérats ponceux, je les trouverai dans la relation du docteur Meyen, qui les a rencontrées à l'Alto de Toledo [1], sur le chemin de Puno à Arequipa, c'est-à-dire vers le 16.ᵉ degré. J'ai acquis également la certitude qu'elles se montrent sans interruption jusque par le parallèle du 19.ᵉ degré. Ainsi le plateau occidental de la Cordillère montrerait déjà trois degrés ou soixante-quinze lieues de longueur de conglomérats ponceux, sur une largeur moyenne de cinq à six lieues. Sur les parties occidentales du plateau on remarque beaucoup d'efflorescences salines qui couvrent le sol en larges plaques, toujours dans les parties les plus basses, ou sur les terrains tourbeux qui recouvrent les trachytes ou leurs conglomérats. Géologie.

Le fait le plus curieux de cet ensemble est la direction générale qu'affectent toutes les chaînes du sud-est au nord-ouest.

M. Pentland [2] a dit que, dans cette partie, la Cordillère occidentale *offre un grand nombre de volcans encore en activité, que sa constitution géognostique est en grande partie volcanique.* Nous sommes loin d'être d'accord sur ce point. J'ai traversé deux fois la chaîne, en l'étudiant avec soin. M. Meyen l'a aussi vue, et nous n'avons, ni l'un ni l'autre, observé de volcans en activité, ni de roches volcaniques. Comme je l'ai décrite, la chaîne est composée de roches trachytiques et de conglomérats ponceux, et nullement de laves ou d'autres matières volcaniques récentes. On a déjà vu que M. Pentland considère le Tacora et le Chipicani comme des cratères, tandis que ce sont des pics trachytiques.[3] Il est probable qu'il en est de même du grand nombre de volcans que M. Pentland croit exister par cette latitude. Pour moi, je n'en ai pas rencontré, et les habitans instruits s'accordent à dire qu'il n'y en a qu'un seul dans toute la république de Bolivia, celui de Carangas. Les voyageurs peuvent être facilement induits en erreur par la mauvaise habitude qu'ont les muletiers de la côte d'appeler *volcans* tous les pics un peu élevés. Cette fausse dénomination m'avait moi-même trompé, dans mes premières courses; ce n'est qu'en apprenant à connaître la valeur locale de ce mot, que j'en ai pu vérifier le peu de portée.

---

1. Voyez *loc. cit.*, p. 173.
2. *Nouvelles Annales des voyages*, 2.ᵉ série, t. XIV, p. 21.
3. Voyez p. 111.

CHAPITRE IX.

Description géologique du grand Plateau bolivien.

(Voyez la Carte géologique de la Bolivia, pl. VIII, fig. 1, 2, 3.)

Le plateau bolivien, infiniment plus vaste que le plateau occidental, mais ayant la même direction générale sud-est et nord-ouest, est bordé à l'ouest par la chaîne du Delinguil, que j'ai décrite[1], et à l'est par la chaîne des Andes ou Cordillère orientale. Celle-ci reçoit, au 15.ᵉ degré, un chaînon transversal, qui borne le plateau au nord. Si, de ce point, je suis les Andes, en marchant vers le sud, je verrai la chaîne principale sur laquelle s'élèvent le Sorata ou Ancumani et l'Ilimani[2], bordée d'un chaînon parallèle, qui commence au 15.ᵉ et finit au 16.ᵉ degré de latitude sud. Entre ces deux chaînes coule le Rio de Sorata, qui se fait ensuite jour à travers la Cordillère même, et s'échappe à l'est, vers le Rio Beni. Du point où la chaîne est ainsi traversée (au 15.ᵉ degré), elle se dirige au sud-est, s'élève de plus en plus, jusqu'au Sorata ou Ancumani, qui atteint 7696 mètres de hauteur absolue; puis elle s'abaisse encore pour s'élever de nouveau et donner naissance à l'Ilimani, dont la cime est à 7315 mètres. Au sud-est de l'Ilimani elle est tout à fait interrompue et laisse passer le Rio de la Paz, qui, de même que le Rio de Sorata, prend sa source à l'ouest des Andes, et profite d'une large interruption pour se diriger également à l'est, vers le Beni, et de là vers l'Amazone. Au sud de l'Ilimani commence une nouvelle chaîne, qui borde le plateau en se dirigeant également au sud-est, depuis le 16.ᵉ degré jusqu'au 17° 30′, où elle s'interrompt et reprend comme bordure du plateau, en formant les premiers points des *contre-forts de Potosi,* qui continuent jusqu'à la ville de ce nom, où se termine le plateau par le nœud de Porco, au 20.ᵉ degré de latitude sud.

Le plateau bolivien commence donc au 15.ᵉ et se termine au 20.ᵉ degré; sa direction générale est nord-ouest et sud-est; sa largeur moyenne d'un degré quinze minutes, ou trente et une lieues, s'élargissant souvent beaucoup plus. Comme ce plateau est loin d'être aussi simple dans sa composition géologique que le plateau occidental, je crois devoir suivre mes divers itinéraires marqués sur la carte de Bolivia, en décrivant minutieusement tout ce que j'ai vu, avant d'entrer dans les détails généraux qui en seront le résumé.

---

1. Voyez p. 111.
2. M. Pentland (*Nouvelles annales des Voyages*, 2.ᵉ série, t. XIV, p. 22) dit qu'elle court nord et sud. Ce n'est pas la direction que je lui ai trouvée.

§. 1. *Traversée du plateau occidental à la Paz.*

En descendant la côte du Delinguil, où je suis resté dans ma traversée de la Cordillère de Tacna à la Paz, je retrouvai bientôt, sur les flancs de la montagne, des conglomérats ponceux identiques en tout à ceux du plateau occidental. Ils se montrèrent jusqu'à *Calacote*[1] sous toutes les formes, soit en cônes aigus, blanchâtres, soit comme des tourelles séparées à côté de la masse, ces roches ayant été emportées, sillonnées et fractionnées, sur beaucoup de points, par des érosions postérieures à leur dépôt, qui paraît avoir été horizontal. C'est surtout au sud du chemin que les conglomérats sont ainsi divisés; au nord, ils se montrent encore sur la pente des montagnes de la crête et sont dominés par les pics mêmes de la chaîne, qui offrent autant de cônes trachytiques à sommet obtus. En d'autres endroits, les conglomérats trachytiques constituent des couches dont la tranche s'élève en falaises près des cours d'eau. Je retrouvai, sans interruption, les conglomérats ponceux blancs sur toutes les collines qui forment les derniers points de la pente des montagnes jusqu'au village de Santiago, et je dirai même que les détritus de cette roche couvrent encore la plaine sur une grande surface au-delà des derniers terrains ondulés. On peut dire aussi que les conglomérats ponceux occupent, au pied de la chaîne du Delinguil, une large bande que je devais retrouver, plus tard, dans la province de Carangas, jusque bien au sud du 18.° degré.

Lorsqu'on abandonne les terrains accidentés, on se trouve au milieu de la plaine de Santiago, couverte de sable, et sur laquelle sont disséminés de petits lacs d'eau salée ou des places couvertes d'efflorescences de sulfate de soude. Ces plaines, larges de trois à quatre lieues, qui ont tout à fait l'aspect du sol tertiaire des Pampas, et qui sont également couvertes de dépressions, s'étendent, au nord, sur une large bande qui se continue près du lac de Titicaca; au sud, elles se montrent également et communiquent avec les autres plaines uniformes, qui couvrent une si grande surface entre les collines plus anciennes, dont le plateau est sillonné en long.

Dans la plaine de Santiago, près du village de Berenguela, au pied même des conglomérats trachytiques, se remarque une roche formant une nappe très-étendue, d'un mètre de puissance, sur une largeur de quelques mètres, composée d'un carbonate de chaux fibro-lamellaire, d'un beau blanc transparent, qui, dans le pays, sert, une fois scié en plaques et poli, à faire des vitraux d'église et des tables très-estimées. C'est en effet un albâtre magnifique[2], dont on pourrait tirer le plus grand parti dans les arts.

---

1. *Calacote* ou mieux *Calacoto*, mot de la langue aymara, se compose de *cala*, pierre, et de *coto*, amas, tas, réunion; ainsi, littéralement *Calacoto* veut dire *les tas de pierres*, nom parfaitement appliqué, tous les environs étant formés, par suite de dénudations, de petits pics de conglomérats trachytiques.

2. La fontaine du milieu de la place de la Paz en est bâtie.

Géologie. Comme je n'ai point vu ces roches, je ne puis rien dire de leur âge géologique; mais le petit lambeau qu'elles paraissent former pourrait faire penser qu'elles sont le produit de déjections souterraines, ainsi que M. Leonhard l'a pensé de la plupart des carbonates de chaux.

Les plaines de Santiago se continuent à l'est jusqu'aux collines de San-Andres, composées de grès quartzeux grisâtre. Ces collines offrent deux chaînes parallèles, élevées tout au plus de cinquante mètres au-dessus de la plaine. La plus à l'ouest est formée de couches inclinées à l'est-nord-est, tandis que l'autre, éloignée seulement d'une lieue, plonge à l'ouest-sud-ouest[1]. Elles sont parallèles; leur direction est au sud, dix degrés à l'est; au nord, elles finissent à peu de distance du village de San-Andres, tandis qu'elles se prolongent sur une dizaine de lieues, vers le sud. Les grès qui les composent, grès à grains fins et très-durs, ne m'ont offert aucun reste de corps organisés. Je crois néanmoins devoir les rapporter au terrain dévonien[2], par suite de considérations générales de superposition, empruntées à l'ensemble des faits géologiques.

Des collines de San-Andres on descend, de nouveau, dans une plaine semblable à celle de Santiago, également couverte de sable fin, et contenant un très-grand nombre de petits lacs salés ou de parties salées. Après avoir traversé environ cinq lieues de ces plaines, en descendant très-légèrement, on arrive au Rio Desaguadero, qui reçoit le trop plein des eaux du lac de Titicaca, et les porte, à travers toutes les plaines du plateau bolivien, jusqu'à un autre lac situé vers le 19.e degré, à plus de soixante lieues du premier. Le Desaguadero est donc, dans ma traversée du grand plateau bolivien, le point le moins élevé. Les bords de la rivière, en berges peu hautes, montrent une argile ou mieux un limon[3] rougeâtre, analogue au terrain des Pampas proprement dites. Cette analogie de teinte me fit chercher, avec soin, sur ses bords, et je trouvai effectivement un fragment d'ossement fossile. Plus tard, j'appris à la Paz qu'un médecin français, M. Durand, avait découvert, dans ces mêmes berges, un bon nombre d'ossemens de mastodontes (sans doute le *Mastodontes Andii*); mais je ne pus apprendre ce que ces restes étaient devenus. J'eus l'occasion, quelques années après, de traverser, sur plusieurs points, le Desaguadero au sud d'Oruro, et je retrouvai partout les mêmes limons rouges. La nature de ce limon, la forme extérieure des plaines couvertes de petits lacs, me donnèrent la presque certitude que le nivellement du plateau bolivien appartient à l'âge de cette formation tertiaire que j'ai appelée argile pampéenne[4], et que je regarde comme le produit d'un des soulèvemens des Cordillères.

---

1. C'est au moins ce que ma mémoire me fournit, ayant cette fois oublié de noter la pente de ces collines.

2. Toutes les roches que je rapporte à l'étage dévonien sont colorées en jaune clair et portent le n.° 7.

3. M. d'Omalius d'Halloy m'a fait remarquer que mon argile pampéenne était plutôt un limon minéralogique qu'une argile. Il en résulte que j'appellerai ce dépôt terrain pampéen, au lieu d'argile.

4. Voyez p. 81 et à laquelle je conserve le nom de *terrain pampéen;* c'est je crois l'analogue du limon de la Bresse. Ce terrain est encore coloré en vert d'eau et porte le n.° 12.

Géologie.

Au-delà du Desaguadero, je traversai quelque peu de plaine, de petites ondulations sablonneuses et même de très-légères collines, où je vis, sur le grès rouge, des argiles rougeâtres contenant des cristaux de gypse, ce qui me fit les rapporter à l'argile bigarrée.[1]

Je trouvai ensuite une petite vallée bornée à l'est par un des bras de la chaîne de l'*Apacheta de la Paz*. Cette chaîne, suivant une direction nord-nord-ouest et sud-sud-est, part des bords du lac de Titicaca (au 16.e degré 30 minutes), non loin de l'entrée du Desaguadero. Elle continue jusqu'au point où je la traversai, et vers le sud jusque près de Curaguara (au 17.e degré 30 minutes); ainsi la longueur en est d'un peu plus d'un degré. Elle est formée de deux chaînes parallèles, très-rapprochées, laissant entr'elles une vallée très-étroite, où se trouve le village de Corocoro, si connu par ses mines de cuivre natif. De ces deux chaînes, la plus orientale est la plus haute; elle s'élève, je crois, à quatre ou cinq cents mètres au-dessus du lac de Titicaca, autant qu'on peut en juger par approximation, soit par la vue, soit par le temps employé à la gravir, et constitue le point le plus saillant du plateau d'où l'on domine l'ensemble.

Je traversai cette chaîne transversalement à sa direction, et voici ce que j'observai[2]: Le premier rameau est, comme je l'ai dit, un peu moins élevé que le second, composé de couches puissantes d'un grès quartzeux, souvent très-friable, d'une teinte le plus souvent rougeâtre. Je n'y vis aucun fossile, mais beaucoup de traces de cuivre, soit à l'état d'oxide et comme infiltré entre les couches, soit disséminé par rognons, dans lesquels on trouve de nombreuses plaques à l'état natif[3]. L'ensemble de cette première chaîne s'incline fortement au nord-est.

La seconde chaîne, absolument identique à la première, quant à sa composition, et formée également de grès contenant du cuivre, s'élève à une plus grande hauteur. Ses couches, loin de plonger au nord-est, vont en sens inverse, c'est-à-dire au sud-ouest. Pour la traverser, je profitai d'une large fente transversale à sa direction. Cette fente est des plus remarquable, en ce qu'elle montre, à dix mètres environ d'écartement, deux parois perpendiculaires, dont les assises se correspondent parfaitement et dont la hauteur me parut de plus de cent mètres. Arrivé au sommet, je dominais l'ensemble du plateau, et je touchais, sans aucun doute, au point le plus élevé des plaines. Comme je n'ai rencontré, dans cette chaîne et dans un autre chaînon parallèle, dont je vais parler tout à l'heure, aucun corps organisé qui puisse me guider sur leur âge, je suis obligé, sans aucune preuve positive autre que la place occupée par les grès friables et rouges dans la superposition de l'ensemble, de les classer provisoirement parmi les terrains carbonifères.

Au-delà de la chaîne de l'Apacheta de la Paz se trouve, séparé par une très-petite

1. Ces roches sont, dans la carte et les coupes, colorées en aurore foncé et portent le n.° 9.

2. Voyez la coupe transversale des Cordillères, pl. VIII, fig. 1.

3. Ces chaînes sont, dans quelques endroits, si riches en cuivre natif, qu'il suffit, pour l'extraire en morceaux plus ou moins gros, d'écraser le grès et de le laver. Le cuivre alors reste isolé. Jusqu'à présent les moyens de transport trop coûteux en ont empêché l'exploitation en grand.

Géologie. vallée, un troisième rameau parallèle, dont les couches, plongeant au nord-est, sont composées d'une alternance de grès quartzeux rouges, et de poudingues renfermant principalement des cailloux porphyritiques. Cette petite chaîne me paraît appartenir à la même époque que la précédente.

A l'est de cette colline, après une plaine sablonneuse d'une lieue de large, s'en montre une autre, parallèle dans sa direction à l'Apacheta de la Paz, mais composée d'un grès dur gris, analogue à celui de San-Andres, et qu'en conséquence je crois dévonien. Cette chaîne, à peine élevée de cinquante mètres au-dessus de la plaine, me parut formée de couches inclinées au sud-ouest. Elle se continue au sud, sur un demi-degré de longueur, jusqu'aux environs de *Ayo-ayo*. Après une seconde plaine sablonneuse, semblable à la première, et couverte, par endroits, d'efflorescences salines, se montre une nouvelle chaîne parallèle aux autres, également composée de grès dévoniens blanchâtres durs, mais dont les couches plongent au nord-est. C'est cette seconde chaîne (que j'appellerai colline de Viacha) qui, s'étendant au nord parallèlement à la première, et je dirai même à toutes les autres déjà traversées, en passant par le village de *Llocolloco*, se dirige jusqu'à Tiaguanaco et Taraco, sur le bord du lac de Titicaca.

Au-delà, non loin du village de Viacha, élevé de 4250 mètres, j'avais à franchir six lieues d'une plaine presqu'horizontale non interrompue, qui me conduisit jusqu'au ravin où est située la ville de la Paz. Je foulai constamment un sol d'alluvion, couvert principalement de cailloux de grès, analogue à celui qui compose les deux dernières collines traversées. A quelques lieues plus au nord, cette plaine, en s'élevant peu à peu, vient se joindre immédiatement à la Cordillère orientale, et tous les cours d'eau qui la traversent se dirigent au lac de Titicaca. Sur ce point un des cours d'eau, le Rio de la Paz, descend également de la Cordillère à l'ouest-sud-ouest; mais, au lieu de prendre la même direction que les autres, il tourne brusquement à l'est-sud-est, se creuse un lit très-profond dans les alluvions, et suit parallèlement à la chaîne orientale, jusqu'à ce qu'il se fraye un passage au pied de l'Ilimani, pour prendre ensuite la direction nord-nord-est, vers les affluens de l'Amazone. Arrivé sur les bords du ravin dans le fond duquel est située la ville de la Paz (dont l'élévation est de 3717 mètres), je trouvai un escarpement qui me parut être de cinq à six cents mètres[1], coupé en pente si rapide vers la vallée, qu'on a de la peine à le descendre. Cette tranche, que j'ai traversée plusieurs fois, montre, par lits horizontaux, des alternances d'argile, de sable, de cailloux divers non réunis, appartenant tous, sans aucun doute, aux alluvions. Je remarquai qu'aux parties supérieures les cailloux de grès dominent dans l'ensemble, tandis qu'ils sont remplacés, vers les parties moyennes, par des cailloux de granite, de protogine et de greisen, dont les dimensions augmentent à

1. D'après les observations de M. Pentland, la Paz est à 194 mètres au-dessus du niveau du lac de Titicaca. Comme la pente est très-rapide, du sommet de la plaine jusqu'au lac, sur plus de douze lieues, je crois pouvoir en évaluer la hauteur totale à près de 600 mètres, d'autant plus que la plaine paraît plus élevée que le village de Viacha, dont le niveau est à 533 mètres au-dessus de la Paz.

mesure qu'on descend, et qui, dans le lit même du torrent, forment des blocs erratiques de trois ou quatre mètres de diamètre, dont les angles sont très-émoussés. Autour de la ville, bâtie sur ces anciennes alluvions, on trouve des alternats argileux, dont quelques parties ressemblent à du kaolin grossier.[1]

Géologie.

Aux parties inférieures de ces couches d'alluvion, dans le ruisseau même de la Paz et dans la ville, on trouve, très-souvent, de l'or en pépites. Des Indiens lavent, à cet effet, les sables de la rivière. A un kilomètre plus loin, en descendant la vallée au fond de la Quebrada de Potopoto, espèce de ravin qui vient de la Cordillère orientale, on exploite un lavage d'or très-riche. Le métal est, comme à Tipoani, en pépites ou en poudre, disséminé au milieu des couches d'alluvion. On l'extrait par le lavage[2]. L'or se trouve à l'état natif principalement dans les phyllades des flancs de l'Ilimani. Je l'ai vu dans les mêmes conditions, aux environs de Potosi. On pourrait croire, dès-lors, que ces phyllades schistoïdes, en contact avec les roches granitiques de la chaîne, ont été détruits, sur quelques points, lors des anciennes dislocations de ces terrains, puisque les pépites sont généralement très-usées sur leur pourtour, ce qui annonce qu'elles ont été roulées long-temps avec les autres cailloux qui les accompagnent, et que les mineurs espagnols appellent *Cascajos*.

§. 2. *De la Paz au sommet de la Cordillère orientale.*

Pour ne pas interrompre ma description de la coupe des Cordillères, je vais continuer mon itinéraire jusqu'au sommet de la chaîne orientale, en allant à Yungas, ce qui achèvera ma coupe transversale des plateaux.

Si de la Paz on suit des yeux le cours tortueux du ravin, on le voit se creuser toujours davantage au milieu des alluvions, se perdre dans les innombrables détours des collines de même nature, au-dessus desquelles se dessine, comme un géant, la masse imposante de l'Ilimani, qui termine le tableau à l'est, et présente l'ensemble le plus sévère qu'on puisse imaginer.

De la Paz, foulant toujours les mêmes alluvions, je passai le ravin de Potopoto, où je vis, au milieu du ruisseau, beaucoup de blocs erratiques de roches granitiques. Au-delà d'un second ravin, à trois lieues de la Paz, j'abandonnai le lit de la rivière pour m'élever sur la Cordillère. Je passai au village de Calacote[3], remontai vers le village d'Opaña, et de là jusqu'au sommet d'une haute côte entièrement composée d'alluvions identiques. Toutes les collines voisines et leurs ravins offrent le plus singulier aspect; les pluies les sillonnent profondément dans tous les sens et laissent, çà et là, des pyra-

1. Ces alluvions, ici d'une grande importance géologique, sont, dans les cartes et les coupes, colorées en brun et portent le n.° 11.

2. Le propriétaire de cette exploitation en retire quelques livres toutes les semaines.

3. J'ai donné, plus haut, l'explication de ce nom (voyez p. 117). Il vient également ici des amas de pierres roulées, restées sous forme conique, par suite des érosions.

Géologie. mides coniques, des pointes aiguës, dont l'ensemble présente, dans sa sévérité, quelque chose de très-pittoresque et de très-grandiose. Les cailloux de grès dévonien deviennent, en ce lieu, plus fréquens, et j'apercevais déjà, au loin, ces roches en position dans les contre-forts de la Cordillère. Néanmoins, je descendis sur des galets roulés, jusqu'au fond d'un nouveau ravin, celui de *las Animas*. Le sentier suit le lit même du torrent, où, pendant près d'une lieue, s'offrit à moi l'aspect géologique le plus curieux. Le ravin s'est creusé, dans le sable rougeâtre et les lits horizontaux de cailloux non agrégés, qui me paraissent toujours appartenir à cette grande masse alluviale, une fente étroite, dont les parois, de plus de cent mètres, sont presque perpendiculaires et s'élèvent comme de hautes murailles de l'aspect le plus sauvage. Dans ce gouffre étroit, où le soleil n'arrive qu'au milieu du jour, se remarquent les mêmes accidens que les eaux produisent sur les montagnes voisines, mais avec des formes plus extraordinaires. Des flèches ou des tours d'une grande hauteur, ordinairement formées par une grosse pierre qui se trouve en dessus, menacent à chaque pas de s'écrouler sur la tête du voyageur. Au sortir de ce défilé, au confluent du ruisseau de las Animas avec le Rio de Palca, qui descend de la Cordillère, je gravis, à l'est, une petite colline encore composée d'alluvions. C'était, du reste, le terme de ces terrains meubles, les montagnes des environs de Palca m'ayant montré partout des roches stratifiées. En réfléchissant sur cette énorme masse d'alluvions, je ne pus me l'expliquer, qu'en y appliquant une idée de M. d'Omalius d'Halloy, qui voit, dans ces vastes surfaces de débris, des mélanges de fragmens de roches soulevées, et des parties de la roche soulevante, mélangées à l'instant où l'ensemble a pris son relief, et chassées de chaque côté de la chaîne.

A en juger par sa température et par sa végétation, le bourg de Palca, situé à trois lieues du sommet des Andes, est au moins aussi élevé que Viacha; dès-lors, il serait à plus de 4200 mètres d'élévation au-dessus du niveau de l'Océan. Il est bâti au fond d'une vallée profonde, dominée sur ce point, de chaque côté, par des montagnes de grès gris quartzeux, analogue à celui de San-Andres et des collines de Viacha. Il forme des couches épaisses, dont la pente générale est à l'ouest. Ces grès, que leur position me fait rapporter aux terrains dévoniens, ont ici une très-grande puissance, mais ne me montrèrent aucun fossile. Ils reposent en couches qui me parurent discordantes sur des phyllades schistoïdes noirâtres, très-friables, qui composent les montagnes, à deux lieues de Palca, en remontant vers le sommet des Andes, mais qui se remarquent sous les grès au fond de la vallée, bien plus près du bourg. Ces phyllades schistoïdes, dont les couches très-tourmentées sont également inclinées à l'ouest, passent à un phyllade dur micacé, fortement relevé et qui repose immédiatement sur les roches granitiques formant, en cet endroit, le sommet des Andes. Je rapporte ces phyllades à l'époque silurienne.[1]

Ce point de la crête des Andes, sur le chemin de la Paz à Chulumani (Yungas),

1. Ces roches sont colorées en bleu et portent le n.° 6.

porte tout simplement le nom de *la Cruz*[1]. Il est presqu'au niveau des neiges éternelles, peu éloigné au nord de l'Ilimani, composé de roches granitiques, telles que protogynes imparfaitement schistoïdes, de greisen avec tourmaline, qui s'étendent sur le versant oriental à quelques lieues de distance, et sont, comme à l'ouest, recouvertes de phyllade schistoïde. Ces roches granitiques me parurent, autant que j'en pus juger, former tous les pics qui s'élèvent sur la chaîne orientale, et constituer tout le sommet de la chaîne même. Le grand nombre de leurs blocs, dispersés dans les alluvions de la vallée de la Paz, me donnèrent la certitude qu'elles s'étendent jusqu'au nord de la vallée, et me firent croire qu'elles composent aussi les plus hauts pics, tels que l'Ilimani[2] et le Sorata. Ainsi, sur ce point de la chaîne orientale, les roches granitiques auraient relevé fortement les couches de phyllades schistoïdes, que je rapporte aux terrains siluriens, et les grès quartzeux, que je crois appartenir aux terrains dévoniens; au moins est-ce ce que je crois pouvoir conclure, d'après la position respective de tous les phyllades et de tous les grès quartzeux durs, où sur d'autres points j'ai recueilli des fossiles tout à fait caractéristiques. Il résulterait de l'examen de ce premier point de la chaîne orientale, qu'elle différerait complètement de tout le plateau occidental, et qu'elle appartiendrait à une époque bien différente.

§. 3. *Excursion au nord de la Paz.*[3]

J'abandonne momentanément mon itinéraire sur le versant oriental des Andes, pour reprendre la suite de mon examen du grand plateau bolivien. Je vais rendre compte d'une excursion faite de la Paz, vers le nord, aux rives du lac de Titicaca. De la Paz je me dirigeai à l'ouest sud-ouest[4], au travers des plaines qui continuent celle de Viacha, jusqu'au village de Laja, distant de cinq lieues environ, foulant toujours des fragmens de grès dévonien en fragmens peu ou point roulés. Je traversai peu au-delà, au Rio Colorado, quelques collines de grès rouge, suivant la direction du nord-ouest et du sud-est, et que je crus devoir appartenir aux terrains carbonifères, qui, plus loin, sur les bords du lac, occupent d'immenses surfaces.

Au-delà des collines du Rio Colorado les plaines recommencent jusqu'à une autre colline, beaucoup plus élevée, laquelle n'est que la continuité de celle de Viacha, dont

1. J'ignore si c'est le passage désigné par M. Pentland sous le nom de *Paquani*, et qu'il dit élevé de 4641 mètres au-dessus du niveau de la mer. Ce qu'il y a de certain, c'est qu'il me parut très-près du niveau des neiges perpétuelles, et que dès-lors il pourrait bien atteindre 4800 mètres d'élévation.

2. M. Pentland (*Nouvelles Annales des voyages*, 2.e série, t. XIV, p. 16, 22) dit que l'Ilimani est entièrement composé de schistes et de grauwacke. Il veut, sans doute, parler des phyllades. Cela est vrai pour la base; mais il est certain que les pics sont formés de roches granitiques.

3. Voyez cet intinéraire, sur la carte.

4. C'est le rhumb de la boussole.

Géologie. j'ai déjà parlé[1]. Elle se compose de couches inclinées au nord-est, de grès blanchâtre quartzeux dévonien. Je traversai cette colline, alors beaucoup plus haute qu'à Viacha, et j'en suivis le versant sud-ouest jusqu'au village de Llocolloco, et de là, jusqu'à Tiaguanaco, c'est-à-dire jusqu'à la distance de deux lieues des bords du lac de Titicaca. A Tiaguanaco, si célèbre par ses monumens anciens, j'avais à l'ouest la chaîne de l'Apacheta de la Paz, à quelques lieues de distance, et à l'est la chaîne de Viacha, que j'avais passée près de Llocolloco : celle-ci continue ensuite jusqu'au bord du lac, où elle forme une pointe avancée, près du bourg de Taraco. Je la traversai, de nouveau, près de Tiaguanaco, et la trouvai beaucoup plus élevée que sur les deux autres points où je l'avais déjà franchie. Elle est fortement escarpée du côté de la vallée de Tiaguanaco et présente la tranche de toutes les couches sur une hauteur que je crois être d'au moins deux cents mètres. Du sommet on descend sur les couches les plus supérieures, en en suivant la pente au nord-est jusqu'au village de Lacaya.

Je traversai ensuite, l'espace de deux lieues et demie, une plaine très-large, couverte d'argile ou de limon rougeâtre jusqu'au village d'Aygachy, situé au pied d'une colline dirigée est et ouest, dont la continuité, à l'ouest, vient former, dans le lac même, un groupe d'îles très-remarquable, vers lequel je me dirigeai. On y pénètre de la terre ferme et de l'une à l'autre, soit par des isthmes naturels, soit par des chaussées. Je visitai successivement Yaïs, les îles d'Amasa, de Tirasa et de Quebaya, la dernière où l'on puisse entrer sans s'embarquer; les autres, celles de Surique, de Taquiri, etc., étant plus éloignées au sein du lac. Je les trouvai toutes composées de terrains carbonifères, dont les couches, très-disloquées, fortement inclinées en tous sens, mais le plus généralement au sud-ouest, sont composées de grès rougeâtres dans les parties supérieures, et dans les parties inférieures d'un calcaire de montagne[2] gris bleuâtre compacte, si semblable par leur grain et par leur couleur à celui de Visé, près de Liège, que, placé à côté, il serait impossible de les distinguer. L'âge géologique m'en fut de plus confirmé par des fossiles bien caractérisés, que j'y recueillis, au nord de l'île d'Amasa, près du hameau de Patapatani, et à l'ouest de l'île de Quebaya. Ces fossiles, difficiles à détacher de la roche et en très-petit nombre dans la masse calcaire, me montrèrent les espèces suivantes.

Solarium antiquum, d'Orb., pl. III, fig. 1, 2, 3.
Productus boliviensis, d'Orb., pl. IV, fig. 5, 6.
Productus cora, d'Orb., pl. V, 8, 9.
Spirifer condor, d'Orb., pl. V, fig. 11, 14.
Spirifer Pentlandi, d'Orb., pl. V, fig. 15.

A l'île de Quebaya, les couches de calcaire, alors très-compactes, reposent sur une roche d'un beau vert, qu'on croirait stratifiée et que M. Cordier dit être un pétrosilex talcifère à base de saussurite. Le relèvement des couches atteint, dans quelques endroits, près de 200 mètres au-dessus du niveau du lac, dont la hauteur absolue est de 3911 mètres; mais, le plus souvent, la saillie des points culminans ne me paraît pas

1. Voyez p. 120.

2. Calcaire compacte à rognons de silex, suivant M. Cordier.

être à plus de 50 mètres. Je ne doute pas que, si l'on pouvait consacrer quelques jours à bien parcourir toutes les îles, on ne parvînt à y réunir un grand nombre de fossiles; pour moi, n'y ayant passé que deux jours, je n'ai pu avoir que les objets qui se présentaient sur les lignes que j'ai suivies. Dans tous les cas, je recommande ce groupe aux futurs explorateurs de ces lieux. Ils y trouveront un vaste champ d'étude, surtout lorsque, plus heureux que je ne l'ai été, ils pourront suivre, dans la plaine, à l'est, la continuité de la chaîne, qui porte alors le nom de *Cuesta de Pucarani.*

De cette côte, en suivant les bords du lac de Titicaca au nord, on traverse, sur six lieues au moins, une plaine couverte, au loin, de limon rouge, et près du lac, d'alluvions lacustres modernes et de terre végétale, jusqu'au bourg de Guarinas, dominé par une petite colline composée de grès rougeâtre, que je rapporte au terrain carbonifère, par la seule raison qu'elle se rattache, à l'est, aux collines de *las Peñas,* et qu'elle semble se continuer au mamelon de Yarbichambi, où j'ai recueilli beaucoup de fossiles caractéristiques de cette formation. Les couches de la colline de Guarinas me parurent plonger au nord-est : elles s'étendent jusque près d'Achacaché, c'est-à-dire sur trois ou quatre lieues au nord-ouest.

Les environs d'Achacaché offrent, au milieu d'une plaine couverte de galets, à l'ouest, un massif énorme de grès gris, souvent très-dur, qui me parut appartenir aux terrains dévoniens; sans que la présence d'aucun fossile me l'ait prouvé positivement. Ces grès forment une montagne assez élevée, qui vient mourir, des deux côtés, aux bords du lac, et qui domine le village de Santiago de Guata. Au sud-est d'Achacaché est un autre petit mamelon du même grès, où je trouvai l'*Orthys pectinatus*, ce qui me garantit son âge géologique.

A l'est d'Achacaché, à une très-petite distance des dernières maisons, est une colline dirigée du nord-ouest au sud-est, et formant des mamelons arrondis d'une roche non stratifiée, trachytique, que M. Cordier détermine comme un porphyre argiloïde quartzifère, à pâte boursouflée, de l'âge des conglomérats trachytiques[1]. Cette colline occupe environ quatre lieues de longueur.

Des circonstances indépendantes de ma volonté me forcèrent de revenir à la Paz, au moment où j'allais visiter tout le pourtour du lac; ce qui m'empêcha de reconnaître par moi-même, la composition géologique de ce massif de montagnes, qui, presque parallèlement à la Cordillère, longe les bords du lac depuis Achacaché jusqu'au 15.e degré. Questionné sur ce point, un mineur du pays, qui l'avait souvent parcourue, m'assura qu'elle est entièrement porphyritique. Je dus penser, en conséquence, qu'elle devait être de l'âge des mamelons d'Achacaché, qui pourraient en être la continuité.

D'Achacaché, je revins à Guarinas par le même chemin; et de ce bourg, en traversant d'abord la colline de Guarinas, ensuite des plaines argileuses, en longeant au nord la colline de las Peñas, composée de grès rougeâtres carbonifères, j'en vins doubler l'extrémité orientale, et me dirigeai, au milieu de la plaine couverte par endroits de

1. C'est aussi l'opinion de M. d'Omalius d'Halloy.

Géologie. galets, vers deux petits mamelons isolés, que j'apercevais près de la ferme de Yarbichambi : l'un d'eux, le plus méridional, élevé au plus de quarante mètres, me montra une suite de couches inclinées au sud-ouest, composées de grès rougeâtres assez friables, et vers les parties moyennes des bancs d'un demi-mètre d'épaisseur de grès calcarifère compacte, jaunâtre ou rosé, pétri de fossiles de l'époque carbonifère ou ancien calcaire de montagne. A la partie supérieure de cette couche, parmi les parties décomposées par l'action des agens atmosphériques, je recueillis, à la superficie du sol[1], un grand nombre de fossiles bien conservés, parmi lesquels se trouvaient les espèces suivantes :

Solarium antiquum, d'Orb., pl. III.
Pleurotomaria angulosa, d'Orb., pl. III.
Solarium perversum, d'Orb., pl. III.
Natica buccinoides, d'Orb., pl. III.
Natica? pl. III.
Pecten Paredezii, d'Orb., pl. III.
Trigonia antiqua, d'Orb., pl. III.
Terebratula Andii, d'Orb., pl. III.
T. Gaudryi, d'Orb., pl. III.
T. Cruzii, d'Orb., pl. III.
T. cora, d'Orb., pl. III.
Productus inca, d'Orb., pl. IV.
P. peruvianus, d'Orb., pl. IV.
P. boliviensis, d'Orb., pl. IV.
P. Gaudryi, d'Orb., pl. IV.
P. variolata, d'Orb., pl. IV.
P. Villiersi, d'Orb., pl. IV.
P. Andii, d'Orb., pl. V.
P. Humboldtii, d'Orb., pl. V.
P. cora, d'Orb., pl. V.
Spirifer condor, d'Orb., pl. V.
S. Pentlandi, d'Orb., pl. V.
Turbinolia striata, d'Orb., pl. VI.
Retepora flexuosa, d'Orb, pl. VI.
Ceriopora ramosa, d'Orb., pl. VI.

J'avais donc réuni, en quelques instans, *vingt-cinq* espèces de fossiles à Yarbichambi. Ces fossiles, tout en différant spécifiquement des fossiles de même époque en Europe, ressemblent pourtant si fort par leur facies aux espèces des terrains carbonifères du Boulonais, de Visé (Belgique), etc., qu'au premier aperçu on serait tenté de croire que ce sont les mêmes espèces; néanmoins, les deux faunes sont spécifiquement très-différentes, tout en se ressemblant beaucoup pour les formes. Ce nombre de fossiles n'avait pas seulement, pour moi, un grand intérêt paléontologique; je concluais encore, avec certitude, de leur réunion en couches concordantes avec les grès rouges friables, que ces grès devaient appartenir à la même époque carbonifère, dont ils étaient là une dépendance. C'est l'observation de ce point qui me fait rapporter tous les grès rouges, supérieurs et en stratifications discordantes avec les grès gris, à l'époque carbonifère, tandis que ces mêmes grès gris, intermédiaires entre cette formation et les couches de phyllades, qui sont bien de la formation silurienne par les fossiles, je les regarde comme devant être dévoniens.

De Yarbichambi, je revins directement à la Paz, en traversant, sans interruption, des plaines en pente, qui descendent de la Cordillère; elles sont couvertes de morceaux soit anguleux, soit roulés, de grès dévonien, qui se montrent à découvert sur les flancs de la montagne, à quelques lieues au nord de la Paz, et qui doivent se

1. Je n'eus, pour faire cette récolte, que quelques heures, pendant lesquelles encore j'avais le frisson de la fièvre. Je crois qu'on peut y réunir un bien plus grand nombre de fossiles. C'est, sous ce rapport, le lieu le plus remarquable de toute la Bolivia.

trouver sur tout l'intervalle compris entre ce point et Palca, où je les ai également rencontrés dans la même position. La chaîne orientale, que je longeai constamment dans ce trajet, me donna, par la forme de ses pics très-accidentés, la conviction qu'ils devaient appartenir aux roches granitiques que j'avais aussi trouvées au sommet de la chaîne, à Palca. C'est tout à fait l'aspect du Mont-Blanc dans les Alpes. Géologie.

§. 4. *De la Paz à Oruro.*

J'ai traversé longitudinalement tout le grand plateau bolivien de Potosi à la Paz, c'est-à-dire du 16.e jusqu'au-delà du 19.e degré sud. Je vais maintenant décrire cette étendue, en partant de la Paz. De la colonne placée sur le sommet des alluvions de la Paz, je traversai la plaine couverte de galets de grès dévoniens, jusqu'à la Ventilla (six ou sept lieues), où je rencontrai d'autres grès identiques, qui me parurent en couches peu inclinées au nord-est. Ces grès se montrèrent sur toute la chaîne de hautes collines qui, à l'est, borde la plaine; seulement, près de Calamarca, au point le plus élevé, la chaîne, paraît interrompue, sur un court espace, de roches trachytiques, qui y représentent quelques sommités[1]. Du reste, la plaine est partout semée de morceaux de ces grès dévoniens dont les couches viennent aussi former, à l'ouest, la continuité d'une des collines traversées à l'est de l'Apacheta de la Paz[2], et qui s'achève près du village Ayo-ayo, à plus de vingt lieues au sud de la Paz. On en voit encore derrière, à l'est d'Ayo-ayo, et quelques-uns de leurs mamelons se voient encore à l'ouest, au milieu de la plaine argileuse, jusqu'à quelques lieues au-delà de Viscachani.

A une lieue avant d'arriver à la poste de Chieta, je vis, au faîte de la chaîne orientale, une sommité que mes muletiers appelaient un volcan, mais qui me parut être tout simplement un point trachytique comme celui de Calamarca. Du reste, quoique je marchasse toujours sur des débris de grès, la chaîne orientale, de ce lieu jusqu'au-delà de Sicasica, c'est-à-dire jusqu'au 17.e degré 30 minutes de latitude sud, me parut, de loin (car je n'ai pas pu l'approcher), composée, par intervalles, de roches trachytiques qui ont disloqué le grès dévonien, ou ont profité de leurs dislocations pour venir jeter quelques coulées sur les montagnes.

A quatre kilomètres avant d'atteindre Sicasica, la plaine se trouve interrompue, à l'ouest, par une colline de quelques lieues de long, élevée peut-être d'une centaine de mètres au-dessus de la plaine, qui, dirigée à l'est-sud-est, est composée de roches porphyritiques, paraissant soulever les grès dévoniens dont les débris couvrent toute la plaine. On exploite plusieurs mines d'argent très-riches, soit dans la colline de Sicasica, soit dans la chaîne orientale, qui en est peu éloignée.

De Sicasica, l'un des points les plus élevés du plateau, on descend bientôt, après

---

1. C'est ce que je crus apercevoir par la teinte de la roche, et ce qui me fut confirmé par les mineurs du pays.

2. Voyez p. 120. On peut aussi la suivre sur la carte.

Géologie. avoir passé près de petites collines de grès à l'est-sud-est, dans une vaste plaine qui, au sud, s'étend jusqu'au cours du Desaguadero. Cette plaine est partout couverte de cailloux de grès dévoniens très-roulés, qui non-seulement jonchent le sol, mais encore sont, en grand nombre, charriés par tous les cours d'eau descendant de la chaîne orientale, qui suit toujours, à peu près, à la même élévation. Je crus, dès-lors, que ces grès devaient en composer l'ensemble. J'arrivai ainsi au Reducto, situé au milieu de la plaine sur des argiles rougeâtres, couvertes, par endroits, d'un peu de sable fin.

On remonte du Reducto à l'est-sud-est, en marchant sur des plaines d'abord sablonneuses, puis couvertes de cailloux anguleux ou roulés de grès dévonien, jusqu'à des collines détachées de la chaîne orientale, mais formant deux chaînons suivant une ligne parallèle à celle-ci. Les couches de grès gris compacte qui composent les deux collines, entre lesquelles je cheminai plus de six lieues, paraissent plonger sous une forte inclinaison au nord-est. A trois lieues environ avant d'arriver au bourg de Caracollo, on commence à descendre vers une vaste plaine, en foulant d'abord des galets de grès, puis des argiles rougeâtres. La chaîne orientale s'éloigne davantage de la route suivie, tandis que l'une des collines dont je viens de parler, qui reste toujours à l'ouest, s'écarte aussi en se dirigeant au sud-sud-est.

La plaine de Caracollo, élevée de 3870 mètres de hauteur absolue, est couverte d'argile rouge de la même couleur que le limon pampéen, analogue à toutes celles qui couvrent les environs du Rio Desaguadero, et en général tout le nivellement du grand plateau bolivien; cette plaine s'étend largement au sud, et couvre une immense surface à l'est vers Paria, tandis qu'elle est bornée, par intervalles, à l'ouest, de légères collines de grès dévonien, jusque par le parallèle du village d'Atita, situé à trois lieues au sud-sud-est de Caracollo. Le chemin se rapproche, de nouveau, des collines de l'ouest qui, dans cet endroit, forment un petit lambeau entièrement séparé du reste, et infiniment plus élevé, c'est-à-dire de peut-être soixante mètres au-dessus de la plaine. Cette colline, d'une lieue de longueur, dirigée au sud 30° à l'est de la boussole, m'intéressa beaucoup, en ce qu'elle me montrait des couches presque verticales, ou du moins fortement relevées et plongeant à l'ouest-sud-ouest, composées, pour les plus inférieures, de phyllade schistoïde noirâtre, analogue à ceux que j'ai trouvés au-dessus de Palca, sur le versant occidental des Andes orientales, et que je rapporte au terrain silurien. Des grès dévoniens durs, d'une grande puissance, lui sont superposés.

Au-delà de cette colline, en suivant toujours la même direction (sud 30° est), on traverse, pendant deux lieues, des plaines couvertes d'argile rouge, fortement imprégnées d'efflorescences salines, et donnant naissance à toutes les plantes qu'on ne trouve ordinairement que sur les plages maritimes des côtes; ce sont des salicornes et des soudes. Le sel marin paraît former en larges nappes une légère pellicule à la surface du sol. Cette plaine communique à l'ouest avec les plaines plus vastes encore qui couvrent tout le centre du plateau.

Après la plaine, commence une montagne assez élevée, à laquelle est adossée la ville d'Oruro. Cette montagne paraissant être la continuité des collines situées à l'ouest de

Caracollo, et de celles d'Atita, puisqu'elle suit, en tout, la même direction au sud 30° ouest, est néanmoins beaucoup plus élevée, se trouvant à plus de cent mètres au-dessus de la plaine. Elle représente un groupe isolé d'environ deux lieues de longueur. La grande richesse de ses mines a déterminé les premiers Espagnols à la choisir pour site de la ville d'Oruro, qui parut long-temps rivaliser avec Potosi pour son minerai d'argent, exploité par amalgame; mais, comme les filons qui la renfermaient étaient presque verticaux, on s'est assez promptement vu gagner par les eaux. Cette circonstance, jointe à la mauvaise direction des travaux, les révolutions politiques, et surtout, par suite de l'imperfection des galeries, l'impossibilité d'y placer des machines propres à se débarrasser de l'eau, ont forcé d'abandonner toutes les mines d'argent; abandon qui a fait tomber la ville, menacée de n'être bientôt plus qu'un simple village. On n'exploite à Oruro qu'un riche filon d'étain du sommet de la montagne; filon composé d'étain sulfuré presque pur, souvent cristallisé. Les produits en sont immenses, et c'est maintenant le seul retour avantageux, vers la côte, des troupes de mules qui transportent des marchandises étrangères dans l'intérieur.

La montagne d'Oruro se compose de trachyte[1] gris, très-poreux, ou, suivant M. Cordier, de porphyre pétrosiliceux, souvent décomposé et chargé de pyrites de fer. Cette roche, très-variable dans sa couleur, et très-caverneuse, renferme, comme on l'a vu, un grand nombre de filons argentifères, d'étain, de plomb, de fer oxidé ou sulfuré. On trouve de plus des conglomérats formés d'une pâte argilo-quartzeuse, avec fragmens de phyllade, qui contiennent de l'argent et sont encore exploités; ils donnent 14 marcs au cajon[2]. Au nord-est de la montagne, près de la ville, on remarque des masses énormes de fer hydraté, souvent irisées sur leurs cassures.

Les fragmens de phyllade trouvés dans le conglomérat qui contient de l'argent, me feraient supposer que les roches trachytiques du Cerro d'Oruro auraient percé les phyllades ou causé le redressement des couches des collines d'Atita, qui suivent la même direction. Cette opinion me paraît d'autant plus admissible, qu'à une très-petite distance à l'ouest-sud-ouest existe une seconde chaîne de montagnes, beaucoup plus vaste que celle d'Oruro (au moins de trois lieues de long), dirigée au sud-est. Elle montre, à la partie inférieure, les phyllades en position, tandis qu'à l'ouest les grès reposent dessus; ainsi, des trachytes porphyritiques qui n'ont pas coulé en nappes, se seraient néanmoins fait jour entre les dislocations des roches de sédiment, et auraient formé des masses isolées, dans la direction générale de ces grandes lignes de dislocation au sud-est.

§. 3. *Traversée du plateau d'Oruro à la Cordillère occidentale.*

D'Oruro, pour mieux connaître le plateau bolivien, je voulus le traverser, sur ce point, transversalement à sa longueur, afin de comparer cette nouvelle coupe avec

1. Détermination de M. d'Omalius d'Halloy sur les échantillons que j'ai déposés au Muséum.
2. Mesure du poids de 5000 livres espagnoles.

Géologie. celle que m'avait donnée mon itinéraire de Tacna à la Paz. Je vais interrompre momentanément ma grande ligne sud-est, pour aller à l'ouest, dans la direction du plateau occidental.[1]

En partant de la ville, j'allai doubler l'extrémité sud des montagnes d'Oruro, foulant toujours les roches trachytiques; puis, me dirigeant au nord-ouest, vers l'extrémité d'une haute colline, où je vis des couches de phyllades de l'époque silurienne, noirâtres, fortement inclinées au sud-ouest et d'une grande puissance, recouvertes par les grès dévoniens; ainsi cette chaîne, longue de trois lieues, serait en tout identique à celle d'Atita, par sa composition et par la pente de ses couches. On voit, sur plusieurs points, dans les phyllades des filons de quartz laiteux, où des mines d'or ont été exploitées avec assez d'avantage. Il est singulier de trouver ici ce précieux métal absolument dans les mêmes conditions que sur les flancs de l'Ilimani et qu'aux environs de Potosi.

En marchant à l'ouest, je traversai, pendant cinq lieues, une plaine horizontale, qui s'étend au loin au nord et au sud, surtout au sud, où rien ne borne la vue. Cette plaine, on ne peut plus unie, inondée une partie de l'année, est couverte soit d'argiles rougeâtres, avec des efflorescences salines, soit des mêmes argiles, sur lesquelles croissent des plantes maritimes très-nombreuses. Elle s'étend jusqu'au Desaguadero.

La plaine est limitée, à l'ouest, par la montagne de Uallapata, qui forme un large massif isolé, élevé au moins de deux cent cinquante mètres au-dessus de la plaine, et dont le grand diamètre court nord-nord-ouest, sur une longueur de près de trois lieues. Ce Cerro offre un singulier aspect. Dans certains endroits, la roche trachytique qui le compose vient représenter comme des colonnes basaltiques prismatiques, mais non très-régulières; en d'autres, la roche n'est plus accidentée; elle paraît décomposée et offre des talus unis; sur quelques points enfin je remarquai, principalement au sud, de larges surfaces de carbonate de chaux, qui, comme une croûte épaisse, couvrent la roche trachytique. En examinant ces carbonates de chaux, je reconnus qu'ils ont dû être les anciens produits d'eaux incrustantes, qui auraient aujourd'hui cessé de couler; car la croûte paraît être usée. Des incrustations analogues se remarquent sur plusieurs points de la Bolivia, dans la vallée de Caracato, près de la Paz, et dans celle de Miraflor, près de Potosi. Comme elles sont, sur les deux points, le produit des eaux thermales, on pourrait croire qu'il en était ainsi des croûtes calcaires de Uallapata, qui aujourd'hui ne sont plus alimentées.

La montagne, très-élevée à son extrémité orientale, s'abaisse, de plus en plus, vers l'ouest, et finit par ne plus montrer que de légers mamelons, au pied desquels passe la rivière.

Je traversai le Rio Desaguadero, très-volumineux en ce lieu, et je me dirigeai vers une montagne conique isolée, qui s'élève peut-être de deux cents mètres au-dessus de la plaine. Cette montagne, dominant le petit village de la Jolla et portant le même nom, me parut entièrement composée de roches trachytiques poreuses, très-voisines

1. Voir la coupe pl. VIII, fig. 2, et l'itinéraire, sur la carte géologique de Bolivia.

de celle d'Oruro. On a jadis exploité, dans cette montagne, plusieurs mines d'argent, maintenant toutes abandonnées. Géologie.

En laissant la Jolla, je traversai, à l'ouest-sud-ouest, sur plus de deux lieues, des plaines très-unies, couvertes de parties salines, de sable fin et d'argile rougeâtre. Ces plaines s'étendent au nord et au sud, aussi loin que la vue peut porter, et constituent le nivellement du plateau. Dans la direction de ma marche, elles sont momentanément interrompues, sur un peu plus de deux lieues de longueur, par une petite chaîne étroite, dirigée du nord-ouest au sud-est, élevée peut-être de cent mètres au-dessus du plateau. Cette petite chaîne, nommée *Unchachata*, qui forme cinq mamelons oblongs, est séparée d'une roche grenue, grise, qui me parut trachytique; néanmoins, elle est compacte, et offre, jusqu'à un certain point, l'aspect granitoïde.

Au-delà d'Unchachata, je traversai huit lieues de plaines presqu'horizontales, couvertes de petits graviers, de sable ou d'argile, mais ne montrant, sur aucun point, leur composition inférieure. Je me trouvai bientôt au pied de la chaîne de Guallamarca, qui peut bien s'élever de deux à trois cents mètres au-dessus du plateau, et qui, dirigée ouest 35° nord et est 35° sud, se continue sur un degré de longueur au moins, depuis le 17.e degré 50 minutes jusqu'au 18.e degré 30 minutes de latitude sud. Elle est, du reste, isolée dans la plaine. Dans la largeur d'une lieue environ, sur tout le pied oriental, je trouvai des couches composées de gros sable ou de poudingues, qui me parurent les débris dont se couvraient les terrains carbonifères, lorsque l'ensemble a été soulevé. Cette hypothèse me semblerait d'autant plus plausible, qu'on remarque ces mêmes sables et les poudingues de chaque côté de la chaîne, sur ses flancs. Ils occupent, autour du bourg de Guallamarca, une vaste surface, jusqu'à une assez grande élévation.

Je suivis ces mêmes sables sur le versant oriental pendant deux lieues à l'ouest, où je traversai la chaîne, que je trouvai entièrement composée de grès rougeâtres ou gris, souvent colorés par le cuivre, toujours assez friables et formés de couches fortement inclinées au sud-ouest. Ces grès offraient leur tranche vers la plaine que j'avais parcourue, et j'en ai pu voir toute la série, qui ne me présenta aucune trace de corps organisés. Néanmoins des considérations purement géologiques me les font rapporter à l'époque carbonifère, d'après la présence du cuivre, qui pénètre les mêmes roches plus au nord, d'après la direction et la position de la montagne, qui paraît n'être que la continuité de l'Apacheta de la Paz, et d'après leur position inférieure aux argiles bigarrées, appartenant au trias. Leur composition minéralogique diffère des grès durs, que je crois être de l'époque dévonienne. De l'autre côté de la chaîne, je suivis quelques lieues les flancs de la montagne, jusqu'au village de Totora, en marchant sur la pente des grès.

En me dirigeant à l'ouest 35° sud, je traversai une légère colline de sable et de cailloux identiques à ceux de l'autre côté, et que je regarde comme les débris qui couvraient les roches stratifiées, lors de leur soulèvement. Leurs couches non agrégées sont, en effet, inclinées en sens inverse de l'autre côté, et ont peut-être ici glissé sur la pente des grès. Cette colline forme une ceinture parallèle à la chaîne. Je reconnus, un peu plus loin, dans un ravin, une argile rougeâtre avec gypse, que je crus être un

Géologie. lambeau d'argile bigarrée, dont je parlerai plus loin; néanmoins, les couches inclinées au sud-ouest ne me montrèrent pas leur position relativement aux cailloux.

A l'ouest de la colline, le terrain, en pente douce, est marqué d'ondulations dont la direction est presque parallèle à la chaîne de Guallamarca. Toutes ces ondulations me montrèrent des conglomérats trachytiques ou ponceux de la plus grande beauté, par les nombreux cristaux de quartz qu'ils renferment. Les plaines que je traversai, ainsi que la tranche des moindres élévations, me rappelaient, en tout, la composition géologique du pied du Chipicani, au sommet du plateau occidental. Il n'y a pas, en effet, la moindre différence; ce sont, de même, des plaines couvertes de débris quartzeux ou ponceux de conglomérats, des plates-formes de cendres trachytiques coupées perpendiculairement sur les bords et offrant une sorte de stratification, et de plus, des espèces de pyramides debout, dues aux érosions. Les dénudations sont très-marquées, puisqu'on trouve, à une couple de lieues de la colline de Totora, de chaque côté du Rio de Viloma, au même niveau, des escarpemens semblables, qui annoncent n'avoir formé avant l'existence de ce cours d'eau, qu'une seule nappe, pour ainsi dire horizontale. C'est, sans aucun doute, aussi, la continuité des conglomérats trachytiques que j'ai trouvés sur le versant du plateau occidental près de Calacote et presque jusqu'à Santiago.[1]

Du Rio de Viloma je montai légèrement la plaine trachytique jusqu'au pied de la colline du Pucara, qui, haute de deux cents mètres environ, suit parallèlement aux autres. Je la gravis, et la trouvai entièrement composée d'un grès friable, peut-être carbonifère, dont les couches, fortement relevées par les trachytes qui l'environnent, sont inclinées à l'est-nord-est. Au sommet de cette colline, au point nommé le Pucara, ancien fort des Incas, on domine toute la plaine, et l'on aperçoit jusqu'aux sommets élevés du plateau occidental. On voit les roches blanches trachytiques représenter au loin, au nord et au sud, de petites collines, représenter une chaîne plus à l'ouest, et couvrir tout le pays, sur une surface immense, jusqu'au plateau occidental, où, à une douzaine de lieues plus ou moins, s'élèvent, l'un à côté de l'autre, trois pics coniques et deux autres mamelons allongés, parmi lesquels se dessine le Sacama[2], l'un des géans de cette partie de la chaîne. Je les avais aperçus dans mon itinéraire de Tacna à la Paz, et j'avais déjà reconnu leur forme conique tronquée au sommet, qui m'annonçait évidemment une composition trachytique.[3]

En descendant à l'ouest le Pucara, je fus étonné de trouver toute la petite vallée comprise entre cette colline et celle de Pachavi, remplie, de chaque côté, par une argile rougeâtre, souvent bariolée de rouge ou de violet, contenant soit des rognons, soit des couches de gypse assez épaisses, disséminées dans l'argile. Ces argiles, que je rap-

---

1. Voyez p. 117.

2. M. Pentland (*loc. cit.*, p. 33) cite cette montagne comme un volcan. Le Sacama, de même que le Tacora et le Chipicani, n'est qu'un cône trachytique et nullement un volcan.

3. Voyez p. 113.

porterai à l'époque des argiles bigarrées, du terrain triasique, m'offrirent un fait très-curieux de relèvement. Au pied occidental de la colline du Pucara, elles n'en occupent que la base, et leurs couches plongent au sud-ouest, tandis que, de l'autre côté de la vallée, relevées par les trachytes de la colline de Pachari, leurs couches, alors beaucoup plus puissantes, sont très-fortement inclinées au nord-est. Le milieu de la vallée est nivelé par des alluvions provenant du grès et des argiles. Cette apparence d'inclinaison, en sens inverse, me paraît n'être due qu'aux grandes dislocations dont ces roches ont subi les effets à diverses époques. Ces *argiles*, que je désigne sous le nom de *bigarrées*, s'étaient déjà montrées à moi près de l'Apacheta de la Paz, et je les citerai encore au pied de la chaîne de Guallamarca et dans la vallée de Miraflor, près de Potosi.

La colline de Pachari, qui paraît avoir soulevé les argiles bigarrées, est entièrement composée d'une roche trachytique blanchâtre, plus ou moins dure, formant des masses irrégulières très-remarquables, en ce qu'elles sont mamelonnées, découpées, remplies d'anfractuosités, de crevasses, de fentes, comme si elles-mêmes avaient été brisées avec force, sur plusieurs points, par les dislocations qu'ont creusées les eaux pluviales, dans leurs parties les moins solides. Cette colline s'étend sur plus de deux lieues de largeur vers l'ouest, dans la direction sud-est et nord-ouest, et au-delà, on n'aperçoit plus, vers la Cordillère, que des conglomérats trachytiques.

Après avoir parcouru longuement un grand nombre de points des collines de Pachari et du Pucara, je fis une pointe au nord, sur les conglomérats trachytiques, jusqu'au Cruceiro, et revins, en les traversant encore, jusqu'à la colline de Totora et à Guallamarca. Dans ce dernier bourg, le curé, qui avait habité long-temps Carangas, situé à plus d'un degré au sud et assez près du plateau occidental, m'assura que les conglomérats trachytiques, dont je lui montrai des échantillons[1], couvrent toute cette partie de la province de Carangas, et bien plus au sud. Il m'assura également qu'un volcan fumant encore se voit sur la Cordillère, vis-à-vis de ce bourg, et les Indiens conservent d'anciennes traditions, d'après lesquelles ce volcan aurait jadis lancé quelques cendres.[2]

De Guallamarca, au lieu de traverser de suite la plaine, pour revenir à Oruro, je voulus suivre le pied oriental de la colline de Guallamarca, sur six à huit lieues, en passant près de San-Miguel et à la Llanquera. Ce trajet me permit de voir, à peu de distance de Guallamarca, une argile rouge contenant du gypse, qui occupe, en couches inclinées au nord-est, le pied des escarpemens de grès carbonifères. Je vis ensuite ces mêmes argiles sur toute la route et dans la même position; seulement elles changent de couleur, devenant blanchâtres, près de la Llanquera, ou même prenant, par endroits, une teinte presque bleue. Partout elles contiennent du gypse en assez grande

1. Ces échantillons sont au Muséum avec toutes mes collections géologiques.

2. C'est peut-être le Gualatieri indiqué par M. Pentland (*loc. cit.*, p. 32), qui le place sur des grès rouges.

Géologie. abondance; mais toujours cette substance est disséminée en petits rognons ou en petites couches très-minces, et je n'ai vu aucune partie qui puisse être exploitée par l'industrie. Comparée au terrain pampéen, cette argile offre les plus grandes différences. Elle est toujours très-onctueuse, très-fine, à grains égaux, sans matières étrangères, tandis que le terrain pampéen ou de nivellement du plateau est plus jaunâtre, souvent rempli de parties plus dures, contenant souvent du sable, des graviers ou même des ossemens. Il suffit de les avoir vus comparativement pour les reconnaître. D'ailleurs les argiles que je regarde comme bigarrées sont en couches légèrement inclinées, tandis que les autres sont horizontales et nivellent évidemment le terrain, postérieurement aux dernières dislocations.

En abandonnant la Llanquera pour traverser la plaine dans une autre direction, je trouvai, sur les bords d'une petite rivière qui coule parallèlement au pied de la chaîne de Guallamarca, et qui va se jeter, plus loin, dans le Desaguadero, des falaises coupées à pic et d'une assez grande hauteur, où je pus juger du dépôt de nivellement. En ce lieu il montrait des limons rougeâtres très-grossiers, mêlés aux parties inférieures de très-petits fragmens anguleux, provenant des roches des montagnes de Guallamarca. Un mot de mon guide me fit juger qu'en suivant le cours de toutes ces rivières et en cherchant avec soin dans les berges, on pourrait faire une magnifique moisson d'ossemens de mammifères; chose qu'à mon grand regret je ne pouvais exécuter alors, faute de temps. On avait, suivant cet homme, trouvé dans le ruisseau, une dent molaire de géant, qu'à sa description je reconnus facilement pour une dent de mastodonte. Après une plaine de plus de cinq lieues de large, foulant des terrains salés et argileux, ou des graviers jonchant le sol, j'arrivai de nouveau, au Desaguadero, à six ou sept lieues plus au sud du point où je l'avais déjà passé. Je remarquai, dans ce trajet, que les sables ou les graviers de la superficie de la plaine sont d'autant plus gros qu'on s'approche, et d'autant plus fins qu'on s'éloigne davantage de la chaîne de Guallamarca, étant tout à fait remplacés par du limon rouge assez fin sur les rives du Desaguadero. Les falaises peu élevées de la rivière montrent ce limon formant un ensemble uniforme. Si l'on suivait en bateau tout le cours du Desaguadero, en examinant avec soin ces berges, depuis le lac de Titicaca, d'où il sort, jusqu'à la Laguna de Pansa, où il va se perdre, on pourrait, je n'en doute pas, d'après tous les renseignemens que j'ai pris, y recueillir des matériaux immenses sur les mammifères fossiles de ces contrées. Les renseignemens relatifs au mastodonte recueillis par M. Durand, le morceau d'ossement rencontré vers un autre point du Desaguadero et les brèches osseuses qui forment des monticules au bord du lac de Titicaca, non loin de Puno[1], me portent à croire que tout le nivelle-

1. Je n'ai point vu cette localité; mais M. le comte de Sartige a bien voulu m'apporter plusieurs morceaux de cette brèche très-remarquable, constituant une colline sur laquelle est bâti un fort, à la porte même de la ville de Puno. Cette brèche, pétrie d'ossemens de toute dimension, et annonçant beaucoup d'espèces de mammifères, est très-dure, très-caverneuse; les cavités de la roche et des os sont remplies de cristaux de carbonate de chaux. Ces os paraissent ne pas avoir été roulés. La masse enveloppante est rougeâtre, très-caverneuse et remplie de débris divers.

ment du grand plateau se compose de limon ou d'argile à ossemens, que je crois Géologie. pouvoir rapporter à l'époque de mon terrain pampéen.

Un mot de plus sur le Desaguadero me paraît ici nécessaire, pour bien faire connaître ce singulier cours d'eau, si défiguré jusqu'à ce jour dans nos cartes géographiques, qui lui font souvent prendre une direction toute contraire à celle qu'il suit réellement.

Le Desaguadero reçoit le trop plein des eaux du lac de Titicaca. Les eaux du lac sont entièrement douces et très-potables. Le Desaguadero, en se faisant jour à travers la chaîne carbonifère de l'Apacheta de la Paz, entre dans les plaines salées qui occupent tout le plateau. Long-temps encore, dans son cours peu rapide, ses eaux restent douces; mais, soit qu'elles se saturent du sel de ses berges, soit qu'elles reçoivent constamment, au temps des pluies, des ruisseaux qui ont lavé la plaine salée, à un degré plus au sud, elles cessent déjà d'être potables, en se chargeant de sel toujours davantage, suivant la saison, tandis qu'elles serpentent au milieu de cette vaste plaine, et lorsqu'après avoir parcouru plus de soixante-quinze lieues, elles viennent former la Laguna de Pansa, qui elle-même a au moins un degré de long, elles sont presque salées. Il en résulte que, constamment alimentées de nouvelles particules salines, celles de la Laguna de Pansa en sont fortement saturées, et qu'on voit souvent cristalliser le bord de la lagune. Le cours du Desaguadero annonce une petite pente du nord au sud sur le plateau, jusqu'à la Laguna de Pansa, où se trouve le point le plus bas de l'ensemble. Là, les eaux manquant d'issues, séjournent et ne disparaissent que par l'évaporation ou par des canaux souterrains, qui sont inconnus. Quoi qu'il en soit, il ne paraît pas que le niveau de cette lagune varie, suivant les saisons, autant que pourrait le faire supposer le grand nombre et l'importance de ses affluens.

Comparée à la coupe transversale de la Paz à Santiago, sur la route de Tacna, celle du plateau que je venais d'étudier, me montrait à peu près la même composition géologique, comme on peut le voir dans les deux coupes de la planche VIII, fig. 1 et 2; seulement il y existe, en outre, dans celle-ci, quelques mamelons trachytiques à l'est, et à l'ouest une plus grande surface d'argile bigarrée; du reste, les mêmes conglomérats trachytiques à l'occident, des chaînes carbonifères analogues au milieu, et un nivellement identique par le limon à ossemens ou terrain pampéen.

§. 6. *D'Oruro à Potosi.*

Revenu à Oruro, je vais reprendre mon itinéraire dans le sens longitudinal du plateau bolivien, en remontant les contre-forts de Potosi et me dirigeant vers son extrémité méridionale. (Voyez coupe n.° 3, pl. VIII.)

En partant d'Oruro et me dirigeant au sud-est, vers l'entrée de la vallée de Sorasora, je traversai sept lieues de plaines unies, couvertes d'efflorescences salines, disposées par places, ou représentant de petits lacs, au milieu d'une argile rougeâtre très-fine, qui constitue tout le sol, et qui offre, par endroits, de petites saillies de moins d'un mètre de hauteur, au pourtour des dépressions. Lorsque j'approchai des collines

Géologie. de Sorasora, le sol un peu plus élevé me montra, à sa superficie, quelques débris de grès dévoniens et de phyllades schistoïdes de l'époque silurienne.

Arrivé à l'entrée de la vallée, je marchai dix lieues dans la direction du sud-est, entre deux hautes collines, qu'on pourrait presque considérer comme de petites montagnes, et qui sont parallèles à la vallée, ou, pour mieux dire, suivent encore la direction générale de toutes les chaînes du plateau. De ces chaînes, celle du sud m'offrit des couches fortement inclinées au sud-ouest, composées, pour les supérieures, de grès dévoniens, le plus souvent gris; mais qui, près de Venta y Media, à quatre lieues dans la vallée, sont par places, tachetés de rouge. Ces grès, seuls apparens à six lieues au-dessus de Venta y Media, près de Condor-Apacheta, laissent apercevoir, un peu plus bas, les phyllades schistoïdes qui leur sont inférieurs, et près de Sorasora, ces dernières couches occupent la moitié de la hauteur de la chaîne. Au nord, les couches se composent identiquement des mêmes roches; mais l'inclinaison me parut être au nord-est. Elles montrent, de même, des grès dévoniens aux parties supérieures, et des phyllades aux couches les plus inférieures. A mesure que je remontais la vallée, les phyllades perdaient de leur puissance apparente, et finirent par disparaître tout à fait, bien avant Condor-Apacheta, où les eaux, changeant de direction, vont au sud-est, au lieu d'aller au nord-ouest. La vallée, ainsi que les chaînes qui la forment, se dirigent encore dans la même direction, sur six lieues de plus, jusqu'à une petite distance de Las Peñas. Elles offrent d'abord les mêmes grès, de chaque côté; puis, un peu plus bas, on voit les phyllades, et même, près de Las Peñas, on aperçoit ces derniers sur plusieurs points, sous des roches trachytiques micacées.[1]

En étudiant l'ensemble de la vallée que je viens de décrire, on y trouve une des belles fentes de dislocations, dans une direction donnée uniforme. En effet, celle-ci est d'autant plus remarquable, qu'elle a près d'un degré de longueur, et qu'elle suit un parallélisme régulier, avec presque toutes les autres lignes du grand plateau bolivien. C'est sur une plus vaste échelle encore un fait semblable à celui qu'on remarque dans la vallée de Perpignan, à Mont-Louis du côté de la France, et à Puicerda, Belver, etc., sur le versant espagnol des Pyrénées. La vallée qui m'occupe est évidemment, dans les terrains de sédiment, une large fente, qui n'écarte pas assez les deux parois, à la partie la plus élevée, près de Condor-Apacheta, pour laisser apercevoir autre chose que les couches supérieures de grès se correspondant de chaque côté. Au nord, les couches inférieures de terrains siluriens se montrent encore en rapport, près de Venta y Media et de Sorasora, tandis qu'au sud, non-seulement on trouve les mêmes faits, mais encore on voit sortir, sous l'ensemble, la roche trachytique, qui est venue se faire jour au point où l'écartement de la fente commençait à prendre assez de largeur. On pourrait se demander néanmoins, si cette roche a soulevé les terrains de sédiment, ou si elle a seulement profité d'une dislocation préexistante, pour surgir au dehors.

---

1. M. Cordier regarde cette roche comme une tiphrine blanchâtre micacée, accident des trachytes micacés. M. d'Omalius d'Halloy pense aussi que cette roche est un trachyte altéré.

Un peu au-delà de la poste de Las Peñas (*les rochers*), la chaîne du sud s'abaisse vers la plaine et cesse bientôt, tandis qu'au nord-est la montagne s'élève davantage, et présente ses sommités couvertes de grès dévoniens inclinés au nord-est, superposés aux phyllades schistoïdes, le tout disloqué en divers sens, soit par les trachytes micacés qui sont à côté, soit antérieurement à la sortie de ces roches. De Las Peñas on suit encore au sud-est, près de quatre lieues, ayant, à droite, soit une large plaine qui s'étend vers le lac de Pansa, soit de petits monticules de trachytes micacés; à gauche on reconnaît partout les mêmes trachytes, dominés par les phyllades et les grès, jusqu'à l'entrée de la vallée d'Encacato, où ils cessent bientôt de se montrer, les phyllades seuls apparaissent, de ce côté, à la base des escarpemens. Géologie.

On pénètre dans la vallée d'Encacato, qu'on remonte au sud-est, pendant cinq lieues, jusqu'au petit plateau de Vilcapujio, en suivant le fond de la vallée. On a toujours au sud-ouest des montagnes entièrement composées de roches trachytiques micacées analogues, et au nord-est, une puissance de plus de cent mètres de phyllades schistoïdes noirâtres, on ne peut plus tourmentée dans ses pentes, mais ayant, avec les grès dévoniens qui les recouvrent, une inclinaison générale au nord-est. Sur le plateau de Vilcapujio, qui forme une petite plaine dirigée nord et sud, les trachytes micacés composent toujours les montagnes du sud-ouest, tandis que les phyllades et les grès continuent de se montrer de l'autre côté. Le plateau de Vilcapujio est nivelé par les débris des montagnes voisines, c'est-à-dire de grès, de phyllades et de trachytes, le tout recouvert d'une grande épaisseur de terre végétale.

De la poste de Vilcapujio, on suit, dans la plaine, le pied des phyllades, fortement redressés, inclinés au nord-est, jusqu'à l'entrée d'un ravin en pente très-rapide, sur lequel on s'élève peu à peu, foulant d'abord les phyllades; puis, près du sommet, les grès qui couronnent la côte, le point le plus élevé de toutes ces régions, le faîte de partage entre les cours d'eau se dirigeant à la Laguna de Pansa à l'ouest, et les premiers affluens à l'est du Rio Pilcomayo, qui va se jeter dans le Rio du Paraguay. Ce point, qui mène au plateau de Tola-palca, est élevé de 4290 mètres de hauteur absolue[1]; c'est le sommet d'une petite chaîne qui court nord et sud.

Au-delà de ce faîte de partage, pendant trois lieues, on marche quelque temps sur les débris de grès dévoniens; mais ils cessent bientôt, remplacés par des plaines humides, très-souvent imprégnées de sel, et couvertes soit de terre végétale, soit d'une argile rougeâtre, pleine de gravier, jusqu'à la poste de Tola-palca, placée entre une légère colline qui s'élève au sud, vers les montagnes, et un mamelon conique, tous deux composés des trachytes micacés dont j'ai parlé. Du sommet du monticule, je crus reconnaître, d'un côté, au profil des montagnes mamelonnées et divisées par cônes, et de l'autre, à l'aspect d'une chaîne continue assez accidentée, que les montagnes qui s'étendent au loin vers le sud, sont entièrement composées des mêmes

1. Mesure de M. Pentland.

Géologie. roches trachytiques, tandis qu'au nord, la continuité du contre-fort de Potosi paraît formée de phyllades de grès anciens, depuis Sorasora, ou, pour mieux dire, depuis Calamarca, près de la Paz, ou plus de cent lieues de longueur.

Près de Tola-palca recommence la plaine, qui s'étend cinq à six lieues. On la suit à l'est-sud-est, foulant partout des graviers évidemment trachytiques, et longeant des collines de trachyte micacé, qui s'élèvent vers des pics de même nature, qu'on aperçoit au loin, vers le sud. Après avoir franchi un affluent du Pilcomayo, on laisse la plaine, qui paraît se continuer vers l'est, et l'on commence à gravir une très-haute colline des mêmes trachytes micacés, jusqu'au plateau de Lagunillas. Ce plateau, représentant un petit cirque ou un véritable cratère de soulèvement, de forme oblongue, dans la direction du sud-est au nord-ouest, est fermé de toutes parts, excepté vers le sud-est, où il offre une interruption. Ce cirque se compose partout à l'ouest, de trachytes micacés identiques à ceux que j'ai décrits jusqu'à présent. Au nord-est du village, j'aperçus un vaste groupe de colonnes prismatiques, qui me parut basaltique. Pourtant je n'ai pu en juger que par les colonnes qui s'élevaient verticalement au-dessus d'un ravin trachytique d'une roche assez homogène, toujours micacée. Le centre du cirque est partout couvert de terre végétale et de débris des montagnes voisines. Néanmoins à l'ouest, non loin d'un petit lac, je vis des bancs assez épais d'une tourbe noire, dont l'exploitation pourrait être fort utile, quoiqu'elle soit peu étendue. Elle aurait d'autant plus d'importance en ce lieu, que la végétation ligneuse y manque entièrement.

De Lagunillas, en se dirigeant au sud-est, on trouve des roches composées d'un grès friable rougeâtre, qui me parut analogue à ceux de l'Apacheta de la Paz, et je le crus dès-lors de l'époque carbonifère; ses couches plongent fortement à l'est. En descendant vers le Rio Pilcomayo, dans la direction de l'inclinaison, on traverse une série assez épaisse de couches de grès, sur lesquelles je trouvai bientôt quelques petites couches d'un calcaire compacte magnétifère, souvent divisé en feuillets très-minces, ondulés ou mamelonnés, que je regarde comme la partie inférieure de la formation du trias ou du muschelkalk; en effet, elles sont recouvertes[1], en ce lieu, par les mêmes argiles feuilletées rouges, rosées ou bigarrées que j'ai déjà décrites sur plusieurs points, et que je crois être l'équivalent des argiles bigarrées de notre Europe. Dans tous les cas, le rapport de superposition des grès friables, des *calcaires ondulés* et des argiles bigarrées, laisserait peu de doutes sur ces rapprochemens. On descend sur les argiles schisteuses rouges gypseuses, jusqu'au Pilcomayo; puis, après une petite surface d'alluvion au fond de la vallée, on retrouve, de l'autre côté, absolument les mêmes couches inclinées en sens inverse (à l'ouest). On traverse, de nouveau, les argiles bigarrées sur une très-grande partie du coteau, puis on revoit en dessous les calcaires ondulés; et ensuite viennent

1. C'est l'expression de mon journal. Je trouve plus loin des calcaires supérieurs aux marnes. Il faut qu'il y ait deux séries de couches de calcaires, les unes inférieures feuilletées, les autres supérieures compactes et renfermant des fossiles.

les grès carbonifères, jusqu'au sommet d'une petite chaîne dirigée nord-est et sud-ouest, d'une longueur de quelques lieues seulement. En descendant de son sommet vers le village de Leñas, on foule toujours les mêmes grès. Géologie.

A Leñas, la géologie change tout à coup. On est au pied d'une haute montagne à parois escarpées, et souvent coupée presque perpendiculairement, qui domine le village à l'est, et se rattache à la chaîne élevée et glacée couronnant cette partie du contre-fort de Potosi. Toutes ces montagnes sont composées de trachytes gris micacés et altérés, analogues à tous ceux que j'ai signalés jusqu'à présent. De Leñas on monte sur le plateau, foulant partout les mêmes trachytes, souvent plus décomposés et alors blanchâtres, jusqu'à Yocalla, pendant cinq ou six lieues. Je remarquai, dans ce trajet, que toutes les sommités qui s'élèvent au sud-ouest, ainsi que le prolongement des crêtes vers le nord, paraissent se former des mêmes roches trachytiques plus ou moins décomposées. En descendant près de Yocalla, ces roches sont entièrement blanches et ressemblent un peu à de la craie.

Au pied du village de Yocalla, on passe de nouveau le Rio Pilcomayo, alors très-volumineux, et roulant, avec des galets de toutes les roches traversées, des morceaux de roches granitiques, provenant, sans doute, des montagnes de cette époque qui forment des massifs au sud, non loin de Santa-Lucia.

En montant, à l'est de Yocalla, la rive droite du Pilcomayo, on a l'une des plus belles tranches de roches de sédiment qu'on puisse observer. Une distance de quelques lieues montre d'abord une suite de phyllades noirâtres, par couches plus ou moins feuilletées, très-tourmentées dans leur inclinaison, lorsqu'on la considère sur une petite surface, mais offrant une pente générale à l'est-sud-est. Ces phyllades de l'étage silurien occupent les deux tiers inférieurs de la pente. Ils sont recouverts par les grès gris dévoniens jusqu'au sommet de la montagne, le point le plus élevé des environs. De là, en descendant sur le dos des couches de grès dévoniens, on trouve, après une petite interruption, les grès rouges carbonifères également inclinés à l'est-sud-est, dont la pente est recouverte d'argiles bigarrées alors d'une très-grande puissance, le tout dominé, sur beaucoup de points culminans, par un calcaire compacte, à grains très-fins, gris-bleuâtres, très-dur, formant un banc épais de quelques mètres et divisé par couches. Ce calcaire magnésifère ressemble à du marbre, et serait, sans doute, susceptible d'un beau poli. Je le considérai, de même que les argiles bigarrées, comme une dépendance des roches triasiques. Je ne trouvai pas de fossiles en ce lieu; mais j'en recueillis dans les mêmes couches, près de Potosi. J'avais franchi toute cette série de stratification en passant du Rio Pilcomayo à la poste de Tambillo, c'est-à-dire dans un trajet de deux lieues et demie; et à Tambillo même, du fond du ravin, j'avais encore au nord-est tous les coteaux composés de feuillets argileux, de l'argile bigarrée, avec sa couche de calcaire compacte. En résumé, la traversée du Rio Pilcomayo à la vallée de Miraflor, offre le plus grand intérêt géologique, en ce qu'elle montre, avec la dernière évidence, la superposition immédiate des quatre grands systèmes géologiques de la Bolivia, les terrains siluriens représentés par les phyllades, les

Géologie. terrains dévoniens composés de grès gris compactes, les terrains carbonifères, réduits, en cet endroit, aux grès rougeâtres friables, et enfin le terrain triasique, avec ses argiles bigarrées et ses calcaires compactes.

Du Tambillo, pour arriver dans la vallée de Miraflor, en face du bourg de Taropaya, il ne reste plus qu'une lieue; mais ce trajet se fait en profitant d'un ravin pour traverser une haute colline composée, des deux côtés, d'argiles bigarrées et de calcaire compacte, et au milieu de laquelle est, au nord, un mamelon granitique, où ces couches viennent aboutir et butter, comme si elles s'étaient déposées sur les granites même. Au sud se montrent encore des montagnes granitiques, qui s'élèvent de plus en plus, en remontant dans cette direction.

Arrivé dans la vallée de Miraflor, qui s'étend nord-est et sud-ouest, je fis de nombreuses courses, la remontant et la descendant de Potosi jusqu'à une couple de lieues plus bas que Taropaya, et voici ce que j'observai : Elle est bordée, à droite et à gauche, de hautes montagnes de nature très-différente. A l'est, la montagne, qui commence bien au sud de la ville de Potosi et continue au nord, sur une étendue de quinze à dix-sept lieues, parallèlement au cours du Rio de Miraflor, jusqu'au Pilcomayo, paraît élevée de quelques centaines de mètres. Elle est composée de puissantes couches de phyllades apparentes seulement sur le versant sud-est, supportant une série non moins puissante de grès dévonien, dont les couches plongent fortement au nord-ouest, et constituent tout le versant au Rio de Miraflor.

Cette chaîne, des plus régulière, est tout à coup interrompue à Santa-Barbara par le Rio de Potosi, qui, profitant d'une large fente, s'écoule au travers et permet de juger de toute la superposition des couches, depuis les phyllades schistoïdes noirâtres qui sont au pied de la ville de Potosi, et occupent la base de la chaîne de ce côté, jusqu'aux couches de grès les plus supérieures. Ce passage, l'un des plus intéressans, est le produit d'une rupture naturelle transversale à la direction de la chaîne, ou la suite des érosions successives des eaux du plateau de Potosi, qui, n'ayant pas d'autre issue, ont dû se frayer violemment un passage sur le point le plus bas. Cette opinion, tout étrange qu'elle puisse paraître, est néanmoins assez plausible. Lorsqu'on examine les parois escarpées de ce passage étroit où coule la rivière, et où l'on est obligé de passer, pour se rendre de Potosi à la Paz, on voit, à toutes les hauteurs, les traces les plus évidentes des érosions produites par les eaux, et l'œil le moins exercé pourrait les reconnaître, souvent à une élévation considérable, au-dessus du niveau actuel. Ce sont ou des parties caverneuses, usées à leur surface, ou des lignes presque parallèles, creusées assez profondément et presque polies, qui passent par dessus et obliquement au parallélisme des couches, ou enfin quelques galets restés dans ces différentes zones, où les eaux pouvaient atteindre à une époque très-reculée, puisque le lit actuel est souvent à près de cinquante mètres au-dessous de ces anciennes traces d'érosion. Quoi qu'il en soit, la Quebrada de Santa-Barbara est des plus remarquable, par son peu de largeur et par la série des couches qu'elle permet d'apercevoir.

En sortant du ravin de Santa-Barbara, après avoir traversé les grès dévoniens[1], on trouve bientôt, dessus, des traces de l'argile bigarrée, là composée d'argile schisteuse rouge et jaune par très-petits feuillets et avec gypse, ayant leur pente générale au nord-ouest, comme les grès dévoniens. Cette formation, qui n'est qu'à l'état rudimentaire près de la Quebrada, prend d'autant plus de puissance, qu'on descend la vallée au nord. Elle est surtout assez développée près de Taropaya et jusqu'à Miraflor, cinq kilomètres plus bas. Dans cette dernière partie, des calcaires compactes composent les couches les plus supérieures. Géologie.

Les montagnes qui composent la partie occidentale de la vallée, sont de diverse nature. En face de Miraflor, le point le plus bas que j'aie vu, on trouve une colline composée des argiles bigarrées alors presque blanches, dont les couches me parurent presqu'horizontales et forment dessus une espèce de plateau. A un kilomètre au sud de Miraflor est une source thermale très-abondante, qui jaillit sur le sommet de la colline et se transforme de suite en un petit lac, dont l'eau est à une température si élevée, qu'on ne peut y tenir la main. Le trop plein des eaux coule vers la vallée et constitue plusieurs réservoirs naturels d'une température d'autant plus basse, qu'on s'éloigne davantage du sommet. Il en résulte que les baigneurs peuvent choisir le degré qui leur convient, et cela avec d'autant plus de facilité, qu'il n'y a aucune habitation autour, et que cette source thermale, placée si près de Potosi, est tout à fait inutile. Les environs du réservoir supérieur sont partout couverts de concrétions de carbonate de chaux, qui forment une croûte répandue sur le sol; ces mêmes concrétions recouvrent les bords et le fond de tous les points où les eaux s'écoulent. Elles y représentent soit des mamelons, soit des espèces de grottes, ou bien, enveloppant les plantes qui poussent un peu plus bas, elles viennent en incruster toutes les parties et y offrir le plus singulier aspect. En un mot, les eaux thermales de Miraflor sont aussi chaudes que possible, et donnent des incrustations aussi belles que celles de Clermont en Auvergne. Il manque seulement ici une population propre à exploiter l'un et l'autre des avantages réunis.

Du sommet de la colline de Miraflor on aperçoit, à peu de distance, un pic peu élevé, qui me parut être granitique, comme ceux qui se remarquent au sud.

En remontant toujours la vallée sur son versant occidental, on passe devant le défilé qui conduit à Tambillo; ses coteaux sont, comme je l'ai dit[2], couverts d'argiles bigarrées, avec leurs gypses, et de quelques restes du calcaire supérieur. De l'autre côté, les argiles bigarrées recommencent et continuent sans interruption jusqu'à l'entrée de la vallée de Santa-Lucia. Elles offrent leur tranche en falaise sur la vallée et constituent un plateau au-dessus. Ce plateau s'élève à peine, et l'on dirait que les couches vont s'appuyer sur les montagnes granitiques, qu'on aperçoit à quelque distance et qui dessinent une chaîne interrompue, dirigée à l'est-nord-est. C'est au pied des coteaux d'argile bigarrée que je vis en grand nombre, sur le sol, les calcaires à feuillets très-minces, très-ondulés et

---

1. Je ne trouve rien dans mon journal qui puisse indiquer en ce lieu la présence des grès carbonifères; pourtant il serait possible qu'ils existassent, sans que je les aie remarqués alors.

2. Voyez p. 139.

Géologie. comme mamelonnés des plus curieux, par ces ondulations de quelques centimètres, qui se remarquent en lignes parallèles à chaque feuillet, et qui forment en dessus des mamelons très-prononcés. Ce sont les mêmes que j'avais vus près de Lagunillas, sur les coteaux du Pilcomayo.[1]

Je parcourus sur une assez grande surface la vallée de Santa-Lucia, qui débouche à l'ouest, dans la vallée de Miraflor. Elle m'offrit, dans toutes ses parties, au nord, des fragmens de pegmatite de diverses couleurs, avec beaucoup de tourmaline noire, cette substance se présentant soit en cristaux allongés, soit en fibres rayonnantes. J'étais au pied d'une des montagnes granitiques dont j'ai parlé : elle s'élève, en effet, au nord et présente, de ce côté, plusieurs pics très-déchirés. Les débris de ces mêmes roches et la figure des montagnes me firent également croire que les points culminans, au nord-ouest et à l'ouest, en sont aussi composés.

En traversant la vallée de Santa-Lucia et me dirigeant du village au sud, je trouvai un très-beau développement des calcaires compactes supérieurs des roches triasiques, dont les fragmens couvrent tout le sol et proviennent, sans doute, de la colline qui suit parallèlement au Rio de Miraflor, au nord de la vallée de Santa-Lucia, et constitue un assez vaste massif. Je ne pus gravir cette colline, mais son aspect me la fit croire composée des argiles bigarrées qui supportent les calcaires compactes dont je viens de parler. Ces calcaires me montrèrent un assez grand nombre de traces de mollusques fossiles. La dureté de la pierre m'empêcha d'en recueillir un très-grand nombre; néanmoins j'en avais fait une collection intéressante, que j'eus le malheur de perdre en route; et je ne puis maintenant citer que les échantillons qui, placés dans ma poche, n'ont pas eu le sort des autres et sont arrivés jusqu'à Paris. Ils renferment, au point que la roche en est composée, une espèce de *Chemnitzia*, que je nomme *Chemnitzia potosensis*[2]. Elle est par petits bancs épais de deux centimètres, qu'on trouve quelquefois libres sur le sol. Les autres fossiles que je me rappelle avoir vus, sont des bivalves : c'est tout ce que ma mémoire me permet de dire.

Ainsi les terrains triasiques, sous la forme d'argile bigarrée, avec ses gypses, sous celle de calcaires feuilletés et ondulés ou bien de calcaires compactes, bleuâtres, à grains fins, contenant des fossiles, et principalement des *Chemnitzia*, remplissent une immense surface, des deux côtés de la vallée de Miraflor et même à l'ouest, autour du Tambillo. Les couches en sont diversement inclinées, mais elles paraissent venir s'appuyer partout sur les pegmatites, et s'y être déposées postérieurement à la saillie de ces roches granitiques. De ce fait et de celui du soulèvement bien certain des phyllades de l'étage silurien et des grès dévoniens, par les roches granitiques de la chaîne de l'Ilimani, on pourrait conclure avec certitude que les roches granitiques sont sorties, sur ces deux points entre l'époque des derniers dépôts dévoniens et les premières couches des terrains triasiques.

---

1. Voyez p. 138.

2. Elle est figurée pl. VI, fig. 1 — 3, sous le nom fautif de *Melania potosensis*.

Quand on abandonne la vallée de Miraflor, pour entrer sur le plateau de Potosi, on passe par la Quebrada de Santa-Barbara, dont j'ai parlé[1], en traversant les grès dévoniens et les phyllades de la formation silurienne, toujours en montant sur une pente rapide. Les phyllades occupent, de l'autre côté, une grande surface et paraissent s'étendre très-loin vers le sud et vers le nord, au pied de la chaîne. Je les franchis pour arriver à la ville, auprès de laquelle je rencontrai les mêmes roches trachytiques micacées de Leñas. La ville de Potosi est à 4166 mètres de hauteur absolue. Géologie.

Le plateau de Potosi paraît être à peu près circulaire; il est dominé presque au milieu, mais un peu plus vers le nord de l'ensemble, par cette fameuse montagne de *Potocci* des indigènes, le *Potosi* des Espagnols et le *Potose* des Français, dont la richesse est devenue proverbiale dans notre Europe; de cette montagne qui a donné momentanément une si grande splendeur à l'Espagne, et qui, quoiqu'elle ne soit plus aujourd'hui que l'ombre de ce qu'elle fut jadis, ne laisse pas de fournir encore des produits importans[2]. Élevée de 722 mètres au-dessus de la ville, et de 4888 mètres de hauteur absolue, c'est-à-dire de 88 mètres plus haute que le Mont-Blanc, elle est circulaire à sa base, ayant un léger contre-fort au nord; sa forme est celle d'un cône très-écrasé, à sommet peu obtus. J'en fis l'ascension en l'étudiant sous le rapport géologique, et recueillant un grand nombre d'échantillons, qui sont déposés au Muséum. M. Cordier les détermine comme des roches quartzeuses cariées[3], contenant des grains de quartz hyalin; elles sont entrecoupées de fissures tapissées d'hydrate de fer, supérieurement couvert des plus belles teintes irisées. Ces roches contiennent aussi de l'hydrate de fer concrétionné en masses caverneuses, formant veines ou filons. Elles passent souvent, surtout vers la partie nord, à un silex grossier jaspoïde[4]. La montagne entière a été perforée, en tous sens, par les nombreuses bouches de mine, par les galeries d'écoulement et de recherche. Les déblais de ces travaux couvrent le sol de toutes parts, et ne permettent que sur peu de points de voir la roche en place.

J'ai vérifié sur les lieux un fait que les principaux minéralogistes du pays m'ont confirmé, en me donnant même un plan qui le prouve; c'est que tous les filons métallifères, le plus souvent à l'état de *pacos*, et dès-lors ne pouvant être exploités que par l'amalgame, traversent la montagne entière du nord 10 degrés est, au sud 10 degrés ouest, c'est-à-dire dans sa longueur. De ces filons presque verticaux, ceux qui ont donné les plus grandes richesses sont les suivans, en les prenant de l'est à l'ouest :

La beta ensinas ó Chaca polo.
La beta de Polo.
La beta de Mendieta.

---

1. Voyez p. 140.
2. Voyez à cet égard la Partie historique.
3. Elles ont, en effet, sur beaucoup de points, tout à fait l'aspect des pierres meulières.
4. M. d'Omalius d'Halloy, qui a bien voulu me donner son opinion sur l'ensemble de ces roches, les regarde comme des quartz d'injection ou roche modifiée.

Géologie.

La beta rica.
La beta del Estaño.
La beta de Corpus Cristi.
La beta de Zapatera.
La beta de San-Jose.
El ramo ó betilla de San-Jose.

Ils occupent environ le quart de la largeur est et ouest de la montagne, et sont placés vers la partie moyenne latérale.

Considérée quant à son âge géologique, la montagne de Potosi m'embarrasse beaucoup. Je ne puis la rapporter avec certitude à l'âge des roches granitiques; aussi, sans avoir d'opinion arrêtée à cet égard, je ne puis en expliquer la présence au milieu des trachytes, qu'en admettant l'idée de M. d'Omalius d'Halloy, qui y verrait une roche d'injection.

Du sommet de la montagne de Potosi, on aperçoit, à l'ouest, la continuité de la chaîne silurienne et dévonienne de Santa-Barbara. Au sud, 35 degrés ouest, on voit, au loin, la montagne de Porco[1], presqu'aussi renommée et aussi riche que celle de Potosi. Au sud, le plateau est borné par de petites collines que je ne pus visiter; à l'est, ce sont des sommités souvent couvertes de neiges, sur lesquelles je fis de nombreuses excursions. Elles se composent de roches qui, tout en ayant à peu près l'aspect granitoïde, ont été déterminées par M. Cordier comme un porphyre pétro-siliceux fortement micacé, et par M. d'Omalius d'Halloy, comme un trachyte altéré. Ces roches ressemblent, en effet, quoique plus dures, à tous les trachytes micacés que j'ai trouvés depuis Oruro jusqu'à ce point. Elles renferment souvent de beaux cristaux de grenat. Elles forment toutes les sommités qui représentent une espèce de chaîne du nord au sud, et se rattachent aux collines également trachytiques, mais fortement altérées, qui en font la continuité et bordent le plateau à l'est, derrière la ville de Potosi.

Ces trachytes, très-durs, sont évidemment sortis sous les couches de phyllades schistoïdes qui se trouvent en collines plus ou moins disloquées, dirigées, en partant des sommités trachytiques, au nord-ouest, et s'abaissant peu à peu vers la plaine. Ces collines se prolongent en trois petites chaînes parallèles, entre lesquelles s'étendent de petits lacs, constamment alimentés par la fonte des neiges.

Toutes les petites vallées comprises entre les collines, et, pour mieux dire, toute la plaine jusqu'à la ville de Potosi, sont semées de très-nombreux blocs erratiques de trachytes très-durs, à cristaux de grenat. On les trouve surtout dans la plaine. Quelques-uns ont quelques mètres de diamètre, tandis que le plus grand nombre sont d'un plus petit volume. Ces blocs usés, réellement erratiques et pour la plupart comme posés sur les alluvions modernes, proviennent évidemment ici des sommets des montagnes qui dominent les lagunes, dont ils ne sont éloignés que d'une ou deux lieues, au plus. Dans l'état actuel des choses, il serait difficile de s'expliquer leur transport; il

1. Je possède de cette montagne de très-beaux échantillons de bournonite.

faut donc, pour s'en rendre compte, remonter à des causes antérieures à notre époque, ou, du moins, supposer quelques changemens momentanés. Doit-on l'attribuer aux courans qui auraient violemment sillonné tout le plateau, lorsqu'une cause fortuite ouvrit aux eaux une issue par la Quebrada de Santa-Barbara? Faut-il croire que, sur ces pentes aujourd'hui libres, des glaciers ont pu exister à une époque peu reculée, mais qui nous est inconnue, et transporter ces blocs dans la plaine? Ou bien encore, fera-t-on remonter ce transport au temps où le plateau n'avait pas d'issue, où il formait, par conséquent, un immense lac, où les blocs tombés sur les glaçons ont pu être transportés à cette distance de leur origine? On conçoit que toutes ces explications ne sauraient être que très-hypothétiques, et je les abandonne volontiers au jugement des géologues, sans y attacher la moindre importance. Je n'ai voulu que prévoir ici les questions que peut soulever l'inspection des lieux, afin qu'elles soient résolues plus tard.

Potosi étant géographiquement à l'extrémité sud du grand plateau bolivien et en même temps son confin oriental, je vais m'y arrêter et donner un aperçu de la composition géologique du plateau, en attendant mes conclusions générales, qui résumeront mes observations.

§. 7. *Résumé sur le grand plateau bolivien.*

Les roches plutoniennes du grand plateau bolivien sont de diverse nature. Les roches granitiques sur la chaîne de l'Illimani forment une vaste chaîne, dirigée du nord-ouest au sud-est. Elles constituent les pics les plus élevés de cette partie du monde, le Sorata et l'Illimani, et semblent avoir, sur ce point, disloqué les terrains siluriens et dévoniens qui les recouvrent. Ces roches apparaissent encore près de Santa-Lucia, à l'autre extrémité du plateau; et là figurent des cônes qui représentent un massif sur lequel s'appuient les terrains triasiques.

Des trachytes durs ou friables, mais toujours micacés, sont venus se montrer près d'Achacaché, à l'extrémité nord du plateau; ils offrent des mamelons sur le faîte de la chaîne orientale, près de Calamarca et de Sicasica, et d'autres mamelons allongés à Oruro, à Uallapata, au milieu du plateau, représentant de petites chaînes parallèles à la direction de la Cordillère orientale, c'est-à-dire sud-est et nord-ouest. Plus au sud, ils sortent, sous les roches siluriennes, dévoniennes et carbonifères, en un vaste massif qui occupe toute l'extrémité sud-est du plateau.

D'autres trachytes, le plus souvent à l'état de conglomérats ponceux, remplis de cristaux de quartz et de ponces, couvrent, sur une lisière de près d'un demi-degré de large, toute la bande occidentale du plateau bolivien, au pied des derniers contreforts du plateau occidental. Ces conglomérats, par la nature de leur dépôt, disposés par couches souvent horizontales, me paraissent être le produit de déjections; ils forment des bancs horizontaux. Je n'ai au moins vu nulle part qu'à l'état de conglomérats ponceux ils aient soulevé aucun terrain, toutes les roches trachytiques qui sont sous les roches de sédiment ayant un tout autre aspect. Je dois donc croire

Géologie. que les conglomérats ponceux sont les dernières époques plutoniennes de la chaîne des Cordillères, et qu'elles ont, sans doute, servi à niveler une partie du plateau.

Passant aux roches de sédiment, en commençant par les plus anciennes, je trouve les phyllades schistoïdes, que je regarde comme de l'étage silurien, sur toute la ligne de la Cordillère orientale de l'Illimani, superposés aux roches granitiques; ils se montrent également auprès d'Atita et d'Oruro, dans le milieu du bassin, à Sorasora, à las Peñas et sur toute la ligne occidentale des contre-forts de Potosi, jusqu'auprès de cette ville. Dès-lors ils représentent une bande nord-ouest et sud-est, qui borde tout le côté oriental du plateau bolivien. Sur la chaîne de l'Illimani, les terrains siluriens sont évidemment soulevés par les roches granitiques. D'Oruro jusqu'à Potosi, ils le sont peut-être par les roches trachytiques. Le terrain silurien est partout recouvert de grès dévoniens.

Les grès dévoniens se voient sur la chaîne qui, interrompue ou non, borne le plateau bolivien à l'est, et constituent encore quelques petites collines au milieu ou à l'ouest. Il est à remarquer que ces collines, de même que la chaîne de l'est, suivent toutes, à peu près, le même parallélisme du nord-ouest ou sud-est. Dans tous les endroits où le terrain silurien est apparent, les terrains dévoniens reposent immédiatement dessus, et ont été soulevés en même temps. Je serais même porté à croire qu'ils sont toujours l'un avec l'autre, et que, chaque fois qu'on trouve le terrain dévonien seul, c'est que les couches siluriennes inférieures sont cachées. Je n'ai vu qu'en un point du plateau, entre Yocalla et Tambillo, près de Potosi, les terrains carbonifères reposer sur les terrains dévoniens.

Les terrains carbonifères, représentés dans les îles du lac de Titicaca par des calcaires compactes, et partout ailleurs, par des grès rouges friables, forment des collines parallèles sur le milieu du plateau bolivien, à l'Apacheta de la Paz, à Guallamarca, etc.; collines généralement dirigées, de même que toutes les autres, du sud-est au nord-ouest. Les terrains analogues représentent deux lambeaux dirigés sud-ouest et nord-est, près de Lagunillas et de Yocalla, à l'extrémité sud-est du plateau bolivien. J'ai dit que les terrains carbonifères n'étaient en contact avec les terrains dévoniens que près de Yocalla. A Leñas seulement, ils paraissent avoir été soulevés par les roches trachytiques. Ils supportent les terrains triasiques à la chaîne du Pucara et de Guallamarca, vers l'ouest, et au Pilcomayo, au sud-est.

Les terrains salifères ou triasiques sont représentés, sur le plateau bolivien, par des argiles feuilletées bigarrées, remplies de gypse, par des calcaires feuilletés ondulés très-compactes ou par des calcaires très-durs à grains très-fins, de couleur gris-bleuâtre. Les argiles bigarrées se trouvent partout où se montre cette formation; il n'en est pas ainsi des calcaires magnésiens, que je n'ai rencontrés qu'aux environs de Potosi. Les terrains triasiques ne présentent que des lambeaux, l'un à l'ouest de l'Apacheta de la Paz, vers le sud, l'autre à l'ouest, vers le milieu du plateau, à Pucara et à Guallamarca, ou suivent la direction du nord-ouest au sud-est. On en voit deux autres lambeaux bien plus développés au Pilcomayo, et dans la vallée de Miraflor, près de Potosi, à l'extrémité méridionale et à l'est du plateau, où ils sont dirigés nord-est et sud-ouest. Le trias ne supporte nulle part aucune couche régulière plus moderne. C'est partout la dernière disloquée.

Géologie.

Après ces diverses époques de terrains de sédiment, on ne voit rien sur le plateau bolivien qui puisse représenter les terrains jurassiques, les terrains crétacés, ni même les terrains tertiaires marins. Les seules couches qui soient venues niveler le plateau, après ses dernières dislocations, me paraissent être les limons à ossemens, qui représentent les terrains pampéens. Quoi qu'il en soit, les argiles à ossemens sont les seules qui soient horizontales à leur surface. Ce sont bien, pour moi, les premières matières de nivellement du plateau.

Postérieurement aux argiles rouges à ossemens, il n'y a plus, à la superficie du plateau, que des phénomènes qui durent encore, tels que le transport des fragmens, des détritus de toutes les roches plutoniennes et de sédiment déposés sur les plaines par les eaux pluviales, des parties élevées vers les plus basses, et les fréquentes érosions que déterminent les eaux.

CHAPITRE X.

Description géologique du versant oriental des Cordillères.

J'ai suivi, sur une vaste surface, le versant oriental de la Cordillère orientale, dans la partie moyenne de sa pente; et, sur quatre points différens, je suis descendu, depuis les faîtes les plus élevés de la chaîne de Cochabamba et de Potosi, jusqu'aux plaines du centre du continent. Je vais décrire successivement, en autant de paragraphes distincts, ces longues courses géologiques, toujours de cent lieues chacune, plus ou moins.

§. 1. *Voyage sur la pente de la Cordillère de Cochabamba, en traversant les provinces de Yungas, de Sicasica et d'Ayupaya, jusqu'à Cochabamba même.*

En reprenant mon itinéraire de la Paz à Yungas par Palca[1], je suis resté au sommet de la Cordillère orientale, sur les roches granitiques de cette région glacée, après avoir traversé les phyllades schistoïdes du terrain silurien et les grès dévoniens du versant occidental de la chaîne. De la Cruz j'avais à descendre, à l'est, le versant des Andes par une pente tellement inclinée, que le sentier tracé dans les roches granitiques est, pendant quelques lieues, formé de gradins jusqu'à Tajesi. A ce village, en prenant le coteau de Cajapi et jusqu'au Rio de Chajro, environ deux lieues, je foulai constamment les mêmes roches granitiques de protogyne et de greisen; mais, en ce lieu, elles sont entièrement décomposées, friables, ont l'aspect sablonneux et représentent des mamelons arrondis ou des talus non accidentés, couverts de la plus riche végétation, la superficie des roches décomposées s'étant un peu mélangée avec l'humus.

Au Rio de Chajro, à cinq lieues environ du sommet de la Cruz, près du petit hameau de Chojlia, je trouvai les premiers phyllades noirâtres siluriens, en couches fortement inclinées au nord-est, et contenant les empreintes évidentes de quelques mâcles et des filons de quartz laiteux. En traversant le Rio de Chajro, pour prendre le pied de la haute colline de Yanacache, je trouvai encore des phyllades analogues, dont les couches inclinent au nord-est, et dont le relèvement forme une crête, sur le sommet de laquelle sont situés les bourgs de Yanacache et de Chupe. Je n'avais aucun moyen sûr d'apprécier la hauteur de l'escarpement au-dessus des vallées latérales; néanmoins le temps employé à monter et la perspective me font croire que la différence de niveau est de plus de 500 mètres. On y gravit la tranche même des couches par des marches de phyllades, placées sur la pente de l'escarpement. Au sommet, je rencontrai les mêmes phyllades, alors moins noirs et moins feuilletés. Sur plusieurs points de la province

---

1. Voyez p. 123.

de Yungas, ces phyllades sont en feuillets si réguliers, qu'on en tire de belles dalles plates, qui servent à paver les séchoirs pour la coca.

Du sommet de la crête, assez aiguë[1], j'avais, au sud, une colline aussi haute et aussi escarpée que celle sur laquelle j'étais, et ayant la même inclinaison de couches. Au nord s'offrait une autre colline semblable, dont les couches plongent au sud, sous un angle de plus de quarante-cinq degrés; ces deux collines me présentaient donc le dos des couches, et, sur plusieurs points, la roche à nu, au milieu de la végétation la plus active et la plus riche du monde. Je remarquai que ces parties dénudées se montraient toujours en bandes verticales plus ou moins larges, partant soit du sommet, soit de la moitié de la hauteur de la pente, et s'étendant toujours jusqu'en bas. Je m'en demandais la raison, que l'aspect de la colline opposée au nord me fit reconnaître de la manière la plus complète. Il y avait quelques mois seulement que les habitans de Yanacache avaient été témoins, à l'instant des grandes pluies, d'un phénomène qui se renouvelle assez souvent dans ces montagnes escarpées. Au sommet de la colline voisine, la terre végétale, les arbres de toute taille dont elle est couverte (parmi lesquels le plus grand nombre atteint une hauteur de plus de soixante mètres), se détachèrent des couches de phyllades qui les supportaient. Le tout glissa avec fracas sur la pente et vint s'entasser au fond de la vallée, en laissant le dos des couches entièrement à nu, du haut en bas de la colline. Ce glissement si remarquable, quoiqu'il ne semble pas avoir de rapport immédiat à la géologie, me parut très-intéressant, en ce qu'il pouvait peut-être servir à expliquer, sur quelques points, la formation de ces petits bassins houillers, situés au fond des vallées anciennes. Je descendis pour examiner l'amas produit par l'éboulement, et je reconnus qu'il formait une masse dans laquelle la terre, composée seulement de détritus de plantes ou terrain noirâtre, enveloppait partout les plantes, les arbustes et les arbres, comme s'ils eussent été pétris ensemble. Seulement, arrêtées tout à coup dans la vallée au-dessus, les eaux s'étaient déjà frayé un passage au milieu de la pâte et des troncs d'arbres croisés qui s'y trouvaient enveloppés. C'était un beau chaos, un phénomène qui ne peut offrir d'aussi grands résultats qu'au sein de la brillante végétation de ces régions, zone perpétuelle des nuages et des pluies.

Je suivis la crête des phyllades pendant deux ou trois lieues, de Yanacache au bourg de Chupe; je descendis encore, sur la fin de la même crête, jusqu'au fond de la vallée, et remontai, de l'autre côté, à Chirca, distant de cinq lieues de Chupe, sans abandonner les phyllades, qui ne cessèrent de se montrer jusqu'à Chulumani, trois lieues plus loin. Je remarquai néanmoins qu'à Chirca ces roches sont plus friables, et qu'elles se divisent en petits feuillets bariolés de violet et de rosé, à l'aspect luisant ou satiné. Ce sont les parties les plus supérieures, également traversées de filons de quartz. Mes recherches sur tous ces points, et pendant un assez long séjour à

---

1. Les habitans appellent ce genre de sommité des chaînes *Cuchilla*; nom qui vient de *Cuchillo*, couteau, et qui exprime parfaitement la forme des crêtes tranchantes.

Géologie. Chulumani, ne me montrèrent aucune trace de corps organisés dans les phyllades; mais, comme ailleurs, tous les fossiles que j'y ai rencontrés sont caractéristiques de l'époque silurienne. Je crois pouvoir les rapporter à cette formation.

Dans un pays où la plus belle végétation couvre le sol, et dont les dislocations nombreuses des couches font la région la plus accidentée de la république de Bolivia; dans un pays où l'homme s'est à peine tracé quelques sentiers au milieu d'une nature abrupte et sauvage, on ne connaît que les points voisins des très-petites parties habitées, tandis que des centaines de lieues n'ont jamais été foulées par l'espèce humaine, et ne le seront peut-être pas de quelques siècles. On conçoit alors quelles sont les difficultés à vaincre pour obtenir des renseignemens géologiques certains, et combien les faits recueillis sont incomplets. Deux motifs seulement ont engagé les habitans de ces contrées à lutter contre les obstacles de tous genres qui se présentent à chaque pas, et à s'avancer dans les montagnes, au nord et à l'est de Chulumani : l'un est le désir de découvrir des mines, l'autre, la recherche du quinquina. Je réunis à Chulumani les uns et les autres de ces investigateurs, et j'appris qu'en suivant au nord-ouest, on trouve partout, au pied des chaînes élevées de la Cordillère, une large bande de terrain phylladien qui s'étend à Coroïco, à Challana, et ensuite au nord, jusqu'à Tipoani. Ces phyllades sont pourtant, à ce qu'ils m'assurèrent, recouverts de grès, surtout les pics élevés qui dominent au nord de Chulumani, et que j'apercevais du sommet de la montagne, dont je m'étais fait un observatoire géographique. Ce fait, joint à mes observations sur d'autres points, me donna la certitude qu'à l'est et à l'ouest de la Cordillère orientale on retrouve absolument les mêmes couches siluriennes et dévoniennes. Ce serait une forte raison, surtout lorsqu'on voit les pentes en sens opposé sur les deux versans, pour faire supposer qu'ici les roches granitiques ont soulevé l'ensemble et formé les reliefs de la chaîne.

Considérée sous le rapport des mines, la province de Yungas et celle de Muñecas, plus au nord, offrent le plus grand intérêt. Les dénudations, les dislocations des phyllades, ont laissé, sur plusieurs points, des lavages d'or très-abondans, tels que celui de Tipoani, qui a déjà donné des millions, et qui fournit annuellement des richesses immenses; celui de Caiconi, les rivières de Tamampaya et de Suri, et surtout celle de Chunquiagillo, célèbre par cette fameuse pépite d'or pesant *quarante-sept livres quatorze onces* espagnoles[1], qu'Antonio Bulucua y découvrit en 1730, et que le vice-roi, le marquis de Castel-Fuerte, envoya au roi d'Espagne. Tous ces points de lavage sont, sans aucun doute, le produit des dénudations des phyllades. On en acquiert la certitude, lorsqu'on voit les galets ou cascajos, parmi lesquels se trouvent les parcelles d'or, et surtout lorsqu'on trouve le métal précieux encore en place dans les filons quartzeux qui traversent la roche phylladienne, à Coripata et à Coroïco. Ces nouveaux faits corroborent l'opinion que j'ai déjà émise à cet égard[2], et prouvent l'identité de

1. *El Iris de la Paz*, n.° 9. La livre espagnole est de 14 onces françaises.

2. Voyez p. 130.

Géologie.

composition et d'accidens des roches phylladiennes des deux versans de la Cordillère orientale. On trouve encore une mine d'argent, celle de Guequere, près d'Irupana; mais la friabilité des couches de phyllades où cette mine se trouve, et conséquemment la difficulté d'y établir des galeries solides, ont contraint à l'abandonner.

De Chulumani à Irupana, en me dirigeant à l'est-sud-est, je franchis les montagnes qui descendent de la Cordillère orientale transversalement à leur direction. Je passai deux hautes collines de phyllades, et les deux torrens qui les séparent, jusqu'à la ville, située près du sommet de la chaîne de Coropata, elle-même entièrement formée de phyllade schistoïde en partie décomposé, qui me parut incliné au sud-est.

Je découvris, non loin d'Irupana, une petite cascade où l'eau se précipite de quinze mètres de hauteur, la seule que j'aie vue pendant quelques années de voyage sur les deux versans des Cordillères. Lorsque je réfléchis plus tard à ce fait, je dus me convaincre plus encore de l'influence de la composition géologique sur l'aspect pittoresque des montagnes. En parcourant les Pyrénées et les Alpes, on rencontre, à chaque pas, des cascades magnifiques qui se précipitent d'une grande hauteur. Rien de semblable ne se remarque dans les Cordillères, où les torrens mêmes, tout en descendant par des pentes rapides, n'offrent jamais ces accidens si remarquables qu'on admire de Cauterès au lac de Gob, dans les Pyrénées. Dans les Alpes, la cascade de Giessbach et tant d'autres en Suisse; celles du lac d'O, de Bagnères de Luchon et de Gavarnie aux Pyrénées, proviennent de la dureté des roches, dont les dislocations ont formé d'immenses saillies en gradins, que les eaux ne détruisent pas depuis des siècles, les roches granitiques et les roches crétacées qui les composent résistant à leur choc le plus impétueux. Dans les Cordillères, sur le versant occidental, où les roches plutoniennes pourraient aussi produire des chutes, il n'y a pas d'eau; mais sur le versant oriental des Andes, où les eaux sont des plus abondantes, la nature des couches s'oppose à ce qu'il y ait des cascades. Les roches granitiques y sont partout en décomposition, et les phyllades, qui les recouvrent le plus souvent, friables. Il en résulte que les courans, se creusant un lit incliné, ne sont arrêtés que par quelques petits blocs plus durs que le reste, qui n'offrent ni cet appareil de résistance, ni ces hautes failles, causes des grandes chutes d'eau des montagnes d'Europe. Cette différence de dureté des roches influe encore beaucoup sur l'aspect du pays. Les chaînes de montagnes, sur le versant oriental des Andes, sont des plus abruptes; chacune y forme, le plus souvent, une crête presque aiguë; mais la roche, se décomposant facilement à l'air, ne saurait présenter, nulle part, de ces pics aigus, de ces rochers escarpés des Alpes et des Pyrénées; aussi les montagnes offrent-elles partout des croupes légèrement ondulées et nullement heurtées ni déchirées.[1]

Au sommet de la chaîne de Coropata le faîte est assez large déjà pour qu'on y puisse cultiver plusieurs champs. J'y relevai le sommet de l'Ilimani au sud-ouest 10° ouest. La montagne entière se compose de phyllade plus ou moins friable et schistoïde; je

1. On peut en voir l'aspect général dans la Vue n.° 11 de la Partie historique.

Géologie. la descendis à l'est, sur une pente très-rapide, jusqu'au Rio de la Paz[1], qui, après avoir franchi la Cordillère orientale au pied de l'Ilimani, se dirigeait au nord-nord-est, vers le Rio Beni. Le Rio de la Paz forme, en ce lieu, une plage de deux kilomètres environ de largeur, entièrement privée de verdure et couverte de cailloux roulés, apportés par le torrent de l'autre côté des Andes, et composés de roches granitiques, de phyllades, de quartz et de grès dévoniens.

A l'est du Rio de la Paz s'étend une haute chaîne courant nord et sud et nommée *Cuesta de l'hospital*. J'en tournai l'extrémité jusqu'au confluent du Rio de la Paz et du Rio de Meguilla, et je la vis entièrement composée de phyllades schistoïdes, dont les couches plongent fortement à l'est. Je remontai la grande vallée de Meguilla et de Cañamina, l'espace de plus de huit lieues, jusqu'au village de Circuata, situé au sommet d'une colline. Durant tout ce trajet, je ne trouvai que des phyllades identiques aux phyllades déjà rencontrés.

Circuata, bien que très-élevé au-dessus de la vallée, est néanmoins dominé au sud par de plus hautes montagnes, qui, autant que j'en pus juger à l'aide d'une bonne lunette, me parurent formées de grès dévoniens; et cette opinion, en rapport avec une forme orographique distincte et plus mamelonnée, me fut confirmée, quand je remontai la côte jusqu'au faîte de la chaîne, où je remarquai, en effet, sur le sol, des fragmens de grès trop nombreux pour faire supposer qu'ils puissent être apportés par les hommes; d'ailleurs, me trouvant beaucoup plus près d'un des points saillans, connu sous le nom de la Tableria, j'y reconnus distinctement, au sud, les grès dévoniens en position. Au nord, au contraire, toutes les sommités me semblèrent composées de phyllades, que je rencontrai partout, jusqu'au bourg de Carcuata, sur la pente opposée, un peu au-dessus du Rio de Suri.

En face de ce village, j'avais une haute montagne dite du Viscachal. Je voulus en faire l'ascension, dans le double intérêt de la géologie et de la géographie. Une demi-journée de fatigue me conduisit à son sommet, élevé de plus de mille mètres au-dessus de la rivière de Suri. De ce point je dominais toutes les autres montagnes voisines, et relevai l'Ilimani, à l'ouest cinq degrés sud. La montagne du Viscachal est entièrement formée de phyllades schistoïdes, de plus en plus décomposés vers le sommet, où ils sont rougeâtres, en petits feuillets, et constituent un large plateau. De cet observatoire,

1. Le cours de cette rivière est devenu, pour les géographes systématiques, l'occasion des plus graves erreurs. On savait qu'elle prenait sa source près de la Paz, et qu'elle venait se jeter dans un des affluens du Beni, sur le versant oriental des Andes. La rivière coulant à l'est des Andes, la ville de la Paz devait nécessairement se trouver sur ce versant; et, sans autres renseignemens, on l'a placée d'après ce raisonnement, dans toutes les cartes de Brué (de 1824 à 1836); mais il n'en est pas ainsi dans la nature. La rivière et la ville de la Paz, comme on l'a vu page 121, sont sur le versant occidental des Andes. La rivière parcourt, sur le plateau, une assez grande surface au pied de l'Ilimani; puis, tout à coup, elle franchit la chaîne et passe sur le versant oriental, où je venais de la retrouver.

toutes les sommités des montagnes au sud me parurent composées de grès dévoniens. Je crus les reconnaître également sur la chaîne d'Arcopongo, située à l'est, et alors en partie couverte de neiges; ainsi le Cerro du Viscachal serait à la limite des phyllades de l'époque silurienne et des grès dévoniens.

De Carcuata à Suri, en remontant au sud-sud-est, au fond de la vallée de ce nom, pendant trois lieues, je trouvai partout des phyllades; mais, en gravissant la petite colline sur laquelle est situé le village, je trouvai les couches les plus supérieures du système à l'état plus compacte et de couleur différente, un peu verdâtre[1]. Ces phyllades sont recouverts, un peu au-dessus de Suri, par les grès dévoniens, alors très-compactes.[2]

A Suri, je pris le coteau de Subluche, sur la rive droite du Rio de Suri, et remontant toujours, je foulai, pendant trois lieues, les phyllades ou lidiennes, jusqu'à moitié chemin du hameau de Charapacce. De là jusqu'au hameau même, en remontant la petite vallée latérale de la Plata, je rencontrai de toutes parts des blocs de grès dévonien, que je voyais en place, dans les montagnes qui dominent au sud. A une lieue du village de Charapacce, j'atteignis le sommet de la chaîne de Cocasuyo, composée de grès dévonien. Ce point, à en juger par sa température et sa végétation, me parut devoir être à environ 3500 mètres[3] d'élévation au-dessus du niveau de la mer. J'avais au sud-est la très-profonde vallée de Cotuma, où coule le torrent de ce nom, sur les phyllades bleuâtres, et au-delà les montagnes de grès dévonien, sur le penchant desquelles est situé Inquisivi, le premier bourg de la province de Sicasica. Toutes les montagnes qui bornent l'horizon au sud, forment des mamelons arrondis, de grès dévoniens, qui, en cet endroit, couvrent, en couches inclinées à l'est-nord-est, tous les points élevés, tandis que les phyllades ne sont apparens que dans le fond des vallées. Je parcourus deux jours les environs d'Inquisivi, sans trouver de traces de fossiles dans les différentes couches; je remarquai seulement que les plus inférieures des grès sont micacées et presque phylladifères.

Je suivis pendant trois heures le coteau d'Inquisivi sans voir autre chose que des grès dévoniens, dont la pente est à l'est-nord-est, jusqu'à la profonde vallée de Titipacha, dont tout le fond, jusqu'aux deux tiers de la hauteur des coteaux de chaque côté, se compose de phyllades schistoïdes bleuâtres en décomposition sur les parties à nu. C'est dans ces phyllades qu'on exploite plusieurs filons argentifères, tels que ceux de Titipacha, de Corachapi et de Huala. Je visitai ces mines et j'y recueillis de nombreux échantillons. Ces filons, toujours quartzeux, traversent presque verticalement les couches de phyllades. Ils sont formés, soit de fer carbonaté, soit de plomb argentifère, mélangé à du fer sulfuré cristallisé. Le filon de Huala donne, par l'amalgame, deux pour cent d'argent pur, lorsqu'on choisit le minerai.[4]

1. M. Cordier les a déterminés comme des lidiennes tabulaires.

2. M. Cordier les nomme novaculites.

3. On cultive, bien au-dessous, la pomme de terre et le froment, et aux sommités, il n'y a plus que des pâturages, la zoologie demeurant entièrement celle de la Paz.

4. L'exploitation en est des plus simple. On apporte le minerai extrait; on le pulvérise,

Géologie.

Au-dessus de Capiñata, on trouve le sommet de la côte de Pumulu, dirigée nord et sud et composée de grès dévonien. On voit, dans la même direction, de l'autre côté, à huit lieues de marche de distance, la côte opposée de Chulpachirca, où est bâtie Cavari; entre les deux coule le Rio de Colquiri, dont les coteaux, sur la moitié de leur hauteur, sont encore formés de phyllades, tandis que le sommet est couvert des mêmes grès. De Cavari, en descendant vers le Rio d'Ayupaya, je retrouvai encore les phyllades à mi-côte et de là jusqu'au fond de la vallée, qui, de même que le Rio de Colquiri, est couverte d'une plage de galets de près de deux kilomètres de largeur.

En remontant du Rio d'Ayupaya, vers le village de Machaca ou Machacamarca, je ne cessai de rencontrer les phyllades en couches très-tourmentées. Au-dessus de Machaca, en m'élevant encore davantage vers la crête de la montagne de Calatranca, je remarquai que tous les phyllades sont colorés en rouge. Au milieu de ces phyllades colorés, j'aperçus, à peu de distance, un mamelon qui me parut de nature différente. Je m'en approchai, et je vis un cône très-écrasé, composé d'une roche porphyritique rouge, remplie de cavités. M. Cordier l'a reconnue pour une frédronite feldspathique et micacée. Je crus pouvoir attribuer au voisinage de cette roche le changement de couleur des phyllades. Le peu d'étendue de ce mamelon ne saurait s'expliquer, pour moi, que par sa sortie au travers des dislocations des phyllades, qu'il a évidemment modifiés, en en changeant, tout autour, la couleur, sur un espace plus ou moins grand. A peu de distance de ces roches porphyritiques, après avoir rencontré encore quelques phyllades, je reconnus les grès dévoniens; mais, au sommet de la montagne de Calatranca, je vis, en couches presque horizontales et en mamelons très-arrondis, des grès rougeâtres très-friables, que leur stratification, qui me sembla discordante avec les grès dévoniens, et leur composition analogue à ceux du plateau, me firent regarder comme

---

au moyen de deux roues de pierre, qui tournent autour d'un axe commun; on le tamise; on le met au four; on fait l'amalgame avec du mercure; on l'expose ainsi à l'air, en l'humectant souvent. Des Indiens sont constamment occupés à le remuer; puis, lorsque l'amalgame est jugé complet, pour laver cette pâte et emporter les parties terreuses, on la porte au lieu du lavage, qui consiste en un trou garni de cuir, où l'eau tombe de haut. A la sortie de ce trou, large de deux mètres, où un homme trépigne constamment des pieds, il existe une petite fossette où les parties les plus lourdes doivent nécessairement s'arrêter; là, un autre homme remue le mélange, afin d'en dégager la terre. De cette fossette part un petit canal, également garni de cuir, où, de distance en distance, sont encore de petites fosses, destinées à retenir les parties plus pesantes. A l'extrémité du canal s'ouvre un grand réservoir, dont le trop plein débouche dans la campagne. Le mouvement qu'on imprime sur tous les points dégage les parcelles les plus légères. L'opération terminée, le premier réservoir, ainsi que les autres, ne contiennent plus que le mélange de mercure et d'argent, qu'on presse pour tirer de l'argent le plus de mercure possible. On forme ainsi de petits pains de diverses figures, qu'on soumet au grillage, pour enlever le reste du mercure. Ces pains sont connus sous le nom de *Plata piña;* et, quoiqu'ils soient de contrebande, constituent un des bons produits d'exportation du commerce étranger.

carbonifères. Ils couvrent la montagne dans un court espace, et se montrent également au sud, sur quelques-uns des mamelons saillans. Néanmoins, en descendant à Palca, chef-lieu de la province d'Ayupaya, je foulai les grès dévoniens jusqu'au bourg même, où je crus apercevoir les phyllades dans le fond du Rio de Palca, l'un des affluens du Comacache ou Yacani, que j'avais à l'est. Géologie.

Les environs de Palca me montrèrent seulement des grès dévoniens. En laissant le bourg pour remonter vers le sommet du contre-fort de Cochabamba, je trouvai d'abord les phyllades au fond du ravin, puis les grès dévoniens de l'autre côté. Dans une petite vallée, à quatre ou cinq kilomètres de Palca, je vis, sur le sol, plusieurs gros blocs d'une roche noirâtre, très-dure, dont je pris des échantillons, que M. Cordier regarde comme un porphyre dioritique[1]. Je n'ai point vu cette roche en place; mais les blocs que j'avais sous les yeux étaient trop volumineux pour être apportés. Je dus donc croire qu'ils provenaient d'un mamelon semblable à celui de Machaca, qui s'était fait jour non loin de là ou peut-être au-dessous, la masse étant cachée par des éboulemens et les alluvions. Quoi qu'il en soit, je n'en ai vu nulle autre part de vestiges.

Les grès dévoniens parurent sans interruption jusqu'au village de Santa-Rosa, à seize kilomètres environ de Palca. En ce lieu, les sommités des montagnes, représentant des mamelons arrondis, composés de grès friables carbonifères, analogues à ceux de la chaîne de Calatranca, me semblèrent être de même en couches presque horizontales. J'avais en face, à l'est, une chaîne dirigée au nord-ouest, et dont toutes les sommités sont couvertes de neige. La couleur des roches à nu sous la neige, m'y fit reconnaître des phyllades de l'époque silurienne; ce que je vérifiai plus tard, en passant à son sommet.

En descendant la côte de Santa-Rosa au Rio de Pomacache, après avoir traversé les grès dévoniens, je trouvai, dans le lit de la rivière, les phyllades sur lesquels, à la rive opposée (la rive droite), reposaient quelques lambeaux de grès dévoniens en couches inclinées au sud-sud-ouest. Les phyllades présentent, sur quelques points, en remontant la vallée, et surtout près du hameau de Parangani, une pente tellement abrupte, qu'il serait impossible d'y monter. L'eau produite par la fonte des neiges se précipite en petits ruisseaux. En ce lieu, et jusqu'au bourg de Morochata, situé de huit à neuf lieues de Palca, la rive gauche du ravin présente un escarpement énorme, une tranche presque perpendiculaire, offrant des grès en couches qui, d'où j'étais, me paraissaient presqu'horizontales. Aux parties inférieures elles me semblèrent, d'après la couleur, appartenir au système dévonien, tandis que leur teinte rougeâtre ou violacée, leur contexture friable, me fit rattacher les plus supérieures aux terrains carbonifères. Ces falaises, que je visitai, forment comme une muraille au-dessus du village de Morochata, et sont d'un aspect pittoresque très-singulier.

De Morochata, déjà assez élevé pour que le blé n'y fructifie plus, il reste quatre lieues jusqu'au sommet le plus saillant des contre-forts de Cochabamba. On suit un

1. M. d'Omalius d'Halloy croit que cette roche peut être un trapp.

Géologie. ravin encaissé entre la chaîne neigeuse, composée de phyllades, et les grès taillés à pic. On dirait, en considérant l'ensemble, que les grès de la rive gauche ont glissé sur les pentes abruptes des phyllades, lors des grandes dislocations, qui ont évidemment changé l'état relatif des couches, et que, minés par les érosions anciennes et modernes, les grès ne présentent plus que la tranche de leurs couches. En remontant, je perdis bientôt de vue les grès carbonifères de la rive gauche, les grès dévoniens se montrèrent seuls; et, enfin, près du sommet, ils reposent sur des roches qui diffèrent un peu des phyllades bleuâtres inférieurs, et plus encore des grès. Ce sont des phyllades arénifères micacés, à feuillets très-minces. Montant toujours, j'atteignis enfin les points culminans, entièrement composés de phyllades noirâtres, en partie cachés par la neige de ces régions glacées. Cette sommité de la Cordillère orientale dépend du rameau que j'ai désigné sous le nom de contre-fort de Cochabamba; elle présente, en cet endroit, les couches inclinées généralement au sud ou sud-sud-ouest, vers la vallée de Cochabamba, tout en ayant souffert, en tous sens, de nombreuses dislocations et des brisemens apparens, soit au faîte des relèvemens représentant des pointes déchirées, soit en passant trois cols, dont l'élévation est très-voisine du niveau des neiges perpétuelles, et qui ont, au moins, 4600 mètres de hauteur absolue. La chaîne forme, à l'est, un vaste plateau, qui s'étend au loin au-dessus de la vallée de Cochabamba, et beaucoup plus basse à l'ouest-sud-ouest, elle se dirige vers le grand plateau bolivien. Je dominais à l'est sur les vallées de Cochabamba et de Clissa, offrant aussi un plateau élevé de 2575 mètres au-dessus de l'Océan, dès-lors beaucoup plus bas que celui des contre-forts, mais des mieux circonscrit, au nord, par ces mêmes contre-forts, et au sud par des collines assez basses, qui l'encadrent de toutes parts. Comme je m'en assurai plus tard, toute la chaîne située au nord de cette vallée se compose de phyllades, sur lesquels, aux parties les plus inférieures, sont, en couches inclinées au sud, quelques lambeaux de grès dévoniens, tandis que toutes les montagnes, au sud et à l'est, ne sont formées que de grès dévoniens.

Je traversai des phyllades, des grès; j'arrivai dans la vallée de Cochabamba; et la traversant de l'ouest à l'est, sur des argiles rougeâtres partout cultivées, j'atteignis la ville de Cochabamba, capitale du département.

Pendant le voyage que je venais de faire, j'avais franchi, dans les montagnes, depuis le sommet de la Cruz, près de la Paz, jusqu'à Cochabamba, environ *quatre-vingt-treize lieues*, qui, en ligne directe à l'est-sud-est, me donnaient encore deux degrés quarante-cinq minutes de distance réelle ou plus de soixante-huit lieues de vingt-cinq au degré. J'étais descendu des parties élevées de la Cordillère orientale, jusqu'à mi-hauteur de la pente orientale des montagnes, et j'avais suivi cette pente jusqu'à Palca (d'Ayupaya), d'où, remontant vers le contre-fort de Cochabamba, j'avais traversé la chaîne, pour descendre dans la vallée de ce nom. Dans cette suite continuelle de pénibles ascensions et de descentes rapides sur les lieux les plus accidentés du monde, j'avais observé, sous le rapport géologique, la plus grande uniformité de composition, comme on va s'en assurer par le résumé suivant.

Les roches plutoniennes y sont peu répandues. Les roches granitiques forment le sommet de la chaîne de l'Illimani ou la Cordillère orientale, et s'étendent à quelques lieues sur la pente orientale, où elles sont recouvertes par les terrains siluriens; ainsi, vers l'est, l'Illimani serait le dernier lieu où se montrent ces roches, qui, si elles ont soulevé le reste des contre-forts de Cochabamba, n'apparaissent au moins sur aucun des points que j'ai visités, tous les sommets à l'est du colosse américain n'étant formés que des relèvemens des couches sédimentaires. Géologie.

Deux petites taches de roches porphyritiques se sont offertes à moi dans toute cette traversée : l'une composée de roche feldspathique rouge, près de Machacamarca, où elle vient saillir au milieu de phyllades de l'époque silurienne; l'autre, un porphyre dioritique ou trapp, dont j'ai vu les fragmens au-delà de Palca, au sein des grès dévoniens. Il est à remarquer que ces deux petits mamelons porphyritiques ne sont pas placés au sommet des chaînes, mais bien sur les flancs et bien au-dessous des faîtes qui constituent les montagnes les plus élevées. Ils sont placés à l'extrémité orientale de la ligne parcourue.

Loin de présenter, sur ce versant, de vastes surfaces, comme sur le versant occidental et sur les plateaux, les roches d'origine ignée ne sont ici que de rares exceptions.

Les roches de sédiment couvrent, au contraire, tout le versant oriental des Cordillères, où, néanmoins, elles sont peu variées.

Les roches de phyllades du terrain silurien, bleues aux parties inférieures, satinées et en petits feuillets aux parties moyennes, souvent passant au grès phylladifère micacé aux parties supérieures, se montrent partout sur le versant oriental. Elles offrent une large bande sur les roches granitiques des flancs de l'Illimani, et s'enfoncent ensuite à l'est, sous le terrain dévonien, qui occupe une partie de la pente. Plus à l'est, de l'autre côté du Rio de la Paz, les roches siluriennes sont cachées, au sud et au nord, par les grès dévoniens, et ne montreraient alors qu'une large surface due aux dénudations des grès, soit avant le relief des Andes, soit postérieurement à cette époque; ainsi presque partout les terrains siluriens, qui reposent sur les roches granitiques de l'Illimani, supportent le terrain dévonien à leur partie supérieure.

Les grès du terrain dévonien quartzeux et compactes couronnent, à l'est du Rio de la Paz, les montagnes qui constituent, alors, la Cordillère orientale, au bord du plateau bolivien, sur tout l'intervalle compris entre la Paz et Cochabamba. A leur dénudation, au nord, est due la présence des terrains siluriens qui leur sont partout inférieurs, et qui les remplacent sur une bande longitudinale parallèle aux chaînes; cela paraît si vrai, qu'au nord de ces terrains siluriens, les terrains dévoniens reparaissent et y constituent toutes les chaînes un peu saillantes sur la pente. Ces deux bandes, l'une au nord, l'autre au sud des terrains siluriens, viennent s'interrompre près du relèvement des montagnes siluriennes de Cochabamba. Sur quelques points seulement les roches dévoniennes supportent des grès friables de l'époque carbonifère.

Le terrain carbonifère se montre en lambeaux peu étendus, près de Machacamarca, de Palca et de Morochata, à l'extrémité orientale de la ligne parcourue; forme,

Géologie. alors, les sommités de quelques montagnes, et repose immédiatement sur les terrains dévoniens. J'ai remarqué que ses couches, très-discordantes avec les grès, sont presque horizontales.

Rien de plus récent que ces terrains ne s'est montré à moi, sauf les cailloux roulés qui garnissent le lit des rivières, et qui, appartenant aux formations traversées par ces cours d'eau, sont des alluvions modernes, lesquelles augmentent tous les jours.

§. 2. *Voyage géologique des plateaux de Cochabamba aux affluens du Rio Securi, dans les plaines de Moxos ou coupe transversale nord et sud des contre-forts de Cochabamba, sur leur versant nord.*

(Voyez la coupe, pl. VIII, fig. 4.)

Le désir de me rendre utile à la république de Bolivia, en ouvrant de nouvelles communications entre les plateaux de Cochabamba et la province de Moxos, autant que la pensée de servir à la fois la géologie et la géographie, me firent entreprendre, sur un point que personne avant moi n'avait encore parcouru, un voyage où je traversai à pied toute la chaîne dans ses parties les plus abruptes et les plus inconnues, jusqu'aux plaines inondées de la province de Moxos.

De Cochabamba, je franchis la plaine jusqu'à Tiquipaya, situé au pied des hautes montagnes du contre-fort oriental. Je m'élevai sur les plateaux, en foulant le terrain silurien, toujours composé de phyllades noirâtres gris, plus ou moins feuilletés, dont les couches plongent au sud. Au sommet de la côte, je trouvai un immense plateau, borné, à l'ouest, par des pics neigeux que forme le relèvement des phyllades. Ce plateau, de 4500 mètres au moins d'élévation, si l'on en juge par les neiges et les glaces qui s'y montrent, est partout couvert de débris de phyllades micacés, où je recueillis des fossiles singuliers presque bivalves[1], qui atteignent jusqu'à vingt centimètres de longueur. Ces fossiles me parurent de deux espèces : les uns ridés en travers, que j'ai appelés *Cruziana rugosa*, les autres à côtes bifurquées (*C. furcifer*, d'Orb.). Je les trouvai surtout dans une couche micacée, qui me parut supérieure aux couches bleues et satinées que j'avais rencontrées dans la province de Yungas. Sur ce vaste plateau, où je fis plus de deux jours de marche, je rencontrai partout les mêmes phyllades, en couches diversement inclinées et profondément tourmentées. Je suivis, d'abord, dans la direction générale du nord-nord-est, le cours du ravin d'Altamachi; je l'abandonnai après quel-

1. Ces fossiles, que, dans son rapport de 1834, M. Cordier désigne comme des *Bilobites*, ont été publiés, plus tard, sous ce nom (Paléontologie, pl. I, fig. 1, 3). M. Dekay ayant employé cette dénomination pour d'autres corps, je me vois forcé de la changer, et je nomme ce genre *Cruziana*. On le trouve en France dans la partie la plus inférieure des terrains siluriens de la Bretagne.

ques lieues, remontai une petite chaîne très-disloquée, remplie de petits lacs glacés et de roches à nu, au niveau des neiges. Je trouvai toujours les mêmes terrains siluriens, de diverses couleurs, mais le plus souvent gris ou bleuâtres. Je commençai à descendre dans une vallée où se trouvent plusieurs petits lacs divisés par étages. Je remarquai que des sommités mamelonnées que j'avais à l'ouest étaient composées de grès; je le crus d'autant mieux, que j'en rencontrai plusieurs fragmens sur le sol. De là, en descendant au hameau de Tutulima, dernier point habité de ces régions, je roulai plutôt que je ne marchai sur une pente abrupte, jusqu'au fond de la vallée. Les roches, sur toute cette longue descente, me parurent être siluriennes et fortement inclinées à l'est-nord-est.

Le ravin de Tutulima est situé dans une des plus profondes vallées que je connaisse; puisqu'à quelques lieues des sommets neigeux, il atteint déjà la région des palmiers, des orangers et de la canne à sucre. Sous le rapport géologique, on y remarque le chaos le plus complet; ce sont des blocs amoncelés, tombés des montagnes voisines, qui viennent s'appuyer, au nord-est, sur les couches de phyllades bleus, qui plongent à l'ouest-sud-ouest, sous un angle tel qu'il serait impossible de les gravir.

De ce point, n'ayant plus de chemin tracé, je suivis, en le descendant, le lit du torrent de Tutulima. J'avais toujours à ma droite les couches de phyllades inclinées vers l'ouest-sud-ouest, et à ma gauche, appuyées sur les phyllades, d'anciennes alluvions de cailloux roulés par bancs. Je savais que, dans la vallée parallèle de Choquecamata, située plus à l'ouest, on avait trouvé, entre ces cailloux, de très-grosses et de très-nombreuses pépites d'or. Je savais aussi, par expérience, que ce métal se rencontre dans les anciennes dénudations des roches de phyllades. Je voulus m'assurer si ces bancs de cailloux, situés à trois lieues environ de Tutulima, et dans les mêmes circonstances que les lieux les plus riches d'exploitation, contenaient également de l'or. J'en arrachai des fragmens en un point où ils reposent sur les phyllades; j'enlevai, avec soin, les graviers les plus inférieurs, je les lavai dans une calebasse, et j'en retirai plusieurs parcelles d'or. Ce résultat me donna la certitude que des recherches *ad hoc*, des travaux réguliers, donneraient, dans ce petit cours d'eau, de très-grands avantages.[1] Il y a près d'une lieue de long de ces *cascajos* aurifères, mélangés de cailloux de quartz laiteux; indices certains, appréciés par les mineurs du pays.

Le cours du Rio de Tutulima me montra sans interruption, à droite et à gauche, les mêmes couches de terrains siluriens, offrant les escarpemens les plus abruptes, jusqu'au confluent d'un autre torrent, que je nommai *Rio del mal Paso*[2]. Au-delà, en suivant la direction générale du nord-nord-ouest, je cheminai cinq jours de suite au

1. J'aurais peut-être pu demander la concession de cette exploitation; mais j'étais venu en Amérique pour faire de la science, et non pour m'enrichir. Je me contentai donc de signaler ma découverte, afin que d'autres pussent en profiter.

2. *Rio del mal Paso* (Rivière du mauvais pas), parce que, pour le franchir, je fus obligé de descendre de précipices en précipices, sur des roches escarpées.

Géologie. fond du torrent, en le passant constamment, à cause des roches abruptes, et longeant à droite des roches siluriennes bleuâtres, dont la pente paraît être au nord-nord-est. Elles forment une chaîne non interrompue. A gauche, sur des couches diversement inclinées, viennent au torrent s'en réunir successivement quatre autres, que j'appelai *Rio de las Peñas, Rio del Oro, Rio de la Paciencia* et *Rio de las Piedrecitas*[1]. Le premier coule entre des bancs déchirés de roches de phyllades; le second me montra, sur la même roche, des cailloux anciens, en bancs de chaque côté, dans lesquels je crois qu'on doit trouver de l'or; le troisième et le quatrième charrient une grande variété de roches siluriennes de toutes les couleurs, rouges, vertes, violettes, où je remarquai, sans pouvoir les recueillir[2], des empreintes des genres *Spirifer terebratula* et des *Crinoïdes*.

A une trentaine de lieues géographiques de distance de Cochabamba, en descendant toujours, je me trouvai au confluent d'un grand cours d'eau qui vient de l'est-sud-est, et se continue à l'ouest-nord-ouest, autant que la vue peut s'étendre. Je l'appelai *Rio de la Reunion*[3]. Là j'avais, au sud, de hautes montagnes, composées de couches de phyllade bleu, plongeant fortement au nord-nord-est, sous un angle d'au moins cinquante degrés, et dont le dos, partout dénudé, contraste avec le luxe des végétaux de cette région sauvage. C'est la dernière limite des terrains siluriens sur la pente du versant de la Cordillère.

Au nord s'élevait une haute montagne, formant une longue chaîne dirigée est 30° sud et ouest 30° nord, presque parallèlement à toutes les chaînes du plateau bolivien, et que les Indiens mocéténès et yuracarès me dirent se continuer au loin, vers le nord et vers l'est. Cette chaîne, que les indigènes sauvages connaissent sous le nom de *Yanacaca* ou *Séjé-ruma*, est élevée d'environ 800 mètres au-dessus du Rio de la Reunion, et entièrement composée de grès durs dévoniens, en couches, plongeant au nord-nord-est. Je gravis une journée entière pour en atteindre le sommet, d'où je dominai au sud un vaste massif de ces roches siluriennes, tandis qu'au nord une pente profondément ravinée et assez roide s'étendait jusqu'aux immenses plaines de Moxos, qui se montrent sans interruption, sur quatre degrés de largeur, jusqu'aux montagnes du Brésil.

En descendant la pente, pendant plus de deux jours, je trouvai des terrains dévoniens sur la moitié de la distance; puis, sur tout le reste, des grès friables, ferrifères, en couches beaucoup moins inclinées au nord, me représentèrent les terrains carbonifères. Ces grès, qui n'offrent aucune trace de fossiles, continuent sans interruption, jusqu'au bas de la pente, où ils viennent encore former, dans la plaine, de légères collines, qui s'étendent, au nord, à une assez grande distance, avant de disparaître

---

1. *Rivière des rochers*, *Rivière de l'or*, *Rivière de la patience* et *Rivière des petites pierres*.

2. J'éprouvai le regret bien vif de devoir abandonner ces restes de corps organisés, faute de moyens de transport. Pendant ce voyage, je portai près de quarante jours des coquilles terrestres dans le fond de mon chapeau, pour les conserver.

3. Ce nom lui fut donné, parce que m'étant avancé seul, le reste de ma troupe m'y rejoignit, après une séparation de plusieurs jours.

entièrement sous les alluvions modernes. J'estimai qu'avant d'atteindre la plaine, les terrains carbonifères occupent, sur les dernières pentes des montagnes, une largeur moyenne de près d'un demi-degré. Je les traversai dans une grande longueur; et un autre voyage, dont je parlerai tout à l'heure, me donna la certitude que ces mêmes terrains carbonifères ou de grès friables couvrent une partie considérable du pied des montagnes, en s'étendant peut-être jusqu'à Santa-Cruz de la Sierra.

Au-delà des dernières collines de grès friables, je ne trouvai plus, dans tout le cours du Rio Isiboro et du Rio Securi (plus de trente lieues), jusqu'au Rio Mamore, que des alluvions modernes en petites berges, au bord des rives de ces cours d'eau.

En résumé, dans ce voyage, j'avais vu les roches de phyllades de couleur bleue, grise ou violette, avec et sans fossiles, constituant le terrain silurien, sur tout l'intervalle compris entre le plateau de Cochabamba et la chaîne de Yanacaca. Composée, aux parties inférieures, de phyllade bleuâtre, aux parties moyennes de phyllade satiné, et aux parties supérieures de phyllade compacte micacé, gris, avec fossiles, cette formation constitue le relèvement du grand contre-fort neigeux de Cochabamba, s'abaisse, vers le versant, en s'inclinant diversement jusqu'au Rio de la Réunion, cesse tout à coup, et s'enfonce sous les roches dévoniennes et carbonifères, qui forment le reste de la pente jusqu'aux plaines.

Le terrain dévonien laisse un petit lambeau sur les sommités, au nord du contre-fort de Cochabamba, près de Tutulima; puis il constitue toute la chaîne de Yanacaca, en couches inclinées au nord, qui disparaissent vers le milieu de la pente, sous les grès friables carbonifères.

Les grès carbonifères achèvent les derniers points montueux du versant, et se perdent sous les alluvions modernes horizontales qui couvrent le sol de la province de Moxos.

Il y a identité parfaite de ces résultats avec ceux que m'a donnés la traversée de l'Ilimani à Cochabamba, quant à la superposition et à la composition des roches de sédiment. Voyons maintenant si d'autres courses me conduiront aux mêmes faits.

§. 3. *Voyage géologique des plateaux de Cochabamba au Rio Chapare (pays des Yuracarès), jusqu'aux plaines de Moxos; ou seconde coupe nord et sud des contre-forts de Cochabamba, sur leur versant nord.*

(Pl. IX, fig. 1.)

En venant des plaines de Moxos à Cochabamba, par le Rio Chapare, j'avais franchi les montagnes près d'un degré plus à l'est que dans le voyage que je viens de décrire. C'est cette excursion géologique que je vais détailler[1]. De Cochabamba, en se dirigeant

1. Pour partir du même point, et donner des comparaisons plus faciles à saisir, je suis obligé de parler comme si j'avais descendu des montagnes vers la plaine, tandis que j'ai fait le contraire. Je pense que la chose a peu d'importance, puisqu'il ne s'agit que de l'exposé de faits géologiques. D'ailleurs, on peut voir mon véritable itinéraire à la partie historique.

ologie. à l'est, on traverse, pour entrer dans la vallée de Sacava, le défilé du Rio de Rocha. La colline qui reste au sud est composée de grès dévoniens, tandis que les roches siluriennes se montrent dans le lit même du torrent, et sur toutes les montagnes situées au nord, et qui constituent, comme je l'ai dit[1], le contre-fort de Cochabamba. On suit le fond de la vallée de Sacava pendant huit lieues, au pied des montagnes siluriennes, puis on commence à gravir un bras de cette montagne, jusqu'à son sommet. Là, je rencontrai, dans le phyllade micacé, de très-beaux échantillons de ces corps singuliers, figurés planche I, fig. 1, 2, 3. Ils sont assez nombreux en ce lieu; mais il est très-difficile de les détacher des masses auxquelles ils adhèrent. La partie la plus élevée, traversée en suivant cette route, est très-basse relativement aux plateaux de Tiquipaya; aussi trouve-t-on, de l'autre côté, à Cotani, la petite vallée de Tiraque, à onze lieues environ de distance de Cochabamba. On est alors en face de hautes montagnes qui atteignent la région des neiges, et présentent une série de points élevés, tout à fait séparée du massif de Cochabamba, et constituant les pics les plus saillans d'une nouvelle chaîne, dirigée à l'est-sud-est vers Santa-Cruz de la Sierra. Près de Cotani, non-seulement la chaîne offre des pics dont l'ensemble suit la direction que je viens d'indiquer, mais encore ces pics forment des chaînes parallèles ayant leur direction au nord.

En montant au nord de Cotani, vers les crêtes neigeuses, on trouve des grès dévoniens en couches inclinées au sud, jusqu'un peu au-dessus de *Quinti Cueva*, où ils reposent sur les phyllades de l'époque silurienne, on ne peut plus disloqués et contournés, se dressant, l'espace de quelques lieues, au sommet de la crête, en pics couverts de neige, qui atteignent au moins 5200 mètres de hauteur absolue. La route contourne ces pics, tantôt d'un côté, tantôt de l'autre, et touche presque, pendant quelques lieues, le niveau des neiges permanentes, surtout à Palta Cueva, où, dans cette traversée très-dangereuse, un très-grand nombre de voyageurs ont péri, ce qu'attestent les squelettes de mules qui jonchent ce passage redouté des muletiers. Je n'avais pas de moyens d'apprécier positivement le fait; mais je puis croire que ce col est bien plus élevé que celui de Gualillas. On pourrait donc le supposer de 4700 mètres de hauteur absolue. Toutes ces crêtes, jusqu'au *Salto de Cuerno*[2], sont entièrement formées de phyllades de couleur gris foncé, dans lesquels je vis un grand nombre d'empreintes de *Lingula*, principalement de l'espèce que j'ai nommée *L. Münsterii*[3]. Jamais je n'avais vu les phyllades plus tourmentés; les couches en sont souvent très-plissées en feuillets minces; d'autres fois on cherche vainement à se rendre compte de la pente générale de ces couches mêmes, qui se montrent jusqu'à San-Miguel, un peu au-delà du Salto de Cuerno.

---

1. Voyez p. 156.

2. Ce lieu est ainsi nommé par suite d'une large fissure qu'il faut franchir, et des phyllades des parois du rocher, dont les couches contournées représentent grossièrement une *corne*.

3. Voyez Paléontologie, pl. II, fig. 6.

On descend ensuite un peu, jusqu'à la zone des plantes graminées, qui recouvrent alors une croupe arrondie, au milieu de laquelle vient saillir, hors du sol, le petit pic du *Ronco*, composé d'une roche quartzeuse, passant au quartz hyalin ou laiteux. Cet énorme rocher me parut d'autant plus singulier, que, dans les phyllades, on remarque peu de larges filons de quartz. Il en serait peut-être de sa présence en ce lieu, comme du Cerro de Potosi[1], dont je ne puis géologiquement m'expliquer la formation d'une manière satisfaisante, qu'en le faisant sortir à travers les roches siluriennes. Géologie.

Un peu plus au nord, au point dit *la Tormenta*, je trouvai, sur la crête, en masses énormes et sans stratification apparente, des marbres anciens compactes, blanc-bleuâtres, ou diversement veinés de violet, de rose et de blanc. Ces marbres, qui composent alors le sommet de la montagne, ne me montrèrent aucune trace de couches, ni de restes de corps organisés. Par cela même je me trouve fort embarrassé sur l'âge géologique qu'on peut leur assigner. Néanmoins, je les classe provisoirement parmi les terrains siluriens.

De la Tormenta l'on descend plus rapidement jusqu'à la *Seja del Monte*[2], en foulant de nouveau les roches de phyllades, tantôt grises, tantôt bleuâtres, en couches qui me parurent plonger au nord. De ce point, il reste une pente abrupte[3], qui mène, par mille détours, jusqu'au lit du Rio de San-Mateo. Tout l'intervalle est couvert des mêmes phyllades schistoïdes, en couches inclinées au nord, mais très-disloquées et brisées ou plissées en tous sens.

Au Rio de San-Mateo, on est au niveau de la culture de la canne à sucre. Là, le torrent écumant, qui coule avec fracas sur un lit de roches siluriennes, est encombré de rochers énormes[4], en blocs quelquefois de plus de dix mètres de diamètre, composés des marbres que j'ai trouvés à la montagne de la Tormenta et du quartz du Ronco, les autres appartenant à l'époque phylladienne et aux grès dévoniens; mais ces derniers sont plus rares, tandis que les blocs de marbre sont les plus nombreux et les plus gros.

Du Rio de San-Mateo on prend les coteaux de la rive gauche, en suivant une espèce de corniche avancée qui domine perpendiculairement le torrent de près de 100 mètres. On foule encore les roches de phyllades; mais, un peu avant de descendre dans l'espèce de petite plaine, où se trouve le hameau de *la Palma*, on rencontre les grès dévoniens. Ces mêmes grès, au nord de la Palma, composent, en entier, la colline de la Cumbrecilla et les montagnes qui sont plus à l'ouest, et ils se continuent, sans interruption, jusqu'à San-Antonio. Vers ce point, la chaîne qui reste à l'est, ainsi que celle de Yanacaca, qui borne l'horizon à l'ouest, sont des mêmes grès, alors en couches inclinées au nord.

En descendant toujours, je commençai à trouver, près du lieu où était jadis la mission

1. Voyez p. 144.

2. C'est le lieu où cesse la zone des graminées et commence celle des arbres.

3. On met deux jours à la remonter avec des charges.

4. Voyez partie historique, pl. 18. On passe le torrent à l'aide d'un tronc d'arbre jeté sur des blocs de marbre.

Géologie. d'Añasco, des grès rougeâtres friables, que je regarde comme carbonifères. Ils occupent ensuite en couches peu inclinées au nord, toutes les dernières collines, jusqu'un peu au nord de la mission d'Ascencion, où elles se cachent insensiblement sous les alluvions modernes de la province de Moxos. Les galets ne sont transportés par les eaux que jusqu'au confluent du Rio Coni et du Rio San-Mateo; au-delà, dans tout le cours du Rio Chapare jusqu'au Mamore (l'espace de plus d'un degré), on ne voit, sur les berges basses de la rivière, que des sables modernes ou des alluvions de l'époque actuelle.

En résumé, dans cette excursion géologique, la plus rude à faire, vu la multiplicité d'énormes accidens de terrains, j'ai trouvé peu de différence dans la composition de l'ensemble, comparée à mon voyage aux affluens du Securi.

De même les terrains siluriens, représentés par des phyllades schistoïdes bleuâtres ou noirs, par des feuillets satinés ou par des grès phylladifères micacés, contenant des fossiles, se montrent sur tous les points élevés de la chaîne du contre-fort de Cochabamba, depuis la vallée de Sacava jusqu'à la Palma ou sur la moitié de la pente.

De même les roches dévoniennes formées de grès ont un lambeau au sud, près de Cotani, et forment au nord, sur les terrains siluriens, les dernières montagnes du versant.

De même encore les roches carbonifères, représentées par des grès friables, achèvent les dernières pentes rocheuses de la Cordillère dans les plaines.

Cette parfaite identité peut faire croire, avec une presque certitude, que tout l'intervalle doit appartenir aux mêmes formations.

Les seules différences sont ces deux mamelons isolés, l'un de quartz, l'autre de marbres anciens, qui viennent saillir, au Ronco et à la Tormenta, au milieu des roches phylladiennes. Pour ces roches, je ne sais même à quel âge les rapporter. Si, les marbres peuvent, en effet, rentrer sans inconvénient dans la série des roches siluriennes, il n'est pas aussi facile d'en dire autant des roches quartzeuses. Peut-être devra-t-on en faire des roches d'injection, qui se sont intercalées entre les grandes dislocations des phyllades, comme on l'a déjà vu pour la montagne de Potosi.

§. 4. *Voyage géologique des plateaux de Cochabamba aux plaines de Santa-Cruz de la Sierra; ou coupe est et ouest des contre-forts orientaux de la Cordillère (cent quarante lieues de marche dans la direction à l'est).*

(Pl. IX, fig. 2.)

Avant de me diriger de Cochabamba vers les derniers contre-forts de la Cordillère de Santa-Cruz de la Sierra, je crois devoir dire un mot du plateau spécial de Cochabamba. Ce plateau, élevé à Cochabamba de 2575 mètres de hauteur absolue, se compose des trois vallées de Cochabamba, de Clisa et de Sacava, dont Cochabamba est la partie la plus basse, puisqu'elle reçoit les eaux des deux autres vallées. L'ensemble,

Géologie.

long de plus d'un degré, de l'est à l'ouest, et d'une largeur moyenne de six à huit lieues, est borné, au nord, par les roches siluriennes, dont le redressement constitue la partie la plus élevée des montagnes et les sommets neigeux du contre-fort de Cochabamba. Au sud, à l'est et à l'ouest, il est partout bordé de hautes collines appartenant aux grès dévoniens, dont les couches plongent, le plus souvent, au sud, sous une assez faible pente. J'ai dit que cet ensemble se compose de trois vallées distinctes; en effet, une légère colline de grès dévonien, qui traverse le plateau de l'est à l'ouest, depuis l'extrémité orientale jusqu'à Cochabamba, sépare, à la fois, les vallées de Clisa et de Sacava, et ces deux dernières de celle de Cochabamba.

Tout le nivellement de ce plateau, composé de limon rougeâtre d'une très-grande épaisseur, est souvent recouvert d'alluvions modernes. Les recherches que j'ai faites ne m'ont donné aucune trace de fossiles; néanmoins, si j'en juge par analogie, je dois croire qu'en visitant avec soin les ravins de la vallée de Clisa, la plus dénudée des trois, on trouverait des ossemens de mammifères. C'est dans cette opinion que je donne provisoirement au fond de la vallée la même teinte qu'au grand plateau bolivien et au terrain pampéen. Considérée orographiquement, la vallée de Cochabamba devait former un lac, dont les eaux se sont ouvert une issue à l'extrémité occidentale au Rio de Putina, et ont laissé la vallée à sec, comme elle l'est aujourd'hui. Son nom même, en quichua ou langue des Incas, explique le fait, et donne lieu de croire que cette rupture est postérieure aux temps historiques. *Cochabamba* est un mot corrompu par les Espagnols, et venant de *Cocha*, lac, lagune, et de *Pampa*, plaine, plateau; ainsi, dans l'ancienne langue, on disait *Cocha-Pampa* ou le *lac de la plaine*. Il résulterait de l'ensemble que les vallées de Clisa et de Sacava ne seraient que les étages supérieurs d'un plateau, dont les eaux, au lieu de suivre la direction générale à l'est, vont à l'ouest, jusqu'à ce qu'elles puissent joindre la pente orientale générale dans les plaines de l'est.

En partant de Cochabamba, et en traversant, à l'est, l'Angostura ou défilé du Rio de Tamborada, qui conduit à la vallée de Clisa, je vis la partie basse des collines montrer, sous les grès dévoniens, les couches de phyllade schistoïde bleuâtre en décomposition, sur quelques mètres de hauteur. Une fois dans la vallée de Clisa, je la traversai dans toute sa longueur, de l'est à l'ouest, sur une argile limoneuse rougeâtre très-fertile (peut-être mon terrain pampéen), en longeant la petite colline de grès qui sépare la vallée de Sacava. Au-delà d'Arani, dernier bourg de la plaine, et déjà à un demi-degré à l'est de Cochabamba, je gravis la colline d'enceinte du plateau à son extrémité orientale la plus élevée; je trouvai partout des grès dévoniens durs, en couches, qui me parurent plonger au sud, jusque sur le petit plateau de Baca, où sont plusieurs lacs d'étage. Ce plateau, plus élevé que celui de Clisa, est borné au sud par les collines de grès dévonien, que je venais de passer, et au nord par des montagnes plus hautes, qui me parurent encore formées, près du village de Baca, de grès dévoniens, tandis que les sommités semblaient l'être de phyllades; ce dont pourtant je ne pus m'assurer positivement sur ce point; mais j'en acquis la certitude un peu plus à l'est, dans la vallée de Pocona.

Géologie. Après avoir traversé le plateau de Baca[1], je gravis la chaîne de Pocona, et en suivis la crête à l'est-sud-est, pendant au moins six lieues. Elle est composée, pour les parties inférieures, de terrains dévoniens, pour la sommité de grès friables rougeâtres ou blancs, que je rapporte provisoirement à l'époque des grès bigarrés[2], et dont les couches me semblèrent presque horizontales et discordantes, dès-lors, avec les grès durs inférieurs, l'ensemble plongeant néanmoins au sud-ouest. De cette crête, je voyais, au sud, une petite chaîne parallèle, dont la forme orographique me rappela les terrains dévoniens, tandis qu'au nord, la plus haute chaîne de Coripaloma me montra, sans aucun doute, ses phyllades en couches plongeant aussi au sud-ouest. Ces trois montagnes sont placées parallèlement les unes aux autres.

En descendant au fond de la vallée de Pocona, je reconnus effectivement que la chaîne de Coripaloma, qui n'est que la continuité de celle de Baca, est entièrement composée de phyllade de l'époque silurienne, jusqu'à l'endroit où elle s'achève vers l'est. Il en est de même de la chaîne plus septentrionale de Machacamanca, et de toutes les montagnes qui s'élèvent au nord. Au sud, au contraire, jusqu'à Totora, je trouvai toute la base des montagnes formée de terrains dévoniens, tandis que la nature friable, blanchâtre et toute différente des sommités, me présentait des grés bigarrés. Je parcourus avec soin les environs de Totora, et j'y obtins beaucoup de renseignements précieux sur les lieux que je n'ai pu voir. J'appris par une personne instruite, et connaissant parfaitement bien le pays, Don Manuel Soria, que les terrains de phyllades se montrent au nord sur toute la chaîne orientale, jusqu'à une petite distance de la Yunga de Choque-Oma; que ces phyllades sont, plus au nord, recouverts de grès, sans doute dévoniens. J'appris encore que les phyllades paraissent au sud dans le lit du Rio de Mizque et de ses affluens, ainsi que dans celui du Rio grande, tandis que les crêtes des montagnes sont partout formées de grès. Ces renseignemens, tout vagues qu'ils puissent être, me devinrent d'autant plus précieux qu'ils me permettaient de juger, par ce que je voyais de ce que pouvaient être les parties voisines qui m'étaient inconnues.

Aux environs de Totora, je trouvai des grès dévoniens qui m'offrirent, dans les couches les plus inférieures, des empreintes de spirifer, de térébratules et de crinoïdes. Ces grès dévoniens sont partout recouverts, au sommet des montagnes, des grès friables argileux de l'époque du trias. Je remarquai que ces derniers sont en couches presque horizontales et discordantes avec les grès dévoniens. Je les rencontrai sur toutes les sommités comprises entre Totora et le Rio de Copachuncho, environ cinq

1. C'est une faute d'impression qui (partie historique, p. 489) me fait donner 4700 mètres d'élévation au plateau de Baca, dans la comparaison que j'en fais avec celui de la Paz. Lisez 3700 mètres.

2. Je rapporte ces grès à l'époque triasique, par suite de leur superposition et de l'analogie de leur contexture et de leur couleur rougeâtre, en tout semblables à celles des grès que j'ai trouvés partout ailleurs avec les argiles bigarrées; mais je ne le fais qu'avec doutes.

lieues. En descendant au lit de la rivière par une pente des plus abrupte, je traversai les couches de grès bigarrés, les couches de grès dévoniens, et me vis au fond du torrent sur les phyllades schistoïdes de l'époque silurienne. En remontant de l'autre côté, j'observai de nouveau les trois systèmes, et remarquai le grès friable presque blanc sur toutes les sommités, représentant des mamelons en couches horizontales, ou plongeant légèrement au sud-sud-est[1]. Ces mêmes grès, qui reposent souvent sur des lambeaux d'une argile également blanchâtre, parurent au sommet des montagnes jusqu'au Durasnillo. Je crus devoir rapporter ces argiles aux argiles bigarrées du trias. Dès-lors tous les grès friables de ces régions qui lui sont supérieures, appartiendraient à la même époque. C'est cette dernière observation qui m'a décidé à mettre tous ces grès dans le trias. Je n'ai, du reste, aucun fossile qui puisse me guider à cet égard.

En descendant au Rio de Challuani, j'abandonnai à mi-côte les grès bigarrés, traversai toute la série des terrains dévoniens, et rencontrai les phyllades de chaque côté de la rivière, sur une hauteur d'une dizaine de mètres, plus ou moins. Je suivis le lit du Rio de Challuani, au bourg du même nom et jusqu'à la *Viña perdida*, c'est-à-dire environ sept à huit lieues, et je trouvai partout la même uniformité. Je gravis ensuite la chaîne de hautes collines qui sépare le Rio de Challuani du Rio de Chilon, et vis la sommité couverte de grès friables bigarrés, tandis qu'en descendant se montrèrent à moi, de l'autre côté, ces couches de terrains dévoniens, parmi lesquelles sont des grès phylladifères très-durs, micacés et noirâtres, divisés par feuillets, dans lesquels existent un très-grand nombre de fossiles. J'y reconnus les espèces suivantes :

Actinocrinus? pl. II.
Orthys inca, d'Orb., pl. II.
Orthys pectinatus, d'Orb., pl. II.
Orthys Humboldtii, d'Orb., pl. II.
Terebratula peruviana, d'Orb., pl. II.

Les couches de grès bigarrés se voient encore sur les sommets, et les grès dévoniens dans les parties basses, l'espace de plus de huit lieues, jusqu'au Rio de Chilon et au bourg du même nom. Ici les grès dévoniens sont remplis de rognons de fer hydraté.

A l'est du Rio de Chilon, je gravis une très-petite colline. Les parties inférieures en étaient encore formées de grès dévoniens, plongeant à l'est-nord-est, les sommités de grès bigarrés, plus ou moins argileux. Les coteaux peu inclinés du Rio de Pulquina me montrèrent une vaste surface couverte d'argile bigarrée blanchâtre. Elle se manifeste sur une grande partie des coteaux, à l'est et à l'ouest, jusqu'à la plaine de Pulquina, et me parut être, en ce lieu, inférieure aux grès blanchâtres argileux.

Le Rio de Pulquina coule dans une large vallée remplie de sable d'alluvion sur une largeur de près d'une lieue. De l'autre côté, on gravit à l'est une légère colline entre des mamelons de grès bigarrés; puis on en passe deux autres, au sein d'un vaste plateau, s'élevant graduellement vers une chaîne, que je reconnus facilement pour le dernier bras élevé de la Cordillère de Cocapata ou du contre-fort de Cochabamba. Sans doute qu'au milieu de cette plaine s'était opérée une faille, ou qu'elle a

1. J'évalue la hauteur de cette plate-forme étroite, spéciale aux graminées, à environ 3000 mètres.

Géologie. été le pourtour d'un bassin; car je trouvai toute la chaîne composée de grès dévoniens en couches plongeant à l'est, recouvertes, au sommet, des grès carbonifères rougeâtres, non argileux, formant des mamelons arrondis, qui se continuaient au loin vers le sud, 20° est, jusqu'à Valle grande. Le sommet de cette chaîne, où se trouve le hameau de San-Pedro, est au niveau des graminées; néanmoins je ne le suppose pas de plus de 3000 mètres d'élévation au-dessus du niveau de la mer.

A l'est de ce dernier point est une vaste vallée, celle de Tasajos, où, sur une lieue de largeur, sont des sables d'alluvion qui ont nivelé l'ensemble. Au-delà se montre la chaîne de San-Blas, également dirigée au sud 20° est, et composée de grès dévoniens en couches plongeant à l'ouest 20° sud environ. Par suite des dislocations si communes dans ces contrées, le Rio de Tasajos, qui coule à l'est-sud-est, profite d'une interruption dans la chaîne; il tourne brusquement à l'est-nord-est, et passe de l'autre côté, où il se dirige au nord. Le défilé (*Angostura*) qu'il laisse dans sa traversée de la chaîne, est très-étroit, et j'y revis les roches siluriennes de phyllade sur plusieurs points, où elles apparaissent au même niveau de chaque côté de la rivière, mais seulement aux parties les plus basses.

En sortant du défilé de Tasajos, j'arrivai dans la grande vallée de Pampa grande, où coule le Rio de Tembladeras, ainsi nommé de son sable mouvant, dans lequel on enfonce de manière à y périr. C'est, en effet, une surface de près de deux lieues de large, couverte de sable, sans doute détaché des grès carbonifères et dévoniens, qui forment les collines de chaque côté, et sur tous les premiers affluens de cette rivière, au sud. Ce sont de véritables terrains d'alluvion ou, tout au plus, des couches diluviennes très-modernes.

A l'est s'élève la très-haute colline de Vilca, qu'on pourrait presque appeler une montagne. Elle se dirige sud-sud-est, et se compose de couches de grès plongeant à l'ouest; celles-ci formées, pour les parties orientales, de grès durs dévoniens, recouverts à l'ouest de grès rouges carbonifères qui, en même temps, couronnent toutes les sommités. La vallée de Vilca, située au pied, est, en tout, analogue à celle de Pampa grande. Je la traversai diamétralement à sa longueur; puis je gravis une côte couverte de grès friables argileux, très-variés dans leurs teintes, alternant avec les argiles bigarrées diversement colorées, en couches plongeant très-fortement à l'ouest-sud-ouest. Je vis, par places, des rognons de gypse disséminés dans l'argile, ce qui me fit croire que c'étaient bien des argiles bigarrées; mais j'y cherchai en vain des traces de corps organisés. Les mêmes terrains se continuèrent jusqu'à Samaypata, le dernier lieu habité avant de descendre dans les plaines de Santa-Cruz, dont je n'étais plus qu'à vingt lieues [1]. Samaypata est aussi le dernier point élevé des contre-forts de la Cordillère. Son niveau, vu sa culture, paraît être un peu plus bas que Cochabamba, ou n'avoir pas plus de 2500 mètres d'élévation absolue. [2]

1. On compte quarante lieues de Samaypata à Santa-Cruz, dont vingt de montagnes et vingt de plaines.

2. On conçoit que toutes ces hauteurs, uniquement basées sur des comparaisons de culture, n'ont rien de positif. Ce ne sont que des évaluations incertaines.

Géologie.

De Samaypata, l'on descend rapidement vers la plaine; néanmoins, c'est la partie la plus accidentée de tout le trajet depuis Cochabamba, et, dès-lors, la plus difficile à bien décrire, sous le rapport de la composition géologique, toutes les roches de sédiment ayant éprouvé de très-nombreuses dislocations, et n'offrant, le plus souvent, que des lambeaux de chacune des formations. Néanmoins, comme j'y ai passé deux fois, en comparant les notes recueillies dans ces deux voyages, je vais chercher à expliquer ce que j'y ai vu.

En descendant de Samaypata, on prend, de suite, le ravin profond du Rio de Samaypata, et l'on foule partout des roches de grès dévoniens, blanchâtres, en couches généralement inclinées à l'est-nord-est. Ces grès sont recouverts d'autres couches, qui me parurent être en discordance de stratification, et forment le sommet du Cerro de l'Inca et des montagnes qui encaissent le ravin. Je crus pouvoir les rapporter à l'époque carbonifère. Elles ont souvent des parties si rouges, colorées qu'elles sont par les hydrates de fer, que les habitants y avaient cru voir une mine de mercure. En marchant sur les terrains dévoniens, et descendant toujours, dans le lit même du torrent, pendant près de huit lieues, j'arrivai au confluent du Rio Colorado et du Rio de Samaypata, qui prend alors le nom de Rio de Laja. J'avais atteint les dernières limites des terrains dévoniens, puisque les phyllades de l'époque silurienne se montraient dans le lit de la rivière, et de là, sans interruption, jusqu'un peu au-delà du Rio de Piojera, où les roches siluriennes finissent par se cacher tout-à-fait sous les roches dévoniennes.

Du Rio Colorado, ne pouvant suivre le Rio de Lajà [1], je montai vers de hautes montagnes dites *de las Habras* [2] (des ouvertures). Je traversai des grès dévoniens [3], et me trouvai bientôt sur des argiles bigarrées rouges, ou diversement colorées, contenant des cristaux de gypse, immédiatement inférieurs à des grès argileux friables, également bigarrés et surtout de couleur rouge, qui forment tout le sommet de la montagne. Ce sont des pics élancés à sommets arrondis, formés de couches presqu'horizontales, dont la roche, partout à nu, est coupée perpendiculairement sur ses flancs. Rien de plus imposant que ces masses, élevées de plus de cent mètres, qu'on a nommées *la Cueva*, la cave, par suite des éboulemens qui figurent, sur ses flancs, comme des arcades ou des portiques irréguliers. Je retrouvai des argiles bigarrées, jusqu'au versant oriental de la côte de las Habras. Les couches horizontales des grès, au milieu d'une nature disloquée, offrent le contraste le plus singulier.

En descendant, la riche végétation de ce lieu m'en cacha la composition géologique;

Géologie. néanmoins, les fragmens de grès qui se montrèrent à moi partout, me firent croire que je foulais des grès dévoniens jusqu'au Rio de las Astas, où, remontant de l'autre côté, je traversai les mêmes grès dévoniens, puis des grès bigarrés blancs, des argiles bigarrées, et trouvai tout le sommet de la côte de l'Inca composé de grès rouges en couches presqu'horizontales. De ce point, en regardant vers la montagne de las Habras, on juge parfaitement de l'horizontalité et du niveau uniforme[1] de toutes les couches de grès bigarrés, et de leur contraste avec les roches, diversement inclinées, qui leur sont inférieures. Lorsqu'on voit, par exemple, les grès bigarrés de las Habras, ceux de la côte de l'Inca, et ceux de la côte de Coronilla, former un même horizon au-dessus des couches dévoniennes fortement disloquées, on serait porté à penser que ces grès bigarrés formaient une suite non interrompue, dénudée par les eaux. L'explication de cette opinion ne laisse pourtant pas que de présenter des difficultés, vu la profondeur de 500 mètres, au moins, de toutes les vallées qui séparent ces mamelons les uns des autres.

Dans ma descente à l'est, le penchant de la côte de l'Inca me montra des grès dévoniens, jusqu'au lit du Rio de Bueyes; et, de l'autre côté, en remontant la côte opposée jusque près du sommet, où je retrouvai, sur tous les points culminans de Coronilla, des grès argileux bigarrés les mieux caractérisés par leur teinte rouge, blanche, violette ou jaune, et disposés en couches horizontales. Au sommet de cette côte, j'étais au dernier point élevé de la route que j'avais à suivre : à l'est, se montraient à moi les très-hautes montagnes de Piojera, qui se continuent au loin; au nord-est, d'autres montagnes également élevées; au milieu, une large ouverture, une vaste interruption, dirigée à l'est, dans laquelle coule le Rio Piray, jusqu'à la plaine. C'est dans cette fente énorme, dont chaque côté présente des montagnes coupées presque perpendiculairement, qu'on suit le lit du Piray, quand on se rend à Santa-Cruz de la Sierra. Pour parvenir à cette rivière, il reste à descendre la fameuse côte de Petaca, et l'un des pas les plus difficiles de cette longue traversée de montagnes. Je puis en évaluer la hauteur à plus de 800 mètres au-dessus de la rivière. On descend, ou pour mieux dire, on roule sur la pente rapide, où l'on fait mille détours. Je crus rencontrer, au-dessous des grès bigarrés, des grès non argileux friables, analogues à ceux que j'ai rapportés aux terrains carbonifères, contenant de fréquens rognons d'hydrate de fer, et, plus bas, les grès dévoniens durs et blanchâtres, jusqu'au fond de ce gouffre. Sur les rives du Rio de Laja, de Piojera et du Piray, qui reçoit les deux premiers, je vis, non sans plaisir, les phyllades bleuâtres de l'époque silurienne, qui se continuent ensuite sur une grande partie du cours du Piray, entre les montagnes.

Sur le penchant de la côte de Petaca, ou dans le lit du Rio Piray, on voit, à droite et à gauche, l'ensemble des formations coupé presque perpendiculairement au-dessus de la rivière. C'est une des plus belles coupes géologiques que j'ai jamais vues; coupe qui permet de juger, en même temps, de la superposition positive des couches, et de la puissance relative de ses diverses formations. C'est ainsi que je crois pouvoir

1. Le niveau approximatif que je leur assigne, me paraît avoir 2000 mètres de hauteur absolue.

évaluer la partie apparente des phyllades bleuâtres de l'époque silurienne à vingt-cinq mètres au plus. Cette roche, composée de phyllade arénifère micacé, visible sur la moitié du trajet, est plus ou moins dure, plus ou moins feuilletée, très-souvent plissée, et ses couches, malgré toutes leurs dislocations, plongent à l'est, sous les grès dévoniens. Ceux-ci, également disloqués, et plongeant à l'est, me semblèrent avoir plus de 500 mètres de hauteur. Leur couleur est blanchâtre, jaune ou blanc-bleuâtre. Ces grès, micacés près de la sortie du défilé du Piray, me parurent supporter d'autres grès plus friables, en couches légèrement discordantes, qui occupent quelques points des sommités des montagnes, et surtout les dernières pentes avant d'arriver dans la plaine. La puissance m'en parut être d'une centaine de mètres; elles plongent également à l'est. Géologie.

Lorsqu'on débouche du Rio Piray dans la plaine de Santa-Cruz de la Sierra, on trouve d'abord des galets roulés transportés par la rivière; puis, à quelques lieues, à droite et à gauche, parallèlement à la direction des montagnes, plusieurs collines très-basses, seulement ondulées, composées d'une argile grasse, onctueuse, de couleur rougeâtre, dont géologiquement je ne sais que faire, et qui n'est peut-être que le produit des dénudations des argiles bigarrées des montagnes voisines. Dans tous les cas, elle serait plus ancienne que l'époque diluvienne, et me paraît appartenir aux formations antérieures, peut-être au terrain pampéen[1]. Au-delà de ces argiles, le sol est partout sablonneux, et recouvert d'alluvions modernes. Ce sont, aux environs de la halte de Basilio, des sables mouvans, mélangés de blocs roulés, des roches de sédiment des montagnes. Près de Santa-Cruz, on ne voit déjà plus une pierre. Les sables d'alluvions modernes ont nivelé cette immense plaine, qui se continue au nord jusqu'à Moxos; ainsi, sur ce point, les derniers rameaux de la Cordillère ne communiqueraient nullement avec les collines de Chiquitos, comme on l'avait pensé; il y aurait une grande interruption dans le système des montagnes.

Pour me résumer sur l'ensemble géologique des terrains qui séparent Cochabamba de Santa-Cruz de la Sierra, je dirai que les roches d'origine ignée ne se sont montrées nulle part; que, dès-lors, cette traversée de cent quarante lieues ne m'a montré que des roches de sédiment ainsi disposées :

Époque silurienne. Les roches de cet étage paraissent exister partout; mais elles ne se montrent que dans les lieux où les lits profonds des rivières permettent de les apercevoir, sous les roches dévoniennes qui les recouvrent sur tous les points. Elles sont toujours formées des mêmes phyllades bleus ou violacés, plus ou moins décomposés et friables, dont les feuillets sont souvent plissés. Je trouvai ces roches à nu, à l'Augostura de Cochabamba, près de Pocona, sur la côte de Coripaloma, dans le Rio de Copachuncho, dans le lit du Rio de Challuani, dans le Rio du Tasajos, dans ceux de Laja et

---

1. Je serais d'autant plus porté à le croire, que j'ai ensuite trouvé ces argiles sur le cours même du Piray, à plus de deux degrés au-dessous de Santa-Cruz, et qu'elles contenaient alors des ossemens fossiles.

Géologie. du Piray. J'appris aussi qu'elles se trouvent dans le lit du Rio de Mizque et du Rio Grande.

Étage dévonien. Les grès blanchâtres et durs de cette époque couvrent, à proprement parler, toute la surface comprise entre Cochabamba et les dernières montagnes; seulement ils sont recouverts, en plusieurs endroits, de lambeaux de terrains carbonifères et d'argile bigarrée; ou bien leur dénudation laisse à découvert les roches siluriennes.

Étage carbonifère. Les grès que j'y rapporte, sans néanmoins avoir la certitude qu'ils y soient bien classés, se montrèrent sur la montagne de San-Pedro, dernier point élevé de la Cordillère orientale, où ils forment les sommités d'une chaîne dirigée au sud-sud-est. Un peu au sud, la colline de Vilca, qui lui est parallèle, paraît aussi en être composée. Je ne les retrouvai plus ensuite que sur quelques points de la descente de Samaypata et aux derniers contre-forts des montagnes à l'est. Ces grès me parurent être en couches discordantes avec les grès dévoniens. Ils reposent sur les terrains dévoniens, et sont recouverts, par places, de grès ou d'argiles bigarrées.

Étage triasique. Ce terrain, représenté par des grès argileux bigarrés ou des argiles également bigarrées, quelquefois remplies de gypse, se montre généralement en couches peu disloquées, si ce n'est à Samaypata et à Pocona, aux deux extrémités de cette traversée. Il forme des lambeaux au sommet des montagnes, à Pocona, à Totora, à Chilon, à Pulquina, à Samaypata, à las Habras, à Coronilla, etc. Ces lambeaux forment de petites chaînes généralement dirigées au sud-sud-est, comme toutes les autres. Si je considère l'ensemble des couches, je les trouverai presque toujours composées, aux plus inférieures, de grès argileux blanchâtres ou rosés, recouverts d'argiles blanches ou bigarrées avec gypse, le tout surmonté de grès rougeâtres argileux très-friables.

Pami les faits plus récens se trouvent les limons du plateau de Cochabamba, et les argiles des collines du pied des montagnes de Santa-Cruz, qui pourraient appartenir à la même époque (au terrain pampéen), sans que néanmoins j'aie aucune certitude à cet égard.

Postérieurement je n'ai trouvé que les terrains évidemment diluviens ou d'alluvions modernes, tels que les sables mouvans du Rio de Tasajos, de Tembladeras, de Vilca, et ceux qui nivellent toutes les plaines de Santa-Cruz de la Sierra.

Comparé à mes trois itinéraires précédens, on voit clairement que tout est identique, la place des couches siluriennes, de l'étage dévonien, des terrains carbonifères; seulement les argiles et les grès bigarrés sont ici très-développés, tout en étant répartis par lambeaux isolés, restes, sans doute, d'un ensemble dénudé et emporté ailleurs.

§. 5. *Voyage géologique de Samaypata, près des derniers contre-forts de la Cordillère orientale de Santa-Cruz de la Sierra, jusqu'à Chuquisaca et Potosi; ou coupe est et ouest des contre-forts orientaux de la Cordillère.*

Dans ce voyage, en remontant des plaines de Santa-Cruz de la Sierra, vers les montagnes, je suivis, jusqu'à Samaypata, la même route que dans l'itinéraire précédent; c'est au bourg de Samaypata que je pris au sud-sud-ouest et me dirigeai vers Valle grande. A la sortie de Samaypata, je trouvai la chaîne composée de grès et d'argile bigarrée, de diverses couleurs, formant des couches plongeant à l'ouest-sud-ouest, dont l'ensemble se dirige à l'est-sud-est. Je traversai une plaine argileuse, et passai près d'une colline qui me sembla formée de grès dévoniens.

A environ cinq lieues de Samaypata, je gravis la côte del Limon, et vis la continuité de la chaîne de Vilca[1], que constituent des couches plongeant à l'ouest-sud-ouest, et dont les plus inférieures appartiennent à l'étage dévonien, tandis que les plus supérieures me parurent carbonifères. Ces couches se montrèrent sans interruption sur le coteau opposé, jusqu'au lit du Rio de Tembladeras, rempli de ses sables mouvans.

Poursuivant ma course, je commençai à gravir la côte de San-Blas, toute de grès dévoniens, dont les couches plongent très-fortement à l'ouest-sud-ouest. Je remarquai, sur ces grès, des traces évidentes d'un dépôt aqueux. Leurs plaques, souvent assez minces, présentent ces petits sillons interrompus, laissés par les eaux de la mer, et que j'ai déjà signalés sur les grès du tertiaire patagonien des rives du Rio Negro.[2]

Au-delà de la côte de San-Blas s'étend la plaine de Valle grande; belle vallée, large de deux lieues et entièrement couverte de prairies naturelles. En la traversant, on arrive à la ville du même nom, située au pied d'une très-haute colline, dont l'ensemble se compose de couches plongeant à l'est. Les couches supérieures, formées des mêmes grès carbonifères que j'avais rencontrés à San-Pedro[3], plongent moins fortement que les autres. Après avoir suivi six à huit lieues la crête de cette montagne, je descendis, sur la tranche des couches, le versant occidental. Je trouvai bientôt les terrains dévoniens constitutifs de toutes les montagnes aux environs de Pucara, et qui offrent là des relèvemens bien singuliers, fortement disloqués, tout en montrant leur pente générale à l'est. Du sommet de la chaîne, on ne cesse de descendre jusqu'aux rives du Rio Grande, l'espace de douze lieues, par des sentiers des plus affreux, soit sur le penchant de la montagne, soit dans les ravins déchirés. Voici les différens étages que je traversai, avec

Géologie. leur puissance, mais très-approximative. Je prends les couches des supérieures aux inférieures :

1.° Un grès quartzeux, peut-être de l'étage carbonifère, friable, occupant le sommet de la montagne. Je crus pouvoir en évaluer la puissance à *cent mètres.*

2.° Un grès quartzeux dévonien, souvent très-dur, passant insensiblement à des grès plus fins, plus micacés, de plus en plus disposés en feuillets vers les couches inférieures, qui, en bancs épais d'un mètre au plus, renferment des couches fossilifères. Cet ensemble peut avoir *sept à huit cents mètres* de puissance. Les couches inférieures sont presque phylladifères, et m'ont présenté des fossiles des genres *Spirifer* et *Terebratula.*

3.° Les terrains siluriens, qui ont plus de *trois cents mètres* de puissance, jusqu'au niveau du Rio Grande. Ils se composent, pour les parties supérieures, de phyllades schistoïdes en décomposition, par feuillets ondulés et tourmentés. De ces parties friables on passe à des phyllades compactes arénifères, traversés de nombreux filons de quartz, et offrant, sur beaucoup de points, du sulfate de fer en efflorescence, provenant, sans doute, de la décomposition des très-nombreuses pyrites qu'ils renferment.

Il est à remarquer qu'en cet endroit le Rio Grande traverse les montagnes dans leurs parties les plus élevées, et qu'il s'est creusé un lit des plus profond, peu au-dessus de son niveau, dans la plaine de Santa-Cruz. Arrivé au bas de la côte, je remontai de vastes plages couvertes de galets, appartenant surtout aux grès dévoniens et aux phyllades ou présentant d'étroits défilés, où la rivière roule avec fracas entre deux montagnes si rapprochées, qu'on y a établi une maroma[1], pour la passer à l'instant des crues. Rien n'est, je crois, comparable à l'encaissement de l'ensemble de cette rivière, la plus volumineuse de toute la république de Bolivia, puisqu'elle reçoit les eaux de près de la moitié des montagnes boliviennes. En regardant de l'autre côté, j'aperçus les terrains de phyllades jusqu'à mi-hauteur dans le coteau.

En remontant sur l'autre rive, par des pentes des plus abruptes, les couches plongeant encore à l'est, je traversai des phyllades de l'époque silurienne jusqu'à la Pampa-Ruis, espèce de petite vallée, située à mi-montagne[2]. Là s'achèvent les roches phylladiennes, en feuillets très-tourmentés, et l'on commence à rencontrer les grès dévoniens. Je remontai une demi-journée dans un ravin profond, encombré de fragmens, sans les abandonner, jusqu'au sommet de la montagne, où s'offrit à mes yeux un vaste plateau, dominé par des mamelons de grès en couches presqu'horizontales, qui forment une espèce de petite chaîne peu élevée. Je suivis les mêmes terrains jusque près du hameau de *Nuebo mundo,* où les grès plongent légèrement à l'est, et, par leur nature diversement

1. La maroma est une corde de lianes tendue d'un côté de la rivière à l'autre, et qui sert à y attacher un panier dans lequel on passe le voyageur, ainsi suspendu au-dessus du gouffre, à la hauteur de plus de quarante mètres; moyen de transport plus ou moins commode et agréable pour le voyageur européen.

2. Je n'y ai pu parvenir qu'après six heures de marche, en partant du Rio Grande.

Géologie.

colorée, ainsi que par les argiles dont les collines voisines étaient partout couvertes, me semblèrent devoir être une dépendance du trias. En effet, je trouvai, de tous côtés, des argiles onctueuses jusqu'à la côte du Pescado, où les grès dévoniens reparurent jusqu'au bourg même du Pescado, situé dans une belle vallée dirigée à l'est-sud-est.

En parcourant les environs, je rencontrai, dans le lit de la petite rivière, les phyllades de l'étage silurien, et j'appris que ces mêmes roches se montrent sur une grande partie de son cours, soit qu'on la descende, soit qu'on la remonte. En gravissant la côte au-delà du Rio del Pescado, je revis les grès dévoniens, qui couronnent toutes les hauteurs, jusqu'au sommet de la chaîne de Tomina, dont la direction est sud-est. En descendant de l'autre côté, je recueillis dans les couches inférieures une empreinte de spirifer parmi les grès dévoniens, qui alors sont presque phylladifères, et reposent, un peu plus bas, sur les terrains siluriens. Cette dernière formation occupe non-seulement le lit de la rivière de Tomina, mais encore une grande largeur de chaque côté. En suivant des yeux la ligne de démarcation des roches phylladiennes bleuâtres et des grès, on s'assure qu'une très-grande longueur de la vallée est uniformément composée de ces deux formations. Les renseignements que j'obtins des habitants, me donnèrent la certitude que de Tomina jusqu'au Rio Grande les terrains siluriens apparaissent dans la rivière. On m'assura encore qu'il en était ainsi de tous les autres cours d'eau.

En remontant l'autre rive du Rio de Tomina, je traversai des terrains identiques; seulement je remarquai que les grès dévoniens avaient beaucoup diminué de puissance, tandis que les terrains siluriens étaient de plus en plus épais, et occupaient les deux tiers de la hauteur de la montagne de Sauce-Mayo. Aux couches les plus supérieures des phyllades, je rencontrai un grand nombre d'empreintes en plaques minces.

Toutes ces couches de phyllades sont fortement tourmentées, plissées de telle manière qu'elles sont quelquefois presque perpendiculaires, tandis qu'elles plongent généralement à l'est-sud-est. Les grès dévoniens sont peu disloqués, en couches très-régulières et presqu'horizontales.

En remontant du Rio de Sauce-Mayo au sommet de la côte de Tacopaya, je ne foulai que les terrains siluriens, tantôt en phyllades schistoïdes bleus, grisâtres, en feuillets minces, noirâtres, et alors décomposés, tantôt passant aux grès phylladifères jaunâtres, toujours plongeant à l'est-sud-est, et contenant souvent des rognons de fer hydraté. La sommité seule de la chaîne est couverte de grès dévoniens, ayant, tout au plus, cinquante mètres de puissance, et en couches presqu'horizontales. Je remarquai encore, soit sur les grès, soit sur les roches phylladiennes, des traces d'un dépôt aqueux, représentées par ces petits sillons interrompus dont j'ai déjà parlé[1] plusieurs fois.

De Tacopaya, où le lit de la rivière est formé de roches siluriennes, traversées de filons de quartz, je remarquai que toutes les couches changent de direction, qu'elles

1. Voyez p. 61, 173.

Géologie. ne plongent plus à l'est-sud-est, mais bien à l'ouest; aussi les couches se présentaient-elles à moi sur leur tranche. J'observai que les plus inférieures sont formées d'un phyllade très-dur, compacte, disposé en feuillets, et se cassant toujours en morceaux rhomboïdaux des plus réguliers. Au-dessus sont des phyllades schistoïdes noirâtres, en décomposition, sur lesquels, à la cime de la montagne, s'étendent des couches de phyllade brun, noirâtre, en feuillets, contenant, en très-grande abondance, des empreintes de corps organisés, principalement des espèces suivantes :

Prionotus dentatus, d'Orb., pl. II.
Lingula marginata, d'Orb., pl. II.
Lingula Munsterii, d'Orb., pl. II.
Lingula dubia, d'Orb., pl. II.

Ces couches fossilifères forment des bancs énormes.

Au-delà de la côte de Tacopaya, je passai deux autres montagnes dont l'ensemble est dirigé parallèlement. Je m'élevai toujours davantage, jusqu'à la dernière, où commence un plateau couvert de graminées. En traversant ces deux chaînes, j'avais trouvé les couches plongeant à l'ouest, composées, pour les plus inférieures, des phyllades de l'époque silurienne, tandis que les sommités sont couvertes de grès dévoniens, en couches beaucoup moins inclinées que les phyllades, tout en plongeant à l'ouest. Ces grès sont ici très-quartzeux et compactes. A la troisième côte, j'avais atteint, sur les grès dévoniens, le faîte du partage des eaux. Tous les torrents que j'avais passés depuis le Pescado, dépendaient du grand bassin du Rio Grande, tandis que tous ceux qui me restaient à franchir, allaient au Rio de Acero ou au Pilcomayo. La chaîne, qui arrive à la température de la *Puna* ou aux plantes graminées épineuses, me parut être beaucoup plus élevée que Chuquisaca, et j'en évaluai la hauteur absolue à 3200 mètres environ.

Du sommet de cette chaîne, je suivis des plateaux peu accidentés jusqu'à Tarabuco. Tous les points saillans sont composés de grès dévoniens, compactes. Il en est de même de la distance qui sépare Tarabuco de Yamparais; néanmoins, par suite de la dislocation des grès, j'aperçus les roches de phyllades près de Yamparais même, et j'y recueillis ces singuliers fossiles du genre *Cruzianæ*, que j'avais observés au sommet des montagnes de Cochabamba[1], et qui caractérisent les assises fossilifères inférieures des roches siluriennes.

De Yamparais jusqu'à Chuquisaca, capitale de la république, je suivis le sommet d'une crête sur les grès dévoniens seulement. Un assez long séjour aux environs de Chuquisaca me montra partout des grès dévoniens sur les hauteurs, tandis que, dans tous les ravins, on voit les roches siluriennes apparentes. Au-dessus de Chuquisaca, sur le chemin de Yamparais, sont deux montagnes, dites *los dos cerros;* elles dominent la ville, et sont entièrement composées de grès dévoniens, dont les couches, très-compactes, plongent, d'un côté, au nord, et de l'autre, au sud. A leurs bases, très-près de

1. Voyez p. 162.

la ville, sont des bancs d'une argile verdâtre ou mieux d'une roche verdâtre en décomposition, qui me parut être une dépendance des grès dévoniens; car je ne revis les terrains siluriens que bien au-dessous, dans le lit du petit ruisseau qui se trouve à un kilomètre environ plus bas que Chuquisaca, sur la route de Potosi.

De Chuquisaca je me rendis à Potosi, distant de trente et quelques lieues, par un chemin très-accidenté. Pour faire ce trajet, on descend vers le ravin de Chuquisaca, où les terrains siluriens, composés de phyllade schistoïde, sont à découvert, sur une assez grande surface. En remontant au-delà de la côte de Tejar, on voit les grès dévoniens, qu'on n'abandonne plus, jusqu'à l'instant où l'on descend vers le Rio Cachimayo. Le lit de cette rivière, et les coteaux de chaque côté, à une assez grande hauteur, sont encore composés des mêmes terrains siluriens, en couches presque verticales; mais, en remontant la haute colline de Calera, on revoit les grès dévoniens qui couronnent toutes les montagnes, en couches plongeant à l'est-nord-est. Du sommet de la côte, le sentier descend vers la *Quebrada seca*, dont on suit le fond pendant quelques lieues. On y reconnaît, de nouveau, les terrains siluriens, toujours sous la forme de phyllade schistoïde noirâtre, en couches fortement disloquées, tourmentées, plongeant au nord-est. Dans ce profond ravin, où je foulai les phyllades schistoïdes, jusqu'au Rio Pilcomayo, ces roches sont très-plissées, par couches plus ou moins décomposées, mais ne contenant aucune trace de fossiles. J'y vis, sur les feuillets, ces petits sillons formés par les eaux de la mer, lorsqu'elle se retire[1]. Ils sont là surtout très-marqués.

En débouchant dans le lit du Rio Pilcomayo, l'un des plus grands torrents de la république, je traversai une plage large de deux kilomètres, couverte de galets, et très-encaissée, de chaque côté, par de hautes montagnes. Après avoir suivi plus d'une lieue le cours de la rivière, je commençai à gravir, à l'ouest, la côte du *Terrado*, ce qui me demanda une grande demi-journée. Je remarquai que les roches siluriennes occupent les trois quarts de la hauteur. Elles sont d'abord composées de phyllade schistoïde noirâtre, et, aux parties supérieures, de grès phylladifères contenant des térébratules et des lingules à l'état d'empreinte, le tout plongeant légèrement au nord-est. Je crus pouvoir évaluer l'ensemble à près de cinq cents mètres de puissance. Les terrains siluriens sont recouverts de grès dévoniens, de plus de cent mètres d'épaisseur.

Au sommet de la côte du Terrado, j'étais sur un plateau élevé, peu accidenté, d'une composition géologique toute différente de ce que j'avais rencontré depuis le Pescado. Le sol paraissait avoir été nivelé par des argiles blanchâtres, en couches horizontales, supportant des grès friables fortement colorés par le fer. Je ne vis aucun fossile, qui pût me guider sur l'âge de ces couches, que je crois pourtant être de la même époque que les argiles et les grès que j'ai, jusqu'ici, donnés sous le nom de grès bigarrés. Les argiles et les grès supérieurs couvrent toute la plaine, depuis le Terrado

1. Voyez p. 173.

Géologie. jusqu'à *Cuchi-huasi*. Près de ce dernier lieu, les argiles sont souvent à nu; et, disséminés dans la campagne, les quelques blocs de grès encore en place, y présentent le plus singulier aspect. Les eaux ont emporté et dénudé les argiles. Il s'ensuit que chaque bloc de grès garantit l'argile qui est dessous de l'action des pluies; et ceux-ci restent ainsi élevés, comme des monticules. Ces terrains s'achèvent un peu avant qu'on n'atteigne la chaîne de montagnes qui borde le plateau à l'ouest.

Cette chaîne, dont je suivis la sommité jusqu'à la *Quebrada honda*, me parut être entièrement composée de grès dévoniens, en couches plus ou moins compactes, souvent presque horizontales, de couleur blanchâtre. Néanmoins, à la Quebrada honda ces grès sont blancs ou rouges[1], et leur hauteur peut être de cent mètres de puissance. Cette différence de teinte n'a pas lieu dans le sein des couches, mais bien par filons presque perpendiculaires. On y voit le grès blanc traversé, de haut en bas, de larges veines rouges ou violacées, qui s'étendent des parties supérieures aux inférieures, sur toute l'épaisseur des grès. Au fond du ravin, ces grès reposent sur des phyllades schistoïdes noirâtres, en feuillets, passant à des phyllades à cassure rhomboïdale, traversés de filons de quartz blanc. Ces dernières roches, qui appartiennent à la formation silurienne, paraissent se montrer sur tout le cours du Rio de Juancapita, jusqu'au Rio Pilcomayo; c'est au moins ce que m'assura le maître de poste de la Quebrada honda.

Au-dessus de la Quebrada honda, sur tout le sommet de la chaîne, je retrouvai les grès dévoniens de couleur jaune, rougeâtre, en couches presque horizontales; ces mêmes roches composent aussi toutes les sommités élevées de Lagunillas, où elles forment un petit lac retenu par une légère colline, et tous les terrains jusqu'auprès du Rio de Chorillo, où les roches phylladiennes reparaissent.

Avant d'arriver à cette rivière, je remarquai une transition subite, et n'aperçus plus que des roches porphyritiques[2], très-variées dans leurs teintes, mais le plus souvent violacées. Le lit du Rio de Chorillo me les montra sur plus d'une lieue de long; les montagnes au nord et au sud, jusqu'à Bartolo, me semblèrent en être entièrement formées. Elles ne représentent plus des chaînes, mais bien des mamelons déchirés, dont les flancs, surtout derrière le bourg de Bartolo, sont coupés presque perpendiculairement, et offrent un singulier aspect. Considéré dans son ensemble, ce massif porphyritique de deux à trois lieues de diamètre seulement, paraît avoir en ce lieu disloqué les roches siluriennes, qui sont là plus relevées et plus tourmentées que partout ailleurs. Ce mamelon pourrait bien faire suite aux roches plutoniennes des environs de Potosi, dont on n'est plus éloigné que d'environ douze lieues géographiques.

Au Rio de Pujioni, en sortant de Bartolo, je retrouvai les terrains siluriens, repré-

1. M. Cordier regarde ces filons rouges comme des *melaxites*.

2. M. Cordier y a vu des porphyres pétrosiliceux, avec cristaux de mica et de feldspath, et des wackes amygdalaires. M. d'Omalius d'Halloy y a reconnu de la spilite.

sentés par des phyllades schistoïdes. Je vis, en ce lieu, l'un des plissemens les plus extraordinaires des couches. C'est un énorme lozange à peu près régulier, placé au milieu de couches inclinées en divers sens, mais surtout à l'ouest. En passant la haute côte de Pujioni, les grès dévoniens m'apparurent de nouveau sur le sommet, et les phyllades de l'autre côté. Les deux terrains se présentèrent à moi toujours dans la même position, jusqu'au Rio de Chaqui; alors, je vis constamment les phyllades sur le côté au nord, jusqu'auprès de la ville de Potosi.

A une huitaine de lieues de Potosi, dans la vallée de Chaqui, est une riche source thermale, connue sous le nom de *los Baños* (les bains). On y a, en effet, pratiqué des bains que visitent assez souvent les habitans de Potosi et de Chuquisaca. L'eau, retenue dans un grand réservoir, où tout le monde se baigne en commun, y est à la température de 25 degrés du thermomètre de Réaumur; elle se répand en vapeurs sulfureuses, et n'a pourtant pas mauvais goût. Elle ne forme aucun dépôt calcaire, comme celle de Miraflor et de Caracato.

Le reste de la vallée de Chaqui, jusqu'à Potosi, me montra, au sud, des roches trachytiques; au nord, les phyllades; et au milieu, une vaste plaine couverte, par endroits, de blocs de trachytes évidemment erratiques, comme ceux que je trouvai sur le plateau de Potosi[1]. En passant de la vallée de Chaqui au plateau de Potosi, j'avais atteint le point où j'en étais resté dans ma description du grand plateau bolivien[2], et j'avais terminé ma dernière course dans les montagnes.

Pour me résumer sur les faits géologiques observés, je dirai que les roches plutoniennes se sont montrées seulement, près de Bartolo, sous la forme de roches porphyritiques, où elles constituent un mamelon peu étendu, qui paraît avoir percé les roches siluriennes.

Les roches de sédiment les plus inférieures sont, comme dans mes quatre itinéraires précédens, des phyllades schistoïdes contenant quelques fossiles à leur partie supérieure. Ces roches sont les plus inférieures apparentes, depuis Bartolo jusqu'à Samaypata. Elles paraissent constituer la base de tous les terrains; mais elles sont souvent cachées par les grès dévoniens, qui les recouvrent presque partout. Ces roches se montrent principalement dans les cours de rivières, où les dislocations et les dénudations des terrains dévoniens les laissent à découvert.

Les grès dévoniens sont ici dans les mêmes circonstances que dans mon itinéraire précédent; ils reposent sur les terrains siluriens en couches peu discordantes. Je crois que ces grandes dislocations si remarquables, qu'on voit sillonner l'ensemble, sont postérieures au dépôt des terrains dévoniens.

Les terrains carbonifères ne m'ont montré qu'un lambeau près de Valle grande, où il n'est que la continuité de celui de San-Pedro, dont j'ai parlé dans l'itinéraire précédent.

---

1. Voyez p. 143.
2. Voyez p. 144.

Géologie. Pour les argiles et les grès bigarrés, j'en ai vu seulement deux lambeaux, l'un près du Pescado, l'autre sur la côte de Terrado, non loin du Pilcomayo.

Ce cinquième itinéraire m'a montré la même série de faits que les autres, quant à la composition et à la superposition des couches qui forment les terrains traversés. Il faudrait naturellement en conclure que, sur le versant oriental des Cordillères, depuis le plateau bolivien, qui couronne la chaîne, jusqu'aux plaines de l'intérieur, tous les terrains sont identiques; qu'ils ont subi les mêmes lois, les mêmes effets de dérangements, et qu'ils constituent, dès lors, un système tout à fait indépendant de la Cordillère proprement dite, toute composée de roches d'origine ignée.

CHAPITRE XI.

Description des plaines et des collines situées au nord-est et à l'est des derniers contre-forts de la Cordillère.

Tout en étant égale en surface aux deux tiers de la république de Bolivia, cette vaste partie du pays, située à l'est et au nord-est des dernières montagnes, qui s'abaissent de la chaîne des Cordillères vers les plaines de l'intérieur, est néanmoins une dépendance politique du seul département de Santa-Cruz. Ce département, en effet, s'étend au nord et au sud, du 12.e au 20.e degré de latitude sud ou sur deux cents lieues géographiques, et de l'est à l'ouest du 58.e degré 30 minutes au 70.e degré 30 minutes de longitude ouest de Paris ou trois cents lieues géographiques. Il se divise en trois provinces : 1.º la province de Santa-Cruz, qui occupe le pied des montagnes; 2.º la province de Chiquitos, composée des collines de l'est, jusqu'au Rio Paraguay et aux frontières du Brésil; 3.º la province de Moxos, qui comprend toutes les plaines du nord, recevant les affluens de l'Amazone. Je vais examiner séparément ces trois provinces.

§. 1. *Géologie de la province de Santa-Cruz de la Sierra.*

La province de Santa-Cruz se trouve, géographiquement, au point le plus avancé vers l'est des derniers contre-forts des Cordillères, dans l'endroit où devraient exister des montagnes, si, comme on l'a pensé, les derniers contre-forts des Cordillères étaient liés aux premières collines de la province de Chiquitos. Ainsi que j'ai pu m'en assurer, non-seulement il n'y a aucune colline qui unisse les deux systèmes, mais encore, lorsqu'on voit le faîte de partage entre la Plata et l'Amazone (entre le Rio Pilcomayo et le Rio Parapiti), représenté par des plaines inondées, où les cours d'eau (celui du Parapiti) paraissent ne prendre que difficilement une direction d'un côté ou de l'autre, on doit considérer les plaines de Santa-Cruz comme une simple continuité, vers le nord, du grand bassin des Pampas. Le Rio Parapiti est, en effet, une exception très-singulière. En sortant des montagnes, il se dirige d'abord au sud-est, parallèlement au cours du Rio Pilcomayo, en paraissant se rendre à la Plata. Bientôt après il se répand dans la plaine, y forme d'immenses marais, et après y avoir erré, va s'unir enfin vers le nord au Rio Grande, en versant ses eaux dans l'Amazone.

J'ai parcouru, en tous sens, les environs de Santa-Cruz, compris entre le Rio Grande, le Rio Piray et le Rio Yapacani. J'ai rencontré partout une composition géologique pour ainsi dire uniforme. J'ai déjà dit[1] que de l'endroit où le Rio Piray laisse les montagnes jusqu'à Santa-Cruz, la plaine est entièrement sablonneuse et d'allu-

1. Voyez p. 171.

Géologie. vions modernes. En effet, les cailloux appartenant aux roches de la Cordillère se voient sur quelques lieues; ensuite il n'y a plus que du sable quartzeux fin, provenant, sans doute, des dénudations journalières des roches dévoniennes et carbonifères des montagnes. On en acquiert, du reste, la preuve évidente, en suivant le cours des rivières. Le Rio Grande, à la hauteur de Paurito (est-sud-est de Santa-Cruz), offre non-seulement un lit d'une demi-lieue des mêmes sables mouvans, mais encore ses berges ne sont que de plus anciens dépôts analogues, formés à l'instant des débordemens. A quelques lieues plus bas, à Payla, son lit est encore plus large, et ses sables s'étendent au loin dans la campagne. Il paraît qu'à une vingtaine de lieues, en le descendant, le cours est si large, au milieu des sables mouvans, que la rivière coule tantôt d'un côté, tantôt de l'autre, sans avoir de chenal constant; il ne se canalise et n'a des berges argileuses qu'à plus de deux degrés au-dessous de Paurito.

Le cours du Rio Piray, que je connais depuis son origine jusqu'à sa réunion au Rio Grande, dans la province de Moxos, offre les mêmes faits. En face de Santa-Cruz, sa plage sablonneuse et mouvante a près de deux kilomètres de largeur; à Santa-Rosita ce lit montre une lieue de sable et ses rives ressemblent à de véritables dunes voyageant au gré des vents et des courans. A Naïco, près d'un demi-degré au-dessous de Santa-Cruz, les sables mouvans du Piray ne peuvent plus être traversés sans les plus grands risques, au moins au temps des pluies. Les sables, dans la saison des sécheresses, absorbent toute la rivière, réduite à un très-petit ruisseau, à un degré au-dessous de Santa-Cruz. Près du *Puerto de Palometas*, à plus de trente lieues au nord-ouest de la ville, le Piray est encaissé. Il ne charrie de sable qu'à l'époque des crues, tandis que son lit me montra une argile jaunâtre à ossemens, que je retrouvai ensuite sur une grande partie du cours de la rivière, jusqu'à son confluent avec le Rio Grande.

Les petits ruisseaux qui coulent au nord-ouest de Santa-Cruz, comme ceux de Palometa, de Palacios, etc., sont tous, ainsi que le Piray, encombrés de sable quartzeux d'alluvion.

L'intervalle compris entre le Rio Grande et le Rio Piray, depuis Paurito jusqu'à Bibosi, environ vingt lieues de long, ne me montra que les mêmes sables fins, à peine mélangés d'humus à leur superficie.

De tous ces faits, je crois pouvoir conclure que la province de Santa-Cruz de la Sierra, sur une lisière de plus d'un degré de largeur au pied des dernières montagnes, est couverte d'alluvions sablonneuses charriées par les rivières, et provenant, soit des dénudations anciennes des roches de grès des montagnes, soit des parties qu'enlèvent annuellement les pluies et que transportent les cours d'eau actuels. Il en résulterait que ce phénomène du transport des sables, sans doute bien plus puissant aux époques reculées, où il a recouvert toute la plaine, n'en est pas moins notre contemporain, puisqu'il continue, et qu'il est toujours identique dans ses dépôts. Je considère donc les sables de la plaine de Santa-Cruz comme une alluvion moderne[1] de l'âge

1. Je les colore en sépia comme toutes les alluvions de cette époque, et je leur donne le n.° 14.

des dunes de France, provenues également des sables charriés par les rivières et chassés sur les côtes[1]. Il est évident que, si le Rio Grande et le Rio Piray débouchaient dans la mer, au lieu de déboucher dans la plaine de Santa-Cruz, leurs sables auraient pu s'amonceler sur le rivage, ainsi qu'ils le font sur le littoral des côtes de France. Géologie.

Pour les argiles jaunes que j'ai observées au port de Palometas sur le Piray, et sur le cours de cette rivière, jusqu'à son confluent avec le Rio Grande, je crois être sûr qu'elles sont encore une dépendance de mon terrain pampéen. En effet, j'y avais recueilli, à une vingtaine de lieues plus bas que le port de Palometas, un assez bon nombre d'ossemens fossiles, que des circonstances fâcheuses m'ont fait perdre.

§. 2. *Géologie de la province de Chiquitos.*

La province de Chiquitos occupe tout l'intervalle compris entre le cours du Rio Grande, à l'est de Santa-Cruz de la Sierra, jusqu'aux frontières de la capitainerie générale de Mato-Grosso, au Brésil. Elle couvre à l'est, du 58° 30′ au 65°, plus de cent soixante lieues; au nord, du 14° au 21°, cent soixante-quinze lieues géographiques. Elle est bornée à l'est, vers le Brésil, par le cours du Rio du Paraguay et du Rio Itenes; au nord, par le Rio Itenes et les plaines de Moxos; à l'ouest, par le Rio Grande et les plaines de Moxos; au sud, par les déserts du grand Chaco, qui ne sont que la continuité du bassin des Pampas. Cette surface, de plus de *dix-neuf mille* lieues de superficie, se compose au nord, à l'ouest et au sud, de plaines en partie inondées, traversées diagonalement, de l'est-sud-est à l'ouest-nord-ouest, par des collines basses de diverses natures. Pour bien faire connaître cette étendue, je crois devoir suivre mes itinéraires, en décrivant au fur et à mesure les terrains que j'ai observés.

En traversant le Rio Grande, à une dizaine de lieues à l'est de Santa-Cruz, je franchis les limites politiques des deux provinces, et foulai le sol de Chiquitos. Le cours du Rio Grande forme, en ce lieu, de vastes plages de sable mouvant, qu'on ne traverse à cheval qu'au risque de s'y engloutir. L'autre rive, sur quelques lieues, est couverte de marais, anciens lits de la rivière, abandonnés aujourd'hui par les eaux. J'entrai dans le *Monte Grande* (la grande forêt), qui, du Rio Grande jusqu'aux premières collines de Chiquitos, a quarante-sept lieues de large environ, et s'étend, au nord et au sud, sur toute la plaine comprise entre Santa-Cruz et Chiquitos, en offrant le point de continuité du grand bassin des Pampas avec celui des Amazones. Dans ce sentier tortueux, à peine tracé au milieu de la forêt la plus épaisse et la plus sauvage, puisqu'elle est à peine visitée dix ou douze fois par année, le voyageur ne peut apercevoir que quelques mètres, de chaque côté de la ligne qu'il suit; aussi les observations géologiques sont-elles très-limitées. Néanmoins, à peu de distance du Rio Grande, j'abandonnai les terrains sablonneux, et ne les retrouvai plus que par intervalles, le sol devenant marécageux et

1. Il me paraît certain que les dunes de la Teste proviennent du cours de la Gironde, celles de la Vendée du cours de la Loire, etc.

Géologie. argileux, parce qu'il est inondé trois mois de l'année. A quatre ou cinq lieues du Rio Grande, je traversai plusieurs marais, où des arbres déracinés et tombés dans une espèce de lit, large d'un kilomètre environ, me démontraient le passage d'un courant violent. Mon guide me dit que, plus au sud, à un autre endroit de la forêt, sur le chemin direct de Santa-Cruz à San-Jose, on retrouvait ce même lit, et que c'était le cours du Rio Parapiti, qui, au temps des sécheresses, se perd dans les sables mouvans, qu'il ne franchit qu'à la saison des pluies, en formant alors des torrents, qui sillonnent momentanément la forêt. En effet, plusieurs de ces lits, celui de Ramada et de Ramadilla, me convainquirent de la vérité de cette opinion, devenue d'ailleurs populaire à Santa-Cruz.

Cette longue traversée, dans laquelle on suit le sol le plus uniforme et le plus horizontal, ne me montra que des alluvions modernes, soit argileuses, soit sablonneuses. Le terrain, néanmoins, offre quelques petits lacs disséminés, qui servent de point de repos, où le voyageur, perdu dans une mer de feuillage, peut au moins trouver un peu d'eau. C'est ainsi que je vis des lagunes aux points de halte[1] suivans, au-delà de Ramadilla, à Calavera, au Potrero, à la Cola, etc.

Entre la halte de Calavera et de la Cola, au lieu dit *El Sumuque*, à peu près à la moitié de l'intervalle compris entre le Rio Grande et le Rio de San-Miguel, je remarquai de petits fragmens de grès sur le sentier. Je m'y arrêtai, scrutai la forêt aux environs, et reconnus que ces grès, semblables à mes grès dévoniens, couvraient le sol sur une surface de plus d'une lieue. Comme j'étais au point le plus élevé de cette plaine boisée, je crus que ce pourrait être la sommité d'une chaîne de grès dévoniens, analogue à celles qui sillonnent le sol montueux de la Bolivia.

La forêt devient de là très-inégalement épaisse. Elle est interrompue par des dépressions couvertes d'eau, telles que le *Potrero del Rey*, le *Potrero d'Upayares*, le *Potrero de la Cruz*, et des plaines marécageuses, comme celle que je traversai jusqu'au Rio de San-Miguel, dont les eaux, assez volumineuses, se dirigent du nord 40° à l'ouest, en suivant le pied des collines.

A peine avais-je passé le Rio de San-Miguel, que, sur une pente douce, je trouvai, de l'autre côté, près de la ferme de San-Julian, des terrains évidemment composés de détritus de gneiss friable, au milieu desquels percent, sur un grand nombre de points, des sommités de gneiss compacte en mamelons arrondis, formant une espèce de chaîne parallèle au cours de la rivière. Ces sommités sont arrondies et comme usées; elles se détachent quelquefois en calotte, comme celles que j'ai observées dans la Banda oriental de la Plata[2]. De San-Julian à la mission de San-Xavier (onze ou douze lieues), je suivis des collines de gneiss en décomposition, dont les fragmens de veines de quartz qui les traversent, jonchent le sol. Néanmoins, sur plusieurs points, j'aperçus encore, au fond

1. On appelle Halte ou *Pascana*, les endroits où l'on peut s'arrêter dans la forêt. Ces endroits sont connus des muletiers; mais rien ne les indique. On y dort à la belle étoile.

2. Voyez p. 21.

des ravins, des sommités de gneiss compacte qui percent les gneiss friables. Près de San-Xavier on s'élève assez sur des collines accidentées, composées de gneiss à grandes lames de mica.

On avait trouvé quelques paillettes d'or dans le lit de la petite rivière de San-Pedro. Je me rendis sur les lieux, en traversant partout des gneiss; et j'y recueillis effectivement, par le lavage, plusieurs parcelles d'or, qui, vu la petite quantité du métal, ne paraissaient pas offrir des avantages d'exploitation suffisans. Elles existent entre des cailloux, appartenant tous à la décomposition ou au remaniement du gneiss.

Tous les environs de San-Xavier me montrèrent des collines peu élevées, couvertes de détritus d'un gneiss en décomposition, qui, sur plusieurs points, se présente en couches diversement inclinées.

De San-Xavier à la mission de Concepcion, il y a dix-neuf lieues. Tout l'intervalle, dans la direction de l'est, est couvert de collines mollement ondulées, entièrement formées de gneiss, avec leurs nombreux filons de quartz blanc. Ces blocs de quartz sont surtout nombreux vers la halte de la *ramada* (la ramée). Ils couvrent le sol sur une vaste surface, comme si les roches qui les contenaient, avaient été emportées par des érosions, ayant dispersé les blocs de quartz sur toute la campagne.

A deux lieues environ avant d'arriver à Concepcion, après avoir passé une dernière colline, on rencontre, à un niveau plus bas que celle-ci, une plate-forme dont le manque de bois et l'horizontalité me frappèrent au milieu d'une forêt, pour ainsi dire, non interrompue et d'un terrain très-ondulé. J'étais impatient d'en examiner la composition géologique. La roche se montra bientôt à nu, et j'y reconnus une espèce de poudingue, composé de morceaux de quartz, rassemblés et empâtés par une masse d'hydrate de fer, souvent caverneuse, qui me rappela, tout à fait, l'aspect des couches inférieures de mon tertiaire guaranien de la province de Corrientes. Cette roche forme des couches horizontales par bancs peu épais, nivelant un plateau de cinq ou six lieues de largeur, à un niveau plus bas que les collines de gneiss qui la circonscrivent de tous côtés. Minéralogiquement parlant, cette roche est, à tous égards, analogue à celle de Corrientes et des Missions; géologiquement, elle me paraît également être ici la même, qui serait venue niveler certaines parties du massif de gneiss de la province de Chiquitos. Dès lors ce plateau appartiendrait à mon tertiaire guaranien. Comme objet d'industrie, je ne doute pas qu'au milieu d'une forêt des plus épaisse, on ne pût, avec cette roche, établir d'excellentes forges, qui procureraient à la république de Bolivia un avantage des plus précieux, ce pays tirant encore ses fers d'Angleterre ou d'Espagne. Ce serait en Amérique une industrie toute nouvelle, et sans doute d'un grand intérêt. De nombreuses courses aux environs de Concepcion, à six ou huit lieues à la ronde, me

Géologie. donnèrent l'assurance que les conglomérats ferrugineux guaraniens sont de tous les côtés circonscrits par des collines de gneiss.

De Concepcion à San-Miguel, on compte quarante-trois lieues de pays inhabités sur un terrain mollement ondulé, presque partout couvert de forêts, entrecoupé soit de marais, soit de petites plaines et de vallées irrégulières. Pendant trois lieues, je foulai des terrains ferrugineux, puis je retrouvai les gneiss, décomposés en collines très-entrecoupées de beaucoup de petits ruisseaux boisés. Je les suivis cinq lieues, au milieu de la forêt, apercevant, sur plusieurs points des sommités, d'autres gneiss compactes, qui s'élèvent en table au-dessus du sol, et représentent des mamelons d'une seule pièce, souvent d'un kilomètre de long, qui saillent, plus ou moins, d'une centaine de mètres, peut-être, au-dessus des autres terrains ondulés.

Je traversai ensuite quatre lieues de plaines et de bois, sur des gneiss en décomposition, jusqu'à la *ramada de Tejas,* huit lieues de forêts, où je remarquai, de distance en distance, des surfaces couvertes seulement de petites plantes graminées. J'en cherchais la cause, lorsque la nudité de plusieurs points me fit reconnaître que ces plaines très-circonscrites ne sont que des surfaces horizontales de couches de gneiss compacte, sur lesquelles il n'y a pas assez de terre végétale pour qu'il y croisse des arbres. Ce sont aussi les lieux où les eaux séjournent, faute d'issues. Ces plates-formes, très-fréquentes, m'intéressèrent au dernier point, en ce qu'elles me prouvaient le peu de dislocation qu'avaient subie ces surfaces, souvent de plus de deux kilomètres de diamètre. Leur premier aspect m'avait d'abord fait croire qu'elles étaient sans aucune fissure; mais un examen plus attentif me fit voir, sur plusieurs points, la plate-forme couverte de graminées, traversée dans une direction quelconque par une rangée d'arbres. En ces lieux, où l'homme n'a encore modifié en rien la nature, je ne pouvais croire qu'on se fût occupé d'aligner ainsi ces arbres. J'examinai de plus près, et je reconnus que ces allées n'étaient que le résultat d'une large fissure de la masse de gneiss, qui, offrant une terre plus profonde, permettait aux arbres d'y croître. Je cherchai, en traversant deux fois cette même contrée, à m'assurer si ces fentes étaient dans une direction donnée, et j'acquis la certitude qu'elles varient beaucoup; néanmoins elles me parurent plus fréquentes dans la direction du nord au sud.

J'eus les mêmes terrains jusqu'au Rio Sapococh. Là j'aperçus, au nord-nord-est, un grand mamelon de gneiss compacte; et, après quelques lieues de gneiss décomposés ou en plates-formes basses, je me trouvai au pied d'un mamelon assez élevé, nommé Guarayito. Je pus l'étudier avec soin, et comme il forme lui-même, à son sommet, un plateau assez étendu et que les parois en sont coupées presque perpendiculairement, je crus y reconnaître une plate-forme analogue à toutes celles que j'avais rencontrées au niveau du sol, et qui, par suite d'une faille des couches environnantes, se trouverait plus élevée d'une centaine de mètres que les autres plates-formes placées au pied, constituant probablement la même masse. Ces espèces de tables élevées, dont j'avais vu quatre exemples, sont très-intéressantes, en ce qu'elles prouvent, en ce lieu, des soulèvemens de différentes valeurs dans les diverses parties, plutôt que des dislocations, qui amènent toujours des relèvements plus ou moins prononcés des couches. Ces gneiss compactes ne montrent pas de couches bien distinctes; ils paraissent avoir formé des bancs énormes, dont la partie supérieure est presque horizontale. Géologie

Je retrouvai les mêmes plates-formes de gneiss, entre Guarayito et la *Ramada alta*.[1] Je les vis encore jusqu'à la *Ramada de Pauchiquia;* mais, près de cette halte et de l'autre côté du ruisseau de Sapococh, je remarquai des lambeaux de grès guaraniens avec leurs hydrates de fer. Ils se montrèrent encore sur plusieurs points, aux environs de la mission de San-Miguel, où ils reposent partout sur des gneiss en décomposition.

De San-Miguel à Santa-Ana je franchis onze lieues de collines de gneiss ou de micaschiste souvent décomposé, ne laissant que des fragmens de quartz à la superficie du sol. Dans le ravin du *Motacucito*, à trois lieues de Santa-Ana, je recueillis des micaschistes ou schistes micacés de la plus grande beauté, ondulés, jaunes ou rosés, assez friables, en couches plongeant à l'est, dont les plus inférieures sont jaunes et contiennent un grand nombre de cristaux de staurotides non mâclés et de grenats en partie décomposés, qui jonchent le sol sur les collines voisines.

Un peu plus près de Santa-Ana, à gauche, on voit une légère colline, presqu'entièrement composée de filons de quartz améthiste, soit carié, soit en beaux cristaux, dans une grauwacke grise.

La mission même de Santa-Ana est bâtie sur les grès ferrifères ou les brèches ferrugineuses de mon tertiaire guaranien, alors plus poreux et contenant beaucoup de quartz. Cette couche forme une partie horizontale, qui occupe toute la sommité d'une petite colline de gneiss décomposé; elle n'a pas, en ce lieu, une grande étendue.

J'ai parcouru, en tous sens, les environs de Santa-Ana, à huit ou dix lieues à la ronde, en foulant partout les gneiss et les schistes micacés. A trois lieues au nord de la Mission ils sont rouges et contiennent de beaux cristaux de tourmaline; c'est là qu'on exploite des lames de mica de douze à vingt centimètres de diamètre. Ces lames, renfermées par masses dans le gneiss, servent à plaquer les colonnes et les murs des églises.

On rencontre encore, dans les vallons, une espèce de kaolin micacé blanc, qu'on emploie à blanchir les murailles en guise de chaux. Ce kaolin se trouve seulement par places au fond des vallées.

Dans une course que je fis à la mission de San-Ignacio, au nord de Santa-Ana, je ne rencontrai partout que du gneiss. Seulement, près de San-Ignacio, je retrouvai encore, sur des plaines situées au sud-ouest, des lambeaux du grès ferrifère guaranien. Les mêmes terrains de gneiss se montrèrent partout au nord de SanI-gnacio et de Santa-Ana, jusqu'aux plaines d'alluvion, du pied des dernières collines au nord.

De Santa-Ana je résolus d'aller visiter toute la partie orientale de la province, jusqu'au

1. On appelle *Ramada*, à Chiquitos, des toits de feuilles de palmiers, entretenus depuis les jésuites, sur quelques routes, afin que le voyageur puisse s'y abriter.

Géologie. Rio du Paraguay. Ma première journée me conduisit à la mission de *San-Rafael,* environ six lieues plus loin. Je traversai un sol peu accidenté, mollement divisé en collines basses et en vallées peu profondes, composé de roches de gneiss en décomposition, dont les restes de quartz jonchent le sol. Dans un vallon, à deux lieues de Santa-Ana, un gneiss que rend des plus brillant la grande quantité de mica qu'il renferme, est en couches plongeant au sud. Aux environs de San-Rafael, je remarquai, sur plusieurs points, des gneiss compactes.

Je pris de San-Rafael la direction au sud, pour me rendre à la mission de *San-Jose,* située à un degré environ au sud. Je traversai les mêmes collines peu ondulées jusqu'à la vallée de *Santa-Barbara* et même jusqu'à *la Piedra.* Le terrain me montra partout des gneiss en décomposition, apparaissant, sous la terre végétale, dans tous les ravins. Au sud de la Piedra, on abandonne tout à fait les collines du système géographique de Santa-Ana, pour entrer au sein d'immenses marais inondés, où je ne foulai plus que des terrains d'alluvions modernes.

Les terrains d'alluvions, d'une terre noire, tourbeuse, couvrent un bassin de plus de dix lieues de long, qui s'étend du nord au sud, entre les dernières collines de Chiquitos à l'ouest, la chaîne de *San-Carlos* à l'est, et la chaîne de *San-Lorenzo* au sud. C'est dans ce marais que prend naissance le Rio de San-Miguel qui, après avoir long-temps suivi la direction du nord-nord-ouest, passe près de San-Xavier, où je l'ai traversé.[1]

La chaîne de San-Carlos, que je longeai à quelques lieues de distance, me sembla dirigée au sud, quelques degrés à l'ouest. Elle est élevée peut-être de cinq à six cents mètres au-dessus de la plaine; et les fragmens de roches que je trouvai en ce lieu, à l'extrémité nord de la chaîne que je vis plus tard, me firent reconnaître qu'elle se compose entièrement de gneiss compactes. La crête en est mollement mamelonnée.

En cheminant au sud, au milieu de forêts épaisses ou de plaines inondées huit mois de l'année, j'arrivai à l'extrémité orientale de la chaîne de San-Lorenzo. Élevée de quatre cents mètres environ au-dessus de la plaine, elle suit la direction générale de l'est-sud-est à l'ouest-nord-ouest et vient se croiser presque à angle droit avec la chaîne de San-Carlos. Je pus voir la roche à l'extrémité de la colline; mais, pour mieux l'étudier, je voulus me rendre à la ferme de San-Miguel, située dans une des gorges même. Je laissai la ramée de San-Lorenzo; et, après avoir franchi près de deux lieues sur des gneiss en décomposition, j'arrivai au pied de la montagne, où je trouvai partout un gneiss compacte très-dur, dont je ne pus distinguer les couches. Tous les ravins sont couverts de gros blocs tombés du haut de la montagne, et sur lesquels de petites cascades tombent de cinq à sept mètres de hauteur. Ce qui me frappa dans l'examen de cette chaîne, ce fut de trouver encore là, comme dans le reste de la province, des gneiss granitoïdes compactes, occupant les points élevés en masses énormes, à peine partagées en très-gros blocs, tandis que les collines plus basses, qui s'appuient dessus, sont formées de gneiss ou de micaschiste en décomposition, représentés, le plus souvent,

1. Voyez p. 184.

seulement par les fragmens de quartz qui jonchent le sol. Il y aurait donc, dans ce gneiss, deux époques bien distinctes, conservant toujours leur position relative.

Je repris la plaine boisée et inondée une partie de l'année; je la traversai sur treize lieues de largeur, dans la direction du sud-sud-est, jusqu'à la mission de San-Jose. Tout l'intervalle compris entre la chaîne et la ferme de San-Ignacio (sept lieues), me montra des terrains sablonneux ou argileux, évidemment formés d'alluvions modernes de l'âge de celles de Santa-Cruz de la Sierra. Près de la ferme, le terrain s'éleva davantage, et des argiles rouges limoneuses se montrèrent jusqu'à San-Jose, dans tous les petits ruisseaux qui sillonnent la forêt que je traversai. Cette argile non onctueuse, mais souvent mélangée, à sa superficie, de petits fragmens de quartz, me parut plus pure aux parties inférieures. Elle nivelle ici le terrain, et quoique je n'y aie vu aucun reste de mammifères, je crois pouvoir la rapporter à mes terrains pampéens. Aux environs de San-Jose ces argiles servent à bâtir.

A une lieue au sud-ouest de la mission de San-Jose s'élève une montagne dite *Sierra de San-Jose,* qui forme une chaîne dirigée à l'est 25 à 30° sud, ou ouest 25 à 30° nord, dont l'étendue est d'un degré environ, et la hauteur de trois à quatre cents mètres au-dessus de la plaine. Je l'étudiai sur plusieurs points : au lieu dit *El Sutos,* près de San-Jose, un ravin me montra, sur toute la hauteur de la montagne, une série de couches de grès friables rougeâtres, colorés par les oxides ou les hydrates de fer. Ces grès, très-uniformes dans cet endroit, offrent la tranche des couches, coupées perpendiculairement sur la plaine. On les croirait horizontales, en les regardant de front; mais, en prenant les couches en travers, on s'aperçoit qu'elles plongent légèrement au sud-ouest, sous un angle de quelques degrés seulement. J'y cherchais vainement des restes de corps organisés; mais la superposition que je pus observer sur d'autres lieux, ainsi que la grande ressemblance des caractères minéralogiques de ces grès avec ceux que j'avais déjà vus sur beaucoup de points de la Cordillère, me les fait rapporter à l'époque carbonifère. Au Sutos, les eaux qui tombent sur les couches de grès, forment une cascade de douze à quinze mètres de hauteur perpendiculaire.

A quatre lieues environ, à l'est-sud-est, de San-Jose, j'allai, de nouveau, étudier la chaîne, et j'en trouvai alors la composition toute différente. Les grès friables carbonifères ne formaient plus, au sommet, que des mamelons isolés, en couches discordantes, avec des grès très-compactes, traversés de filons de quartz et colorés par le fer seulement sur les fentes. Ce grès compacte passe, aux parties inférieures, à des grès calcarifères ou calcaires magnésiens, très-surchargés de dendrites ferrugineuses. C'est avec cette roche qu'on fait de la chaux dans le pays; elle contient pourtant plus de silice que de chaux, puisqu'elle fait peu d'effervescence avec les acides, tandis qu'elle donne des étincelles au briquet. La discordance de ces grès inférieurs, plongeant bien plus fortement au sud-ouest, avec les grès carbonifères, leur caractère plus compacte, me les firent, avec d'autant plus de raison, rapporter au terrain dévonien, qu'on les verra, plus loin, superposés aux phyllades, comme ils le sont dans les Cordillères. L'apparition de ces grès dévoniens à cette partie de la chaîne, prouve évidemment que les couches se relèvent assez fortement en s'avançant vers l'est.

Géologie. Près de cet endroit est une source thermale, qui avait, en partie, motivé ma course; elle est située dans la plaine, au sud des dernières couches de grès, au milieu de sables jaunâtres. Ses eaux, très-limpides, forment une grosse source, qui sort en bouillonnant, et devient un ruisseau assez volumineux. Elle n'a aucun goût sulfureux; elle est seulement très-fade[1], et sa température n'est pas à plus de trente degrés centigrades. Cette eau ne laisse de dépôt ni dans le lit de la source, ni dans les ruisseaux qui en sortent.

De San-Jose, en me dirigeant dans la plaine au pied des collines, je vis la chaîne s'abaisser peu à peu et n'être plus représentée, à six lieues, à la halte de *Botija*, que par des mamelons isolés de forme remarquable. Ce sont des espèces de pains de sucre très-écrasés, aigus au sommet, et fortement évidés sur les côtés, ce qui les a fait comparer à une dame-jeanne (Botija), en déterminant le nom de la halte. Ces mamelons sont les derniers lambeaux de grès friables carbonifères, dont les intervalles ont été emportés par les érosions. Au-delà, je ne trouvai plus qu'à la Tapera de San-Juan, ruines de l'ancienne mission de San-Juan (douze lieues de San-Jose), que des grès dévoniens compactes, fortement inclinés au sud-ouest. J'employai deux jours à étudier les environs des ruines de San-Juan, et voici le résultat des coupes que j'ai prises sur la colline basse de ce lieu:

1.° Les parties apparentes les plus inférieures sont des phyllades schistoïdes, dont les couches plongent très-fortement au sud-ouest. Ces phyllades sont bleuâtres aux parties inférieures, et passent à un phyllade jaunâtre fortement micacé, en couches épaisses de cinq mètres. Ces roches me paraissent représenter, en tout, le terrain silurien, qui se montre sur la Cordillère orientale et ses versants.

2.° Ce sont des grès compactes qui constituent trois bancs distincts: l'un, le plus inférieur, est formé d'un grès phylladifère fortement micacé par couches minces, passant à un grès coloré par le fer en couches épaisses; le tout recouvert d'un grès très-compacte contenant des crevasses remplies de carbonate de chaux. Ces couches sont, pour moi, les représentans de mes grès dévoniens.

Ici les grès carbonifères n'existent pas, leurs derniers mamelons s'étant arrêtés un peu au-delà de Botija, à trois lieues environ.

En comparant ces trois époques à ce que j'ai trouvé sur tout le versant oriental de la Cordillère, dans ma descente de Cochabamba vers la plaine de Moxos, on voit facilement qu'il y a identité parfaite de roches. On ne peut néanmoins supposer que la montagne de San-Jose appartienne au même système, et qu'elle ait été soulevée en même temps. Le parallélisme n'est pas le même que celui des dislocations des versans de la Cordillère, et la hauteur des deux systèmes est trop différente, pour qu'ils se rattachent à une seule et même époque de soulèvement.

A une lieue environ à l'est, je remarquai de petites collines, où je trouvai beaucoup de quartz cariés, qui me parurent analogues à ceux des environs de Santa-Ana. Ils sont

1. Probablement pour en avoir bu, à jeun, seulement un verre, j'éprouvai de très-fortes nausées.

Géologie.

ici traversés par des filons de quartz enfumés très-puissans. La position de ces quartz cariés me les ferait considérer comme inférieurs aux terrains siluriens, et peut-être comme faisant partie des roches de gneiss.

En abandonnant la *Tapera de San-Juan*, je me dirigeai à l'est 30° sud [1], à travers une plaine sèche, couverte de sable et de graviers d'alluvion, et couverte de buissons épineux, jusqu'à la halte de San-Lorenzo, distante de cinq lieues. J'étais assez près d'une nouvelle chaîne (el Cerro de San-Lorenzo), parallèle à la chaîne de San-Jose, mais tout à fait séparée, qui me restait au sud. Elle est entièrement composée de grès ferrugineux friables, analogues à ceux du Sutos, près de San-Jose. De même les couches, peu inclinées au sud, forment un front vers la plaine. Ce front est très-remarquable par l'horizontalité qu'affectent les couches et les espèces de gradins qu'elles montrent sur plusieurs points [2]. En suivant toujours la même direction, j'arrivai, trois lieues plus loin, à la halte de l'Ipias, où j'avais encore, au sud, la continuité de la chaîne, portant alors le nom de Cerro del Ipias. Cette partie est, en tout, semblable, par ses plates-formes et par ses gradins; son aspect est réellement particulier, et ne ressemble en rien aux chaînes que j'avais observées. Elle offre des coupures, des pics élevés, des plates-formes, suivant que les bancs friables ont été plus ou moins dénudés. En suivant la chaîne vers le sud-est, on la voit s'élever jusqu'à la haute montagne du Chochiis, où les mêmes gradins, les mêmes tables se montrent à une élévation que je crus pouvoir évaluer à quatre cents mètres au moins au-dessus de la plaine.

De l'Ipias, je marchai vers la chaîne même; je m'élevai peu à peu sur des sables ferrugineux, d'abord remaniés, mais qui parurent bientôt en couches presque horizontales. Dans cette traversée, où je profitai d'un point très-bas de la chaîne, je ne foulai que les grès ferrugineux friables jusqu'au sommet. De l'autre côté, je ne les abandonnai pas jusqu'au pied méridional du Chochiis, où je vis cette montagne taillée à pic à son pourtour, et présentant, de toutes parts, la tranche de ses couches de grès friables. Sur plusieurs points il reste auprès de la grande masse, des parties plus ou moins étendues, qui en sont détachées, et qui se dressent, comme des tours ou des clochers d'une très-grande hauteur. En un mot, le Chochiis offre le plus singulier aspect par sa superficie plane et ses grandes coupures.

J'ai suivi plus de dix-sept lieues le versant méridional de la chaîne, en en longeant le pied, et passant souvent sur ses derniers contre-forts. Au Rio de San-Pedro je m'aperçus que les grès à découvert n'appartenaient déjà plus aux grès friables, mais bien aux grès dévoniens compactes, qui se montrèrent ensuite sans interruption jusqu'au Rio de Tayoe. Néanmoins, chaque fois que les bois me permettaient d'entrevoir le sommet de la chaîne, qui porte alors le nom de *Sierra de Santiago*, je voyais, sur les points culminans, quelques mamelons de grès friables.

1. Direction de la boussole.

2. On peut en voir le profil pl. IX, fig. 5, tel que je l'ai pris de la mission de San-Juan, à la distance de huit lieues au moins.

Géologie. Au Rio de Tayoe, j'abandonnai le pied des montagnes et commençai à les gravir. Je montai, pendant quatre lieues, sur le dos des couches de grès qui, en grandes plaques, couvrent toute la campagne; et m'élevant sur la pente même des bancs, j'arrivai à la mission de Santiago, située près de la crête. Huit jours de courses aux environs de Santiago me firent reconnaître les faits suivans :

La chaîne sur ce point paraît être de six à sept cents mètres au moins au-dessus des plaines; elle est toujours dirigée de l'est 25 à 30° sud, à l'ouest 25 à 30° nord, et s'étend, vers l'ouest, jusqu'au Chochiis, à l'Ipias et au San-Lorenzo. A l'est, elle s'abaisse peu à peu vers le Rio de Oxuquis; la longueur en serait d'environ deux degrés. Elle offre un très-fort escarpement au nord, sur la tranche de toutes les couches, tandis qu'au sud les couches plongent vers la plaine, et viennent former le versant par leur dos même.

Considérée géologiquement, cette chaîne m'a montré les mêmes couches que la Tapera de San-Juan, seulement sur une échelle plus développée. Voici, en résumé, ce que j'ai observé[1] :

En partant des plaines situées au nord, on rencontre partout des phyllades schistoïdes bleuâtres, d'une très-grande puissance (plus de deux cents mètres d'épaisseur); ces phyllades feuilletés, très-plissés aux parties les plus inférieures, constituent, plus haut, des couches très-régulières, plongeant très-fortement au sud-ouest. Ces phyllades bleus sont recouverts par des couches épaisses de quinze mètres environ, d'un phyllade rosé, à grains très-fins. Ce banc est ensuite caché par un autre phyllade jaune, de vingt mètres de puissance, également à grains fins[2]. Ces trois assises de roches me paraissent représenter les terrains siluriens des Cordillères; néanmoins je n'y ai pu découvrir aucune trace de corps organisés.

Au-dessus des phyllades, et sur environ deux cent cinquante mètres d'épaisseur, sont des couches de grès compacte, gris ou très-légèrement coloré par le fer, plongeant au sud-ouest, sous un angle beaucoup moins grand que les phyllades. Ces grès, que je rapporte à l'époque dévonienne, couvrent tous les environs de Santiago et la pente méridionale.

Ces grès, sur les sommités qui dominent la mission de Santiago, sont recouverts de mamelons ou lambeaux plus ou moins grands, de grès friables, quelquefois fortement colorés par le fer, contenant des rognons de fer hydraté ou partout remplis de petites paillettes de fer oligiste, disséminées dans la pâte. Ces grès sont en couches presque horizontales, et forment des plateaux sur les points culminans, dont les lambeaux vont, en augmentant de plus en plus de puissance, dans la direction ouest, où, comme on l'a vu, ils composent toutes les montagnes du Chochiis, de l'Ipias et de San-Lorenzo. Ce sont, pour moi, des grès carbonifères.

---

1. Voyez pl. IX, fig. 4, la coupe de cette montagne.

2. Ces deux séries de couches s'exploitent très-avantageusement comme pierre à repasser les rasoirs. On en exporte dans toute la république de Bolivia.

En considérant l'ensemble de la chaîne de Santiago, on la trouve en tout semblable à la chaîne de San-Jose. Elle n'est, effectivement, de même, composée, à son extrémité occidentale, que de grès carbonifères, tandis que ses couches se relèvent, peu à peu, vers l'est, de manière à montrer à découvert, à Santiago, toute la série des roches qui la composent. Cette grande ressemblance de direction et de composition des deux rameaux de San-Jose et de Santiago, atteste, évidemment, un ensemble de faits et de couches identiques, ou mieux la continuité d'un seul et même système, interrompu à San-Lorenzo. Géologie.

Du sommet des chaînes de San-Jose, de l'Ipias et de Santiago, je n'aperçus au sud aucune élévation. La plaine boisée, sans limites, se terminait à l'horizon. Néanmoins j'appris aux missions, qu'on exploitait, dans la direction du sud-sud-ouest, à une soixantaine de lieues, des salines considérables, où le sel, à la saison des sécheresses, se trouve cristallisé à la surface de deux lacs. Ces lacs sont, à ce qu'il paraît, situés entre deux petites chaînes parallèles, moins élevées que celles de Santiago, mais très-prolongées à l'est et à l'ouest; ce qui annoncerait une espèce de parallélisme avec la montagne de Santiago, et pourrait faire croire qu'elles appartiennent à la même époque.

A cinq lieues de Santiago, à l'est-sud-est, jaillit sur la chaîne même une source d'eau chaude sulfureuse. Je ne l'ai pas visitée; mais les renseignemens que j'ai pris me font penser que la température ne s'élève pas au-dessus de 36° centigrades.

Du sommet de la Sierra de Santiago, on aperçoit au nord, à une dizaine de lieues en ligne droite, une autre chaîne parallèle, un peu moins élevée. Cette chaîne, qu'on nomme généralement *Cerrania del Sunsas*, est séparée de la Sierra de Santiago par une vaste vallée, entièrement couverte de forêts, où coule le Rio de Tucabaca, qui court parallèlement aux deux chaînes, en se dirigeant à l'est-sud-est vers le Rio du Paraguay. Je descendis la pente abrupte de la Sierra de Santiago, en foulant des phyllades bleuâtres jusqu'à la plaine, où, sur une pente à peine sensible, je cheminai jusqu'au Rio de Tucabaca. Dans beaucoup de ravins j'ai remarqué des phyllades schistoïdes bleus à découvert, ou sur le sol des fragmens de cette roche. Dans le lit même de la rivière se montrait le dos redressé d'un lambeau de couches des mêmes terrains; mais alors je crus voir que les phyllades étaient disposés en couches plongeant à l'est. Du Rio de Tucabaca, je traversai diagonalement la largeur de la vallée sur des terrains d'alluvion. Je fis un léger détour pour aller au lieu dit *la Cal* (la Chaux), situé à trois lieues en avant de la halte du *Naranjo*. J'y trouvai des grès dévoniens durs, dont une couche, comme à San-Jose, se compose de calcaire dolomitique.

Arrivé à la Cerrania del Sunsas, j'en gravis la pente méridionale et je reconnus que l'ensemble, très-partagé par des collines ou des mamelons, et surtout très-disloqué, présentait, néanmoins, aux parties inférieures, le phyllade schistoïde bleuâtre, que j'avais trouvé à la Sierra de Santiago, recouvert de couches d'une grande puissance de grès compacte, que je rapportai à mes grès dévoniens[1]. Toutes les couches de grès

1. Sur certains points, près de la halte de Boquis, les grès contiennent du fer hydraté et sont manganésifères.

Géologie. me parurent plonger très-légèrement au nord-est. Le grand nombre de cailloux de quartz blanc que je revis au fond des ravins, au sommet de la chaîne, me fit croire que les gneiss auxquels ils appartenaient, ne devaient pas être bien loin.

Du sommet, je descendis dans une vallée dirigée au nord-est, formée par deux collines élevées, ayant la même direction. Les phyllades se montrèrent encore pendant quelque temps, dans le lit du Rio de Boquis; puis ils disparurent sous les grès dévoniens qui, sans interruption, couvrent toutes les montagnes, jusqu'à la mission de Santo-Corazon, la plus orientale de la province de Chiquitos; néanmoins, dans les vallées, le sol est couvert non-seulement de débris dévoniens, mais encore de gneiss et de quartz.

J'ai visité, dans toutes les directions, les environs de Santo-Corazon, et j'ai reconnu que la mission est placée dans une vallée où, sur plusieurs points, on voit surgir, du milieu des alluvions composées de grès de quartz et appartenant aux terrains voisins, des gneiss compactes imparfaitement schistoïdes[1] ou des leptinites[2], tandis qu'à l'est, le Cerro du Taruhuoch, et à l'ouest, les autres collines, sont entièrement formés de grès dévoniens, en couches peu inclinées. Il en résulterait que Santo-Corazon serait le point où l'on aperçoit les couches les plus inférieures de tout le système.

Comme j'avais atteint les dernières limites de la république de Bolivia, vers l'est, et non loin du Rio du Paraguay, je voulus gravir la chaîne du Taruhuoch, pour découvrir la campagne à l'est. Je fis ouvrir un sentier au sein des forêts vierges, et j'acquis alors la certitude que, de cette montagne jusqu'au Rio du Paraguay, il n'y a plus que des plaines d'alluvion, inondées une partie de l'année. Le cerro du Taruhuoch peut être à deux cents mètres d'élévation au-dessus des plaines environnantes.

Afin de ne pas suivre le même chemin, je résolus de traverser soixante et quelques lieues de forêts inhabitées, pour me rendre de Santo-Corazon à la mission de San-Juan. Je me dirigeai au sud-ouest jusqu'au Rio de Santo-Tomas, traversant des plaines d'alluvion identiques à celles de la vallée de Santo-Corazon; seulement je n'y vis, nulle part, les gneiss à découvert. Le Rio de Santo-Tomas charriant beaucoup de cailloux qui ressemblaient aux *Concajos* des Espagnols, j'y fis faire des fouilles, et le produit du lavage donna, dans un sable manganésifère, quelques paillettes d'or, ce qui annonçait que des recherches plus minutieuses pourraient offrir des résultats avantageux. Les cailloux se composent de grès dévoniens, de parcelles de phyllade schistoïde, de gneiss, et d'un grand nombre de morceaux de quartz laiteux, provenant des deux dernières formations.

La plaine des environs de Santo-Tomas me montra partout, sous la terre végétale et sous les alluvions modernes, une couche limoneuse blanchâtre, que je crus appartenir au terrain pampéen. Elle est, en effet, analogue à celle que j'ai vue sur le cours du Rio Piray, près de Santa-Cruz de la Sierra.[3]

Du Rio de Santo-Tomas, je suivis dix lieues à l'ouest-nord-ouest, parallèlement à

1. Détermination de M. Cordier.
2. Détermination de M. d'Omalius d'Halloy.
3. Voyez p. 205.

une haute colline de grès dévoniens, que je passai ensuite, entre deux mamelons, pour arriver au Rio de Tapanaquis. Cette colline s'étend au loin vers le nord-ouest, au milieu de la forêt. Ses couches plongent légèrement au nord-est. Géologie.

J'étais dans une vaste plaine couverte d'alluvions, où dominaient les morceaux de quartz. J'avais, dans le lointain, au nord, la chaîne de collines que j'avais passée; et, au sud, une autre suite de collines plus élevées, que je traversai pour me rendre à la ferme de San-Francisco. Cette chaîne, entièrement boisée, est composée de grès quartzeux dévoniens, tellement disloqués et en morceaux, que nulle part je ne pus voir la direction des couches. Au-delà de la chaîne, à deux lieues avant d'arriver à la ferme, les grès forment de grandes masses à découvert. Sur une de ces masses coule le ruisseau de-las Conchas. Le torrent, par ses chutes, s'est creusé des bassins dans les parties les plus friables. Il en résulte qu'il y a, à la suite les uns des autres, un grand nombre de petits réservoirs assez profonds, où l'eau séjourne toute l'année, le trop plein seul s'échappant dans le ravin inférieur. Les mêmes bancs de grès se remarquent encore sur quelques lieues au-delà de San-Francisco.

Il ne me restait plus que vingt lieues de route à franchir, pour arriver à la mission de San-Juan. Je traversai successivement, au milieu de la forêt la plus épaisse, trois collines parallèles, courant environ à l'est 40° sud et ouest 40° nord. Ces trois collines sont composées chacune d'un terrain différent : la première me montra des grès dévoniens plongeant légèrement au nord-est. La seconde me parut inclinée dans le même sens, mais bien plus fortement; elle est formée de roches de phyllades bleus ou bruns, très-disloqués et partagés en fragmens. Pour la troisième, elle appartient aux gneiss friables, dont les couches sont si relevées qu'elles paraissent verticales. De là jusqu'à la mission, je ne vis plus que des alluvions provenant des terrains de gneiss ou du sable fin quartzeux.

De San-Juan, dont tous les environs sont identiques, je traversai plus de soixante lieues de forêts sauvages, pour revenir à la mission de San-Rafaël, au centre de la province. Dans cette longue percée, au milieu des bois, je suivis les alluvions modernes, souvent sablonneuses, d'autres fois tourbeuses, au pied de la chaîne sur plus d'un degré de longueur, et je pus m'assurer, par les fragmens de roches et par plusieurs excursions vers la chaîne, qu'elle est entièrement composée de gneiss, plus ou moins compactes ou friables, souvent remplis de belles lames de mica. J'en traversai un petit rameau avant d'arriver à la halte de la Piedra, où des dos de gneiss compacte surgissent au milieu du sol d'alluvion.

De la Piedra, franchissant un marais tourbeux, j'allai passer à l'extrémité de la chaîne de San-Carlos dont j'ai déjà parlé [1], et je reconnus, par les fragmens de roches répandus sur le sol, que cette montagne est composée de gneiss compacte. Je n'avais plus à traverser, ensuite, que le marais qui mène ses eaux à la halte de San-Nicolas, pour rejoindre la colline de Santa-Barbara, que j'avais passée en allant à San-Jose. [2]

1. Voyez p. 188.
2. Voyez p. 188.

Géologie. Là, je repris la route que j'avais suivie en partant de San-Miguel pour les Missions du sud.

Un pays encore sauvage, dont l'homme n'occupe qu'une très-petite portion, oblige à suivre le peu de sentiers tracés au milieu d'une nature entièrement vierge. Pour revenir vers l'ouest, aux dernières missions de la province, afin de gagner les plaines de Moxos, par le pays des sauvages Guarayos, je me vis forcé, n'y ayant qu'un seul sentier, de traverser, de nouveau, San-Miguel, Concepcion, pour arriver à San-Xavier, au point où j'avais commencé mes recherches géologiques dans la province[1]. C'est donc de San-Xavier que je vais reprendre mon itinéraire vers le nord-ouest.

De San-Xavier à la réduction de Trinidad de Guarayos, on compte cinquante lieues, qui, réduites en distance réelle en donnent encore près de trente. Je me dirigeai d'abord au sud-ouest, sur les collines de gneiss. Je passai deux petites chaînes de cette roche, et du sommet de la dernière, par dessus les dernières ondulations du sol, la vue embrassait l'immensité de cette plaine inondée, qui sépare la province de Chiquitos de Santa-Cruz de la Sierra. C'était une véritable mer de verdure, où, au sein de la forêt, je n'aperçus pas la moindre inégalité. C'est en effet une plaine qui, sans interruption, communique, au sud, avec les Pampas; au nord, avec les marais de Moxos. Je descendis sur les mêmes collines de gneiss, en partie décomposé, jusqu'à la plaine qui borde le pied des dernières montagnes, et nivelée par des terrains d'alluvions argileuses modernes. En foulant ces mêmes alluvions et longeant le Rio de San-Miguel, je fis cinq à six lieues jusqu'à la *Puente*. Là j'abandonnai les terrains inondés pour monter vers de petites collines de gneiss, dirigées nord-ouest et sud-est; je les suivis parallèlement, en descendant vers des terrains inondés qui, ayant toujours les collines à l'ouest, me conduisirent jusqu'à la réduction de l'Ascencion de Guarayos, située sur de très-petites collines, appartenant aux alluvions anciennes, mais analogues aux alluvions actuelles. Ce sont des graviers auxquels s'entremêlent beaucoup de petits fragmens de gneiss et de quartz. A l'exception de quelques collines de gneiss, isolées au milieu de la plaine, tous les environs sont couverts d'alluvions modernes. C'est seulement sur les points voisins des collines qu'on trouve les fragmens de quartz provenus des dénudations de gneiss.

Pour me rendre de l'Ascencion de Guarayos à la réduction de Trinidad de Guarayos, j'avais, moins une petite colline de gneiss, à franchir quinze lieues couvertes d'alluvions modernes et de marais inondés au temps des pluies. A une lieue de Trinidad, près de la réduction de Santa-Cruz de Guarayos, on voit encore un groupe assez considérable de collines, que je trouvai composées de gneiss compacte, en couches presque perpendiculaires ou de gneiss à grandes lames de mica. Au-delà de ces dernières collines, vers le nord, je n'aperçus plus que des terrains d'alluvions, qui continuent jusqu'à la province de Moxos. Ils consistent sur les berges du Rio de San-Miguel et

1. Voyez p. 185.

seulement jusqu'au niveau des inondations annuelles, en couches horizontales de limon brun, mélangé de sable siliceux très-fin, de la même nature que les particules charriées par la rivière. Pourtant je rencontrai, sur la rive droite, à huit ou dix lieues au-dessous de Trinidad, un mamelon de grès lustrés anciens ou de quartzite, plus ou moins coloré par le fer, analogue à celui des environs de Santo-Corazon et de Santiago, et que je crus dès-lors être de l'époque dévonienne. Ce mamelon, isolé au milieu des alluvions, est, sans doute, le sommet d'une chaîne dont je ne voyais, à découvert, qu'une très-petite partie, le reste étant caché par les alluvions. En abandonnant Guarayos, je franchissais les dernières limites politiques de la province de Chiquitos, et en même temps les dernières parties du système oriental des collines de cette province. Il ne me reste donc plus qu'à résumer les principaux faits observés. Géologie.

Considérée sous le rapport de sa surface, la province de Chiquitos offre le plus grand intérêt géologique. C'est en effet un système considérable de collines, entièrement isolé au milieu des alluvions modernes, et très-nettement séparé des derniers contre-forts de la Cordillère et des montagnes du Diamentino, au Brésil. Sa direction générale est est 25° sud, et ouest 25° nord. Elle est, par conséquent, différente du parallèle de la Cordillère orientale et de toutes les montagnes du plateau bolivien, ce qui, vu l'isolement de ce massif et sa différence de hauteur, constitue un tout autre système, que j'appellerai *Système chiquitéen.*

Sous le rapport de sa composition, Chiquitos présente la plus grande simplicité. On n'y voit nulle part de traces de roches ignées; elle est entièrement composée de roches de sédiment ainsi réparties :

Les gneiss forment à eux seuls une très-grande surface élevée, qui s'étend, dans la direction générale indiquée, sur une longueur de cinq degrés et demi ou cent trente-sept lieues géographiques, et sur une largeur moyenne d'un peu moins d'un degré ou environ vingt lieues. Au nord, cette surface s'abaisse insensiblement, et se cache sous les alluvions modernes. Au sud, à son extrémité occidentale, elle disparaît encore sous les mêmes alluvions. A l'ouest, son extrémité vient jeter de petites collines isolées, qui percent aussi les alluvions; à l'est, d'autres collines, également isolées, s'enfoncent soit sous les alluvions, soit sous les phyllades de l'époque silurienne, dont elles ont suivi les dislocations. On voit encore un mamelon de gneiss beaucoup plus à l'est, près de Santo-Corazon. Les gneiss sont recouverts à l'est par les phyllades, près de Concepcion, de San-Ignacio, de Santa-Ana et de San-Miguel; ils supportent des lambeaux de conglomérats ferrugineux de l'époque des tertiaires guaraniens. Partout ailleurs ils se cachent sous les alluvions.

Considérés quant à leur nature, les gneiss sont de deux sortes : ils sont compactes, forment alors des tables, des mamelons, comme au centre du massif, entre Concepcion et San-Miguel[1], ou sur les côtés, à Santa-Cruz de Guarayos, et à la ferme de San-Julian, à l'ouest; ou bien encore, comme les collines de San-Lorenzo et de San-Carlos, vers l'est.

1. Voyez p. 186.

Géologie. Leurs dislocations sont très-variées. Si l'on envisage l'ensemble, on remarquera qu'elles suivent les grandes lignes générales, et qu'alors leurs pentes les plus communes sont au sud-sud-ouest ou au nord-nord-est; mais il y a, en outre, des plissemens dans beaucoup de directions. Il est surtout remarquable de voir les soulèvemens et les affaissemens des plates-formes de gneiss compacte, qui viennent représenter ces tables si singulières du centre du massif ou ces blocs élevés de Guarayito, etc. Ils annoncent certainement des mouvemens de haut en bas, des masses rompues qui, gênées les unes par les autres, n'ont pas trouvé assez de place pour s'incliner d'un côté ou de l'autre.

Les terrains siluriens, représentés à Chiquitos, comme dans les Cordillères, par les phyllades schistoïdes, plus ou moins durs et diversement colorés en bleu, en rose ou en jaune, ne sont apparens qu'à l'extrémité sud-est de la province. On en voit un lambeau à la Tapera de San-Juan, puis une grande surface au pied septentrional de la Sierra de Santiago, à sa partie orientale; puis une autre, appartenant au même système, à la Sierra del Sunsas. Les grandes lignes de dislocation de ce terrain sont ouest 25° nord, ou est 25° sud. Les terrains siluriens reposent sur les gneiss à la Sierra del Sunsas. Ils sont partout recouverts par les grès dévoniens.

Les terrains dévoniens se montrent ici encore sous la forme de grès quartzeux, compactes, en couches discordantes avec les phyllades. Ces grès sont quelquefois blancs, gris ou un peu colorés par le fer. Ils sont à découvert à la Sierra de San-Jose, à la Sierra de Santiago, à la Cerrania del Sunsas, et sur tout le versant septentrional de cette chaîne vers Santo-Corazon. Ils montrent encore deux lambeaux appartenant à des chaînes cachées par les alluvions, au milieu du Monte Grande, près de Calavera, et à l'ouest de Guarayos. Les lignes de dislocation sont généralement dirigées ouest 25° nord ou est 25° sud. Ces terrains s'appuient immédiatement sur les terrains siluriens, à la Tapera de San-Juan, à la Sierra de Santiago et au Sunsas. Ils supportent aux mêmes lieux les terrains carbonifères, tandis que, partout ailleurs, ils sont cachés par des alluvions modernes.

Les terrains carbonifères semblent représentés à Chiquitos, ainsi que sur la Cordillère orientale, par des grès rouges, rougeâtres, très-friables, en couches beaucoup moins disloquées que les terrains inférieurs, et souvent peu relevées. Ils couvrent la Sierra de San-Jose et celle de San-Lorenzo et de l'Ipias. Ils se cachent partout sous les alluvions modernes. La direction de leurs dislocations est la même que pour les deux formations précédentes.

Au-dessus de ces formations, je ne trouve rien qui vienne représenter les terrains de muschelkalk, les terrains jurassiques ni les terrains crétacés.

Les terrains que l'on pourrait rapporter à la période tertiaire, sont les conglomérats ferrugineux de Concepcion, de San-Ignacio, de Santa-Ana et de San-Miguel, qui sont venus niveler ces différentes parties, comme l'a fait mon tertiaire guaranien, qui, minéralogiquement et géologiquement, me paraît identique. Ces conglomérats sont à l'état de lambeaux, toujours en couches parfaitement horizontales, et reposent sur les gneiss.

Toutes les dépressions du sol étant couvertes d'alluvions, je n'ai vu qu'au Rio de

Santo-Tomas, près de Santo-Corazon, et dans la plaine de San-Jose, des argiles ou des limons qui puissent se rapporter à mon terrain pampéen. Je n'y ai pas vu d'ossemens, et le rapprochement n'est que géologique, en même temps qu'il est basé sur la nature même des couches. Géologie.

Au-dessus ce sont partout de puissantes alluvions provenant évidemment de la décomposition et des érosions des couches voisines: ainsi, auprès des gneiss, ce sont des cailloux de quartz, des espèces de kaolins grossiers; auprès des grès dévoniens et carbonifères, des sables fins, mélangés à un peu d'argile; dans les lieux bas, des particules plus fines de ces divers terrains, mêlées de tourbe ou de détritus terreux des végétaux: alors les alluvions sont plus ou moins noirâtres et limoneuses. Ces alluvions viennent, au nord et au sud du massif de gneiss ou de chaque côté des chaînes, niveler le sol et cacher les parties inférieures.

J'ai vu deux sources thermales, sortant toutes deux des grès dévoniens; l'une près de San-Jose, l'autre non loin de Santiago. Leur température n'est pas de plus de 30 à 36° centigrades; elles n'apportent point de concrétions calcaires.

§. 5. *Géologie de la province de Moxos.*[1]

La province de Moxos occupe toute la partie septentrionale des plaines de la république de Bolivia, comprise entre les dernières collines de Chiquitos, le Rio Itenes, vers les frontières du Brésil, à l'est; les derniers contre-forts des Cordillères, à l'ouest; les confluens des Rio Beni et Itenes, vers le nord. Cette surface s'étend, de l'est à l'ouest, du 64 au 70° 30' de longitude (cent soixante-quinze lieues géographiques), et du nord au sud, du 12 au 16° de latitude sud (cent vingt-cinq lieues). Elle est bornée au nord par le cours du Rio Itenes et du Rio Beni, jusqu'au confluent de ces rivières, qui forment le Rio de Madeiras; au sud, par les collines de Chiquitos, par les plaines de Santa-Cruz de la Sierra et par les derniers contre-forts de la Cordillère orientale; à l'est encore par les forêts inhabitées de la province de Chiquitos et par le cours du Rio Itenes; à l'ouest, par le versant oriental des Cordillères et par le cours du Rio Beni. On peut évaluer la superficie de la province à plus de treize mille lieues carrées. Cette immense surface n'est géographiquement qu'un seul bassin circonscrit, au sud et à l'ouest, par les montagnes des Andes et les collines de Chiquitos, au nord, par les montagnes brésiliennes du Diamentino et de l'Itenes. Ce bassin, où viennent aboutir tous les cours d'eau du versant oriental des Cordillères et des versans occidental et septentrional de la province de Chiquitos et de la capitainerie générale de Mato-Grosso, communique, par le Monte Grande, avec le grand bassin des Pampas, tandis que, débouchant avec le Rio de Madeiras vers le nord, il y établit la communication avec le grand bassin de l'Amazone; ainsi la province de Moxos ne serait que la continuité septentrionale du bassin des Pampas, la continuité méridionale du bassin de l'Amazone, ou mieux encore,

1. Voyez pl. IX, fig. 4, coupe de la province de Moxos.

Géologie. une suite non interrompue de cette immense dépression, située entre les derniers contreforts des Cordillères et les montagnes du Brésil, et qui sillonne du nord au sud, tout le centre du continent méridional de l'Amérique.

Cette surface n'offre aucune montagne, aucune inégalité qui s'élève de cinquante mètres au-dessus du sol : c'est une plaine où les seules routes tracées sont les cours des rivières, tout le reste étant inondé la plus grande partie de l'année et ne pouvant être parcouru qu'en pirogue.

En m'embarquant à Guarayos, sur le cours du Rio de San-Miguel, j'entrai dans les plaines; et dès-lors je franchissais les limites des deux provinces. Suivant toutes les cartes publiées, le Rio de San-Miguel serait un des affluens du Rio Grande[1], tandis qu'en effet il se jette, beaucoup plus à l'ouest, dans le Rio Itenes. Je le suivis en pirogue jusque vis-à-vis la mission du Carmen de Moxos, environ un degré quarante minutes ou quarante lieues géographiques, doublées au moins par les détours sans nombre de la rivière. Pendant cette navigation, on est encaissé dans un lit étroit, bordé des plus belles forêts du monde, et l'on ne voit que les berges des cours d'eau, ou, de temps en temps, grâce aux éclaircis, quelques lieues des campagnes des environs. Tous les terrains que je traversai dans cette partie inondée tous les ans au temps des pluies, sont uniformes. Ce sont des alluvions terreuses, mélangées de sable très-fin ou d'argile noirâtre, déposées en couches horizontales, lors des débordemens annuels de la rivière. Ces terrains s'élèvent graduellement par les particules enlevées aux parties hautes de la province de Chiquitos.

Arrivé au 15° 50', je laissai le Rio de San-Miguel, pour traverser les plaines qui le séparent du *Rio Blanco* ou *Baures*, lequel prend sa source au nord de Concepcion de Chiquitos; et, parallèlement au Rio de San-Miguel, c'est-à-dire au nord-ouest, court aussi vers Itenes. Dans cette course d'une douzaine de lieues je franchis d'abord un marais considérable d'alluvions vaseuses modernes, et un bois croissant sur des argiles limoneuses rougeâtres, que je crus pouvoir rapporter à mon terrain pampéen, quoiqu'il ne m'ait montré aucun fossile : c'est en ce lieu la couche inférieure aux alluvions actuelles, car on ne l'aperçoit que lorsque ces alluvions, composées d'argile noirâtre ou de sable très-fin, ont été enlevées par les érosions. Je ne trouvai aucun faîte de partage entre les deux rivières. Ce sont des plaines inondées, des marais, au milieu desquels je vis, sur des points à peine élevés d'un mètre, des limons rougeâtres. Je trouvai ces terrains principalement au bois dont je viens de parler, à l'Arroyo de San-Francisco, et un peu au-delà, vers la mission du Carmen. Ces mêmes limons, à ce qu'on m'assura, s'étendent en remontant au sud, sur une grande surface, entre le cours du Rio Blanco et le Rio de San-Miguel. Au milieu de ces limons surgit, à environ une douzaine de lieues au sud-sud-est, un petit mamelon de grès dévonien, analogue à celui de Guarayos.

Du Carmen de Moxos je m'embarquai en pirogue sur le Rio Blanco, pour me rendre à la mission de Concepcion de Baures. Je franchis ainsi au moins vingt lieues, qu'on

1. Voyez toutes les cartes de Brué.

peut réduire à quinze, sans abandonner les alluvions modernes et les terrains inondés tous les ans. Pour aller même du bord du Rio Blanco à Concepcion de Baures, on passe sur une jetée élevée au milieu des marais. Néanmoins les environs de Concepcion me montrèrent, sur plusieurs points, principalement aux alentours de la mission, sous le sable très-fin des alluvions modernes, quelques lambeaux de terrain pampéen. Géologie.

En allant de Concepcion de Baures à la mission de Magdalena (environ vingt lieues au nord-ouest), je traversai le Rio Blanco; et, à l'ouest, je trouvai des marais couverts d'alluvions, entrecoupés de bois, qui n'étaient représentés que par des parties un peu plus élevées (d'un mètre ou deux tout au plus), où, le plus souvent, je pus observer un limon rougeâtre, que je crus pouvoir rapporter encore à mon terrain pampéen. Je passai ainsi plusieurs petits bois, entre lesquels sont des jetées pour traverser les marais, et j'arrivai au Rio Guacaraje, où sur les berges et aux environs, je crus trouver de nouveau, sous les alluvions, des limons argileux rouges. Quelques lieues du cours du Rio Guacaraje continuèrent à me montrer ces limons jusqu'à une petite distance de son confluent avec le Rio de San-Miguel, qui prend alors le nom de Rio Itonama. Le cours de cette dernière rivière jusqu'à Magdalena ne me présenta que des alluvions modernes. Les alentours de Magdalena offrent, sur la rive gauche du Rio Itonama, près de la mission et sur une bande étroite au nord-ouest, une partie un peu plus élevée, où je vis une terre rougeâtre que je rapporte au terrain pampéen. Ces petits lambeaux, partout disséminés, me donnèrent l'assurance que ce limon couvre toute la partie orientale de la province, et que, s'il n'est pas apparent sur d'autres points, c'est qu'il a été caché. Dans ces plaines, un mètre de différence de niveau suffit pour que les alluvions le recouvrent et le dérobent entièrement à la vue.

A l'est 20 nord de la boussole, à la distance d'environ dix lieues, j'aperçus au-dessus des plaines, un mamelon assez élevé, que je ne pus visiter[1]. Un curé qui l'avait examiné m'assura qu'il se compose de grès. C'est probablement une sommité de chaîne, comme celle du Carmen et de Guarayos.

La province de Moxos n'offre aucun faîte de partage entre ses divers cours d'eau. Au temps des pluies, on peut traverser les plaines en tous sens, avec des pirogues. Pour m'assurer de ce fait, au lieu de descendre le Rio Itonama jusqu'à son confluent au nord avec le Rio Machupo, route obligée dans la saison sèche, je voulus faire en pirogue le trajet direct de Magdalena à la mission de San-Ramon, au travers de la plaine, en franchissant plusieurs affluens et la distance de beaucoup plus d'un degré, qui sépare les deux rivières. J'espérais ainsi connaître l'horizontalité des plaines et leur composition géologique. Je descendis quelques lieues le Rio Itonama jusqu'à un petit ruisseau de la rive gauche; je remontai celui-ci jusqu'à la ferme de San-Carlos. Je n'avais vu, dans mon trajet, que des marais et des alluvions; seulement près de la

Géologie. fermé, le terrain, piétiné par les bestiaux et enlevé par les pluies, me montra encore, sous les alluvions, un limon argileux rougeâtre, analogue à celui que j'avais rencontré jusqu'alors. De la ferme, je naviguai sur les plaines inondées, à travers les cours du Rio Chunano et Huarichona, et trouvai partout des marais couverts d'alluvions modernes, excepté entre ces deux rivières, où les limons argileux reparurent sur quelques points. Je les reconnus aussi très-bien développés, assez près du Rio Machupo, entre celui-ci et le Rio Huarichona.[1]

Le Rio Machupo prend sa source très-près du Mamore, non loin de la mission de San-Pedro; il traverse, au nord-nord-est, une très-grande partie de la province. Je le remontai, quelques lieues, jusqu'à la mission de San-Ramon, située sur sa rive droite, et j'aperçus, sur ses bords, des argiles limoneuses.

A San-Ramon je trouvai, sous ces argiles limoneuses, une véritable argile contenant un grand nombre de petits rognons de fer hydraté. Cette argile me représenta en tout la couche B de mon terrain guaranien de Corrientes[2]. C'est en effet la même enveloppe; ce sont les mêmes grains arrondis; placées l'une à côté de l'autre, ces deux roches n'offrent pas la plus petite différence.

A quelques lieues au sud-est de la mission, on voit un mamelon élevé de vingt mètres au plus, formé de grès friables que je rapporte aux grès carbonifères. Il est entièrement isolé dans la plaine.

De San-Ramon à San-Joaquin (environ dix lieues), je crus voir partout des terrains pampéens sur les berges du Rio Machupo; ces mêmes terrains couvrent tous les points non inondés des environs de San-Joaquin. Pourtant, sur la place même de la mission et autour, ainsi qu'à sept à huit lieues au nord-ouest, je remarquai, sous les terrains pampéens, de vastes lambeaux du tertiaire guaranien, avec rognons de fer hydraté.

En descendant le Rio Machupo, au nord, l'espace de plus de dix-huit lieues, je crus apercevoir partout le terrain pampéen; mais, avant le confluent du Rio Machupo au Rio Itenes ou Guapore, je vis encore un lambeau de terrain guaranien à fer hydraté.

Je restai quelques jours au Forte do principe de Beira (rive droite de l'Itenes), sur les possessions brésiliennes. Le Rio Itenes des Espagnols (Guapore des Brésiliens) prend sa source près de Mato-Grosso; son cours, en suivant la direction générale de l'ouest-nord-ouest, reçoit successivement toutes les rivières que j'avais vues jusqu'alors dans la province de Moxos. Auprès du fort de Beira, la rivière est au moins quatre fois aussi large que la Seine au pont Royal. La rive gauche est formée de terrains bas, inondés au temps des crues, ou de lambeaux de terrain guaranien; la rive droite, au contraire, s'élève en collines vers une chaîne de montagnes, l'un des rameaux du Diamentino, qui,

---

1. Ici, de même qu'à Corrientes, à la Laguna d'Ybera, c'est un lac qui sert de faîte de partage entre les eaux du Rio Machupo et celles du Rio Huarichona. Ne pourrait-on pas demander aux géographes trop systématiques, qui veulent partout des montagnes, où ils les placeraient ici?

2. Voir p. 69.

parallèlement au cours du Rio Itenes, se dirige de l'ouest-nord-ouest à l'est-sud-est, et se continue très-loin au milieu des forêts. J'étais impatient d'en connaître la composition. Après avoir vaincu, non sans beaucoup de peine, les scrupules des Brésiliens[1], j'obtins la permission de parcourir sous escorte les environs du fort, ce que je fis à sept à huit lieues à la ronde. Je vis les collines formées de grès friables très-ferrugineux et généralement rouges, tout à fait analogues à ceux de la Sierra de San-Jose à Chiquitos, et aux derniers contre-forts de la Cordillère, au nord et au nord-est de Cochabamba. Ce grès, en masse très-puissante, forme un ensemble de couches plongeant au sud-est, sous un angle de douze à quinze degrés. Ces couches, qui paraissent s'étendre au loin vers le nord, viennent mourir vers le Rio Itenes, où elles sont recouvertes, sur plus d'une lieue de large, de conglomérats ferrugineux, contenant beaucoup d'hydrate de fer et disposés en couches parfaitement horizontales. Ces conglomérats, absolument identiques à ceux de Chiquitos[2], et je dirai même à ceux de la province de Corrientes[3], représentent exactement mon terrain guaranien; ainsi, dans cette partie de la province de Moxos, j'avais trouvé, comme nivellement des terrains anciens : 1.° les conglomérats ferrugineux de ma couche A du tertiaire guaranien de Corrientes; 2.° près de San-Ramon et de San-Joaquin, la couche B des mêmes tertiaires, avec ses rognons de fer hydraté, dans l'argile, également analogues à ceux de Corrientes; 3.° le terrain pampéen avec ses limons; le tout recouvert d'alluvions modernes. Géologie.

Du fort de Beira, je descendis plus d'un degré le Guapore, jusqu'au confluent de cette rivière avec le Mamore, qui, sous ce dernier nom, continue au nord jusqu'à l'instant où, réuni au Beni, il prend celui de Rio de Madeiras. Dans tout ce trajet, la rivière ne me montra que des alluvions modernes sur la rive gauche, jusqu'à une dizaine de lieues avant le confluent, où je crus remarquer de nouveau, sur la berge, un assez grand lambeau d'argile limoneuse rougeâtre, mêlé avec les alluvions. Pour la rive droite, elle m'offrit, pendant quelques lieues, des conglomérats ferrugineux, souvent recouverts d'alluvions, puis des alluvions seulement et des terrains inondés jusqu'au confluent du Mamore, qui a lieu vers le 12.° degré de latitude, à l'est de Lima.

Arrivé au point le plus méridional de la république de Bolivia, j'aurais bien voulu descendre vers le Rio de Madeiras, pour connaître la nature des dix-huit sauts de cette rivière, mais la chose me fut impossible : les Indiens rameurs de mes pirogues devaient se rendre à Ecsaltacion de Moxos, et d'ailleurs nous commençions à manquer de vivres. Il fallut donc remonter le Mamore, le plus fort affluent de la province. Il avait, en effet, sur ce point, au moins six fois la largeur de la Seine au pont Royal. En en remontant

1. Ceux qui ont voyagé près des frontières du Brésil, ont pu se convaincre de la défiance des Brésiliens envers tous les étrangers, surtout lorsqu'il s'agit de visiter les environs d'un fort ainsi éloigné de près de cent lieues des autres points habités du territoire du Brésil, et qui est la clef de la navigation de l'Amazone vers Mato-Grosso.

2. Voyez p. 185.

3. Voyez p. 69.

Géologie. et relevant les méandres, il me fallut, pour atteindre la mission d'Ecsaltacion, cinq journées, pendant lesquelles je luttai contre un courant rapide et des eaux bourbeuses, qui charriaient un grand nombre d'arbres entiers. Dans ce trajet d'au moins trente lieues en ligne directe, et du double par les détours, je ne vis absolument que des alluvions modernes. Je cherchai à plusieurs reprises à pénétrer dans la campagne, sans remarquer aucun changement dans la nature du terrain.

Quelques lieues avant d'arriver à Ecsaltacion, à peu de distance de la rive droite du Mamore, j'aperçus, au milieu d'un bois, un monticule ou petite colline isolée dans la plaine; je ne pus l'aborder, mais on m'assura qu'il est composé de grès friable, peut-être analogue au grès carbonifère.

Les environs de la mission d'Ecsaltacion me firent apercevoir quelques parties d'argile limoneuse sous la terre végétale, et le reste avec ses alluvions modernes de sable très-fin.

D'Ecsaltacion, je naviguai deux jours pour me rendre à la mission de Santa-Ana de Moxos. Je suivis d'abord les détours sans fin du Rio Mamore; puis je les abandonnai pour entrer, sur la rive gauche, dans le Rio Yacuma, que je remontai jusqu'à la mission. Les rives du Mamore me parurent entièrement composées d'alluvions modernes. Il n'en fut pas ainsi des plaines qui environnent Santa-Ana : elles me montrèrent sur beaucoup de points, une argile limoneuse inférieure.

En laissant Santa-Ana, je remontai le Mamore à un degré de distance réelle, jusqu'à la mission de San-Pedro. Je parcourus successivement, ensuite, les missions de San-Xavier, de Trinidad et de Loreto, qui occupent le centre de la province et les environs de ces missions, sur une assez grande surface. Je reconnus les argiles limoneuses près de San-Pedro, de San-Xavier, de Trinidad et de Loreto[1]. Tout le reste me parut couvert d'alluvions modernes de sable très-fin ou d'argile brune tourbeuse.

Du centre de Moxos, pour bien connaître le pourtour du bassin, je remontai ou descendis sur trois points différents, vers les derniers contre-forts des Andes, par le Rio Chapare, par le Rio Securi, par le Rio Grande et par le Rio Piray. Dans ces voyages, chacun de dix à quinze jours d'une navigation pénible, j'ai reconnu les faits suivans:

Le cours du Rio Chapare, que je remontai jusqu'au pays des Yuracares, me montra partout des alluvions modernes sablonneuses; néanmoins je crus remarquer, sur plusieurs points, l'argile limoneuse au-dessous, mais c'était seulement à une grande distance des montagnes. Les premiers cailloux parurent au confluent du Rio Coni et du Rio de San-Mateo.

Le Rio Securi, que je descendis des montagnes jusqu'au Mamore, me présenta les mêmes faits. Dans tous les endroits où le cours n'empiétait pas sur des terrains déjà remaniés par les eaux, je voyais une forte couche de terrain d'alluvion formée de sable

1. Les missions n'ayant été fondées que dans les endroits exempts d'inondation, et dès-lors les plus élevés, il n'est pas étonnant d'y rencontrer presque toujours les terrains pampéens, tandis qu'à une très-grande distance à la ronde toutes les plaines sont inondées.

très-fin ou d'argile brune, tourbeuse, recouvrant une argile limoneuse jaune ou rougeâtre d'une époque bien différente et qui annonçait évidemment provenir de causes antérieures à l'état actuel des choses. Un document historique sur l'âge des alluvions ne me laissa aucun doute. Sur une berge du Rio Securi, après sa réunion au Rio Sinuta, je remarquai qu'une falaise de huit mètres environ, laissée à découvert par les eaux très-basses, était ainsi composée : deux mètres d'argile limoneuse jaune rougeâtre, un peu onctueuse, où je n'aperçus aucun reste de corps organisés; six mètres d'alternats de sable très-fin, souvent un peu mélangé d'argile, et d'argile tourbeuse noirâtre. A la partie inférieure de ces dernières couches, dans une petite ligne remplie de charbon de bois, je reconnus un grand nombre de morceaux de poterie et beaucoup de rouleaux de terre cuite, qui avaient évidemment servi à soutenir les vases de terre sur le feu, en faisant l'office de trépied. Ces traces d'un ancien séjour des indigènes, à plus de cinq mètres au-dessous du sol actuel, où avaient poussé des arbres énormes, vieux de plusieurs siècles, me donnaient la certitude que tout ce dépôt de sable fin ou d'argile tourbeuse était postérieur à l'arrivée de l'homme en ces lieux, et je pouvais dès-lors regarder en toute assurance ces couches d'alluvion comme analogues aux couches produites par les phénomènes qui durent encore. Géologie.

En remontant le cours du Rio Grande et du Piray, de Moxos vers Santa-Cruz de la Sierra, je trouvai d'abord des alluvions seulement jusqu'au confluent du Rio Piray; mais bientôt le Piray me montra partout des argiles limoneuses ou légèrement onctueuses, jaunâtres ou rougeâtres, qui formaient tout le lit de la rivière et ses berges. Ce sont ces argiles qui, lors des basses eaux, constituent ces espèces de rapides, où la différence subite de niveau rend le courant plus rapide et oblige à se servir du halage, pour faire remonter les pirogues. Ces espèces de ressauts, d'un demi-mètre à deux mètres de hauteur, dont je passai au moins une dizaine, vers le haut du Piray, sont entièrement composés d'argile jaunâtre peu limoneuse, où l'on ne reconnaît pas de couches bien marquées. A l'époque des grandes eaux, ces accidens sont tout à fait insensibles. On passe dessus sans les apercevoir, la rivière couvrant alors tous les environs. A l'instant où je remontai le Piray, les eaux très-basses me permirent de rechercher dans les argiles, où je trouvai des concrétions calcaires, analogues à celles des Pampas, et en sondant avec les pieds, dans le lit même de la rivière, et en plongeant pour les prendre, j'étais parvenu à recueillir un bon nombre d'ossemens de grands mammifères à l'état un peu friable; mais j'eus le malheur de ne pouvoir pas les conserver[1]. Néanmoins, je signale ce fait, qui, tout en donnant aux voyageurs qui voudront suivre mes traces, l'indication qu'ils trouveront là des restes de corps organisés, m'offrait la certitude que toutes ces argiles plus ou moins limoneuses ou limons de la province de

1. Tandis que je les recueillais au fond des eaux, un jeune Indien qui m'accompagnait les rejetait dans la rivière, et j'en perdis ainsi la plus grande partie. Les quelques autres que j'avais réunis furent également jetés par un domestique, au débarquement des pirogues, et je ne m'en aperçus qu'à Santa-Cruz, lorsque je ne pouvais plus revenir les chercher.

Géologie. Moxos, appartiennent bien à la même période géologique que le grand dépôt des Pampas, et que dès-lors elles devaient être le produit d'une seule et même cause.

Pour me résumer sur la composition de la province de Moxos, je vais passer successivement en revue les différentes époques géologiques, marquées dans le vaste bassin qu'elle forme entre les contre-forts des Andes et les montagnes brésiliennes du Diamentino.

Nulle part on n'y voit de traces de roches ignées.

Les gneiss, les phyllades de l'époque silurienne y sont également inconnus.

Les terrains dévoniens, représentés par des grès compactes, sont donc les parties les plus inférieures qu'on y observe. Ces terrains n'y montrent aucune grande surface; seulement deux petits lambeaux, appartenant à des chaînes cachées sous les alluvions, viennent surgir l'un près de la mission du Carmen, l'autre à l'est de Magdalena; tous les deux à l'est de la province.

Les terrains carbonifères représentent, sous la forme de grès rouges friables, au milieu des alluvions, deux petits mamelons, l'un près de San-Ramon, l'autre non loin d'Ecsaltacion. Ils constituent, au nord, la chaîne de Beira, près du Rio Itenes, chaîne dont la direction est ouest-nord-ouest et est-sud-est; ils composent au sud l'autre extrémité du bassin par les dernières collines du versant oriental des Andes. Il est à remarquer que ces deux extrémités du bassin de Moxos sont formées de chaînes, dont la première, celle de l'Itenes, plonge au sud-ouest, tandis que l'autre est inclinée au nord-est, ce qui ferait présumer qu'ils formaient un seul dépôt, avant les dislocations qui les ont placés où ils sont. Les terrains carbonifères sont recouverts soit d'alluvions modernes, soit de conglomérats ferrifères appartenant aux terrains tertiaires.

Je n'ai aperçu aucune couche qui puisse, à Moxos, correspondre au muschelkalk, aux terrains jurassiques, ni aux terrains crétacés.

Les premiers dépôts qui aient nivelé les dislocations des terrains carbonifères sont des conglomérats ferrugineux de fer hydraté ou des argiles remplies de ce même fer en petits rognons. Ces dépôts, dont on voit des lambeaux à découvert à San-Ramon, à San-Joaquin et sur les rives du Rio Itenes, près du fort de Beira, me paraissent identiques à mon tertiaire guaranien, si développé à Corrientes; effectivement il se compose, de même, de conglomérats ferrifères ou d'argile pétrie de rognons de fer hydraté. Quoi qu'il en soit, ces terrains forment des couches parfaitement horizontales, qui, au fort de Beira, reposent immédiatement sur les grès des terrains carbonifères. Partout ailleurs ils sont recouverts des argiles limoneuses du terrain pampéen.

Il manquerait encore à Moxos, dans l'ensemble, tous les tertiaires patagoniens ou, pour mieux dire, les terrains tertiaires marins.

Les terrains pampéens paraissent avoir couvert la totalité de la province de Moxos. En effet, dans tous les lieux où les alluvions ont été enlevées, on les voit représentés par un dépôt horizontal, composé de limon rougeâtre ou d'argile limoneuse jaunâtre alors un peu onctueuse. Le limon, plus pur, paraît dominer vers l'est de la province, tandis que, vers le sud-ouest, ce sont des argiles. Ces terrains, au Rio Piray, m'ont offert les ossemens de mammifères caractéristiques de leur époque. J'ai vu ce dépôt sur beaucoup de points : entre le Rio Blanco et le Rio de San-Miguel, entre celui-ci et le Rio Machupo, sur le cours et à l'ouest de cette rivière; près du confluent du Rio Itenes, au 12.ᵉ degré, près d'Ecsaltacion et de Santa-Ana à l'ouest du Mamore; à San-Pedro, à Trinidad et à Loreto, à l'est de la même rivière; je l'ai reconnu sous les alluvions du Rio Securi et du Rio Chapare, sur une grande surface du Rio Piray. Lorsqu'on voit les couches inférieures, elles reposent sur les tertiaires guaraniens. Partout ce terrain est plus ou moins caché par les alluvions modernes. Le grand nombre de points où il se montre me donne la certitude qu'ici, comme dans les Pampas, il est venu remplir toutes les inégalités et niveler les immenses plaines de Moxos. Sa surface y serait presqu'égale à la moitié des Pampas. Elle reposerait sur le terrain guaranien, au lieu d'être supérieure au terrain patagonien, qui manque à Moxos. Géologie.

Au-dessus des terrains pampéens et dans toutes les dépressions formées par les dénudations de celui-ci, sont des alluvions qui cachent le sol sur la plus grande partie de la province. Ces alluvions consistent soit en sable très-fin, soit en argile ou en limon tourbeux, composé de détritus de plantes. La puissance de dix à douze mètres et l'étendue de ces alluvions peuvent faire penser qu'elles sont la suite de quelques commotions violentes; mais il est certain aussi qu'elles se forment encore tous les ans par le débordement des cours d'eau, lesquels se précipitent des montagnes, y apportent des particules terreuses, qui se répandent sur la plaine et y laissent annuellement une couche nouvelle. On ne voit pas un seul caillou à la surface de la province de Moxos; je puis même dire que je n'y ai pas vu un seul gros grain de sable. Pour trouver les premiers petits galets, il faut atteindre le pied des Cordillères.

En dernière analyse, Moxos représente encore un bassin profond, une sorte de lac, où les affluens apportent, de tous côtés, des matières terreuses et sablonneuses, qui se répandent à sa surface au temps des inondations, et tendent à en relever successivement le sol. Ces alluvions paraissent venir en bien plus grande abondance des régions occidentales, où tous les torrens des Andes versent leurs eaux; aussi ne voit-on de ce côté que très-peu de parties où l'on puisse apercevoir le terrain pampéen, tandis que ces alluvions sont comparativement très-peu importantes. Au temps des pluies, le grand nombre de rivières, qui, dans toutes les directions, arrivent avec violence dans la plaine, la changent en un lac jusqu'à ce que, répandue dans la campagne, cette masse énorme d'eau puisse s'écouler par le Rio de Madeiras, sa seule issue naturelle.

CHAPITRE XII.

Considérations générales sur la Géologie de l'Amérique méridionale.

Les spécialités qui précèdent ont montré que mes observations géologiques personnelles s'étendent, du nord au sud, du 12.e au 42.e degré de latitude méridionale ou sur *trente et un* degrés (775 lieues géographiques) de longueur; et, de l'est à l'ouest, du 45.e au 80.e degré de longitude occidentale de Paris ou sur trente-six degrés (900 lieues géographiques) de largeur; surface comprise entre le littoral du grand Océan et celui de l'océan Atlantique, de la Patagonie septentrionale jusqu'à Lima ou au confluent du Mamore et de l'Itenes. Si je joins à ces observations les nombreux renseignemens publiés par les voyageurs et les faits que me fournit l'examen des fossiles, je pourrai pousser plus loin l'étude des formations et reculer mes limites du détroit de Magellan à la république de Colombie.

Considérée dans son ensemble orographique, cette surface présente une grande variété de configuration. A l'est, c'est un groupe immense de montagnes basses, formant un massif dont les rameaux s'étendent de quelques degrés au sud de la ligne jusqu'à la Plata; à l'ouest, c'est la Cordillère, dont les cimes élevées commencent de l'autre côté du détroit de Magellan et s'achèvent en Colombie, en traçant une crête dirigée en sens divers, et d'où s'élancent les plus hauts pics du nouveau monde. Entre ces grands systèmes, au sud, à partir de la Patagonie, une surface presque plane longe la Cordillère, occupe d'abord l'intervalle compris entre cette imposante chaîne et le massif du Brésil, passe du bassin de la Plata à celui de l'Amazone; puis s'élargit tout à coup à l'est, et vient couvrir, au loin, les deux rives du géant des fleuves américains. Ces immenses reliefs, ces vastes dépressions, qui, d'un côté et de l'autre, sillonnent le continent méridional, n'y sont point jetés au hasard. Si l'ancienne géographie se contentait de signaler ces accidens, il appartient à la géologie de les expliquer. En effet, la géologie, en étudiant la composition des montagnes et des plaines, en les interrogeant comme objet et témoins tout à la fois des catastrophes du globe, nous amènera sans doute à reconnaître non-seulement pourquoi les chaînes suivent telle ou telle direction, pourquoi les montagnes s'élèvent plus ou moins au-dessus des océans; mais encore les âges respectifs des nombreuses révolutions qui s'y sont succédé et ont ainsi modifié la surface de notre planète.

Veut-on trouver sur le sol américain une preuve évidente de ce que j'avance? Tout le monde peut voir, sur les cartes, cette chaîne imposante des Cordillères qui borde pour ainsi dire le côté occidental du continent méridional. Tout le monde peut remarquer aussi que, loin de suivre une direction uniforme, cette chaîne offre d'abord, au sud, quelques degrés dans la direction sud-est et nord-ouest, puis, près de *trente-cinq* degrés de longueur, dirigée qu'elle est au nord 5° est, ou sud 5° ouest. Au 20.e degré, elle s'infléchit tout à coup à l'ouest, et alors, sur *quinze* degrés environ de longueur, elle court du nord-ouest au sud-est. Au sud de la ligne elle change de nouveau, et s'infléchit, au contraire, au nord 40° est, ou sud 40° ouest. Ces quatre directions bien distinctes de la Cordillère, qui, en géographie, n'ont pas d'importance, en acquièrent une immense en géologie. En effet, ne pouvant appartenir à la même époque, il faut rechercher, si elles dépendent de trois ou de quatre systèmes séparés, et si elles ont été produites par trois âges différens de soulèvement, qui sont venus se croiser. Ici les observations confirment pleinement ces prévisions; et, ainsi qu'on le verra plus tard, la géologie explique comment, loin d'appartenir à un seul soulèvement, la chaîne des Cordillères est le produit de plusieurs dislocations successives.

Je vais passer en revue, par ordre chronologique, les diverses formations, en indiquant, au fur et à mesure, les dérangemens qu'elles ont éprouvés; puis je présenterai séparément le tableau des grands faits qui se sont succédé sur le sol américain. Pour atteindre mon but, non-seulement je devrai résumer mes observations en Bolivia, mais encore reprendre mes considérations sur les Pampas et les renseignemens donnés par les auteurs, afin de réunir en un seul cadre, l'ensemble des phénomènes géologiques qui me sont connus dans l'Amérique méridionale.

§. 1.er *Des roches d'origine ignée.*

Roches granitiques.[1]

Les roches granitiques sont très-disséminées sur le sol de l'Amérique méridionale; elles couvrent de vastes surfaces à l'est du Brésil méridional et de

---

1 Elles sont colorées en rouge foncé de carmin sur toutes mes cartes et mes coupes, et portent le n.° 1.

Géologie.

la république orientale de l'Uruguay. A l'ouest, elles sont répandues à Valparaiso, à Coquimbo (côte du Chili), à Cobija (littoral de la Bolivia), à Palca et à Pachia (versant occidental des Cordillères du Pérou); ensuite on n'en trouve plus que rarement dans toutes les parties comprises entre la Cordillère et les montagnes du Brésil. J'en ai pourtant rencontré trois lambeaux, dont deux sont au faîte de la Cordillère orientale bolivienne : l'un constitue les sommets de la chaîne de l'Ilimani et du Sorata ; l'autre des mamelons près de Potosi ; le troisième surgit à l'est de la province de Chiquitos.

En Amérique, comme en Europe, les roches granitiques varient beaucoup dans leur espèce. Elles se montrent, au Brésil[1], sous la forme de diorite ; à Valparaiso et à Cobija, à Coquimbo, à Palca et à Pachia, sous celle de syénite ; sous celle de pegmatite, encore à Valparaiso, à Maldonado et à Montevideo (république de l'Uruguay), aux environs de Potosi (Bolivia) ; sous celle de greisen, au sommet de la chaîne de l'Ilimani, non loin de la Paz ; et enfin, sous celle de leptinite, à Santo-Corazon de Chiquitos.

Si je cherche les rapports de position de ces roches avec les autres roches d'origine ignée ou les roches de sédiment, je les trouverai on ne peut plus différentes.

Au Brésil, d'après M. Pisis, les diorites sortent par les fentes des dislocations des terrains siluriens, et représentent des chaînes courant est et ouest, dont l'élévation n'est pas plus de 1100 mètres au-dessus de l'Océan, et constituant un système qu'on pourrait appeler *Itaculumien*, puisqu'il constitue la chaîne d'Itaculumi.

A Montevideo et sur les collines voisines, les pegmatites paraissent sous les gneiss, et à peine élevées de quelques centaines de mètres, figurent des chaînons dirigés à l'ouest 25 à 30° nord ou à l'est 25 à 30° sud.

A Valparaiso, à Coquimbo (Chili), à Cobija (Bolivia) et à Palca (Pérou), les diorites, les pegmatites et les syénites, forment, sur le littoral du grand Océan, des espèces de chaînes dirigées nord et sud ou des mamelons isolés, toujours placés à l'ouest et au pied des grandes lignes de roches porphyritiques. Ainsi, depuis le 17.e jusqu'au 34.e degré, les roches granitiques auraient plus généralement une même position relative, par rapport aux roches porphyritiques ; et la seule exception qui se soit offerte à mes yeux sur le versant

1. Observations de M. Pisis, *Compte rendu de l'Académie des sciences*, t. XIV, p. 1045 ; Juin 1842.

Géologie. occidental de la Cordillère est ce mamelon de syénite qui, à Pachia (Pérou), a surgi du milieu des porphyres, soit qu'il ait précédé cette roche, soit qu'il en ait suivi les dislocations.

A Santo-Corazon de Chiquitos les leptinites forment un mamelon qui perce les grès de la formation dévonienne et qui paraît être antérieur au dépôt de celle-ci.

A Santa-Lucia, près de Potosi, des pics de pegmatite s'élèvent à environ 4000 mètres au-dessus du niveau de la mer. Ils représentent une ligne dont la direction est à l'est 40° nord, et qui aurait précédé les dislocations des trias, puisque cette formation paraît être en couches presque horizontales sur les roches granitiques.

Sur la chaîne orientale de la Cordillère bolivienne, le greisen compose les sommités des plus hautes montagnes; il paraît former le sommet de l'Illimani et du Sorata, et dès-lors atteindre 7315 et 7696 mètres d'élévation au-dessus du niveau des mers. Cette roche, dans les grandes dislocations des terrains siluriens et dévoniens, s'est épanchée sur la chaîne longue au moins de cinquante lieues géographiques, dont la direction générale est nord-ouest et sud-est. Elle représente un système que j'appellerai *bolivien*.

Pour me résumer sur l'âge des épanchemens des roches granitiques, je penserais que celles de l'est sont de la période des gneiss et de l'âge des terrains siluriens, et que celles de Santa-Lucia ont précédé les terrains triasiques, puisque ceux-ci reposent dessus en couches horizontales, tandis que celles de l'Illimani sont postérieures à cette formation. Pour celles qui touchent aux porphyres, j'en ignore complétement l'âge relatif; néanmoins je les croirais plus récentes que les dislocations des terrains triasiques, et peut-être antérieures aux terrains crétacés. Si les roches granitiques ont un grand développement à l'est de l'Amérique méridionale, on est frappé, en considérant mes cartes de la Bolivia, de Corrientes et de la Patagonie, du peu de surface qu'elles occupent au centre et à l'ouest de ce continent.

Peut-être devrais-je parler ici de la montagne de Potosi[1], composée d'une roche quartzeuse cariée, que M. d'Omalius d'Halloy regarde comme une roche d'injection. Dans tous les cas, je ne sais à quelle époque géologique la rapporter, et c'est un trop petit accident, pour que je la fasse entrer en ligne, à côté des grands faits qui m'occupent.

1. Voyez p. 143.

Roches porphyritiques.[1]

Si les roches granitiques sont plus abondantes à l'est de l'Amérique méridionale, il n'en est pas ainsi des roches porphyritiques; celles-ci paraissent, au contraire, manquer tout à fait sur cette vaste surface comprise entre la Patagonie et l'Orénoque, le parallèle du 57.ᵉ degré de longitude et l'océan Atlantique. En effet, je ne sache pas qu'aucun voyageur en ait signalé au Brésil, ni dans les Guyanes. Le point le plus oriental où ces roches se soient montrées est à Cumana[2]; le second aux Missions[3], vers le 58.ᵉ degré de longitude occidentale, et entre les 27.ᵉ et 28.ᵉ degrés de latitude australe. Là, il forme un lambeau de quelques lieues, tout à fait isolé au centre du continent et à plus de douze degrés de distance des Cordillères. En marchant vers l'est, on en trouve quelques petits points isolés, sur le versant oriental de la Cordillère orientale, à Bartolo, près de Potosi[4], à Palca et à Machacamarca[5], non loin de Cochabamba. On n'en voit aucune trace sur le grand plateau bolivien, ni sur le plateau occidental de cette région; mais dès qu'on a traversé les plateaux, on rencontre, de suite, le versant occidental des Cordillères entièrement composé de ces roches, qui semblent représenter une large bande répandue depuis la ligne près du Chimborazo[6] jusqu'au détroit de Magellan. En effet, les roches recueillies par M. Hombron prouvent que les porphyres existent jusqu'au détroit. Les cailloux répartis sur le sol de la Patagonie, à la surface des terrains tertiaires, m'en donnent une preuve de plus[7]; ils ont été rencontrés près de Santiago, au Chili, par M. Darwin[8]; M. Domeyko les a retrouvés à Coquimbo[9]; je les ai vus, ensuite, à Cobija (Bolivia)[10], à Arica, à Pachia[11], à Islay et à Lima (Pérou); ainsi cette dernière bande porphyritique n'aurait pas moins de cinquante-cinq

1. Elles sont colorées en rose violacé très-clair et portent partout le n.° 2.
2. Elles ont été déposées par Leschenault dans les galeries de géologie du Muséum.
3. Voyez p. 29.
4. Voyez p. 178.
5. Voyez p. 154 et 155.
6. Humboldt, *Vues des Cordillères, etc.*, t. II, p. 115.
7. Pages 53, 54, 62.
8. *Narrative*, p. 390 et 391.
9. Rapport de M. Dufrenoy, *Comptes rendus de l'Académie des sciences*, t. XIV, p. 560.
10. Voyez p. 96.
11. Voyez p. 100 et 106.

Géologie. degrés ou plus de mille trois cents lieues géographiques de longueur. Comme elle a été observée sur tous les points de la Cordillère où l'on a pénétré, il est très-présumable qu'elle est continue et constitue la crête ou le versant occidental des Cordillères.

Considérées suivant leur composition, les roches porphyritiques sont à Cobija, sur la côte même, formées de porphyres syénitiques noirâtres, très-compactes; au Morro d'Arica, de porphyres pyroxéniques; à Palca (Bolivia) et à Machacamarca, de porphyres syénitiques; aux Missions, c'est une roche amygdalaire grise ou violacée; aux montagnes de Cobija et de Palca (Pérou) et sur toute la ligne occidentale des Cordillères, ce sont des wackes anciennes amygdalaires très-variées, contenant une grande quantité de substances diverses.[1]

Les rapports de position des roches porphyritiques avec les autres terrains qui les environnent, offrent les résultats suivans:

Les porphyres syénitiques de Cobija forment à l'ouest, de petites chaînes transversales aux autres porphyres, et comme les roches granitiques sont situées aussi à l'ouest de la grande bande porphyritique, j'ai lieu de penser que ces chaînes sont plus anciennes que les autres porphyres.

Aux Missions, les roches porphyritiques sont sous les terrains tertiaires marins. Je n'ai pas vu le lieu même, aussi ne puis-je affirmer s'ils ont précédé ou suivi le dépôt qui les recouvre; pourtant, de la différence de niveau géologique des deux rives du Parana, on pourrait induire que ces porphyres sont postérieurs aux tertiaires patagoniens.

A Palca (Bolivia) et à Machacamarca, les très-petits lambeaux de roches porphyritiques se sont fait jour à travers les dislocations des terrains siluriens, dévoniens et carbonifères, en modifiant les roches phylladiennes en contact.

A Bartolo, elles sont également sous les terrains siluriens; mais, de même qu'à Palca et à Machacamarca, elles paraîtraient s'être fait jour entre les derniers dépôts du terrain triasique et les terrains crétacés, si du moins on en juge par la première formation très-disloquée et le manque complet de la seconde, sur toute la région orientale des Cordillères boliviennes.

Pour cette immense bande de roches porphyritiques qui se dirige nord et sud, et occupe tout le versant occidental des Cordillères, les formations dérangées feraient penser qu'elle est postérieure aux terrains crétacés. Les

1. Voyez p. 97.

terrains crétacés paraissent, en effet, être soulevés par elle, au détroit de Magellan. M. Darwin a trouvé ces terrains disloqués, traversés encore par elle, au sommet des Cordillères chiliennes; M. Domeyko les a vus sous les terrains jurassiques et crétacés de Coquimbo. Au Morro d'Arica, où les terrains crétacés manquent, ces roches soulèvent et partagent les terrains carbonifères. D'un autre côté, il est à remarquer que les roches porphyritiques de cette bande sont généralement situées entre les roches granitiques à l'ouest, la formation crétacée ou les roches trachytiques à l'est. Les épanchemens des roches granitiques sont antérieurs aux terrains crétacés, sur tous les autres points où ils ont été vus en Amérique; ces derniers terrains sont traversés par les roches porphyritiques; il est prouvé d'ailleurs que les terrains tertiaires voisins des Cordillères sont formés des détritus provenant de roches porphyritiques anciennes[1]; et, enfin, les roches trachytiques sont plus modernes et souvent à l'est. Il est donc presque certain que ces roches porphyritiques de la bande occidentale des Cordillères se sont épanchées par suite de grandes perturbations de la croûte terrestre de ces contrées, postérieures aux terrains crétacés et antérieures aux tertiaires patagoniens. Cette bande aurait dès-lors formé les premiers reliefs de la Cordillère, et constitué ces parties terrestres sur lesquelles vivaient les animaux et où croissaient les grands végétaux dont on rencontre les restes dans le terrain tertiaire patagonien[2]. C'est le premier relief du système chilien.

Géologie.

En résumé, en laissant de côté les petits lambeaux de roches porphyritiques, qui à diverses époques auraient percé les différens terrains, et ne considérant que les grandes masses, on pourrait croire, comme je l'expliquerai plus au long, aux roches de sédiment, que la bande porphyritique située à l'est des Cordillères a formé l'un des premiers reliefs du système chilien, entre la fin de la période crétacée et les premiers dépôts tertiaires marins.

Roches trachytiques.[3]

On a vu les roches granitiques plus répandues aux parties orientales du continent américain; les roches porphyritiques, au contraire, dominent aux parties occidentales; pour les roches trachytiques, elles se montrent

1. Voyez p. 56.

2. Voyez p. 77.

3. Elles sont colorées en violet foncé pour les trachytes compactes, avec le n.° 3; en violet clair pour les conglomérats, avec le n.° 4.

Géologie. sur la chaîne des Cordillères, et accompagnent le plus souvent les roches porphyritiques. Personne n'en a signalé au Brésil, aux Guyanes, et je n'en aï reconnu que sur les Cordillères ou à leur versant occidental.

Ces roches, en Bolivia, se montrent seulement sur le grand plateau bolivien, sur le plateau occidental et sur le versant ouest de la Cordillère. Au grand plateau bolivien elles représentent, à l'est, plusieurs lambeaux détachés, deux aux environs d'Achacache, dont l'un est énorme, au nord-ouest de la Paz[1] (16° de latitude sud). Quelques autres, plus petits, de quelques lieues de longueur, au sud du même lieu, surgissent sur différens points de la chaîne et de la plaine, à Oruro[2], à Uallapata, à la Jolla, à Unchachata[3]; puis un large massif commence à las Peñas, au nord du 18.e degré, et se continue non sans interruption jusqu'au-delà de Potosi, près du 20.e degré sud, offrant une surface de près de cinquante lieues de longueur.[4]

A l'ouest de ces lambeaux, sur tout le grand plateau bolivien, les roches trachytiques manquent ou sont recouvertes de couches plus modernes; mais à peine a-t-on atteint les premières collines séparant ce grand plateau du plateau occidental[5], que toutes les roches apparentes appartiennent aux roches trachytiques, qui semblent former en entier le plateau occidental. En effet, tout est couvert de conglomérats, et chaque fois que ceux-ci permettent d'apercevoir les roches inférieures, on voit tous les points culminans de la Cordillère, du 16.e au 20.e degré de latitude sud, ou pour mieux dire tous ceux sur lesquels j'ai pu obtenir des renseignemens précis, composés de ces roches très-développées aux environs de Tacna, avec leurs conglomérats ponceux[6]. Si je cherche à suivre au loin, dans les observations des voyageurs, sur la chaîne des Cordillères, les roches trachytiques, je les reconnaîtrai au nord, près d'Aréquipa, où M. Meyen les a vues[7]. M. de Humboldt les a retrouvées sur toute la chaîne du plateau de Quito, où elles constituent un dôme énorme[8]; au sud elles existent dans la Cordillère chilienne, où elles ont été

1. Voyez p. 125.
2. Voyez p. 128.
3. Voyez p. 130, 131.
4. Voyez p. 137 à 144.
5. Voyez p. 114.
6. Voyez p. 104.
7. *Nouvelles Annales des voyages*, 2.e série, t. XIV, p. 33.
8. *Vues des Cordillères et Monumens*, etc., t. I, p. 279; Buch, *Pétrifications rapportées par M. de Humboldt*, p. 11.

signalées par Molina; elles apparaissent, à l'est, aux sources du Rio Negro de Patagonie[1], et MM. Hombron et Grange paraissent en avoir constaté l'existence jusqu'au détroit de Magellan. On pourrait donc croire que les roches trachytiques, comme les roches porphyritiques, occupent toute la longueur des Cordillères, depuis la ligne jusqu'au 55.e degré de latitude sud ou sur un développement de plus de mille trois cents lieues géographiques. Géologie.

En examinant les roches trachytiques dans leur composition, je trouve qu'on peut les regarder comme appartenant à trois espèces circonscrites en trois régions distinctes sur les lieux que j'ai explorés et susceptibles d'appartenir à trois ordres de faits différens.

La première est une roche fortement micacée, plus ou moins compacte, prenant très-souvent l'aspect granitoïde et ne contenant pas de pyroxène, laquelle compose, sans exception, les trachytes qu'on remarque à l'est du grand plateau bolivien, à Achacache, à Oruro, à Callapata, à Unchachata, à la Jolla, et sur tout le massif compris entre las Peñas et les environs de Potosi. Cette roche n'est jamais accompagnée des conglomérats ponceux, toujours joints aux autres roches trachytiques dont je vais parler.

La seconde est une roche que j'ai indiquée sous le nom de porphyre basaltique[2], et qui n'est qu'une roche trachytique porphyroïde, remplie de cristaux de pyroxène et de mésotype. C'est elle qui, plus ou moins décomposée, plus ou moins modifiée, non-seulement accompagne toujours les conglomérats trachytiques ponceux sur le plateau occidental, et sur les versans de celui-ci, à l'est et à l'ouest, mais encore constitue tous les points élevés, tous les pics coniques disséminés au sommet de la chaîne occidentale. En un mot, elle représente, du 15.e au 20.e degré de latitude sud, un immense dôme que forme le plateau occidental tout entier. C'est peut-être la même qui constitue le dôme trachytique analogue, observé par M. de Humboldt au plateau de Quito, non loin de l'équateur; s'il en était ainsi, le fait serait général pour la Cordillère.

La troisième espèce se compose des conglomérats trachytiques blanchâtres, formés de cristaux de quartz, et souvent de ponces de grande dimension. Je l'ai trouvée, à l'est des roches trachytiques compactes, au pied de la chaîne du Delinguil et du Sacama, dans les plaines de Santiago et dans la province de Carangas, du 17.e au 19.e degré; elle nivelle tout le plateau

1. Voyez p. 64.
2. P. 113, 114.

Géologie. occidental des Cordillères boliviennes; et, sur le versant occidental de la chaîne, couvre une bande de trachytes qui se voit d'Arequipa à Tacna, à l'ouest des roches porphyritiques. Au-delà des limites où je les ai vus, ces conglomérats paraissent s'étendre, au nord, jusqu'au plateau de Quito, où M. de Humboldt les décrit[1]; au sud, Molina les cite dans la Cordillère du Chili[2]; je les ai signalés aux sources du Rio Negro, au 41.e degré de latitude, et ils ont été retrouvés par M. Hombron jusqu'au détroit de Magellan. Ils occuperaient donc toute la bande trachytique, sur les sommités de la chaîne.

Pour avoir l'âge relatif des roches trachytiques, je dois commencer par les considérer dans leur ensemble, afin de bien distinguer ce qui dépend des grandes lignes de dislocation produites par ces roches, des parties où ces lignes ont été modifiées par les systèmes préexistans. C'est une question difficile à résoudre; mais je crois d'autant plus important de l'éclaircir, qu'elle peut jeter une grande lumière sur l'histoire des reliefs de la Cordillère.

Les roches trachytiques se sont montrées avec leurs conglomérats à l'est de la bande porphyritique, depuis la ligne jusqu'au 55.e degré de latitude sud. Sur cette étendue, on remarque que la direction dominante est celle du nord 5° est, au sud 5° ouest. En effet, cette direction se montre d'abord de la ligne jusqu'au 5.e degré, puis, après une interruption de quinze degrés, elle reprend au 20.e et se continue jusqu'au 54.e de latitude sud. Cette ligne, qui forme mon *système chilien,* aurait donc, sur les *cinquante-cinq* degrés de longueur des trachytes, *trente-six* degrés ou près de *neuf cents lieues* géographiques de développement, tandis qu'il ne resterait que quinze degrés où la chaîne suivrait une direction différente du sud-est au nord-ouest. Comme ce dernier système est précisément la continuité de mon système bolivien, je dois croire que la direction du nord 5° est au sud 5° ouest, forme un système distinct, propre aux trachytes. En effet, sur toute cette ligne, les dernières roches d'origine ignée sont les trachytes, et ces roches sont aussi les plus développées, puisqu'elles paraissent constituer, sur une grande surface, toutes les sommités et les plateaux de la chaîne.

S'il paraît constant que les roches trachytiques ont formé le principal relief des Cordillères, en représentant le système chilien, il reste à expliquer

1. Humboldt, *Monumens*, t. Ier, p. 279; t. II, p. 103.

2. Molina, *Histoire naturelle du Chili*, p 91.

pourquoi l'intervalle de quinze degrés, du 5.ᵉ au 20.ᵉ, suit une autre direction. On a déjà vu que je considère cet intervalle comme une dépendance du système bolivien. Je pourrais me l'expliquer ainsi : Il est évident que le massif compris entre le plateau occidental des Cordillères boliviennes et les plaines de Santa-Cruz de la Sierra et de Moxos, à l'est, constitue un système distinct et plus ancien que le système chilien, puisque ses dernières couches dérangées appartiennent aux terrains triasiques, tandis que, sur le système chilien, ce sont les terrains crétacés et les terrains tertiaires. On pourrait donc supposer que, lors du soulèvement du système chilien, les grandes lignes de dislocation, qui se croisaient avec les reliefs préexistant au système bolivien, ne pouvant rompre ce large massif, l'ont longé à l'ouest, comme l'avaient fait antérieurement les roches porphyritiques. Dès-lors les roches trachytiques non seulement auraient formé une large bande à l'ouest du système bolivien sur tout le plateau occidental, mais encore seraient sorties par d'anciennes fentes des roches de sédiment, sur cette ligne si interrompue de mamelons trachytiques qui, à l'est du grand plateau bolivien, borde le pied des dislocations des roches dévoniennes, depuis Achacache jusqu'à Potosi. Géologie.

La nature différente des roches trachytiques des Cordillères proprement dites et de celles qui sont à l'est du grand plateau bolivien, pourrait encore corroborer cette opinion. En effet, il paraît naturel de trouver une parfaite analogie des roches du plateau occidental avec celles du système chilien, puisqu'elles n'étaient que la continuité de cette dislocation; aussi sont-elles formées des trachytes porphyritiques et de leur immense surface de conglomérats ponceux. D'un autre côté, les roches trachytiques de la région orientale du plateau bolivien s'étant, d'après mon explication, fait jour, loin de la masse, au sein des fentes préexistantes des roches de sédiment, devaient différer de nature; et c'est ce qui a lieu, puisqu'elles se composent de roches micacées et granitoïdes, et ne sont jamais accompagnées des conglomérats trachytiques qu'on remarque sur la Cordillère.

Si l'on voulait, au contraire, attribuer aux roches trachytiques micacées le premier soulèvement des chaînes qui séparent la Paz de Potosi, à l'est du grand plateau bolivien, il faudrait admettre que les trachytes micacés ont surgi en même temps que les roches granitiques de l'Ilimani, ce qui semble peu probable, puisqu'à Achacache les trachytes sont au pied occidental de cette chaîne, tandis qu'on ne trouve aucune trace de roche trachytique au milieu du massif constituant le système bolivien.

Je crois qu'on pourrait conclure de tous ces faits que le système chilien

Géologie. a reçu son principal relief de l'éruption des roches trachytiques; que ces roches avec leurs conglomérats forment, d'après M. de Humboldt, un dôme immense sur le plateau de Quito, et, d'après mes observations, un autre dôme sur le plateau occidental de la Bolivia; qu'enfin tous les mamelons de la région orientale du plateau bolivien sont sortis par les fentes préexistantes des roches de sédiment; qu'ils ne seraient pas la cause première de ce système, mais qu'ils ont pu en soulever quelques parties, en en augmentant le relief.

Il me reste à dire un mot des roches trachytiques de la Cordillère, afin de distinguer les trachytes de leurs conglomérats, sous le rapport de leur action sur les reliefs des montagnes. J'ai étudié avec beaucoup de soin la position de ces deux espèces de roches, et j'ai pu me convaincre qu'elles ont joué un rôle tout différent. Il suffit de donner un coup d'œil à mes cartes, pour s'assurer que les roches compactes ou décomposées ont, à diverses reprises, surgi sur de grandes lignes à l'état incandescent, et qu'elles ont, en s'épanchant de chaque côté de ces lignes, formé de larges nappes ou représenté ces cônes obtus si remarquables et en même temps si caractéristiques, qui, au sommet des Cordillères, présentent absolument la même forme qu'en Auvergne. Il en résulterait qu'elles ont pu exercer une action soulevante, et si elles offrent, sur quelques points, une apparence stratifiée, c'est évidemment le produit de nappes épanchées, comme on le voit soit dans cette heureuse coupe laissée par le Rio Maure[1], où j'ai distinctement remarqué l'alternance des bancs de trachytes avec les conglomérats ponceux, soit sur la côte près de Tacna[2], où les conglomérats ponceux recouvrent les trachytes également durcis en nappes. A l'exception de l'alternance observée au Rio Maure, j'ai toujours trouvé les trachytes sous les conglomérats : les premiers présentent toute espèce d'aspérités, d'accidens extérieurs sur le sol, tandis que les derniers forment partout des sortes de couches, pour ainsi dire horizontales, qui nivellent ces aspérités. Les conglomérats ponceux, composés, par bancs, de ponces plus ou moins grosses, ou de fragmens divers dont les élémens ne sont réunis par aucun ciment, feraient penser que ces conglomérats ont été projetés à l'état de cendre, pendant la sortie et postérieurement à la sortie des trachytes. On pourrait se demander même, si tous les conglomérats appartiennent à la même époque que les

1. Voyez p. 113.
2. Voyez p. 104.

trachytes, et si leur position supérieure ne les rapporterait pas à un âge un peu plus moderne. Ici je m'arrêtè, et ne me chargerai point de résoudre la question. Quoi qu'il en soit, il me paraît évident que les conglomérats n'ont eu nulle part, dans les Cordillères, d'action soulevante, et que dès-lors leur rôle passif est tout à fait différent de celui des trachytes proprement dits. J'ai cru remarquer que, sur quelques points du plateau bolivien, les conglomérats trachytiques recouvrent le terrain pampéen, ce qui donnerait lieu de penser qu'ils sont postérieurs à ce grand dépôt.

Roches d'origine ignée postérieures aux roches trachytiques.

Il est évident que, postérieurement aux trachytes, il y a eu, sur les Cordillères, l'époque des volcans fumant encore aujourd'hui; malheureusement, n'ayant pu en voir aucun, je ne puis parler des roches qui en dépendent. Néanmoins il paraît que les voyageurs n'ont trouvé nulle part de véritables laves. Cette dernière période des roches d'origine ignée ne ressemblerait donc pas, dans cette partie de l'Amérique, à ce que nous trouvons en Europe. En traitant du Cotopaxi, M. de Humboldt ne parle que de scories et de ponces[1]. Ces dernières roches accompagneraient partout les volcans encore en activité. A propos de ceux-ci, je ferai remarquer qu'ils sont, sur la Cordillère, beaucoup moins nombreux qu'on ne l'a pensé. Si dans le voisinage de l'équateur ils forment un groupe, s'ils sont assez multipliés sur les montagnes du Chili, ils sont très-rares en approchant du système bolivien, où je n'en connais qu'un seul, situé dans la province de Carangas, encore aux parties sud du système[2], et conséquemment près des dépendances du système chilien. Les volcans en activité s'étant tous trouvés sur la ligne du grand système chilien, il est permis de penser qu'ils se sont formés, peut-être au commencement de la période actuelle, postérieurement à l'éruption des roches trachytiques et de leurs conglomérats.

En résumé, les roches d'origine ignée appartiendraient, en Amérique, à trois grandes époques:

1.° Les roches granitiques antérieures aux terrains crétacés et qui apparaissent sous les gneiss des systèmes brésilien et pampéen, sous les terrains siluriens du système itaculumien, sous les roches siluriennes, dévoniennes,

1. *Vues des Cordillères et Monumens*, etc., t. I, p. 142.

2. Voyez p. 133.

Géologie. carbonifères et triasiques du grand système bolivien, et qui forment des lambeaux séparés à l'ouest des Cordillères.

2.° Les roches porphyritiques postérieures aux terrains crétacés, sorties à l'est des roches granitiques de la Cordillère, et s'étant fait jour à travers les terrains crétacés, en représentant un premier relief dans la chaîne.

3.° Les roches trachytiques postérieures aux terrains tertiaires, sorties à l'est de la bande granitique, formant la chaîne des Cordillères et paraissant lui avoir donné son principal relief, avant l'époque actuelle. Je leur attribue l'élévation au-dessus du niveau des mers de tous les terrains tertiaires marins, qui contiennent des espèces perdues, et par suite de la perturbation qu'elles auraient apportée à la surface du globe, l'extinction des races de grands mammifères et la formation du grand dépôt des terrains pampéens qui recèlent ceux-ci.

§. 2. *Des roches de dépôts ou de sédiment.*

Terrains gneissiques ou primordiaux.[1]

La partie occidentale de l'Amérique méridionale étant la plus moderne, il n'est pas étonnant qu'elle soit entièrement dépourvue de ces roches si développées sur toutes les régions orientales. En effet, les roches gneissiques se montrent sur une multitude de points du Brésil : je les ai vues aux environs de Rio de Janeiro[2]; MM. Clausen[3] et Pisis[4] les ont trouvées sur la plus grande partie de la surface comprise entre le cours du Rio San-Francisco et la mer, depuis le 16.° jusqu'au 27.° degré. Elles sont également répandues plus au nord, à Pernambuco, à Cayenne, où elles ont été recueillies par MM. Robert[5] et Le Prieur; et enfin, jusqu'à l'extrémité septentrionale de l'Amérique, puisque M. de Humboldt les a rencontrées à Caracas[6]. En marchant au sud, je les ai retrouvées à Maldonado, à Montevideo[7] et dans la Banda oriental; M. Parchappe les a vues à la chaîne du Tandil[8]. D'après MM. Hombron et Grange elles se montreraient encore au détroit de Magellan.

1. Ils sont colorés en rose et portent le n.° 15.
2. Voyez p. 18. Elles ont aussi été rapportées par M. Auguste de Saint-Hilaire.
3. *Note géologique sur la province de Minas Geraes,* Acad. roy. de Brux., t. VIII, n.° 5 des Bulletins.
4. *Comptes rendus de l'Académie des sciences,* t. XIV, p. 1044.
5. Elles sont déposées dans les galeries de géologie du Muséum.
6. *Voyage aux régions équinoxiales,* t. IV, p. 249.
7. Voyez p. 21, 22.
8. Voyez p. 46.

Je les ai recherchées au centre du continent, et j'en ai reconnu une immense bande occupant, sur une largeur moyenne d'un demi-degré, une longueur de cinq degrés et demi ou cent trente-sept lieues, et traversant toute la province de Chiquitos du 60.ᵉ au 65.ᵉ degré de longitude occidentale de Paris, du 16.ᵉ au 18.ᵉ degré de latitude sud : ainsi les roches de gneiss seraient propres aux régions orientales du continent méridional, et se montreraient néanmoins jusqu'au centre.

Ces roches se composent à peu près partout des mêmes élémens. Ce sont : à Rio de Janeiro et dans la province de Chiquitos, aux parties inférieures, des gneiss porphyroïdes ou granitoïdes, passant au granite, supportant des gneiss à grains fins ou des mica-schistes contenant des grenats et des staurotides ; à Montevideo et à Maldonado, des gneiss noirâtres très-feuilletés ; au Tandil, suivant M. Cordier, des pétrosilex tabulaires.

Les gneiss supportent partout les terrains siluriens, au Brésil et à l'est de la province de Chiquitos. Néanmoins, lorsque ces terrains manquent, ils sont souvent recouverts de terrains bien plus modernes, puisqu'à Concepcion, à San-Ignacio et à Santa-Ana de Chiquitos[1], on trouve des lambeaux de mon tertiaire patagonien. A Montevideo et dans les Pampas, le gneiss est entouré du terrain pampéen ; à Chiquitos encore il est recouvert des alluvions les plus récentes.

Considérés sous le rapport des systèmes que représentent ces terrains, M. Pisis nous apprend qu'ils semblent former au Brésil un système soulevé avant les terrains siluriens, dont la direction moyenne serait de l'est 38° nord à l'ouest 38° sud ; système qui s'étend à l'est de la Mantiquiera, et que je désignerai sous le nom de *système brésilien.*

Peut-être devrait-on considérer comme un système appartenant à peu près à la même époque, l'ensemble des collines de gneiss des Pampas, situé entre le cap Corrientes et la Sierra de Tapalquen et les collines de Montevideo. Ce système suivrait la direction ouest 25 à 30° nord ou est 25 à 30° sud. On pourrait provisoirement le désigner sous le nom de *système pampéen.*

Peut-être aussi serait-il permis de penser que les Guyanes ont été soulevées à la même époque, puisqu'on ne trouve que des gneiss dans ces régions.

S'il en est ainsi, à l'instant des mers siluriennes, il y aurait eu déjà hors des eaux, au sein de l'océan Atlantique, quatre grandes îles : une première comprise, suivant M. Pisis, entre le 16.ᵉ et le 27.ᵉ degré ; une seconde, au 34.ᵉ degré ; une troisième entre les 37.ᵉ et 38.ᵉ degrés de latitude sud, et une quatrième aux Guyanes.

1. Voyez p. 186.

Terrains siluriens ou phylladiens.[1]

Les terrains siluriens, si bien décrits par M. Murchison, sont des mieux développés au nouveau monde. Ils couvrent de grands espaces dans l'Amérique du nord; mais, pour ne pas sortir du cadre que je me suis tracé, je ne m'occuperai que de l'Amérique méridionale. Si je marche des régions occidentales vers les régions orientales, je trouverai d'abord qu'ils manquent tout à fait à l'ouest de la Cordillère proprement dite, sur le plateau occidental et sur les parties ouest du grand plateau bolivien. Les premiers lambeaux qu'on en rencontre, sont à l'est de ce grand plateau, sur une bande qui suit les *Andes* proprement dites[2] ou Cordillère orientale, parallèlement aux roches granitiques, depuis le Sorata jusqu'à l'Ilimani[3]. On en voit encore des surfaces plus ou moins considérables dans la même direction, aux environs d'Oruro[4], dans la vallée de Sorasora, dans celle de Condor-Apacheta[5]; puis, de là ces terrains représentent une bande qui s'étend jusqu'à Potosi[6] et Chuquisaca. Ils se manifestent ainsi sur presque toute la lisière orientale du plateau bolivien et y auraient une extension de plus de cinq degrés.

Les terrains siluriens prennent un bien plus grand développement à l'est de la Cordillère orientale; ils y forment une vaste bande d'un demi-degré de largeur, sur plus de huit degrés ou deux cents lieues de longueur, comprise entre les plaines de Santa-Cruz de la Sierra à l'est, et le parallèle du 72.e degré de longitude à l'ouest. En effet, dans les provinces de Muñecas, de Yungas[7], de Sicasica[8], d'Ayupaya[9], à l'ouest de Cochabamba; sur une large

1. Ils sont colorés en bleu et portent le n.° 6.

2. Le mot Andes a pour racine le mot *Antis* (Garcilaso de la Vega, *Comment., lib. II, p. 47*), qui, chez les Incas, désignait les montagnes situées à l'est du Cuzco. Plus tard, les Espagnols conservèrent cette dénomination, corrompue en *Andes*, pour la Cordillère orientale, tandis qu'ils appelaient la chaîne proprement dite *Cordillera* (voyez les cartes données par Herrera). En dénaturant les choses en Europe, on a, au contraire, appelé *Andes*, toute la chaîne, et l'on a dit *Andes chiliennes*, *Andes péruviennes*, etc.

3. Voyez p. 122.

4. Voyez p. 129.

5. Voyez p. 136.

6. Voyez p. 137 à 145.

7. Voyez p. 148, 149, etc.

8. Voyez p. 153.

9. Voyez p. 158.

surface au nord de cette ville[1], et à l'est, dans les provinces de Mizque[2], de Yamparais[3], de la Laguna[4] et de Valle grande[5], ces terrains sont à découvert chaque fois que le permettent les dislocations des couches supérieures. Les terrains siluriens, à l'est et à l'ouest de la chaîne orientale, formeraient donc une immense bande dirigée nord-ouest et sud-est, bande néanmoins bien plus développée à l'est qu'à l'ouest de la chaîne.

En abandonnant les derniers contre-forts des Andes et en marchant vers l'est, on retrouve les terrains siluriens au sud de la province de Chiquitos, près de la Tapera de San-Juan[6], au nord de la Sierra de Santiago[7], et au sud de celle du Sunsas[8], où ils constituent encore une bande est-sud-est ou ouest-nord-ouest, qui aurait plus de cinquante lieues de longueur.

En dehors de mes observations personnelles, je me suis convaincu, par des informations prises auprès des mineurs brésiliens, que les terrains siluriens se montrent sur beaucoup de points des provinces de Mato-Grosso, de Cuyaba, au Brésil. D'un autre côté, MM. Clausen[9] et Pisis[10] nous apprennent que ces terrains ont un très-grand développement dans la province de Minas Geraes, à l'ouest du système brésilien. M. Plée en a rapporté de Maracaïbo, avec leurs fossiles caractéristiques[11]. Au sud, M. Darwin les a retrouvés aux îles Malouines[12], où ils semblent former entièrement toutes les îles.

Les terrains siluriens se montreraient à l'est de la Cordillère, du 14.e au 55.e degré de latitude sud.

La composition en est très-uniforme, sur tous les points où je les ai vus. Ce sont, sur les deux versans de la Cordillère orientale, aux parties les plus inférieures, des phyllades schistoïdes bleus, souvent mâclifères, passant, aux parties moyennes, à des phyllades satinés rosés. Ces deux séries de couches les plus développées, offrant souvent une puissance de plusieurs centaines

1. Voyez p. 158.
2. Voyez p. 166.
3. Voyez p. 175.
4. Voyez p. 174.
5. Voyez p. 169.
6. Voyez p. 190.
7. Voyez p. 192.
8. Voyez p. 193.
9. *Loc. cit.* Voyez la carte géologique de Minas Geraes.
10. *Comptes rendus de l'Académie*, déjà cités, 1842.
11. Collections géologiques du Muséum.
12. *Narrative*, *etc.*, p. 253. Les fossiles y paraissent très-caractéristiques.

Géologie. de mètres, ne contiennent aucun corps organisé. Au-dessus sont des phyllades grésiformes très-micacés, dont la puissance est au plus de cinquante mètres. J'ai recueilli, dans ces couches, les fossiles suivans, qui y sont très-rares :

Cruziana rugosa, d'Orb., Paléontologie, pl. I, fig. 1.
Cruziana furcifer, d'Orb., *idem*, pl. I, fig. 2, 3.
Lingula marginata, d'Orb., *idem*, pl. II, fig. 5.
Lingula Münsterii, d'Orb., *idem*, pl. II, fig. 6.
Lingula dubia, d'Orb., *idem*, pl. II, fig. 7.
Orthys Humboldtii, d'Orb., *idem*, pl. II, fig. 16—20.
Calymene Verneuilii, d'Orb., *idem*, pl. I, fig. 4, 5.
Calymene macrophtalma, Brong., *idem*, pl. I, fig. 6, 7.
Asaphus boliviensis, d'Orb., *idem*, pl. I, fig. 8, 9.
Graptolithus dentatus, d'Orb., *idem*, pl. II, fig. 1.

Comparés aux corps organisés qu'on est habitué à trouver dans ce terrain en Europe, ceux de Bolivia, dans leur ensemble, ont tout à fait le même aspect et le même facies. C'est une physionomie zoologique identique transportée à quelques milliers de lieues, et offrant aussi, minéralogiquement, beaucoup de rapports avec les mêmes terrains en Europe.

Dans la province de Chiquitos, les terrains siluriens sont peu différens; ils sont également formés, aux parties inférieures, de phyllade schistoïde bleu, supportant des phyllades rosés à grains fins, sur lesquels reposent des phyllades jaunâtres. Je n'ai jamais pu apercevoir aucune trace de corps organisés dans ces couches, dont la première a au moins 200 mètres de puissance, tandis que les autres sont réduites à 15 et à 20 mètres.

Sous le rapport de leur composition, les roches des terrains siluriens offriraient une uniformité très-remarquable, ce qui annoncerait peut-être un seul et même bassin, compris entre les limites actuelles du Brésil et de la Cordillère.

Dans la province de Chiquitos, les terrains siluriens reposent sur les gneiss. Sur la Cordillère orientale, ils ont été dérangés par les roches granitiques; à la partie sud-est du plateau bolivien, ils l'ont été par les roches trachytiques.

Partout où je les ai vus, les terrains siluriens sont recouverts d'une masse énorme de grès dur ou quartzite, que, d'après sa position et ses fossiles, je crois devoir représenter le terrain dévonien.

Si, au milieu de cette multitude de dislocations partielles qu'ont éprouvées les terrains siluriens, je cherche les soulèvemens qui appartiennent à ce terrain, avant qu'il fût recouvert, je n'en pourrai définir aucun d'une manière certaine. On remarque bien des chaînons ou des vallées suivant une direction uniforme nord et sud, comme la côte de l'Hospital, celles de Maïca Monte de la Cumbre; comme les vallées de Tipoani, du Rio de la Paz, du Rio Iterama, du Rio de Suri, de Machacamarca, de Corasi, etc.; mais il serait difficile d'en déduire avec certitude un ancien système. Le seul point où l'immense relief de ces terrains (plus de 5000 mètres de hauteur absolue) pourrait provenir d'un croisement, est le contre-fort de Cochabamba, qui, dans la direction de l'est à l'ouest, domine au nord les plateaux inférieurs de Cochabamba. Néanmoins, je n'ose le donner comme positif. Il en résulterait que toutes les grandes lignes de dislocation du système bolivien et du système chiquitéen sont venues, comme je l'expliquerai plus tard, après les dépôts des terrains qui les recouvrent.

M. Pisis pense que, dans la province de Minas Geraes, le système itaculumien[1], dirigé de l'est à l'ouest, est postérieur aux terrains siluriens et qu'il a suivi immédiatement ce dépôt. Si l'on peut en dire autant des terrains siluriens des Malouines, les premières îles de gneiss du système brésilien se seraient augmentées vers l'ouest, tandis que peut-être de nouveaux points auraient surgi du sein des eaux à l'archipel des Malouines.

Les terrains siluriens ont encore un genre d'intérêt très-positif, en ce qu'ils renferment les mines d'or les plus riches de la république de Bolivia, et quelques mines d'argent. Partout où l'on a rencontré de l'or en place, il s'est trouvé au sein des phyllades schistoïdes dans les filons de quartz laiteux qui traversent les parties inférieures. C'est ainsi qu'on l'a exploité sur les pentes de l'Ilimani, à Oruro[2], à Potosi, etc. Si l'on considère que les exploitations de lavage d'or sont toutes dans les vallées où les phyllades ont été très-disloqués et dénudés, comme on le voit au Rio de la Paz, à Tipoani, au Rio de Suri, au Rio de Choque-camata, etc., il faudra naturellement en conclure que cet or provient encore des phyllades, et cela avec d'autant plus de raison, qu'on rencontre quelquefois le métal dans le quartz laiteux des filons anciens. Beaucoup des mines d'argent et de plomb dépendent encore des terrains siluriens.

TERRAINS DÉVONIENS.[3]

Je considère comme tels une immense étendue de terrains, composée de grès gris blanchâtres, compactes, passant au grès phylladifère ou ferrifère

1. *Comptes rendus de l'Académie des sciences*, t. XIV, p. 1046.

2. Voyez p. 121, 130, etc.

3. Ils sont colorés en jaune pâle et portent le n.° 7.

Géologie. dans les parties inférieures, et qui, le plus souvent en couches concordantes, recouvrent presque partout les terrains siluriens. J'aurais bien pu la réunir à ceux-ci ; mais M. Murchison ayant distingué ses terrains *dévoniens* des terrains inférieurs, qu'il appelle *siluriens,* et trouvant, sur de grandes surfaces et toujours bien distincte par ses fossiles, une énorme puissance de terrains toujours formés de phyllades, et une autre supérieure, plus puissante encore, toujours composée de grès quartzeux blanchâtres, j'ai cru devoir rapporter la plus inférieure au terrain silurien et la plus supérieure, aux terrains dévoniens de notre Europe. Je le fais avec d'autant plus de raison, que les caractères minéralogiques et paléontologiques de l'un et de l'autre m'y autorisent complètement, et que les grès sont inférieurs et en couches discordantes aux terrains carbonifères les mieux caractérisés par leurs fossiles.

Les terrains dévoniens, tels que je les envisage, laissent à découvert de plus grandes parties que les terrains siluriens, qu'ils accompagnent partout; aussi sont-ils distribués à peu près de même. Je n'en trouve aucune trace à l'ouest de la Cordillère, aucun vestige sur le plateau occidental de la Bolivia. Les premiers lambeaux se voient au milieu du grand plateau bolivien. Ils y forment des collines suivant la direction moyenne du sud-est au nord-ouest, telles que celles de San-Andres[1], de Viacha[2], ou de plus petits mamelons ayant la même direction à Ayoayo, à Caracollo[3], et dans la plaine d'Oruro, et s'élevant à l'ouest de la bande occidentale des terrains siluriens. Ce sont les relèvemens de ce terrain qui constituent le bord oriental du grand plateau bolivien, depuis la Paz[4] au 16.e degré, en suivant par Calamarca, Sicasica[5], Sorasora[6], et sans interruption jusque bien au-delà de Chuquisaca, ou sur plus de six degrés de longueur, dans la direction générale du sud-est au nord-ouest.

Sur le versant oriental des Andes, les terrains dévoniens constituent, à l'est de la Paz, tous les premiers versans du contre-fort de Potosi; puis, au-delà des terrains siluriens de la province de Yungas, tous les points saillans sur la pente vers Moxos. C'est cette bande, des plus marquée, qui se montre depuis le Rio de Tipoani, au nord des provinces de Yungas[7], de Sicasica[8], d'Ayupaya[9], de Tapacari, de Cochabamba[10], et qui, à l'est de cette dernière,

1. Voyez p. 118.
2. Voyez p. 120.
3. Voyez p. 128.
4. Voyez p. 127.
5. Voyez p. 127.
6. Voyez p. 136.
7. Voyez p. 150.
8. Voyez p. 153.
9. Voyez p. 156.
10. Voyez p. 165.

vient, en se réunissant aux autres massifs situés au sud, couvrir toutes les provinces de Mizque[1], de la Laguna et de Valle grande[2], jusqu'aux derniers contre-forts de la Cordillère orientale, vers les plaines de Santa-Cruz de la Sierra et de Moxos. Il en résulterait que, de chaque côté des terrains siluriens, les terrains dévoniens formeraient une large bande parallèle, indépendamment des lambeaux disséminés sur une étendue de plus de six degrés ou cent cinquante lieues.

Au-delà des derniers contre-forts des Andes, après la vaste interruption de la plaine de Santa-Cruz de la Sierra, j'ai trouvé, à l'est et au nord, deux petits lambeaux isolés, celui de la Calavera[3] et celui de Guarayos[4]; puis j'ai vu de nouveau un grand développement de ces mêmes terrains, sur la formation silurienne de la partie orientale de la province de Chiquitos, à San-Jose[5], à Santiago et au nord de la colline du Sunsas[6], où ils ont la direction générale est-sud-est et ouest-nord-ouest.

En dehors de mes observations, je sais que ces terrains abondent sur la chaîne dos Parecys, sur celle du Diamantino, à l'ouest de Mato-Grosso, et sur celles qui sont à l'est de Cuyaba, montagnes qui suivent la même direction que celles de Chiquitos, et qui, sans aucun doute, appartiennent au système chiquitéen. Peut-être doit-on les retrouver encore plus à l'est, vers la province de Minas Geraes.

Il en résulterait que les terrains dévoniens offriraient deux massifs distincts, celui du système bolivien, où ils atteignent presque le niveau des neiges perpétuelles (4700 mètres), et celui du système chiquitéen, où ils n'ont pas au-delà de 1500 mètres d'élévation absolue, à en juger au moins d'après la végétation.

Sur l'un et sur l'autre système, les roches de ce terrain sont absolument identiques quant à leur composition minéralogique et à leur aspect. Néanmoins je n'ai pas rencontré, dans la province de Chiquitos, une seule trace de fossiles, tandis que j'en ai observé plusieurs aux parties inférieures des grès du système bolivien. Ces fossiles sont les suivans:

Spirifer boliviensis, d'Orb., Paléontologie, pl. II, fig. 8, 9.
Spirifer quichua, d'Orb., *idem*, pl. II, fig. 21.
Orthys inca, d'Orb., *idem*, pl. II, fig. 10—12.
Orthys pectinatus, d'Orb., *idem*, pl. II, fig. 13—15.

---

1. Voyez p. 166.
2. Voyez p. 175.
3. Voyez p. 184.
4. Voyez p. 197.
5. Voyez p. 189.
6. Voyez p. 193.

Géologie.

Orthys latecostata, d'Orb.
Terebratula peruviana, d'Orb., Paléontologie, pl. II, fig. 22—25.
Terebratula antisiensis, d'Orb., *idem*, pl. II, fig. 26, 27.
Actinocrinus?

J'ai observé sur plusieurs points, dans les feuillets des grès, ces sillons ondulés et interrompus, traces évidentes d'un dépôt aqueux.[1]

Dans tous les lieux où les terrains dévoniens m'ont offert leurs couches inférieures, je les ai vus reposer immédiatement sur les terrains siluriens, souvent en couches concordantes. Lorsqu'ils supportent encore des formations supérieures en place, ce sont toujours des terrains carbonifères, ou, lorsque ceux-ci ont été dénudés avant les dépôts triasiques, les argiles de ce terrain les remplacent.

L'examen le plus attentif de cette innombrable quantité de montagnes et de collines courant dans toutes les directions et appartenant aux terrains dévoniens, ne me permet de découvrir aucun système spécial à ces terrains. Le grand parallélisme moyen des chaînes étant sud-est et nord-ouest, sur le massif bolivien, et est-sud-est et ouest-nord-ouest, sur le massif chiquitéen, et ces deux massifs montrant les terrains carbonifères et triasiques également disloqués, il est certain que les grands mouvemens qui ont formé ces systèmes sont postérieurs aux terrains qui recouvraient la formation dévonienne.

Il paraîtrait résulter de ce qui précède que l'Amérique méridionale, au moins dans les parties que j'en ai explorées, n'aurait subi aucun grand changement de forme à l'époque des terrains dévoniens.

Il me reste à signaler un fait qui peut avoir ici une grande importance. On a vu les terrains siluriens formés de phyllades succéder aux gneiss; et les terrains dévoniens formés de grès quartzeux remplacer tout à coup les phyllades. On peut croire que les phyllades étaient, lors de leur dépôt, à l'état de boue, tandis que les grès devaient être des sables fins. Ici se présentent deux questions sur leur origine respective. Les boues des roches phylladiennes, qui, sur une épaisseur moyenne de quelques centaines de mètres, couvraient des milliers de lieues carrées, ont-elles pu provenir des détritus des roches gneissiques? Comment, après cette période des terrains siluriens, s'est-il déposé une aussi grande surface de grès? Il est au moins bien certain que ces derniers n'ont pu provenir des remaniemens des premiers, puisque la nature en est si distincte. Pour se rendre compte de ce phénomène, qui, se manifestant sur des

1. Voyez p. 173.

Géologie.

milliers de lieues, ne peut être regardé comme exceptionnel, il faudrait donc recourir à l'ingénieuse idée de M. d'Omalius d'Halloy, lequel expliquerait la première par une éjaculation de boue et la seconde par une éjaculation de quartz. Lorsqu'on songe à l'immensité des dépôts, aux grandes différences minéralogiques qu'ils présentent, il serait peut-être bien difficile de s'expliquer autrement que ne le fait le savant géologue la succession immédiate des matières qui ont formé les dépôts siluriens et dévoniens des systèmes bolivien et chiquitéen.

Terrains carbonifères.[1]

Ces terrains sont, dans l'Amérique méridionale, on ne peut mieux caractérisés par leurs fossiles, et ne laissent aucun doute sur leur âge géologique.

Un très-petit lambeau s'est montré à moi sur le versant occidental de la Cordillère, au Morro d'Arica[2] : c'est le seul vestige que j'en connaisse à l'ouest de la Cordillère; encore est-il par le parallèle du système bolivien : je n'en ai pas non plus rencontré de traces sur le plateau occidental. Les premiers points où les terrains carbonifères prennent un peu de développement, sont sur le grand plateau bolivien. En effet, j'en ai observé plusieurs chaînes, telles que l'Apacheta de la Paz[3], les collines de Laja d'Aygachi de las Peñas, toutes les îles de Quevaya et de Pariti, dans le lac de Titicaca[4]. Plus au sud, les collines de Guallamarca et du Pucara[5], et quelques autres lambeaux à Lagunillas, à Leñas, et près de Yocalla[6] : ces terrains s'y manifestent généralement par petites chaînes, à l'ouest des terrains dévoniens et suivant la direction nord-ouest et sud-est.

Quelques petites surfaces se montrent à Machacamarca, presque au faîte de la Cordillère orientale[7]. Ils forment encore la chaîne de San-Pedro, et celle de Pampa grande[8], beaucoup plus à l'est; puis on ne les trouve plus qu'aux parties les plus basses de la pente du versant oriental des Cordillères, vers les plaines de Santa-Cruz de la Sierra et de Moxos. En effet, je les ai vus aux affluens du Rio Securi et du Rio Chapare[9], au pays des Yuracares,

1. Ils sont colorés en jaune foncé et portent le n.° 8.
2. Voyez p. 100.
3. Voyez p. 119.
4. Voyez p. 124 et 125.
5. Voyez p. 132.
6. Voyez p. 138 et 139.
7. Voyez p. 155.
8. Voyez p. 167.
9. Voyez p. 160 et 164.

Géologie. et près de Santa-Cruz de la Sierra, où ils suivent la direction générale sud-est et nord-ouest.

Je retrouve encore ces terrains à l'est de la province de Chiquitos, à la Sierra de San-Jose[1], à la Sierra de San-Lorenzo et de Santiago[2], où ils forment des chaînes dont la direction moyenne est est-sud-est et ouest-nord-ouest, sur une longueur de deux degrés et demi ou plus de soixante lieues géographiques. Je les ai retrouvés dans une direction générale analogue au fort do Principe de Beira, au nord de la province de Moxos.[3]

Les terrains carbonifères paraîtraient, suivant MM. Clausen[4], exister encore sur plusieurs points de la province de Minas Geraes. D'un autre côté, des mineurs brésiliens m'ont assuré qu'ils sont très-répandus sur les chaînes du Parecys, du Diamantino et à l'est de Cuyuba, où ils continuent mon système chiquitéen. La relation du voyage de Don Manuel Soria[5] pourrait aussi faire penser que ces grès existent aux sources du Rio Vermejo.

D'après ce qui précède, ces terrains seraient distribués principalement à l'est et à l'ouest du grand système bolivien, où ils atteindraient, surtout à l'ouest, une élévation de plus de 4000 mètres. Ils formeraient les sommets du système chiquitéen, alors élevés de 1500 mètres au plus de hauteur absolue, ceux de plusieurs chaînes du même système, à l'est et au nord de Chiquitos, et plus à l'est dans la province de Minas Geraes.

Considérés sous le point de vue de leur composition, les terrains carbonifères m'ont offert des différences marquées. Aux parties inférieures ils sont formés (dans les îles de Quevaya) par un calcaire compacte gris bleuâtre, à rognons de silex, véritable calcaire de montagne, en tout semblable à celui de Visé et à ceux de plusieurs points des îles britanniques. Sur d'autres points (à Yarbichambi), ce sont, aux mêmes parties, des grès calcarifères compactes, jaunâtres ou rosés. Ces couches contiennent beaucoup de fossiles. Aux îles de Quebaya et à Yarbichambi elles sont recouvertes en stratification concordante de grès quartzeux assez friables, rougeâtres, non argileux, sans fossiles. C'est d'après l'observation de ces deux points que j'ai cru devoir rapporter aux terrains carbonifères tous les grès friables non argileux qui reposent

---

1. Voyez p. 189.
2. Voyez p. 192.
3. Voyez p. 203.
4. *Bulletin de l'académie de Bruxelles*, t. VIII, p. 9.
5. *Informe* de Don Manuel Soria (manuscrit).

sur les terrains dévoniens, et sont inférieurs aux argiles bigarrées[1]. Les terrains carbonifères seraient donc formés de calcaire et de grès: les premiers, inférieurs, avec fossiles; les derniers, supérieurs, sans restes de corps organisés; mais, réunies sur le grand plateau bolivien, ces deux séries de formes sont partout ailleurs séparées, puisque je n'ai plus trouvé, à l'est du plateau et même sur le système chiquitéen, que les grès rougeâtres et jamais les calcaires. Géologie.

J'ai recueilli, dans les calcaires et dans les grès calcarifères inférieurs des terrains carbonifères, les fossiles suivans:

GASTÉROPODES.

Solarium antiquum, d'Orb., Paléontologie, pl. III, fig. 1, 2, 3.
S. perversum, d'Orb., Paléont., pl. III, fig. 5—7.
Pleurotomaria angulosa, d'Orb., Paléont., pl. III, fig. 4.
Natica buccinoides, d'Orb., Paléont., pl. III, fig. 9.
N. Antisiensis, Paléont., pl. III, fig. 10.

LAMELLIBRANCHES.

Pecten Paradezii, d'Orb., Paléontologie, pl. III, fig. 11.
Trigonia antiqua, d'Orb., Paléont., pl. III, fig. 12, 13.

BRACHIOPODES.

Terebratula Andii, d'Orb., Paléontologie, pl. III, fig. 14, 15.
T. Gaudryi, d'Orb., Paléont., pl. III, fig. 16.
Spirifer Roissyi, Lev., Paléont., pl. III, fig. 17—19.
Orthis, d'Orb., Paléont., pl. III, fig. 20—22.
Productus inca, d'Orb., Paléont., pl. IV, fig. 1—3.
P. peruvianus, d'Orb., Paléont., pl. IV, fig. 4.
P. boliviensis, d'Orb., Paléont., pl. IV, fig. 5, 6.
P. Gaudryi, d'Orb., Paléont., pl. IV, fig. 7—9.
Leptæna variolata, d'Orb., Paléont., pl. IV, fig. 10, 11.
Productus Villiersi, d'Orb., Paléont., pl. IV, fig. 12, 13.
P. Andii, d'Orb., Paléont., pl. V, fig. 1—3.
P. Humboldtii, d'Orb., Paléont., pl. V, fig. 4—7.
P. Cora, d'Orb., Paléont., pl. V, fig. 8, 10.
P. Capacii, d'Orb., Paléont., pl. III, fig. 24—27.
Spirifer Condor, d'Orb., Paléont., pl. V, fig. 11—14.
Sp. Pentlandii, d'Orb., Paléont., pl. V, fig. 15.

1. Voyez p. 126.

ZOOPHYTES.

Turbinolia striata, d'Orb., Paléontologie, pl. VI, fig. 4, 5.
Retepora flexuosa, d'Orb., Paléont., pl. VI, fig. 6—8.
Ceriopora ramosa, d'Orb., Paléont., pl. VI, fig. 9, 10.

Les terrains carbonifères, sur les points où j'ai pu juger de leur contact inférieur, sont partout superposés aux terrains dévoniens.

Ils forment dans la province de Chiquitos les dernières couches dérangées, et ne sont cachés que par des alluvions modernes, tandis qu'au contraire, quelquefois à découvert sur le système bolivien, ils supportent encore ailleurs des couches triasiques relevées.

Il résulterait de l'étude des dernières couches disloquées que le système chiquitéen aurait pris son relief postérieurement aux terrains carbonifères, avant les premières couches triasiques, puisque les derniers terrains dérangés sont les roches carbonifères. Quant au système bolivien, la formation triasique en couches inclinées, et aujourd'hui à la hauteur de plus de 4000 mètres au-dessus de l'Océan, atteste aussi que son relief est postérieur à ces terrains.

D'après ce qui précède, l'Amérique méridionale se serait, postérieurement à la période carbonifère, accrue à l'ouest des terres déjà sorties du sein des mers, d'une surface immense, qui s'étend de la province de Minas Geraes jusqu'à l'ouest du système chiquitéen, ou du 47.e au 68.e degré de longitude occidentale.

Il me reste néanmoins un scrupule relatif aux dérangemens que les terrains carbonifères avaient subis sur quelques points du système bolivien, avant le dépôt des roches triasiques. Il est évident que le contact immédiat des argiles bigarrées des régions situées à l'est de Cochabamba, avec les terrains dévoniens, annonce une dénudation des terrains carbonifères, antérieure au dépôt des terrains triasiques. On serait peut-être alors obligé d'admettre quelques modifications de forme, dont les traces ne sont pas apparentes.

Terrains triasiques ou salifères.[1]

Sans être représentés par de grandes surfaces, ces terrains sont répandus sur une assez vaste étendue de la Bolivia, le seul point où je les aie vus. Ils manquent sur le versant occidental des Cordillères et sur leur pla-

1. Lorsque j'ai dit, p. 75, que je ne connaissais pas de muschelkalk en Amérique, je n'avais pas encore comparé mes échantillons et mes notes relatives à la Bolivia.

Ce terrain est coloré en aurore et porte le n.° 9.

teau occidental. J'ai commencé à les apercevoir aux parties occidentales du grand plateau bolivien, où ils forment un lambeau à l'ouest des terrains carbonifères de l'Apacheta de la Paz[1], un autre au Pucara; de bien plus développés à Guallamarca et à Totora[2]. Je n'en ai plus reconnu ensuite qu'au sud-est du même plateau, auprès de Lagunillas, dans la vallée de Miraflor, non loin de Potosi[3], et au Terrado, entre cette ville et Chuquisaca[4]. Ils y sont en lambeaux très-disloqués. Leur direction générale est sud-est et nord-ouest.

Le versant oriental des Andes m'en a montré encore beaucoup de lambeaux aux parties supérieures des collines comprises entre Cochabamba et les derniers contre-forts de Santa-Cruz de la Sierra, sur une longueur de près de deux degrés et demi. En effet, ils se remarquent au sommet de la côte à Pocona, à Totora, au Durasnillo, à Chiton, à Pulquina[5], à Samaypata, à las Habras, à Coronilla[6] et au Nuebo Mundo[7], où leur direction générale est aussi sud-est et nord-ouest.

En dehors de mes observations personnelles, je ne sache pas qu'on ait signalé cette formation ailleurs en Amérique. Elle serait alors réduite à occuper aujourd'hui, à l'état de lambeaux assez vastes, les deux versans de la Cordillère orientale sur le système bolivien, où elle atteindrait, à son point culminant, la hauteur d'environ 4000 mètres au-dessus du niveau des mers. Ce sont probablement les restes d'un grand tout qui couvrait cette surface de terrain.

Les terrains triasiques se composent d'une alternance de calcaires magnésifères, d'argiles bigarrées et de grès argileux friables. Les couches les plus inférieures sont formées d'un calcaire compacte magnésifère, souvent divisé en feuillets très-minces, ondulés. J'ai vu cette couche, peu épaisse, près de Lagunillas et dans la vallée de Miraflor. Au-dessus de ces calcaires s'étendent, sur les mêmes points, des argiles feuilletées rosées ou bigarrées, souvent remplies de cristaux de gypse d'une assez grande puissance. Ces argiles se voient sans les calcaires à l'Apacheta de la Paz, au Pucara, à Guallamarca et sur tout le versant oriental de la Cordillère, depuis Pocona jusqu'aux contre-forts de Santa-Cruz de la Sierra, où elles passent, à leurs parties inférieures, à un grès argileux blanchâtre. Au-dessus des argiles, dans la vallée de Miraflor, se montrent encore des calcaires compactes magnésifères

1. Voyez p. 119.
2. Voyez p. 132 et 133.
3. Voyez p. 138 et 141.
4. Voyez p. 177.
5. Voyez p. 166 et 167.
6. Voyez p. 169.
7. Voyez p. 175.

Géologie. gris bleuâtres, où je reconnus de nombreux fossiles, dont je ne puis signaler qu'une seule espèce, le *Chemnitzia potosensis,* les autres s'étant perdus. Partout ailleurs, les calcaires manquent, et les argiles bigarrées sont alors recouvertes, comme à l'est des Andes, de grès argileux blancs ou rougeâtres très-friables, qui forment les montagnes de las Habras et de Coronilla. Cette alternance de calcaires compactes, d'argile ou de grès bigarré et de grès rougeâtre, présenterait ici une grande analogie avec les mêmes terrains en Europe. Les calcaires du muschelkalk, dans le nord-est de la France et dans le département du Var, ainsi que les grès bigarrés de ces dernières contrées, m'ont offert en tout l'aspect des roches triasiques de la Bolivia; ressemblance que j'ai déjà signalée pour les terrains siluriens[1] et carbonifères.[2]

Les roches triasiques, à l'Apacheta de la Paz, au Pucara, à Totora, à Guallamarca, à Lagunillas, à Yocalla, à San-Pedro et à Samaypata, reposent immédiatement sur les terrains carbonifères. Sans doute, par suite des dénudations antérieures de ceux-ci, ils sont en contact avec les terrains dévoniens à Pocona, à Totora, à Pulquina, c'est-à-dire sur l'intervalle compris entre Cochabamba et San-Pedro.

Les terrains triasiques forment, sur tous les points où je les ai vus, les dernières couches relevées du système bolivien. Lorsqu'ils ont été recouverts, ils le sont seulement par les couches horizontales des terrains pampéens ou par les alluvions diluviennes, produits purement terrestres et non pas marins. Il paraît donc certain que le système bolivien a pris son relief après la période des terrains triasiques, et avant celle des terrains jurassiques. C'est alors que tout ce massif, compris entre le plateau occidental et les plaines de Santa-Cruz et de Moxos, en Bolivia, aura surgi au-dessus des mers, pour rester, jusqu'à présent, exempt de grands changemens de forme. On doit encore à cette époque la direction nord-ouest et sud-est des Cordillères, comprises entre le 5.e et le 20.e degré de latitude sud, et la sortie hors des eaux de la première partie orientale de cette grande chaîne, partie préexistante qui plus tard a probablement empêché l'uniformité de la direction des Cordillères. L'Amérique méridionale s'est donc accrue, à cette époque, encore à l'ouest des dernières terres exhaussées, d'une vaste surface occupant non-seulement la plus grande partie de la distance signalée, mais encore probablement une espèce d'isthme, compris entre le système bolivien et le système

1. Voyez p. 226.
2. Voyez p. 232.

chiquitéen. C'est alors aussi que les roches granitiques, profitant d'une large fissure des terrains de sédiment, se sont fait jour à travers les terrains siluriens et dévoniens de la chaîne de l'Illimani, et ont formé le Sorata et l'Illimani, les deux plus hautes montagnes du nouveau monde.

Lorsqu'on suit sur les cartes la direction générale des montagnes au nord de ce que j'en ai pu voir, on reconnaît facilement qu'elles conservent un parallélisme constant avec celles de Bolivia, jusque près du 5.ᵉ degré. On pourrait dès-lors supposer que les terrains que j'ai observés sur le système bolivien, se continuent à l'est de la Cordillère proprement dite, jusqu'à cette latitude. C'est, en effet, au nord de ce point que la chaîne change de direction, pour prendre momentanément celle du système chilien.

Terrains jurassiques.

Les terrains jurassiques existent-ils en Amérique? C'est une question à laquelle, il n'y a pas long-temps encore, j'aurais cru devoir répondre négativement; mais aujourd'hui je flotte dans le doute à cet égard. M. Domeyko a envoyé de Coquimbo (Chili) à M. Dufrenoy[1] un bloc de calcaire compacte jaune, contenant beaucoup de térébratules et des individus séparés d'une espèce si voisine de la *Terebratula concinna*, que ce pourrait bien n'en être qu'une simple variété. Cette forme ne se trouve en Europe que dans le *Forest-marble*. Faudrait-il croire qu'il y a en Amérique un lambeau de terrain jurassique de cette époque, formé minéralogiquement d'un calcaire jaune compacte, bien distinct des grès des terrains crétacés? On conçoit qu'avec aussi peu de documens, il est difficile de se décider pour l'affirmative; néanmoins il paraît très-probable, comme l'a dit M. Dufrenoy, que les terrains jurassiques sont représentés au nouveau monde. La position de ce lambeau près des porphyres et près des terrains crétacés soulevés, ferait croire, dans tous les cas, qu'il a subi les mêmes dislocations que les terrains crétacés des Cordillères.

Dans ces derniers temps, M. Lea[2] a cru devoir, d'après la présence des ammonites en Colombie, et tout en y signalant une *Orthocère*, rapporter les terrains qui les renferment aux terrains jurassiques. Il est fâcheux qu'il se soit prononcé si positivement, sans avoir assez de termes de comparaison. Son

1. Voyez p. 92, et *Comptes rendus de l'Académie des sciences*, t. XIV, p. 560.

2. *Trans. Am. Philad. Soc.*, 2.ᵉ série, vol. VII (*Notice of the oolite formation in America, with description of some its organic remains*).

Géologie. orthocère est évidemment un *Ancyloceras* ou une *Hamites*, fossiles spéciaux aux terrains crétacés. Quant aux autres coquilles de Colombie, je crois avoir prouvé ailleurs, dans un travail spécial[1], qu'elles dépendent des terrains crétacés et appartiennent à l'étage néocomien. Il s'ensuivrait que le seul point sur lequel il reste des doutes à éclaircir, relativement à la présence de terrains jurassiques, est le gisement de la *Terebratula enygma*, près de Coquimbo, à l'ouest de la Cordillère.

Terrains crétacés.

Les terrains crétacés ont, au nouveau monde, une très-grande extension, puisqu'on les a retrouvés sur toute la longueur de la Cordillère, depuis la Colombie jusqu'au détroit de Magellan; mais, par suite de cette disposition remarquable, qui a déterminé tous les systèmes de soulèvement à s'élever successivement à l'ouest les uns des autres, les terrains crétacés paraissent avoir subi la même loi, puisqu'on les remarque seulement sur la Cordillère, tandis qu'ils sont tout à fait inconnus aux régions orientales et centrales de l'Amérique méridionale.

Si je marche du nord au sud, en les recherchant, je les verrai très-développés sur une large bande qui s'étend nord 55° est et sud 55° ouest, de la province de Socorro, jusqu'à Santa-Fe de Bogota, parallèlement à la Sierra de la Suma-Paz, sur trois degrés de longueur[2], dans la vaste vallée de la Magdalena.

Ils s'y montrent ensuite de nouveau à l'est de la Cordillère proprement dite, entre celle-ci et les rameaux orientaux dépendant du système bolivien, depuis Montan et San-Felipe[3] jusqu'à Guancavelica (Pérou)[4] ou sur huit degrés de longueur, dans la direction du nord-ouest au sud-est, parallèlement au système bolivien.

Plus au sud, les terrains crétacés se voient à l'ouest ou au sommet des Cordillères chiliennes, mais toujours en contact avec les roches porphyritiques, à Copiapo[5], à Coquimbo, à mi-hauteur des Cordillères[6], puis au sommet de

1. *Coquilles et Échinod. foss. de Colombie recueillis par M. Boussingault*, in-4.°, avec 6 planch.

2. Voyez le travail spécial sur la Colombie, cité à la note précédente. Voyez aussi le savant travail de M. Léopold de Buch : *Pétrifications recueillies par M. Alexandre de Humboldt*, 1839, in-folio, avec 2 planches.

3. Voyez le même ouvrage de M. Léopold de Buch, p. 11.

4. Ulloa, *Noticias americanas*, p. 293. Madrid, 1772.

5. De Buch, *Pétrifications, etc.*, p. 4.

6. D'après les recherches de M. Domeyko. Voyez le Rapport de M. Dufrenoy, *Comptes rendus de l'Académie des sciences*, t. XIV, n.° 15, p. 566. (1842.)

la chaîne, à Maypu, près de Santiago[1] et au pont de l'Inca[2]. Ce sont probablement les mêmes terrains vus à l'est de la chaîne, par le parallèle d'Antuco[3] (37° sud). Il s'ensuivrait que les terrains se seraient montrés dans la direction nord 5° est et sud 5° ouest, depuis le 27.e jusqu'au 37.e degré de latitude sud ou sur deux cent cinquante lieues de longueur. Il est probable que des recherches ultérieures le feront retrouver encore plus au sud, où aucun voyageur n'a encore pénétré. Géologie.

Un dernier lambeau paraît couvrir une partie de la région orientale de la Terre-du-feu, au détroit de Magellan.[4]

Ces terrains existeraient seulement, comme je l'ai dit, sur la Cordillère ou ses versans; ils seraient en contact avec les roches porphyritiques, et offriraient quatre directions bien distinctes.

Considérés sous le rapport de leur composition, les terrains crétacés montrent principalement deux formes minéralogiques : en Colombie, ils sont représentés par des calcaires marneux noirs, très-compactes, fétides, et par des calcaires bruns-jaunâtres passant aux grès; tous sont pétris de fossiles. Au détroit de Magellan, ce sont des roches également argileuses, noirâtres, compactes, qui, par suite du métamorphisme, sont devenues presque phylladiennes, et offrent tout à fait l'aspect d'anciennes roches de transition, tout en contenant des fossiles évidemment crétacés.

Dans l'intervalle, les terrains crétacés de la Cordillère sont composés de calcaires gris, et passant aux grès calcarifères très-compactes, renfermant beaucoup de fossiles.

En Colombie, la réunion de toutes les espèces de corps organisés qu'on y a signalés, donnera la liste suivante :

CEPHALOPODES.

Ammonites Boussingaultii, d'Orb., Coq. et Echinod. foss. de Colombie, pl. I, fig. 12.
Ammonites Dumasianus, d'Orb., *idem*, pl. II, fig. 1, 2.
Ammonites santafecinus, d'Orb., *idem*, pl. I, fig. 3, 4.
Ammonites alternatus, d'Orb., *idem*, pl. I, fig. 5, 6.

---

1. Vus par M. Meyen. De Buch, *Pétrifications recueillies par M. de Humboldt*, p. 20.

2. Vus par M. Pentland. De Buch, *ibidem*, *idem*, p. 20.

3. *Viage desde el Fuerte de Ballenar, provincia de Concepcion hasta Buenos-Ayres*, par Luis de la Cruz. *Coleccion de documentos*, t. I.er; p. 77.

4. Les fossiles de ces contrées, recueillis par MM. Le Guillou et Hombron, sont déposés dans les galeries du Muséum. M. Darwin, *Narrative*, etc., p. 390, ne leur assigne pas d'époque, tout en disant qu'il s'y trouve des ammonites.

Géologie.

Ammonites planidorsatus, d'Orb., Coq. et Échin. foss. de Colombie, pl. I, fig. 7—9.
Ammonites Alexandrinus, d'Orb., *idem*, pl. II, fig. 8—11.
Ammonites colombianus, d'Orb., *idem*, pl. II, fig. 12—14.
Ammonites galeatus, de Buch, *idem*, pl. II, fig. 3—7.
Ammonites æquatorialis, de Buch, Pétrifications, etc., pl. I, fig. 11, 12.
Ammonites Gibboniana, Lea, *Trans. Am. Phil. soc.*, t. VII, pl. VIII, fig. 3.
Ammonites occidentalis et *vanuxemensis*, Lea, *idem*, pl. VIII, fig. 45 (même espèce).
Ammonites americanus, Lea, *idem*, pl. VIII, fig. 6.
Ancyloceras Degenhardtii, d'Orb.; *Hamites*, *id.*, de Buch, Pétrific., pl. II., fig. 23—25.
Ancyloceras Humboldtiana, d'Orb.; *Orthocera*, *idem*, Lea, *loc. cit.*, pl. VIII, fig. 1.

GASTÉROPODES.

Natica prælonga, Desh., d'Orb., Coq. et Échinod. fossiles de Colombie, pl. III, fig. 1.
Natica Gibboniana, Lea, *loc. cit.*, pl. IX, fig. 10.
Acteon affinis, d'Orb., Coq. et Échinod. fossiles de Colombie.
Acteon ornata, d'Orb., *idem*.
Rostellaria Boussingaultii, d'Orb., *idem*, pl. III, fig. 2, 3.
Rostellaria angulosa, d'Orb., *idem*, pl. III, fig. 4.
Rostellaria americana, d'Orb., pl. III, fig. 5.
Rostellaria, de Buch, Pétrifications, pl. II, fig. 27.

LAMELLIBRANCHES.

Cardium peregrinorsum, d'Orb., Coq. et Échin. foss. de Colombie, pl. III, fig. 6—8.
Cardium colombianum, d'Orb., *idem*.
Venus chia, d'Orb., *idem*, pl. III, fig. 9—11.
Venus cretacea, d'Orb., *idem*.
Astarte exotica, d'Orb., *idem*, pl. III, fig. 11, 12.
Astarte truncata, de Buch, Pétrifications, pl. I, fig. 17.
Lucina plicato-costata, d'Orb., Coq. et Échin. foss. de Colombie, pl. III, fig. 13, 14.
Tellina bogotina, d'Orb., *idem*, pl. III, fig. 15.
Corbula colombiana, d'Orb., *idem*.
Anatina colombiana, d'Orb., *idem*, pl., III, fig. 16, 17.
Nucula incerta, d'Orb., *idem*.
Trigonia hondaana, Lea[1], d'Orb., *idem*, pl. IV, fig. 1, 3.
T. subcrenulata, d'Orb., *idem*, pl. IV, fig. 7—9.
T. Lajoyei, Desh., d'Orb., *idem*, pl. IV, fig. 10, 11.
T. abrupta, de Buch, d'Orb., *idem*, pl. IV, fig. 4—6.
T. alæformis?? Sow., d'Orb., *idem*, pl. V, fig. 1.
T. tocaimaana, Lea, *loc. cit.*, pl. IX, fig. 8.

1. Le *Trigonia Gibboniana* du même auteur est le moule de la même espèce.

Cucullæa dilatata, d'Orb., Coq. et Échinod. fossiles de Colombie, pl. V, fig. 5—7.
C. brevis, d'Orb., *idem*, pl. V, fig. 2—4.
C. tocaymensis, d'Orb., *idem*, pl. VI, fig. 1—3.
Arca rostellata, de Buch, Pétrifications, pl. I, fig. 16.
A. perobliqua, de Buch, *idem*, pl. I, fig. 13, 14.
Modiola socorrina, d'Orb., Coq. et Échinod. fossiles de Colombie, pl. III, fig. 18.
Lithodomus socialis, d'Orb., *idem*.
Inoceramus plicatus, d'Orb., *idem*, pl. III, fig. 19.
Exogyra Boussingaultii, d'Orb., *idem*, pl. V, fig. 8, 9.
E. squamata, d'Orb., *idem*, pl. IV, fig. 12—15.
E. Couloni, d'Orb. *idem*.
Ostrea abrupta, d'Orb., *idem*, pl. VI, fig. 4—6.
O. inoceramoides, d'Orb., *idem*.

ÉCHINODERMES.

Discoidea excentrica, d'Orb., Fossiles de Colombie, pl. VI, fig. 7—9.
Laganum?? colombianum, d'Orb., *idem*, pl. VI, fig. 10.
Echinus Bolivarii, d'Orb., *idem*, pl. VI, fig. 11—13.
Spatangus colombianus, Lea, *loc. cit.*, pl. IX, fig. 11.

M. de Buch signale, à Montan et dans cette région des Cordillères, les espèces suivantes :

CÉPHALOPODES.

Ammonites peruvianus, de Buch, Pétrifications, pl. I, fig. 5—7.
A. rothomagensis, de Buch, *idem*, pl. I, fig. 15.

GASTÉROPODES.

Pleurotomaria Humboldtii, de Buch, Pétrifications, pl. II, fig. 26.[1]
Rostellaria, de Buch, *idem*, pl. II, fig. 27.

LAMELLIBRANCHES.

Isocardia Humboldtii, de Buch, Pétrifications, pl. I, fig. 8, 9.
Exogyra polygona, de Buch, *idem*, pl. II, fig. 18, 19.
Pecten alatus, de Buch, *idem*, pl. I, fig. 1—4.
Trigonia alæformis, de Buch, *idem*, pl. I, fig. 10.
T. Humboldtii, de Buch, *idem*, pl. I, fig. 28, 29, 30.

1. C'est l'espèce que j'ai figurée, en même temps, sous le nom de *Turritella Andii*.

Géologie.

Au détroit de Magellan on a recueilli les espèces qui suivent[1] :

CÉPHALOPODES.

Ancyloceras, peut-être l'*A. simplex*, d'Orb., Paléontologie, pl. CXXV, fig. 5—8.
A. (à pointes sur le dos).
Ammonites.

LAMELLIBRANCHES.

Plicatula.
Modiola.

On a aussi découvert des fossiles à Coquimbo et sur la Cordillère chilienne.

CÉPHALOPODES.

Nautilus Domeykus, d'Orb., Paléontologie du voyage, pl. XXII, fig. 1, 2.

GASTÉROPODES.

Turritella Andii, d'Orb., Paléontologie, pl. VI, fig. 11.

LAMELLIBRANCHES.

Ostrea hemispherica, d'Orb., Paléontologie, pl. XXII, fig. 3, 4.
Pecten Dufrenoyi, d'Orb., *idem*, pl. XXII, fig. 5—9.
Trigonia (collection de M. Gay).
Pholadomya, etc. (*ibidem*).

BRACHIOPODES.

Hippurites (indéterminable), Paléontologie, pl. XXII, fig. 16.

Dans mes travaux paléontologiques[2] j'ai cherché à démontrer que la faune crétacée colombienne appartient à l'étage néocomien; il paraît en être de même de celle du détroit de Magellan. Les rapports zoologiques pourraient faire croire, au contraire, que les terrains crétacés de la Cordillère chilienne dépendent de l'étage des craies chloritées de notre Europe. Il s'ensuivrait que ces terrains crétacés seraient de deux époques géologiques distinctes. Ces résultats, en apparence sans valeur, en acquièrent une immense, lorsqu'on les compare aux directions générales si distinctes que montrent les chaînes qui les renferment; car on pourrait en déduire le fait que tous ces terrains crétacés n'ont pas été disloqués et soulevés à la même époque. Voici, du reste, comment je pourrais me les expliquer et mettre en rapport les caractères paléontologiques et les grandes révolutions qui ont modifié les reliefs extérieurs de cette partie du monde.

1. Je n'ai pas pu décrire ces espèces, MM. Hombron et Grange les ayant réservées pour leur publication.

2. *Coquilles et Échinod. fossiles de Colombie, recueillis par M. Boussingault*, in-4.°; Paris, 1842.

Géologie.

J'ai dit que tous les caractères paléontologiques pouvaient faire croire que les terrains crétacés de Colombie appartiennent à l'étage néocomien. J'ai dit encore que ces terrains forment une large bande nord 35° est et sud 35° ouest, parallèle à la chaîne de la Suma-Paz. Ne pourrait-on pas y voir un système particulier qui aurait pris son relief entre l'étage néocomien et l'étage des craies chloritées? Si, en effet, les observations ultérieures viennent prouver que les derniers terrains soulevés sont les roches de l'étage néocomien, mes prévisions seront confirmées; et l'on devra conserver à l'ensemble soulevé le nom de *système colombien*, que je lui assigne provisoirement.

Les caractères de même nature et la présence des genres *Ancyloceras*, etc., me font rapporter les terrains crétacés du détroit de Magellan à la même époque que ceux de Colombie. D'un autre côté, la ligne de dislocation de cette partie de la chaîne des Cordillères paraît être nord 30° ouest ou sud 30° est. Ne pourrait-on pas croire que cette dernière faune était contemporaine, et qu'elle a été soulevée presque en même temps que le système colombien? Si les faits viennent encore confirmer cette opinion, basée sur les connaissances actuelles, on en pourra faire le *système fuégien*.

Pour les terrains crétacés de la Cordillère chilienne, de Copiapo à Antuco, ils offrent des caractères paléontologiques qui les rapprochent de la faune de la craie chloritée. Ils sont dans une position relative constante avec les porphyres qui les ont disloqués et partagés[1]. En effet, les roches porphyritiques montrent une zone nord 5° est et sud 5° ouest, parallèle et en contact avec les terrains crétacés. Ne pourrait-on pas en conclure qu'ils ont formé les premiers reliefs du système chilien? Dans l'hypothèse contraire : 1.° comment s'expliquer les détritus porphyritiques qui composent les terrains tertiaires[2] inférieurs? 2.° d'où proviendraient les ossemens et les bois fossiles mélangés aux terrains tertiaires patagoniens[3], s'il n'y avait eu un continent voisin? 3.° enfin, qui aurait pu rendre aussi distinctes qu'elles le sont les faunes du tertiaire patagonien propres aux deux versans des Cordillères, si elles n'avaient été séparées par une barrière qui empêchait les espèces de passer d'un côté à l'autre? Cette dernière observation me paraît surtout péremptoire, parce qu'elle prouve qu'à l'époque des terrains tertiaires patagoniens les deux faunes étaient aussi distinctes l'une de l'autre que le sont les faunes actuelles de l'océan Atlantique et du grand Océan. Il est donc indispensable de supposer

1. Darwin, *Narrative*, p. 390.

2. Voyez p. 56.

3. Voyez p. 36, 59.

Géologie. que la Cordillère du système chilien a pris un premier relief à la fin de la période crétacée et antérieurement aux tertiaires patagoniens, et que ce relief a été déterminé par les roches porphyritiques.

Quant à la bande de terrains crétacés qui, à l'ouest du système bolivien, forme la partie orientale de la Cordillère proprement dite, dans la direction du nord-ouest au sud-est, on pourrait croire qu'elle appartient à la même époque que celle dont je viens de parler. Il faudrait, pour s'en rendre compte, admettre que, lors du premier relief du système chilien par les porphyres, la grande ligne de dislocation nord 5° est, en venant se croiser avec le relief préexistant nord-ouest et sud-est du système bolivien, ne pouvant le rompre, l'aurait longé à l'ouest, sur toute sa longueur. Ce qui appuyerait cette supposition, c'est que les terrains crétacés sont encore à l'ouest des autres roches précédemment soulevées, et à l'est des trachytes auxquels paraît appartenir le principal relief de la Cordillère.

En résumé, durant la période crétacée, l'Amérique méridionale se serait augmentée, à son extrémité septentrionale, du système colombien et peut-être, à son extrémité méridionale, de quelques parties du système fuégien. Après les derniers dépôts de ces terrains une première dislocation dans la direction nord 5° est et sud 5° ouest se serait manifestée à l'ouest des terres déjà hors des eaux, et aurait donné un premier relief aux Cordillères du système chilien, en laissant surgir les masses porphyritiques. A ce relief serait également dû l'exhaussement de la chaîne centrale de la Cordillère ou des grandes vallées de Guancavelica, situées à l'ouest et longeant le système bolivien.

Il est un fait curieux que je m'empresse de signaler. J'ai dit ailleurs que les fossiles de Colombie montrent cinq espèces identiques avec le bassin crétacé parisien, qu'il paraîtrait y avoir eu dès cette époque communication entre les mers d'Europe et l'Amérique, et que déjà l'océan Atlantique devait exister en un seul bassin, depuis l'Europe jusqu'en Amérique. D'un autre côté, les fossiles du système chilien et ceux du détroit de Magellan offrent, au contraire, de l'analogie avec le bassin méditerranéen ou pyrénéen. Devrait-on en conclure qu'alors ces deux mers étaient séparées par un continent dirigé de l'Europe, par les Açores, jusqu'en Amérique?

Terrains tertiaires.

Dans mes généralités sur les Pampas j'ai déjà donné beaucoup de détails relativement à ces terrains[1]; je me bornerai donc ici à les compléter, par les

1. Voyez chap. VI, p. 66 et suiv.

faits nouveaux que m'ont fournis l'étude des côtes du grand Océan et les observations géologiques faites sur le sol bolivien, tout en cherchant à tirer de nouvelles conclusions de ce grand ensemble de matériaux. Géologie.

Ainsi que je l'ai dit, les terrains tertiaires d'Amérique se composent des *tertiaires guaraniens*, des *tertiaires patagoniens* et des *tertiaires pampéens*.[1]

Terrain tertiaire guaranien.

Les tertiaires guaraniens se trouvent non-seulement sur les points déjà signalés au sein du grand bassin des Pampas, mais encore dans les provinces de Chiquitos et de Moxos. Ils y forment, du 16.ᵉ au 17.ᵉ degré, des lambeaux sur les petits bassins des roches gneissiques de Chiquitos, près de Concepcion[2], de San-Ignacio, de Santa-Ana et de San-Miguel[3], où ils présentent des lits horizontaux. La province de Moxos les a montrés, du 12.ᵉ au 13.ᵉ degré, sous les terrains pampéens, près de San-Ramon, de San-Joaquin et au fort de Beira[4]. Les points où ils apparaissent à Moxos, semblent former une nappe horizontale; on pourrait croire qu'ils y ont nivelé les inégalités avant le dépôt des terrains pampéens.

Relativement à leur composition, je n'ai plus trouvé au nord cette succession de couches de la province de Corrientes. A Chiquitos le tertiaire patagonien n'est représenté que par des conglomérats ferrugineux en un lit horizontal; à Moxos, ce sont encore des conglomérats ferrugineux ou des argiles remplies de rognons de fer hydraté. Il en résulterait que les terrains guaraniens seraient, pour les parties septentrionales, réduits aux couches les plus inférieures de celles que j'ai observées à Corrientes.

Je n'ai encore émis aucune opinion relativement au tertiaire guaranien; néanmoins, s'il m'est permis de chercher comment il a pu se déposer, j'en trouverai peut-être l'explication, en le comparant avec les terrains pampéens. J'ai dit que je le considérais comme un dépôt de transition d'époque[5]. En effet, son manque de fossiles, sa nature toujours ferrugineuse, peu stratifiée, me porteraient à croire qu'il est le produit immédiat du premier relief de la Cordillère, après les terrains crétacés. Il serait alors le résultat de la masse d'eau

---

1. Voyez p. 68.
2. Voyez p. 185.
3. Voyez p. 187.
4. Voyez p. 203.
5. Voyez p. 77.

Géologie. déplacée qui aurait balayé les continens, en entraînant, au fond des bassins, toutes les particules terreuses unies par le lavage aux parties enlevées aux roches. Cette explication paraît d'autant plus admissible, que les conglomérats ferrugineux, de même que le terrain pampéen dont la formation serait identique, se trouvent à des niveaux très-différens, toujours en un lit horizontal. Il y a une immense différence de la hauteur absolue des conglomérats qui nivellent les gneiss des collines de Chiquitos, à celles des conglomérats de la province de Minas Geraes, au Brésil, et des plaines inondées de la province de Moxos; et l'on ne peut réellement s'en rendre compte qu'en admettant un dépôt de transition analogue à celui du terrain pampéen, produit par le premier relief des Cordillères, postérieur aux formations crétacées.

Le tertiaire guaranien ne serait point, à mon avis, un dépôt marin, formé tranquillement au fond des mers, mais bien une alluvion subite de la fin des terrains crétacés, qui aurait nivelé les inégalités du sol dues aux reliefs antérieurs. Quant au manque de corps organisés, il s'explique encore facilement. Le tertiaire guaranien ne peut contenir des fossiles marins de l'époque tertiaire, puisque les mers de cette époque n'existaient pas encore: il n'aurait pu renfermer que des ossemens de mammifères, si ceux-ci eussent existé durant la période crétacée, ce qui est loin d'être prouvé.

Il y a donc encore parfaite concordance des faits observés avec mon hypothèse, dont la conséquence serait que ce terrain guaranien a pu se déposer en même temps dans la mer et dans les petits bassins propres aux continens: c'est même de cette manière que je crois pouvoir expliquer la différence de nature et surtout celle de niveau, qui existe entre les conglomérats de Chiquitos, de Moxos et ceux de Corrientes. Les premiers se seraient déposés dans les petits bassins terrestres d'un continent hors des eaux, tandis que les derniers appartiendraient aux anciens rivages des mers tertiaires. Quoi qu'il en soit, si le bassin tertiaire des Pampas, en y comprenant le terrain guaranien, s'étend jusqu'à Moxos, et unit, dès lors, la grande vallée de la Plata à celle de l'Amazone, il est certain que les mers tertiaires étaient loin d'avoir une aussi vaste extension, puisque les premiers corps organisés marins se sont montrés à moi dans la province d'Entre-Rios, au sud du 29.e dégré. Je croirais au contraire qu'elles étaient circonscrites à l'est des Cordillères vers ce parallèle, et que tout le reste, propre au terrain guaranien, formait, pendant le dépôt du tertiaire marin, une surface déjà hors des eaux et faisant partie du continent américain.

Terrain tertiaire patagonien.

En dehors de la circonscription du grand bassin marin des Pampas, qui s'étend du détroit de Magellan à la province d'Entre-Rios, et dont j'ai donné une description étendue[1], le terrain patagonien se montre sur un grand nombre de points du littoral du grand Océan, parallèlement à la Cordillère. Je l'ai signalé à Payta (Pérou)[2], à la Mocha[3], à Chiloe, sur l'île de Quiriquina, près de Talcahuano[4] et aux environs de Coquimbo (Chili)[5], c'est-à-dire du 10.e au 40.e degré de latitude sud. Les terrains patagoniens se seraient donc simultanément déposés en des mers distinctes des deux côtés du premier relief du système chilien.

A l'est des Cordillères le tertiaire patagonien se compose[6], au nord, de grès rougeâtres, formés de grains quartzeux très-fins, alternant avec des argiles gypseuses et recouverts de grès quartzeux blanchâtres; au sud, de grès verdâtres, d'argiles avec gypse, puis de grès azurés, formés de détritus de vieux porphyres. A l'ouest des Cordillères il se compose, à Quiriquina, de grès durs, verdâtres, micacés, et de grès jaunâtres; à Coquimbo, de grès grossier très-dur, de couleur grise, composé de gros grains de quartz, agglutinés par un ciment calcaire; à Payta, de grès quartzeux jaunâtres. Quoique de chaque côté le tertiaire patagonien soit généralement formé de grès, on peut remarquer qu'il contient, à l'ouest, du mica, tandis qu'à l'est on ne trouve pas de vestige de cette substance, ce qui annoncerait des provenances distinctes d'élémens; il renferme, sur les deux versans, de nombreux fossiles d'espèces perdues. Le tableau suivant les fera connaître comparativement.

FOSSILES recueillis a l'ouest de la cordillère.	FOSSILES recueillis a l'est de la cordillère.
	MAMMIFÈRES.
...	*Megamys patagonensis*, d'Orb., Paléont., pl. VIII, fig. 4—8.
...	*Toxodon paranensis*, d'Orb., *idem*, *id.*, fig. 1—3.
MOLLUSQUES GASTÉROPODES.	MOLLUSQUES GASTÉROPODES.
Bulla ambigua, d'Orb., pl. XII, fig. 1—3.	...
...	*Chilina*
Scalaria chilensis, d'Orb.	...
Natica araucana, d'Orb., pl. XII, fig. 4, 5	...
N. australis, d'Orb.	...
Fusus Cleryanus, d'Orb., pl. XII, fig. 6—9	...
F. Petitianus, d'Orb., *idem*, fig. 10	...
F. difficilis, d'Orb., *idem*, fig. 11, 12	...
Pyrula longirostra, d'Orb., *idem*, fig. 13	...
Rostellaria Gaudichaudi, d'Orb.	...
Monoceros Blainvillei, d'Orb., pl. VI, fig. 18, 19.	...
Oliva serena, d'Orb., pl. XIV	
MOLLUSQUES LAMELLIBRANCHES.	
Venus auca, d'Orb., pl. XII, fig. 17, 18	*Venus Munsterii*, d'Orb., pl. VII, fig. 10, 11.
V. Hannetiana, d'Orb., pl. XIII, fig. 3, 4	...
V. incerta, d'Orb., *idem*, fig. 5, 6	...
V. Cleryana, d'Orb., *idem*, fig. 7, 8	...
V. Petitiana, d'Orb., *idem*, fig. 9, 10	...
Lucina auca, d'Orb., pl. XIV	...
L. chilensis, d'Orb., pl. XIII, fig. 12, 13	...
Cardium auca, d'Orb., *idem*, fig. 14, 15	*Cardium platense*, d'Orb.
C. acuticostatum, d'Orb., pl. XII, fig. 19, 22	...
Arca araucana, d'Orb., pl. XIII, fig. 1, 2	*Arca Bonplandiana*, d'Orb.
Mya coquimbensis, d'Orb., pl. XIV	...
Tellina Hannetiana, d'Orb., *idem*	...
Perna Gaudichaudi, d'Orb., pl. XV	...
Pectunculus paytensis, d'Orb.	...
...	*Pecten patagonensis*, d'Orb., pl. VII, fig. 1—4.
...	*P. paranensis*, d'Orb., *idem*, fig. 5—9.
...	*P. Darwinianus*, d'Orb.
...	*Unio diluvii*, d'Orb., pl. VII, fig. 12, 13.
...	*Ostrea patagonica*, d'Orb., *idem*, fig. 14, 16.
...	*O. Alvarezii*, d'Orb., *idem*, fig. 19.
...	*O. Ferrarisi*, d'Orb., *idem*, fig. 17, 18.
...	*Azara labiata*, d'Orb., *idem*, fig. 20, 21.
Bois fossiles	Bois fossiles.

Le tableau qui précède démontre que la faune du bassin des Pampas diffère totalement de celle du rivage du grand Océan. En effet, non-seulement il ne s'y trouve pas une seule espèce identique, mais encore la série des genres y est tout à fait distincte. Ne devrait-on pas naturellement en conclure, comme je l'ai dit[1], qu'il fallait que, durant ce dépôt, les deux mers fussent aussi séparées qu'elles le sont aujourd'hui? En ce cas il serait prouvé que la Cordillère avait déjà pris un relief assez grand pour former, sur une grande échelle, une barrière élevée au-dessus des deux océans, en les séparant l'un de l'autre.

Des deux côtés de l'Amérique, les faunes du terrain patagonien présentent seulement des espèces dont les analogues n'existent plus dans les mers actuelles. Ce fait coïnciderait avec l'âge de ces terrains, qui relativement me paraissent être anciens et correspondre à toute la période tertiaire antérieure à notre époque, sans que je veuille pour cela les comparer aux étages admis en Europe. La grande puissance des terrains patagoniens[2], l'alternance régulière de leurs nombreuses couches, la succession des fossiles qui s'y remplacent des parties inférieures aux supérieures[3], attestent que la mer tertiaire est restée sans changemens, jusqu'à l'instant où ces terrains ont été élevés au-dessus des eaux, comme ils le sont aujourd'hui.

D'après ce qui précède, la mer tertiaire, occupant à l'est toutes les Pampas, depuis le 29.e degré jusqu'au détroit de Magellan, et à l'ouest toute la côte du Chili et du Pérou actuel, n'aurait subi aucune modification, et la forme des continens n'aurait pas changé durant le dépôt du terrain patagonien.

Terrain pampéen.

Ce terrain, très-singulier, forme, comme je l'ai dit[4], tout le fond du bassin des Pampas, où il représente une surface d'au moins 23,750 lieues carrées de superficie, en s'élevant graduellement, depuis le niveau de l'océan, vers le nord et l'ouest, jusqu'à une centaine de mètres au-dessus.

Si je le recherche plus au nord des parties déjà signalées, je le retrouverai dans la province de Chiquitos, au Rio de Santo-Tomas et non loin de San-Jose[5]. Je le reverrai encore aux rives du Rio Piray, entre Santa-Cruz et

1. Voyez p. 243.
2. Voyez p. 70.
3. Voyez p. 71.
4. Voyez p. 72.
5. Voyez p. 189.

Géologie. Moxos[1], et enfin sur un grand nombre de points de cette dernière province, à Loreto, à Santa-Ana, à Exaltacion[2]; plus au nord encore, à San-Ramon, à San-Joaquin et près du Fort de Beira[3]; à l'est, au Carmen, à Concepcion de Baures et à Magdalena[4]. Il en résulterait que le terrain pampéen paraîtrait exister sous les alluvions, sur toutes les plaines de Chiquitos et de Moxos ou sur une surface égale à celle des Pampas, occupant toutes les plaines de Moxos, de Santa-Cruz de la Sierra et de Chiquitos, en communiquant probablement au sud avec les Pampas, et au nord avec le bassin supérieur de l'Amazone.

Le terrain pampéen ne s'est pas montré seulement dans les plaines basses, il remplit encore de petits bassins à Tarija[5], à Cochabamba, à 2575 mètres au-dessus de l'océan, et tout le grand plateau bolivien[6], à la hauteur moyenne absolue de 4000 mètres; ainsi ce terrain se trouverait à tous les niveaux, depuis l'océan jusqu'au sommet de la Cordillère.

Le terrain pampéen est formé, dans les Pampas, d'une seule couche limoneuse, rougeâtre, d'une grande puissance, sans stratification bien marquée. A Chiquitos et à Moxos, il est à peu près identique, et mélangé à de l'argile sur les rives du Rio Piray. Les plateaux élevés présentent encore une composition analogue à celle des Pampas. Il s'ensuivrait qu'à toutes les hauteurs ce terrain constitue un lit horizontal, composé des mêmes matières limoneuses. Il ne renferme que des ossemens de mammifères.

Au-delà des limites observées par moi, les autres lieux où se rencontrent les terrains pampéens, sont, je crois, la couche inférieure de diluvium que M. Clausen[7] dit remplir une partie des cavernes de la province de Minas Geraes; et tous les points où l'on a recueilli des ossemens de mammifères

1. Voyez p. 205.
2. Voyez p. 204.
3. Voyez p. 202, 203.
4. Voyez p. 201.
5. Voyez Paléontologie.
6. Voyez p. 134 et 147.
7. M. Clausen, *Bulletin de l'académie de Bruxelles*, t. VIII, n.° 5, p. 15, annonce qu'il y a, le plus souvent, un seul lit de ces matières limoneuses contenant des mammifères de races éteintes et d'autres fois plusieurs lits au-dessus de celui-ci. Il est très-probable que lorsqu'ils existent, ces lits supérieurs appartiennent à des époques distinctes; et la dernière est probablement contemporaine de notre faune. Il importe beaucoup de ne pas confondre ces lits distincts.

de race perdue, comme Tarija [1], Santa-Elena (Colombie) [2], et le plateau de la Cordillère de Quito [3]. Il faudrait croire alors que le terrain pampéen se montre dans les dépressions du sol presque sur toute l'Amérique méridionale, et qu'il est le résultat d'une cause générale, qui a laissé des traces sur tous les points et à toutes les hauteurs. Géologie.

On n'a trouvé, jusqu'à présent, dans ce terrain, que des ossemens de mammifères. Ces ossemens appartiennent aux espèces suivantes :

CARNASSIERS.

Canis incertus, Nob., Paléontologie, pl. IX, fig. 5; des Pampas.
C. troglodytes, Lund et Clausen; des cavernes du Brésil.
C. protalopex, Lund et Clausen; *idem.*
Felis protopanther [4], Lund et Clausen; *idem.*
F. exilis, Lund et Clausen; *idem.*
Cynaclurus minutus, Lund et Clausen; *idem.*
Hyæna neogæa, Lund et Clausen; *idem.*

RONGEURS.

Cerodon antiquum, Nob., Paléontologie, pl. IX, fig., 9, 10; des Pampas.
C. bilobidens, Lund et Clausen; des cavernes.
Ctenomys bonariensis, Nob., Paléontologie, pl. IX, fig. 7, 8; des Pampas.
C. priscus, Owen; *idem.*
Lonchophorus fossilis, Lund et Clausen; des cavernes.
Phyllomys brasiliensis, Lund et Clausen; *idem.*
Synætheres magna, Lund et Clausen; *idem.*
S. dubia, Lund et Clausen; *idem.*
Lagostomus brasiliensis, Lund et Clausen; *idem.*
Cavia robusta, Lund et Clausen; *idem.*
C. gracilis, Lund et Clausen; *idem.*
Hydrochœrus sulcidens, Lund et Clausen; *idem.*
Dasyprocta capreolus, Lund et Clausen; *idem.*
Cœlogenys caticeps, Lund et Clausen; *idem.*
C. major, Lund et Clausen; *idem.*
Myopotamus antiquus, Lund et Clausen; *idem.*

---

1. Paléontologie, pl. X et XI.
2. Cieca de Leon, *Chronica del Peru, cap. LII;* Garcilaso, *lib. XI, cap. IX.*
3. Humboldt, *Voyages aux régions équatoriales*, t. III, p. 84; Cuvier, *Ossemens fossiles*, t. I.er, p. 157.
4. Je n'ai pas donné ici toute la liste de MM. Lund et Clausen, attendu qu'ils pourraient y avoir mélangé deux faunes distinctes, la faune perdue et la faune encore vivante.

ÉDENTÉS.

Mylodon Darwinii, Owen; des Pampas.
Scelidotherium leptocephalum, Owen; *idem*.
Orycteropus, Owen; *idem*.
Megalonyx maquinensis; les Pampas et les cavernes.
M. Kaupii, Lund et Clausen; des cavernes.
Megatherium Cuvieri; les Pampas et les cavernes.
Holophorus euphractus; les cavernes.
H. Selloy, Lund et Clausen; *idem*.
H. minor, Lund et Clausen; *idem*.
Dasypus punctatus, Lund et Clausen; *idem*.
Euryodon, Lund et Clausen; *idem*.
Heterodon, Lund et Clausen; *idem*.
Chlamydotherium Humboldtii, Lund et Clausen; *idem*.
C. Gigas, Lund et Clausen; *idem*.
Pachytherium magnum, Lund et Clausen; des cavernes.
Platyonyx Cuvieri; Lund et Clausen; *idem*.
P. Owenii, Lund et Clausen; *idem*.
P. Brongnartii, Lund et Clausen; *idem*.
P. Bucklandi, Lund et Clausen; *idem*.
P. Blainvillii, Lund et Clausen; *idem*.
P. minutus, Lund et Clausen; *idem*.
Sphenodon minutus, Lund et Clausen; *idem*.

PACHYDERMES.

Toxodon platensis, Owen. Paléontologie, pl. IX, fig. 1—4; des Pampas.
Glossotherium platensis, Owen; *idem*.
Mastodon angustidens, Cuvier; des plateaux des Andes.
M. Andium, Cuvier, Paléontologie, pl. X, fig. 11; de Tarija.
Equus neogœus, Lund et Clausen; des Pampas, des cavernes.
Tapirus suinus, Lund et Clausen, *idem*.
Dicotyles (cinq espèces), Lund et Clausen; *idem*.

RUMINANS.

Cervus (*species*), Lund et Clausen; des cavernes.
Auchenias (deux espèces), Lund et Clausen; *idem*.
Antilope maquinensis, Lund et Clausen; *idem*.
Leptotherium majus, Lund et Clausen; *idem*.
L. minus, Lund et Clausen; *idem*.

QUADRUMANES.

Jacchus grandis, Lund et Clausen; des cavernes.
Cebus macrognathus, Lund et Clausen; *idem.*
Callithrix primævus, Lund et Clausen; *idem.*

Le terrain pampéen nivelle à toutes les hauteurs les bassins de toutes les époques; il est dès-lors en contact avec les couches les plus disparates. Au grand plateau bolivien il repose sur les formations siluriennes, dévoniennes, carbonifères, triasiques, et sur les trachytes; à Cochabamba, sur les deux premiers; à Moxos, sur le tertiaire guaranien, et enfin, dans les Pampas, sur le tertiaire patagonien. De tous ces points de contact, ceux dont la position est relative sont les terrains guaraniens et patagoniens. En effet, lorsqu'à la fin de la période crétacée les terrains pampéens se sont déposés sur des points déjà sortis des eaux, ils ont dû s'étendre sur les couches guaraniennes; c'est ce qu'on trouve à Moxos. Lorsqu'au contraire ils sont venus sur des points où la mer tertiaire avait existé, depuis la fin de la formation crétacée, ces terrains ont dû se déposer sur le tertiaire patagonien : c'est encore ce que j'ai trouvé au pourtour du terrain pampéen des Pampas.

Si je cherche quelles sont les couches qui recouvrent les terrains pampéens, j'en reconnaîtrai de deux sortes, qui n'en sont pas moins, pour moi, contemporaines. Sur le grand plateau bolivien, à Moxos, ce sont de puissantes alluvions, dont l'âge m'a été donné par des restes appartenant à l'homme[1]; elles seraient postérieures à notre époque. Dans les Pampas ce sont encore, sur une grande surface, des medanos[2] qui dépendent de la même série de faits. Près du littoral, ce sont, à la Bahia blanca[3] et à San-Pedro[4], des coquilles analogues en tout à celles qui vivent aujourd'hui dans les eaux voisines. Il en résulterait que les alluvions terrestres et les couches marines qui recouvrent le terrain pampéen, seraient contemporaines de l'époque actuelle, tandis que le terrain pampéen lui-même appartiendrait, par sa faune terrestre bien différente de la faune d'aujourd'hui, à une époque antérieure très-distincte, que caractérisent ses grands animaux de race perdue.

Le terrain pampéen est, à toutes les hauteurs, en couches horizontales:

1. Voyez p. 205.
2. Voyez p. 44.
3. Voyez p. 53.
4. Voyez p. 43.

Géologie. il se compose partout des mêmes limons; il ne renferme que des restes de mammifères; il n'a donc pu être que le produit d'une cause terrestre générale. A propos des Pampas, j'ai ailleurs[1] cherché cette cause, et j'ai cru la trouver dans un des soulèvemens de la Cordillère, qui, par un déplacement de matière, a dû amener, au même instant, un mouvement subit des eaux de la mer, lesquelles, mues et balancées avec force, ont envahi les continens et anéanti les grands animaux terrestres, en les entraînant tumultueusement soit dans les parties les plus profondes des continens, soit au sein des mers.

En développant ces idées, j'ai fait remarquer l'identité des mammifères des cavernes du Brésil avec ceux des Pampas, ce qui annoncerait une seule faune, et dès-lors une seule époque de destruction; l'immensité et l'uniformité de composition du dépôt des Pampas[2]; la présence des animaux entiers au pourtour du bassin, ce qui ferait supposer qu'ils flottaient. J'ai trouvé des traces de ce grand mouvement dans les dénudations de l'est à l'ouest des tertiaires patagoniens; dans le transport des cailloux porphyritiques de la Cordillère à la surface de ceux-ci; dans les particules salées des terrains pampéens, qu'avaient formées les eaux de la mer[3]; et, enfin, dans la comparaison de la faune perdue avec la faune actuelle. En effet, les grands édentés et les pachydermes habitent aujourd'hui seulement les régions chaudes des continens, entre les tropiques, au sein d'une riche végétation, tandis que, vers les régions tempérées, il n'y a plus que de petites espèces. On devra donc en conclure que les animaux d'espèces perdues, beaucoup plus grands encore que les plus volumineux de notre époque, vivaient sous une température élevée et au milieu d'une végétation vigoureuse, bien différente de celle des Pampas : ainsi les rapports zoologiques donneraient la certitude que les animaux des Pampas, loin d'être dans leur propre région[4], vivaient sous une zone chaude; qu'ils habitaient des régions couvertes de grands végétaux, et que, s'ils se trouvent fossiles au sud des Pampas, c'est qu'ils y ont été transportés ou que la température et la végétation de ces lieux ont été très-modifiées.

A ces différens argumens viennent s'en joindre plusieurs autres, que fournit l'ensemble de mes nouvelles observations. J'ai fait remarquer que le terrain pampéen se trouve dans les Pampas et jusqu'au sommet des Cordillères,

1. Voyez p. 81.
2. Voyez p. 82 et 83.
3. Voyez p. 83 et 84.
4. Voyez p. 84.

dans les vastes dépressions du plateau bolivien et du plateau de Cochabamba, jusqu'à la hauteur de 4000 mètres au-dessus du niveau de la mer. Si, comme l'a cru M. Darwin, le dépôt des Pampas n'était que le produit des affluens fluviatiles dans un estuaire, comment s'expliquer la présence de ce même dépôt dans les plaines et sur les plateaux les plus élevés du monde? Je crois qu'il faut entièrement renoncer à cette explication, puisque des dépôts identiques avec leurs ossemens se trouvent à toutes les hauteurs. Ils ne seraient point dus à des causes partielles, mais bien à des causes générales purement terrestres, et l'on ne peut s'en rendre compte d'une manière satisfaisante, qu'en admettant comme résultats de tous les faits géologiques observés sur le sol américain, la coïncidence d'effets d'un des reliefs de la Cordillère, avec la destruction complète des grandes races d'animaux qui le peuplaient avant l'époque actuelle et la formation du dépôt pampéen à ossemens, qui paraît recouvrir presque toute l'Amérique méridionale.

En rapportant le dépôt du terrain pampéen à l'un des reliefs de la Cordillère, je n'ai point encore spécifié l'époque et la nature de ce relief. Maintenant que j'ai décrit la chaîne des Cordillères et les différentes roches d'origine ignée qui ont surgi, lors des grandes dislocations, il me sera plus facile d'arriver à cette solution.

En parlant des roches trachytiques, j'ai cherché à démontrer que le grand relief du système chilien paraît avoir eu lieu à l'époque où ces roches se sont fait jour à travers les larges fentes de la Cordillère, puisqu'on les retrouve, dans une direction nord 5° est et sud 5° ouest, sur une longueur de trente-six degrés[1]. La comparaison des faits rend aussi très-probable la coïncidence d'époque entre cette grande ligne de dislocation (due, sans doute, à des affaissemens considérables, à l'ouest, au sein du grand Océan) et le grand mouvement imprimé aux eaux qui auraient anéanti la faune terrestre et déterminé le dépôt du terrain pampéen. Je pourrais, du reste, pour le démontrer, m'appuyer sur les faits suivans:

1. Le terrain pampéen est le dernier dépôt de grande importance qui ait précédé l'époque actuelle; il paraît certain qu'il est le produit d'un des soulèvemens des Cordillères. Or, le dernier mouvement considérable qu'on observe dans la chaîne des Cordillères, est, sans aucun doute, le mouvement produit par les roches trachytiques. Il y aurait ici rapports évidens.

2. Le grand relief du système chilien dans les Cordillères paraît avoir

---

1. Voyez p. 218.

Géologie. exhaussé, au-dessus de l'océan, toutes les couches du tertiaire patagonien aujourd'hui hors des eaux. Il serait donc postérieur aux terrains patagoniens; et le terrain pampéen reposant immédiatement sur ces derniers, il y aurait identité parfaite d'époque entre le relief et le dépôt.

3.° Au plateau bolivien, les conglomérats trachytiques se trouvent quelquefois sur les terrains pampéens[1]. J'ai dit qu'on pourrait croire que les conglomérats étaient, au moins pour quelques-uns, postérieurs à la sortie des roches trachytiques compactes. Ce fait prouverait que si le terrain pampéen est le produit d'un grand relief de la Cordillère, il n'est ni plus ancien que l'éruption des roches trachytiques compactes, ni plus moderne que les derniers conglomérats de cette période.

4.° En Auvergne, les nombreux mammifères de la faune antérieure à notre époque qu'on y a trouvés, sont enveloppés de roches trachytiques et de leurs conglomérats; ce qui démontrerait que les animaux terrestres de cette faune vivaient pendant l'éruption des roches trachytiques. Au nouveau monde, ces roches paraissent aussi avoir fait leur éruption à la fin du laps de temps où vivait la faune de grands mammifères américains. Il y aurait ici un rapprochement qui ne serait pas sans valeur, et tendrait à faire croire qu'en Europe, comme en Amérique, la faune des mammifères perdus aurait été anéantie en même temps sur le globe, à l'époque des roches trachytiques.

De tous ces argumens on devrait conclure qu'il y a coïncidence parfaite entre l'époque à laquelle le système chilien a pris son plus grand relief, l'instant où les roches trachytiques ont surgi, par suite des grandes dislocations des Cordillères, la destruction complète, sur le sol américain, des grandes races d'animaux qui ont peuplé ce continent avant l'époque actuelle, et la formation du terrain pampéen qui couvre la plus grande partie de l'Amérique méridionale.

Peut-être doit-on encore attribuer à ce mouvement, l'un des plus grands qui ait eu lieu à la surface du globe, une partie des dépôts analogues de l'ancien monde. Ne pourrait-on pas, en effet, établir quelque concordance d'époque avec l'extinction des races perdues sur notre continent, et croire, par exemple, que le limon de la Bresse, s'il ne dépend pas de la même cause, est au moins contemporain du terrain pampéen? Ici, je m'arrête.... Ma tâche se borne à l'Amérique, et c'est à nos géologues, et en particulier

1. Voyez p. 221.

à M. Élie de Beaumont qu'il appartient de résoudre cette question. Ce savant illustre a si bien fait connaître les divers systèmes qui sillonnent le sol européen, qu'il peut mieux que personne en apprécier l'action sur la formation des dépôts de même nature. Géologie.

En résumé, le continent américain se serait accru d'une surface immense après les terrains tertiaires et à l'époque du système chilien. La Cordillère, qui, jusqu'à ce moment, ne consistait, sans doute, qu'en une simple ligne étroite, s'est alors élargie à l'est de tous les terrains marins composant les terrains patagoniens. Alors aussi sont sorties des eaux les plaines situées à l'orient de la Cordillère et une grande partie du bassin des Pampas. La chaîne s'est en même temps, augmentée, vers l'ouest, des terrains tertiaires qui la longent sur toute sa longueur. En un mot, il s'est, à cette époque, opéré, sur le continent américain, un changement de forme proportionné à la grande révolution de la Cordillère, et l'Amérique a tout à fait changé d'aspect.

Terrains diluviens.

En partant de ce principe de logique : il n'est point d'effets sans causes, principe qui s'applique parfaitement à la géologie, je me vois forcé d'expliquer ce que j'entends par le terrain diluvien et par la cause qui l'a pu produire.

J'appelle terrain diluvien tout ce qui, sur le sol américain, paraît s'être déposé depuis l'époque actuelle, c'est-à-dire depuis l'existence des êtres qui couvrent aujourd'hui notre globe. Ces dépôts sont de deux sortes, et je crois devoir en traiter séparément; en effet, les uns sont terrestres et les autres marins.

Terrains diluviens terrestres.

J'ai dit un mot des alluvions qui recouvrent le terrain pampéen, et du rôle qu'elles paraissent avoir joué à la surface du sol américain[1]. Il me reste à développer mes idées sur ce qui les concerne. Dans un pays peu habité, où des milliers de lieues de superficie n'ont pas changé de forme depuis les dernières révolutions géologiques, il est plus facile de se rendre compte des âges respectifs des terrains, et surtout des modifications apportées par ces révolutions à la surface du globe. J'ai partout remarqué, sur le sol de l'Amérique, de vastes dépôts modernes ou des dénudations de même époque, qui, tout

1. Voyez p. 253.

Géologie. en offrant des effets analogues à ceux d'aujourd'hui, sont néanmoins sur une trop grande échelle pour n'avoir pas été déterminés par une cause plus puissante que les agens encore en activité. En effet, le sable fin qui recouvre les Pampas, les *medanos* ou anciennes dunes de ces mêmes lieux[1], les sables qui forment de longues collines, dans l'est de la province de Corrientes[2], les graviers et le sable du grand plateau bolivien[3], les immenses alluvions des environs de Santa-Cruz de la Sierra[4], des plaines de Moxos[5], de la province de Chiquitos[6], qui partout recouvrent les terrains pampéens, ont une trop grande puissance et sont surtout trop uniformément répartis loin des cours d'eau actuels, pour ne pas être le résultat d'une cause générale.

Ces alluvions sont généralement sablonneuses et paraissent avoir été enlevées aux diverses formations qui couvrent le sol. Si l'on en cherche l'origine, il sera facile d'en trouver les traces dans les vastes dénudations qui ont sillonné tous les terrains, depuis les plus basses régions jusqu'au sommet des montagnes. Partout ces alluvions recouvrent le terrain pampéen, partout ces alluvions sont les dernières couches terrestres, où elles se mêlent, dans les parties supérieures, à l'humus végétal : il faut donc y voir à la fois des produits postérieurs au terrain pampéen, et les derniers dépôts qu'on puisse rattacher à la géologie.

J'ai long-temps eu des incertitudes sur l'âge de ces alluvions; mais une observation faite dans la province de Moxos a fixé mes idées à leur égard. J'ai trouvé, au Rio Securi[7], une berge de huit mètres de hauteur, composée de deux mètres de terrain pampéen vers ses parties inférieures, et au-dessus de six mètres d'alluvion. A peu de distance du terrain pampéen, dans les couches les plus basses du banc diluvial, je reconnus, au milieu d'une petite ligne remplie de charbon, un grand nombre de morceaux de poteries, qui annonçaient un ancien séjour des indigènes. Cette découverte me donna la certitude que ces alluvions sont postérieures à la création de l'homme.

Il paraît donc probable qu'après l'arrivée de la race humaine il y a eu, d'un côté, des dénudations très-profondes, bien différentes de celles que

---

1. Voyez p. 44.
2. Voyez p. 32.
3. Voyez p. 131.
4. Voyez p. 182.
5. Voyez p. 207.
6. Voyez p. 189.
7. Voyez p. 205.

peuvent produire les eaux actuelles, par exemple la dénudation des conglomérats trachytiques du plateau occidental[1] du grand plateau bolivien[2], et une foule d'autres, que je pourrais citer, tandis qu'il se déposait dans les bassins terrestres des alluvions trop épaisses, trop éloignées des cours d'eau actuels et surtout trop uniformément répandues sur le sol, pour qu'on ne doive pas les attribuer à des causes plus puissantes que celles qui agissent aujourd'hui.

Terrains diluviens marins ou quaternaires.

Je désigne ainsi tous les dépôts marins qui, placés maintenant bien au-dessus du niveau des mers actuelles, ne renferment que des corps organisés dont les analogues vivent encore sur les mêmes côtes. Je rapporte à ces terrains les bancs de *conchillas* de San-Pedro, sur les rives du Parana[3], élevés de plus de vingt mètres au-dessus de la rivière, et dont les analogues ne se trouvent de nos jours qu'à Buenos-Ayres; les coquilles de Montevideo[4], qui, à cinq mètres au-dessus des eaux, sont identiques à celles des mers voisines; et enfin, les bancs de la Bahia de San-Blas[5], en Patagonie. Il y aurait alors eu, sur le littoral de l'océan Atlantique, depuis le 34.e jusqu'au 40.e degré de latitude sud, des exhaussemens qui, vu leur étendue, ne peuvent être dus à des causes partielles.

A l'ouest de la Cordillère, des bancs analogues, contenant les coquilles du littoral actuel, se remarquent à Talcahuano[6], à Coquimbo[7], à Cobija[8], à Arica[9] et à Lima[10] : ainsi, d'après les connaissances actuelles, on trouverait, sur le littoral du grand Océan, des bancs de coquilles dont les analogues existent encore aux mêmes endroits, depuis le 12.e jusqu'au 36.e degré, ou sur plus de six cents lieues de longueur; ce qui suffit pour faire admettre une cause générale.

1. Voyez p. 113.
2. Voyez p. 132.
3. Voyez p. 44.
4. Voyez p. 23.
5. Voyez p. 53.
6. Voyez Ulloa et Jorge, *Relacion historica del viage a la America meridional*, t. III, p. 324.
7. Voyez p. 91.
8. Voyez p. 94.
9. Voyez p. 102, les considérations dans lesquelles je suis entré relativement aux anciens rivages.
10. Je les ai vus, et Ulloa, *Relacion de un viage*, etc., t. III, p. 125, les décrit très-bien, ainsi que ceux qui sont compris entre Guayaquil et Lima. *Idem, ibidem*, t. III, p. 38.

Géologie.

Les espèces fossiles que j'ai trouvées ainsi sont les suivantes:

OCÉAN ATLANTIQUE.	GRAND OCÉAN.
GASTÉROPODES.	GASTÉROPODES.
. . . .	*Purpura chocolatta*, Duclos.
. . . .	*P. concholepas*, d'Orb.
. . . .	*Triton scaber*, King.
. . . .	*Calyptræa radiata*.
. . . .	*Chiton aculeatus*, Barnes.
. . . .	*Fissurella crassa*, Lamarck.
. . . .	*Crepidula dilatata*, Lamarck.
. . . .	*Trochus luctuosus*, d'Orb.
Volutella angulata, d'Orb.	. . . .
Scalaria elegans, d'Orb.	. . . .
Natica limbata, d'Orb.	. . . .
Olivancillaria brasiliensis, d'Orb.	. . . .
O. auricularia, d'Orb.	. . . .
Voluta brasiliana, Lamarck	. . . .
V. tuberculata, Wood	. . . .
Buccinanops cochlidium, d'Orb.	. . . .
B. globulosum, d'Orb.	. . . .
LAMELLIBRANCHES.	LAMELLIBRANCHES.
. . . .	*Venus rufa*, Lamarck.
. . . .	*V. Dombeyi*, Lamarck.
Nucula lanceolata, Sow.	. . . .
N. puelcha, d'Orb.	. . . .
Lucina patagonica, d'Orb.	. . . .
Lutraria plicatula, Lamarck	. . . .
Cyprina patagonica, d'Orb.	. . . .

Ces coquilles ont, comme on peut en juger, toutes leurs analogues vivantes dans les mers voisines, et conservent dans leur ensemble, de chaque côté des Andes, autant de différences qu'en présentent aujourd'hui les deux faunes de ces deux mers.[1]

J'ai dit ailleurs que ces coquilles sont toutes dans la position où elles ont vécu, les acéphales avec leurs deux valves réunies et placées verticalement. Ce fait doit faire admettre un mouvement fortuit et non pas une action lente de relèvement des côtes, ainsi que l'ont cru quelques auteurs[2]. L'étude

1. Voyez mes généralités sur les *Mollusques* de mon Voyage.
2. M. Darwin.

du littoral actuel prouve que, lorsque la mer abandonne graduellement un rivage, elle laisse, partout, sur la partie découverte, des coquilles en contact incessant avec les lames, et dès-lors plus ou moins roulées, aucune n'étant dans sa position naturelle. Rien de semblable ne se montrant dans les dépôts que j'ai visités, il me paraît évident que ces coquilles ont été tout à coup et instantanément exhaussées du fond de la mer au niveau qu'elles occupent aujourd'hui. On devrait naturellement en conclure qu'il s'est opéré, sur le sol de l'Amérique, un brusque mouvement dont les traces se trouvent, d'un côté dans les alluvions terrestres, de l'autre dans l'exhaussement des couches marines du littoral des deux océans.

Il y aurait eu, depuis l'existence de la faune actuelle, des causes générales fortuites, qui, en même temps qu'elles élevaient au-dessus des mers une lisière du littoral de l'océan Atlantique et du grand Océan, renfermant des corps organisés identiques à ceux qui vivent aujourd'hui, auraient dénudé, raviné les plateaux, les montagnes, et amené dans les Pampas et dans les plaines de Moxos, ces puissantes alluvions terrestres qui s'y font remarquer.

Si je cherche encore l'explication de ce fait dans les changemens qui ont pu s'opérer au sein des Cordillères, postérieurement aux éruptions des roches trachytiques dont j'ai cherché à expliquer l'âge relatif, je ne trouverai que la période des volcans actuellement en activité. Il faudrait peut-être alors supposer que de grands affaissemens ayant eu lieu de nouveau à l'ouest, dans le grand Océan, il s'est ouvert, sur la ligne de la dernière dislocation des Cordillères, à travers les conglomérats trachytiques, une série de volcans dont quelques-uns fument encore; que ce déplacement de matières a déterminé un balancement des eaux qui ont raviné, dénudé les terres à toutes les hauteurs, jusqu'au sommet des Cordillères, et entraîné ces vastes alluvions dans les plaines, en même temps que, des deux côtés de l'Amérique méridionale, un exhaussement général de la côte aurait placé, au-dessus du niveau actuel des mers, les bancs de conchillas des Pampas, les coquilles de Montevideo, de la Patagonie et toutes celles du littoral du grand Océan, en donnant au continent la configuration que nous lui connaissons.

Ce dernier mouvement s'étant opéré depuis notre époque, et pouvant coïncider avec les traditions du déluge, dont on trouve partout des traces dans l'histoire des peuples, j'ai dû nommer *terrains diluviens,* ceux qui en sont le produit.

Peut-être faut-il attribuer à ce mouvement les derniers dépôts des cavernes du Brésil, qui, quelquefois bien séparés, peuvent aussi se confondre, par

Géologie. l'observation, avec ceux de l'époque pampéenne et amener ainsi de la confusion et des mélanges non existans dans ces deux époques.

Il se peut que le lac de Titicaca appartienne à la même époque. Sans un affaissement postérieur au terrain pampéen, il serait difficile de s'expliquer pourquoi ce terrain, qui nivelait tout le plateau, a respecté, à sa partie méridionale, une aussi grande surface, sans la remplir également de son dépôt. La profondeur considérable que j'ai trouvée au lac, les quelques ossemens qu'on a recueillis sur son rivage[1], les dislocations plus nombreuses et plus fortes des îles, viendraient témoigner qu'en effet ce lac s'est formé après le nivellement du plateau par le terrain pampéen.

En résumé, après la naissance de la faune actuelle, après l'arrivée de l'homme sur la terre, il s'est fait un dernier changement sur le sol de l'Amérique. Les volcans ont paru; de petites parties de terrain sont encore sorties du sein des mers, et il s'est déposé des couches puissantes d'alluvion à la surface des continens. C'est probablement le souvenir de cet événement, dont on trouve des traces dans la mythologie de beaucoup de peuples américains. En effet, les Péruviens conservaient le souvenir d'un déluge[2]; il en était de même des habitans de Xauxa[3], de la Terre-Ferme[4], de Castilla del Oro[5] et du Mexique[6], à Cuba[7]. Il y aurait donc eu, en Amérique, un déluge à l'instant de la sortie des volcans; déluge qui aurait produit de grandes dénudations et des dépôts d'une assez grande puissance : c'est le dernier grand changement qu'a éprouvé le sol du nouveau monde.

Divers faits postérieurs aux dernières révolutions géologiques de l'Amérique méridionale.

J'ai signalé à Cobija[8], à Arica et sur toute la côte de l'Océan pacifique, d'anciens lits de torrens qui, postérieurement aux derniers mouvemens de

1. Recueillis par M. Pentland, *Comptes rendus de l'Académie des sciences*, 1839, n.° 7, p. 255.

2. Garcilaso de la Vega, *Coment. reales de los Incas*, *lib. I*, *cap.* 18, p. 21; Garcia, *Origen de los Indios*, p. 310; Solorzano, *Politica indiana*, *cap.* 5, f. 18; Acosta, *Historia de Indias*, *lib. I*, *cap.* 25, *lib. V*, *cap.* 1; Herrera, *Historia de los Hechos*, *Decadas* 1, p. 9.

3. Herrera, *Decadas* 5, p. 6.

4. *Idem*, *Decadas* 2, p. 67.

5. *Idem*, *Decadas* 4, p. 119.

6. *Idem*, *Decadas* 2, p. 161; *Decad.* 3, p. 94. Gemelli Carcri, *Giro del mundo*, p. 6, *lib. I*, *cap.* 3.

7. *Idem*, *Decadas* 1, p. 234.

8. Voyez p. 98.

l'Amérique, auraient, du sommet au littoral, sillonné toutes les pentes de la Cordillère. Ces anciens lits de torrens sur un sol où il n'a pas plu depuis les temps historiques, sont, comme je m'en suis assuré[1], provenus non de pluies locales, mais des eaux qui seraient descendues des Cordillères seulement. Aujourd'hui, jamais un nuage aqueux ne s'arrête sur les montagnes du versant occidental; jamais un flocon de neige ne tombe de ce côté des Cordillères. Il faut donc, pour expliquer ces torrens produits par une cause générale, supposer que les Cordillères ont reçu momentanément des pluies ou des neiges qu'elles ne reçoivent plus de nos jours. Il se serait alors passé, sur ces montagnes, un phénomène aqueux analogue à celui qu'on a observé sur toutes nos grandes montagnes d'Europe.

Tremblemens de terre.

Depuis que l'Amérique a pris sa forme actuelle, il n'y a plus eu à sa surface que de très-légères modifications partielles, apportées par les tremblemens de terre. J'en ai ressenti plusieurs, sans éprouver aucun de ceux qui paraissent avoir modifié, sur quelques points, les niveaux, en en exhaussant quelques parties. Je me bornerai donc ici à décrire la région des secousses et leur extension.

J'ai déjà dit que les grands affaissemens avaient dû se produire au sein du grand Océan, à l'ouest du continent américain[2]. La nature abrupte des côtes, la rapidité de leur pente vers la mer, ainsi que la grande profondeur des atterrages me porteraient à le croire. D'un autre côté, un fait assez curieux, c'est que les tremblemens de terre ne semblent pas non plus s'éloigner du littoral. En effet, ceux qui, sur le rivage de la mer, sont assez violens pour faire écrouler toute une ville, ne causent à quelques lieues de là, vers l'intérieur, aucun préjudice, et perdent d'autant plus de leur force, qu'on s'élève davantage sur les Cordillères; aussi n'a-t-on jamais senti sur le grand plateau bolivien aucune commotion semblable. C'est au moins ce que j'appris et ce que j'ai éprouvé vers le parallèle d'Arica[3]. On pourrait se demander si la présence, par ce parallèle, du système bolivien n'a pas quelqu'influence sur le peu d'extension des tremblemens de terre, puisqu'il paraît que, dans la Cordillère du Chili, on éprouve encore de très-fortes secousses,

---

1. Voyez p. 103, où j'ai étendu cette question.
2. Voyez p. 261.
3. Voyez p. 106.

Géologie. lors des tremblemens de terre qui ravagent la côte. Quoi qu'il en soit, il est certain que les tremblemens de terre suivent le littoral du grand Océan, qu'ils diminuent d'intensité à mesure qu'on s'éloigne de la côte, et que, sur le grand plateau bolivien, on n'en a jamais ressenti la moindre atteinte.

J'ai cherché quels avaient été sur la côte les effets des grands tremblemens de terre qui, à diverses époques, ont ravagé toutes les villes du littoral du grand Océan, de ceux, par exemple, qui ont détruit Arica, et complétement anéanti, à diverses époques, le Callao près de Lima[1]. J'ai trouvé qu'à l'instant même des secousses, la mer, balancée avec force, avait envahi la côte, en entraînant avec elle une immense quantité de sable et de galets sur les marais du Rimac, près de la ville des Rois; qu'alors les eaux, poussées avec une extrême violence, avaient transporté des navires à près d'une lieue dans l'intérieur. Lorsqu'on voit que de semblables mouvemens ont eu lieu dans les eaux, sans changer notablement la configuration du sol, on se demande naturellement ce qui devait exister lorsque le système chilien a pris son grand relief, et, dès-lors, il sera facile de se convaincre qu'une telle catastrophe n'a pas pu s'opérer sans déterminer une perturbation générale à la surface du globe.

Les tremblemens de terre paraissent avoir amené sur toute la côte ce fendillement des roches que j'ai remarqué à Valparaiso[2] et à Pachia.[3]

Eaux thermales.

J'ai signalé des eaux thermales sur plusieurs points du Pérou et de la Bolivia, à Pachia[4], au pied occidental de la Cordillère, à Caracato, à Miraflor[5], aux Baños, près de Potosi[6], sur les plateaux élevés et dans la province de Chiquitos[7], au centre du continent. Ces eaux, pour ainsi dire bouillantes à Miraflor, sont, partout ailleurs, assez tempérées. A Miraflor et à Caracato, elles sont accompagnées d'incrustations de carbonate de chaux.

1. *Choix de Lettres édifiantes*, t. I.er, p. 48; Ulloa, *Relacion de un viage*, t. III, p. 101.
2. Voyez p. 89.
3. Voyez p. 106.

Herrera, *Historia de los Hechos, etc., Descripcion*, liv. XXII, p. 50, parle d'un tremblement de terre qui aurait séparé l'île de Chiloé du continent.

4. Voyez p. 105.
5. Voyez p. 141.
6. Voyez p. 179.
7. Voyez p. 190.

CHAPITRE XIII.

Coup d'œil d'ensemble sur les grands faits géologiques dont l'Amérique méridionale a été le théâtre.

Par l'extrême simplicité de sa composition, par les larges proportions de chacune de ses époques géologiques, l'Amérique méridionale est peut-être, de toutes les parties du globe, la plus facile à comprendre, et celle dont l'étude doit jeter le plus de lumières sur les grandes révolutions que notre planète a subies. En effet, loin d'être, comme l'Europe, morcelée en un grand nombre de lambeaux de terrains ou sillonnée d'innombrables chaînons, du croisement desquels l'époque est difficile à déterminer avec précision, l'Amérique méridionale montre des reliefs tracés sur des centaines de lieues et des dépôts de plusieurs degrés carrés de surface. Tout s'y manifeste sur une vaste échelle, les montagnes, ainsi que les bassins, et sur ce grand continent tout est visible, les causes puissantes et leurs immenses résultats.

Si la profonde sagacité de l'un des premiers géologues de nos jours n'avait pas su distinguer, au milieu des chaînes de notre Europe, les grandes lignes de dislocation des systèmes qui ont déterminé la fin d'une période géologique ou les modifications tranchées des bassins, l'étude de l'Amérique méridionale y eût peut-être conduit. Ce continent confirme, en effet, ces vues, aussi complètement que possible. Sans les systèmes de soulèvement, la formation de l'Amérique serait un véritable chaos, qu'on chercherait en vain à débrouiller; tandis qu'en y appliquant la grande pensée de M. Élie de Beaumont et en saisissant l'ensemble du continent, les moindres faits trouvent leur parfaite explication; les différens points sortis des eaux les uns après les autres, les perturbations que ces reliefs ont causées à la surface du sol, le changement de nature des dépôts et des faunes.

Pour arriver à tracer, telles que je les conçois, les diverses catastrophes dont l'Amérique méridionale a été le théâtre, je vais, après les avoir discutées dans les généralités précédentes, reprendre toute la série des faits, et chercher à esquisser à grands traits l'Amérique méridionale à toutes ses époques géologiques. Le manque de renseignemens laissera, sans doute, ce tableau encore imparfait. Je suis loin de croire qu'il ne se modifie pas à mesure qu'on fera de nouvelles recherches; mais j'aurai posé tout au moins,

Géologie. sur un vaste pays pour ainsi dire inconnu jusqu'à nos jours, un premier jalon d'études; mais j'aurai tracé un cadre auquel chacun pourra ajouter ou retrancher, jusqu'à ce qu'il soit tout à fait rempli. Je désire seulement faire connaître ici, en ce qui concerne l'Amérique méridionale, les idées générales que m'ont suggérées mes observations personnelles et les renseignemens publiés jusqu'à ce jour.

PREMIÈRE ÉPOQUE.

L'Amérique méridionale après les terrains gneissiques ou primordiaux.[1]

D'après les recherches géologiques, le nouveau monde serait l'une des plus anciennes parties du globe. Si l'on se reporte, en effet, à l'instant où les couches commençaient à se déposer, après la première solidification de la croûte terrestre, on verra qu'il a reçu son premier relief postérieurement à cette époque. C'est à la fin de la période des roches gneissiques et avant les terrains siluriens, que le retrait des matières[2] composant le globe terrestre, est venu, par suite de leur refroidissement, déterminer, d'un côté, un affaissement, pour remplir le vide intérieur de l'écorce terrestre consolidée, et former, de l'autre, de grandes fissures et des reliefs au-dessus des eaux de l'océan Atlantique.

L'un de ces reliefs occupe la partie orientale actuelle du Brésil, du 16.e au 27.e degré, dans la direction générale de l'est 38° nord, à l'ouest 38° sud[3]. Ce système, que j'ai nommé *brésilien,* paraît être l'un des plus anciens dont on puisse suivre les traces, à travers les modifications postérieures. Il aurait précédé le premier soulèvement décrit en Europe par M. Élie de Beaumont.

L'Amérique méridionale se serait alors composée d'une île oblongue, située à l'est du continent actuel.

DEUXIÈME ÉPOQUE.

L'Amérique méridionale après les terrains siluriens.[4]

Si l'on en juge par la puissance des couches, un immense laps de temps se serait écoulé, tandis que les mers du terrain silurien se déposaient à l'ouest

1. Voyez pl. X, fig. 1. Le système brésilien *aa.*
2. C'est l'opinion de M. Élie de Beaumont.
3. Observation de M. Pisis.
4. Voyez pl. X, fig. 1, lettre *bb* et fig. 2.

du système brésilien, du 51.e au 72.e degré de longitude occidentale de Paris. Géologie.
Dans cet intervalle, il s'est d'abord déposé, au fond de ces mers, des couches argileuses, représentées aujourd'hui par les phyllades schistoïdes. Il ne semble pas encore avoir existé d'animaux dans cette période; c'est plus tard et lorsque ces couches se sont mélangées de sable, que se sont montrés les trilobites, les calymènes, les asaphus, etc., tous ces êtres de la première animalisation. Ils ont vécu beaucoup moins de temps, si l'on en juge par les dépôts, qu'il ne s'en était écoulé antérieurement à leur existence, remplacés, enfin, par une faune assez distincte, celle des terrains dévoniens, qui se lie intimement avec la faune silurienne, par ses points de contact; et, si les roches qui en dépendent sont formées de grès, au lieu de phyllade, leurs parties inférieures sont un mélange de l'une et de l'autre roche, et paraissent avoir également subi l'action des grandes dislocations, tout en montrant un grand nombre de ruptures partielles qui appartiennent surtout au terrain silurien.

On doit donc supposer que beaucoup de petites dislocations se sont manifestées après l'entier dépôt des terrains siluriens; mais les seuls grands systèmes de cette époque qu'on puisse suivre, sont ceux du système que j'ai nommé *itaculumien;* lequel, suivant M. Pisis[1], serait venu, à l'ouest du système brésilien, augmenter cette grande île, en y représentant des chaînes dirigées de l'est à l'ouest, comme celles de Minas Geraes, de l'Itaculumi, de la Caraça, du Morro Itambe et des plateaux du sud de San-Paolo.[2]

Un troisième point, qui paraît être sorti des eaux à cette époque, est celui que représentent aujourd'hui les îles Malouines; il constituerait aussi, à en juger par le grand diamètre de l'ensemble des îles, un système dirigé de l'est à l'ouest, ainsi que les deux autres; ce serait le *système malouinien.*

Après les terrains siluriens, il y aurait donc eu, toujours dans la même direction, des ruptures qui auraient élevé, au-dessus de l'océan, un vaste lambeau à l'ouest du système brésilien, et deux autres îlots, l'un occupant le centre de la Bolivia actuelle, l'autre représenté par l'archipel des Malouines.

Ces systèmes correspondraient peut-être à l'âge du deuxième soulèvement de M. Élie de Beaumont ou du système des Ballons (Vosges) et du Bocage (Calvados).

---

1. Voyez p. 227.
2. Darwin, *Narrative*, p. 253, partie marquée *b b*, pl. X, fig 1.

Géologie.

TROISIÈME ÉPOQUE.

L'Amérique méridionale après les terrains carbonifères.[1]

Les mers carbonifères ont existé après cette grande perturbation des terrains siluriens et dévoniens. Il en reste des traces de l'ouest à l'est, depuis le système itaculumien jusqu'à l'occident du 72.e degré de longitude. Elles nourrissaient alors une faune bien distincte des premières, composée principalement de *solarium*, de *productus*, de *spirifer*, de térébratules, et analogue en tout, pour le facies, à celle qui vivait simultanément sur une si vaste surface de l'Europe. Cette période a été très-longue, et surtout il y a eu beaucoup de petits mouvemens non appréciables, puisque s'y sont succédé de puissantes couches, avec ou sans fossiles, formées d'une alternance de calcaire et de grès. A la suite des derniers dépôts de cette époque, il s'est opéré de grands changemens à la superficie du sol. De vastes ruptures dans la direction de l'est-sud-est ou ouest-nord-ouest, sont venues pour la seconde fois, à l'ouest et au nord de la grande île déjà formée des systèmes *brésilien* et *itaculumien*, soulever le système chiquitéen, surface immense, étendue depuis la province de Minas Geraes jusqu'au 68.e degré de longitude occidentale, sur laquelle se remarquent les chaînes du Parecys, du Diamantino, de Cuyaba, et surtout les collines de la province de Chiquitos. C'est ainsi que le continent américain s'est accru à l'ouest, après les terrains carbonifères, d'une partie considérable occupant l'intervalle compris entre les 55.e et 68.e degrés de longitude, et les 10.e et 20.e degrés de latitude sud.

C'est peut-être à cette époque qu'ont pris leur relief les montagnes qui s'élèvent sur la côte du Brésil jusqu'à Barnahiba, et celles de la côte des Guyanes jusqu'à l'Orénoque, du moins ont-elles tout à fait le même parallélisme.

Il en est ainsi à cette époque de la chaîne de gneiss de Montevideo, située au nord de la Plata, et de celle du cap Corrientes à la Sierra del Tandil, dans les Pampas. Elles ont également surgi du sein de l'océan, en formant deux îlots dirigés de l'ouest 25 à 30° nord, à l'est 25 à 30° sud, et représentant un système que je désignerai sous le nom de *pampéen*. Ces dernières îles sont presque à l'angle droit avec le système brésilien.

Ce système, le plus étendu sur le sol de l'Amérique méridionale, serait presque contemporain du troisième soulèvement de M. Élie de Beaumont ou du système du nord de l'Angleterre.

---

1. Voyez pl. X, fig. 1, la partie marquée *c*, et fig. 3.

QUATRIÈME ÉPOQUE.

L'Amérique méridionale après les terrains triasiques.[1]

L'Amérique méridionale offrait, après les terrains carbonifères, un continent à peu près triangulaire, dont le grand diamètre était du nord au sud, sur une étendue de près de trente-cinq degrés de latitude. La mer triasique formait, à l'ouest de cette Amérique, une vaste surface, que couvraient des êtres différens de ceux de l'époque carbonifère, en même temps que des argiles aujourd'hui à l'état calcaire ou d'argile bigarrée, et les sables argileux venaient succéder aux sables purs des derniers dépôts carbonifères. De même que les mers siluriennes et carbonifères, la mer triasique s'est maintenue, un laps de temps considérable, exempte de grands changemens, ce qu'indique la puissance des dépôts. Après cette période de repos, le refroidissement de la croûte terrestre ayant amené de nouveaux affaissemens, de grandes ruptures ont encore eu lieu pour la troisième fois, à l'ouest du continent. Ces affaissemens ont déterminé des relèvemens considérables de couches, de larges fentes, par lesquelles des roches granitiques se sont fait jour, comme sur la chaîne de l'Illimani et du Sorata. Un massif immense, s'étendant du 5.e au 20.e et peut-être au 32.e degré de latitude et du 65.e au 78.e degré de longitude, s'est élevé tout à coup, en plaçant au-dessus des mers toutes les roches triasiques de la Bolivia. Ce massif, formé de l'ensemble des terrains siluriens, dévoniens, carbonifères et triasiques réunis, représente un ensemble de chaînes dont la direction moyenne, sud-est et nord-ouest, constitue mon *système bolivien,* bien plus élevé qu'aucun des autres systèmes antérieurs.

Ce système, qui se compose de toute la partie montueuse de la Bolivia et du Pérou, vient encore former toute la région orientale des Cordillères ou, pour mieux dire, les Andes proprement dites ou les *Antis* des anciens Incas, depuis le 5.e jusqu'au 20.e degré de latitude. C'est un premier lambeau de la Cordillère hors des eaux, celui qui s'éloigne le plus de la direction générale de la chaîne.

L'Amérique, accrue successivement de portions de plus en plus considérables et de plus en plus élevées, de l'ouest à l'est, représente, après les terrains triasiques, presque toute sa largeur actuelle, en offrant une terre allongée dirigée de l'ouest à l'est, et d'une forme tout à fait différente de celle qu'elle

1. Voyez pl. X, fig. 1, la partie marquée *d*, et la fig. 4.

Géologie. doit avoir plus tard. Son ensemble représente alors deux grandes îles séparées par un grand détroit.

Le système bolivien paraît correspondre au sixième soulèvement de M. Élie de Beaumont, à son système de Morvan, dont il a même la direction; rapprochement doublement curieux, en ce que, s'il y a réellement parallélisme, on pourrait croire à des lignes qui s'étendraient sur une grande partie du globe.

CINQUIÈME ÉPOQUE.

L'Amérique méridionale après les terrains crétacés.[1]

A la suite des grandes perturbations causées par le soulèvement des roches triasiques, les mers sont redevenues tranquilles. Il est difficile de dire néanmoins ce qu'elles étaient en Amérique, tandis qu'en Europe s'est déposée cette grande succession de couches jurassiques, qui suppose une nombreuse série de siècles et de petits changemens partiels, marqués par les étages que caractérisent si bien leurs faunes spéciales. Si les mers jurassiques ont existé en Amérique, au moins n'en reste-t-il qu'une faible trace.[2]

Les terrains crétacés, au contraire, semblent y avoir été très-développés, puisqu'ils se montrent depuis la Colombie jusqu'à la Terre-du-Feu ou sur toute la longueur actuelle du continent. La Paléontologie américaine[3] permet de croire que, tandis que ces mers formaient en France deux larges bassins distincts, le bassin méditerranéen et le bassin parisien[4], la mer néocomienne couvrait de ses eaux une grande partie de la Colombie, en même temps que les régions situées au nord, à l'ouest et au sud du continent existant. Alors, non-seulement, comme en Europe, vivaient en Amérique des *Ammonites* de forme spéciale et des *Ancyloceras*, mais encore il se trouvait, en Colombie et dans le bassin parisien, assez d'espèces identiques pour faire supposer une communication directe entre les deux mers[5]. L'époque du gault n'est représentée, sur le sol américain, par aucun fossile, tandis qu'on reconnaît, dans la lisière des terrains crétacés de la Cordillère, des formes analogues à la faune des craies chloritées.

---

1. Voyez pl. X, fig. 1, lettre *e*, et fig. 5.
2. Voyez p. 237.
3. Voyez cette partie, *Terrains crétacés.*
4. D'Orbigny, *Paléontologie française*, t. I, p. 642.
5. D'Orbigny, *Coquilles et Échinodermes fossiles de Colombie recueillis par M. Boussingault.*

Si les faits constatés[1] permettent de se faire une idée des dérangemens qui ont eu lieu pendant et après la période crétacée, je pourrai me les expliquer ainsi : Géologie.

Peut-être durant cette période, après le dépôt des terrains néocomiens, s'est-il opéré deux changemens : l'un, le *système colombien,* tracé environ dans la direction du nord 33° est, ou sud 33° ouest, aurait formé les montagnes de la Suma-Paz et du Quindiù, en élevant les terrains crétacés du plateau de Bogota[2]; l'autre, le *système fuégien,* qui occupe la partie occidentale de la Terre-du-Feu, et se dirige nord 30° est, et sud 30° ouest. Ces deux systèmes représenteraient les deux extrémités de la chaîne actuelle des Cordillères.

Postérieurement à l'entier dépôt des mers crétacées, de vastes affaissemens ayant eu lieu dans les océans, les matières pressées et poussées par l'affaissement même vers les grandes lignes de dislocation qui en étaient le résultat, sont venues soulever, morceler les terrains crétacés, et former ces vastes épanchemens de roches porphyritiques qui se montrent sur une seule bande, depuis le Chimborazo jusqu'au détroit de Magellan ou sur 50 degrés de longueur. C'est alors que le *système chilien* a pris un premier relief dans la direction nord 5° est, et sud 5° ouest, depuis le détroit de Magellan jusqu'à sa jonction avec le système bolivien[3], qu'il a longé à l'ouest, en élevant les terrains crétacés du plateau de Guancavelica ; c'est alors encore que le balancement des eaux dû à ce mouvement aurait eu pour résultat de former, en lavant les continens, le dépôt du tertiaire guaranien qui couvre la province de Moxos et une si grande partie du bassin des Pampas.[4]

En résumé, pendant et après les terrains crétacés, l'Amérique méridionale se serait accrue, toujours à l'occident des parties déjà hors des eaux, d'une surface immense de terre bien plus étendue et dirigée presque transversalement aux autres. Cette nouvelle partie du continent aurait dessiné la Cordillère, en lui donnant son premier relief; grand mouvement qui, par suite du déplacement des eaux, aurait apporté sur les petits bassins continentaux et sur le littoral des mers, le premier dépôt de nivellement de la formation tertiaire, mon terrain guaranien.

1. Voyez p. 243.
2. Pl. X, fig. 1.
3. Voyez p. 244.
4. Voyez p. 245.

Géologie.

SIXIÈME ÉPOQUE.

L'Amérique méridionale après les terrains tertiaires.[1]

Plus on approche de l'époque actuelle et plus les déplacemens sont puissans. C'est, d'un côté, la conséquence des nouveaux dépôts qui s'ajoutent aux anciens; de l'autre, celle de la plus grande épaisseur des parties déjà consolidées dans l'écorce terrestre. Nous avons vu l'Amérique changer subitement de forme après les terrains crétacés, et prendre, encore à l'état d'esquisse, la configuration qu'elle doit conserver. Elle offre déjà une chaîne hors des eaux, traçant la Cordillère du nord au sud, et limitant ainsi l'océan Atlantique et le grand Océan.

Une nouvelle période de repos succède aux perturbations : les mers tertiaires se dessinent, à l'est et à l'ouest du système chilien. Sur le dépôt de nivellement du terrain guaranien commencent à s'étendre des sédimens marins, du terrain patagonien, en même temps que les continens se peuplent de mammifères et de grands végétaux. Bientôt une faune tertiaire habite ces mers, et pendant son existence des affluens évidemment terrestres apportent des continens voisins des ossemens de mammifères, des bois, des coquilles fluviatiles. Les uns proviennent sans doute de la crête du système chilien, et apportent dans la mer patagonienne du sud-est[2] des ossemens encore pourvus de leurs ligamens; les autres, arrivant du grand continent du nord, y charrient les mêmes produits terrestres qui se mêlent aux sédimens marins.[3] Les choses se maintinrent ainsi très-longtemps, tandis que les mers recevaient des dépôts alternatifs de sable et d'argile d'une grande puissance. Pendant cette période de repos, la chaîne crétacée du système chilien formant entre les mers une barrière insurmontable, il en résulta que les faunes marines des deux versans, ne communiquant pas entr'elles, étaient déjà aussi distinctes que de nos jours.

La nature ne devant pas toujours se maintenir en repos sur le sol américain, il s'opère un dernier mouvement, qui, bien plus considérable que tous les autres, donne simultanément à la Cordillère proprement dite son grand relief d'aujourd'hui, exhausse les terrains tertiaires des deux versans, amène la destruction complète de la faune terrestre antérieure à notre époque et la formation du grand dépôt à ossemens du terrain pampéen.

1. Voyez pl. X, fig. 1 et 5, la partie ponctuée.
2. Voyez p. 78.
3. Voyez p. 78.

Toutes ces catastrophes peuvent, en effet, s'expliquer par une seule et même cause. D'immenses affaissemens ayant eu lieu au sein du grand Océan, à l'ouest du premier relief du système chilien, la Cordillère s'ouvre de nouveau: poussées avec plus de violence que jamais vers cette vaste issue, les matières trachytiques incandescentes débordent de toutes parts, disloquent les porphyres, les roches crétacées et envahissent entièrement le sommet de la chaîne. Elles y forment, sur la crête du système chilien, ces immenses épanchemens qu'on y remarque dans la direction du nord 5° est, au sud 5° ouest, de la ligne au 5.ᵉ degré, et du 20.ᵉ au 50.ᵉ degré de latitude sud. Elles y forment encore ceux qui, dans l'intervalle du 5.ᵉ au 20.ᵉ degré, longent à l'ouest le système bolivien, en offrant avec le reste une seule continuité de faits et de causes. Géologie.

Une dislocation de 50 degrés ou de 1250 lieues de longueur, qui a produit une des plus hautes chaînes du monde, en élevant au-dessus des mers tous les terrains tertiaires marins des Pampas, sur une immense largeur, à l'est et à l'ouest de la Cordillère, n'a pu avoir lieu sans déplacer proportionnellement les eaux marines. Balancées alors avec force, celles-ci ont envahi les continens, anéanti et entraîné les grands animaux terrestres, tels que les mylodons, les mégalonyx, les mégathériums, les platyonyx, les toxodons et les mastodontes de la faune perdue, en les déposant, avec les particules terrestres, à toutes les hauteurs, dans les bassins terrestres, ou dans les mers voisines. Alors encore ces matières, simultanément entraînées, nivelant les plateaux des Cordillères jusqu'à 4000 mètres au-dessus des océans, les plaines de Moxos, de Chiquitos et tout le fond du grand bassin des Pampas, ont constitué le terrain pampéen. Alors, enfin, lorsqu'ils n'étaient pas entraînés par les eaux, poussés dans les cavernes ou jetés dans les fentes des rochers, les animaux restaient sur leur terre natale, au milieu des anfractuosités des anciens systèmes brésilien, itaculumien et chiquitéen du continent oriental.

En résumé, l'Amérique méridionale aurait, à la sixième époque, pris pour ainsi dire sa forme actuelle; la Cordillère se serait élevée à peu près à sa hauteur d'aujourd'hui; les terrains tertiaires patagoniens, ainsi que le pourtour des Pampas proprement dites, seraient sortis des eaux, à l'est et à l'ouest; toutes les faunes terrestres et marines auraient été ravagées et anéanties dans toutes leurs parties; la terre américaine aurait perdu ses premiers habitans.

A ce mouvement, l'un des plus grands connu, pourraient peut-être se rat-

Géologie. tacher beaucoup des phénomènes observés à la surface du globe, puisqu'on rencontre partout des restes d'une faune terrestre particulière, entièrement éteinte, et des dépôts analogues à ceux des Pampas, renfermant des ossemens de mammifères d'espèces détruites.

SEPTIÈME ET DERNIÈRE ÉPOQUE.

L'Amérique méridionale après les terrains diluviens.

L'Amérique a pris sa forme actuelle; seulement elle est nue, inhabitée. Bientôt la toute-puissance créatrice la couvre de nouveau de végétation, la repeuple d'animaux différens des premiers et semblables à ceux d'aujourd'hui. L'homme, le plus parfait de tous les êtres, vient compléter l'œuvre et dominer l'ensemble de la nature. Le monde animé existe tel que nous le connaissons.

Postérieurement à l'état actuel, il se serait manifesté, sur le sol américain, un dernier mouvement, qui n'aurait eu d'autre résultat que de donner naissance aux volcans en activité, de soulever les rivages maritimes et le fond des Pampas, en couvrant partout le sol terrestre de puissantes alluvions. Si, en effet, l'on étudie les derniers changemens qui se sont opérés à la surface du nouveau monde sur les montagnes du système chilien, on y verra paraître les volcans provenus sans doute de nouveaux affaissemens dans l'ouest; et ce mouvement, en exhaussant, sur la côte de l'océan Atlantique et du grand Océan, les coquilles marines qui y vivent encore, a déterminé un nouvel envahissement des eaux, auquel il faut attribuer les dénudations des parties élevées, les alluvions des plaines et la formation des medanos des Pampas. On pourrait peut-être trouver le souvenir de cette dernière révolution terrestre dans les traditions du déluge que conservent la plupart des peuples américains.[1]

Dernières conclusions.

L'Amérique méridionale paraît avoir formé son premier relief aux régions orientales du Brésil actuel après la période gneissique. Les terrains siluriens sont venus à l'ouest accroître ce premier continent de tout le système itaculumien. Les terrains carbonifères, à l'ouest des deux autres, ont formé un nouveau lambeau, composé du système chiquitéen. Les terrains triasiques, à l'ouest des trois premiers systèmes, y ont ajouté le système bolivien, surface bien plus vaste que les autres : jusqu'alors l'Amérique était allongée de l'est à

1. Voyez p. 262.

l'ouest. Les terrains crétacés cessent de se déposer, et la Cordillère, toujours à l'ouest des terres exhaussées, prend un premier relief, du nord au sud, en changeant totalement la forme du continent. Cette même configuration se perfectionne ensuite; la chaîne entière s'élève après les terrains tertiaires; lorsque les roches trachytiques se font jour, le grand bassin des Pampas sort des eaux, et l'Amérique devient ce qu'elle devra paraître à nos yeux.

De l'ensemble de ces grands faits se déduisent plusieurs conséquences générales, qui paraissent d'une immense portée géologique pour l'histoire chronologique des soulèvemens. Ce sont:

1.° La succession régulière qui s'est opérée, toujours de l'est à l'ouest, des différens systèmes représentant l'Amérique actuelle.

2.° L'étendue de plus en plus grande de ces systèmes, à mesure qu'ils se rapprochent de l'époque actuelle.

3.° La coïncidence remarquable des causes et des effets, dans la formation du tertiaire guaranien, à l'instant du premier soulèvement du système chilien par les roches porphyritiques, de celui du terrain pampéen, à l'époque du grand soulèvement des Cordillères par les roches trachytiques et des alluvions à la sortie des volcans.

Ne pourrait-on pas voir, dans ces trois séries de faits, la preuve la plus évidente que le nouveau monde s'est formé par des soulèvemens successifs que marquent les différens systèmes?

Quoi qu'il en soit, si, comme fruit de huit années d'observations lointaines, des comparaisons sans nombre, de méditations soutenues, de minutieuses recherches, le travail géologique que je termine ici sur l'Amérique méridionale, peut inspirer quelqu'intérêt et jeter quelques lumières sur les grandes révolutions du globe; s'il peut aider aux progrès de la géologie, de cette science destinée à nous révéler l'histoire de notre planète, j'aurai atteint mon but, et reçu la seule récompense que j'ambitionne, la seule récompense à laquelle j'aie jamais osé prétendre.

TABLE ALPHABÉTIQUE.

A.

B.

D.

Q.

R.

TABLE DES MATIÈRES.

EXPLICATION DES PLANCHES

PROPRES A LA GÉOLOGIE SPÉCIALE.

Planche I. Carte géologique d'une partie de la république Argentine.

Pl. II. Fig. 1. Coupe est et ouest de la république orientale de l'Uruguay.

Fig. 2. Coupe est et ouest transversale au cours du Parana, prise à Corrientes.

Fig. 3. Coupe est et ouest transversale au cours du Parana, prise à Goya.

Fig. 4. Coupe est et ouest transversale au cours du Parana, prise à la Bajada.

Fig. 5. Coupe géologique est et ouest des terrains tertiaires de la Patagonie.

Fig. 6. Coupe idéale du bassin tertiaire des Pampas, de Corrientes jusqu'en Patagonie.

Pl. III. Carte géologique de la province de Corrientes.

Pl. IV. Fig. 1. Coupe géologique est et ouest de la province de Corrientes, prise sur le cours du Parana, des missions à Corrientes.

Fig. 2. Géologie du cours du Parana (rive gauche), depuis Corrientes jusqu'à la Bajada (Entre-Rios).

Pl. V. Composition comparative des deux séries tertiaires, au nord et au sud des Pampas.

Pl. VI. Vue géologique de Cobija (Bolivia).

Pl. VII. Carte géologique de la république de Bolivia (portant par erreur n.° 4).

Pl. VIII. Fig. 1. Coupe transversale des Cordillères d'Arica à Chulumani (Bolivia).

Fig. 2. Coupe est et ouest du grand plateau bolivien d'Oruro au Sacama (18° de latitude sud).

Fig. 3. Coupe oblique du grand plateau bolivien d'Oruro à Potosi.

Fig. 4. Coupe géologique de la chaine orientale des Andes de Cochabamba aux sources du Rio Securi (Bolivia).

Pl. IX. Fig. 1. Coupe géologique de la chaine orientale des Andes de Cochabamba aux sources du Rio Securi (Bolivia).

Fig. 2. Coupe du plateau de Cochabamba aux plaines de Santa-Cruz de la Sierra.

Fig. 3. Coupe géologique transversale des chaines de Santiago et du Sunsas à l'extrémité orientale de Chiquitos (Bolivia).

Fig. 4. Coupe géologique transversale des plaines de Moxos (Bolivia).

Fig. 5. Profil de la chaine de montagnes de Santiago, etc., province de Chiquitos (Bolivia).

Pl. X. Carte de l'Amérique méridionale indiquant ses différentes époques géologiques.

Longitude à l'Occident

73 72 71 70

Signes Conventionnels.

CAPITALE *de la République de Bolivia*

CHEF-LIEU *de Departement*

Chef-Lieu *de Province*

Paroisse

Hameau

Poste ou Halte

Itinéraire de M. D'Orbigny

M. Oconor

M. Matson

Limite de la République

de Departement

de Province

Points placés d'aprés Mr. Pentland.

Oruro. Chuquisaca. Potosi. Cochabamba. La Paz. Puno. Chucuito. Juli. Capacabana. Tacna. Ancomarca. Tiaguanaco. Ile de Titicaca. Calamarca. Sicasica.

12 13 14 15 16

Apolobamba

Sicuani

Lampa

Asangaro

Huancane

Lac de Titicaca

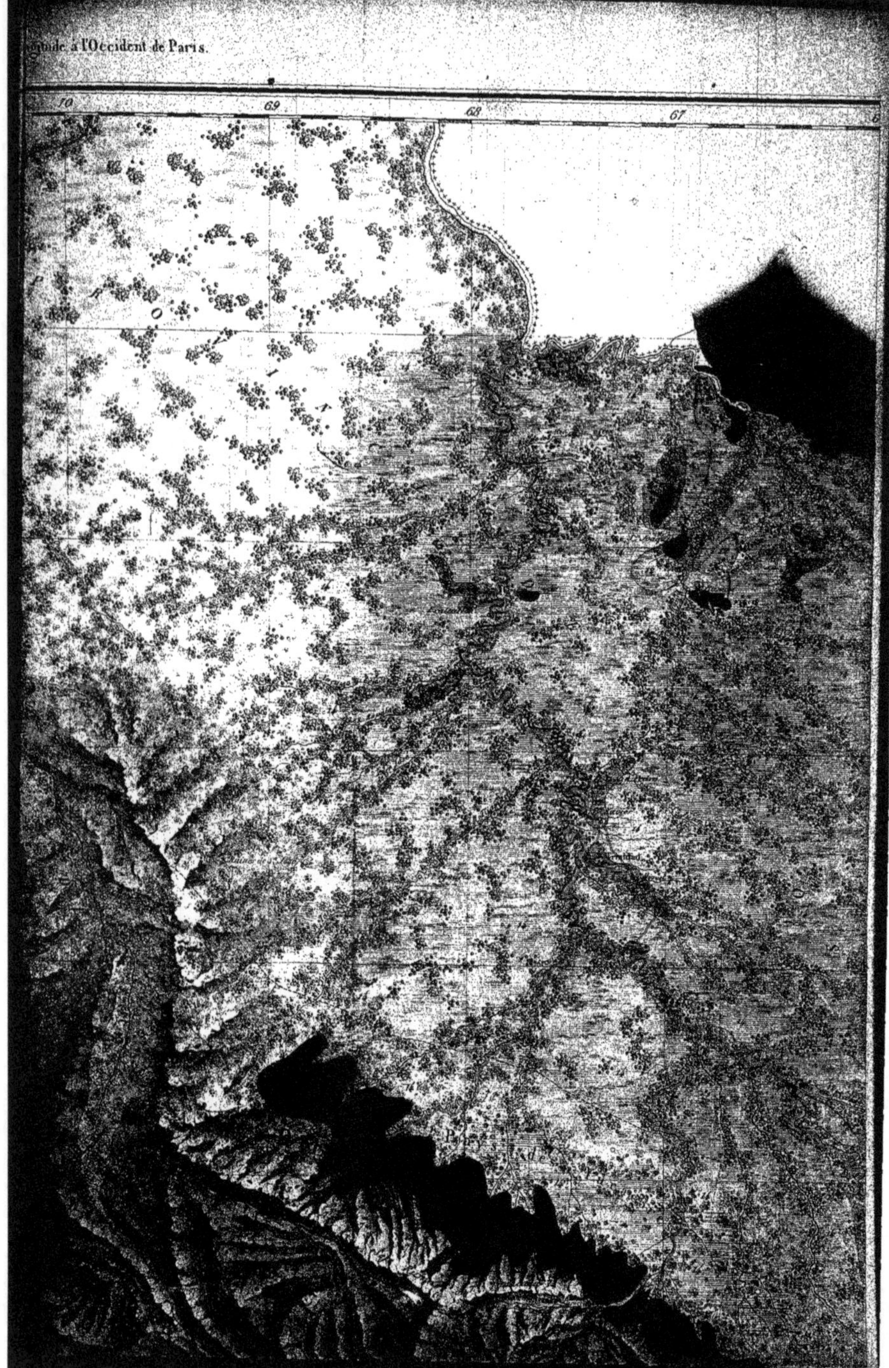
gitude à l'Occident de Paris.
70
69
68
67

70
69
68
67
Pitois Levrault et Cie Libraire Editeur rue de la Harpe

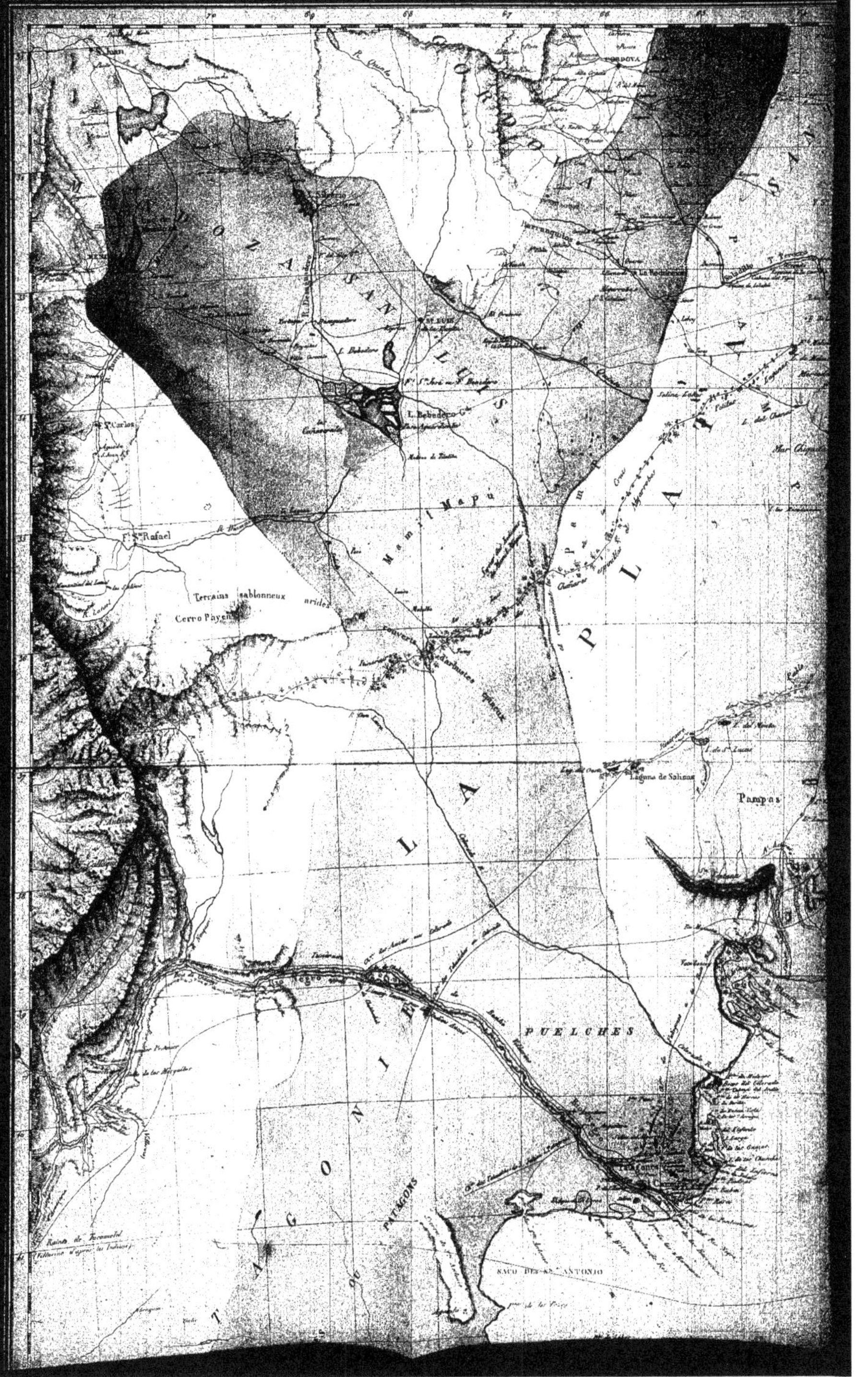

SAN LUIS
L. Bebedero
F.t S.t Rafael
F.t S.t Carlos
Terrains sablonneux arides
Cerro Payen
Mamil Mapu
LA PAMPA
Laguna de Salinas
Pampas
PUELCHES
PATAGONS
SACO DE S.N ANTONIO

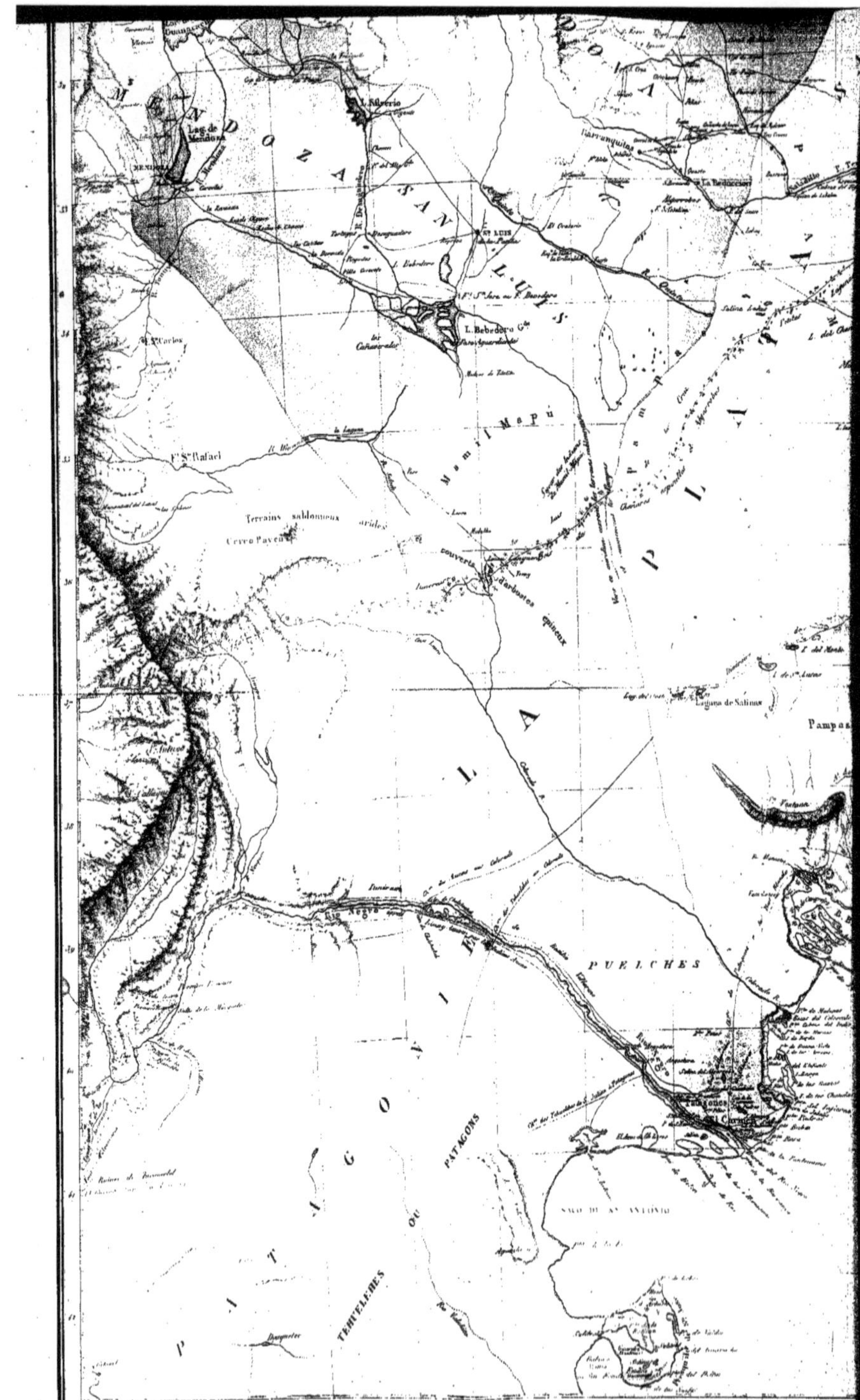

MENDOZA
Lag. de Mendoza
SAN LUIS
St LUIS
L. Bebedero Gde
Barranquitas
La Reduccion
St Carlos
Ft St Rafael
Mamil Mapu
Terrains sablonneux arides
Cerro Payen
couverts d'arbustes épineux
Laguna de Salinas
Pampas
Rio Negro
PUELCHES
Patagones
PATAGONIE
TEHUELCHES OU PATAGONS

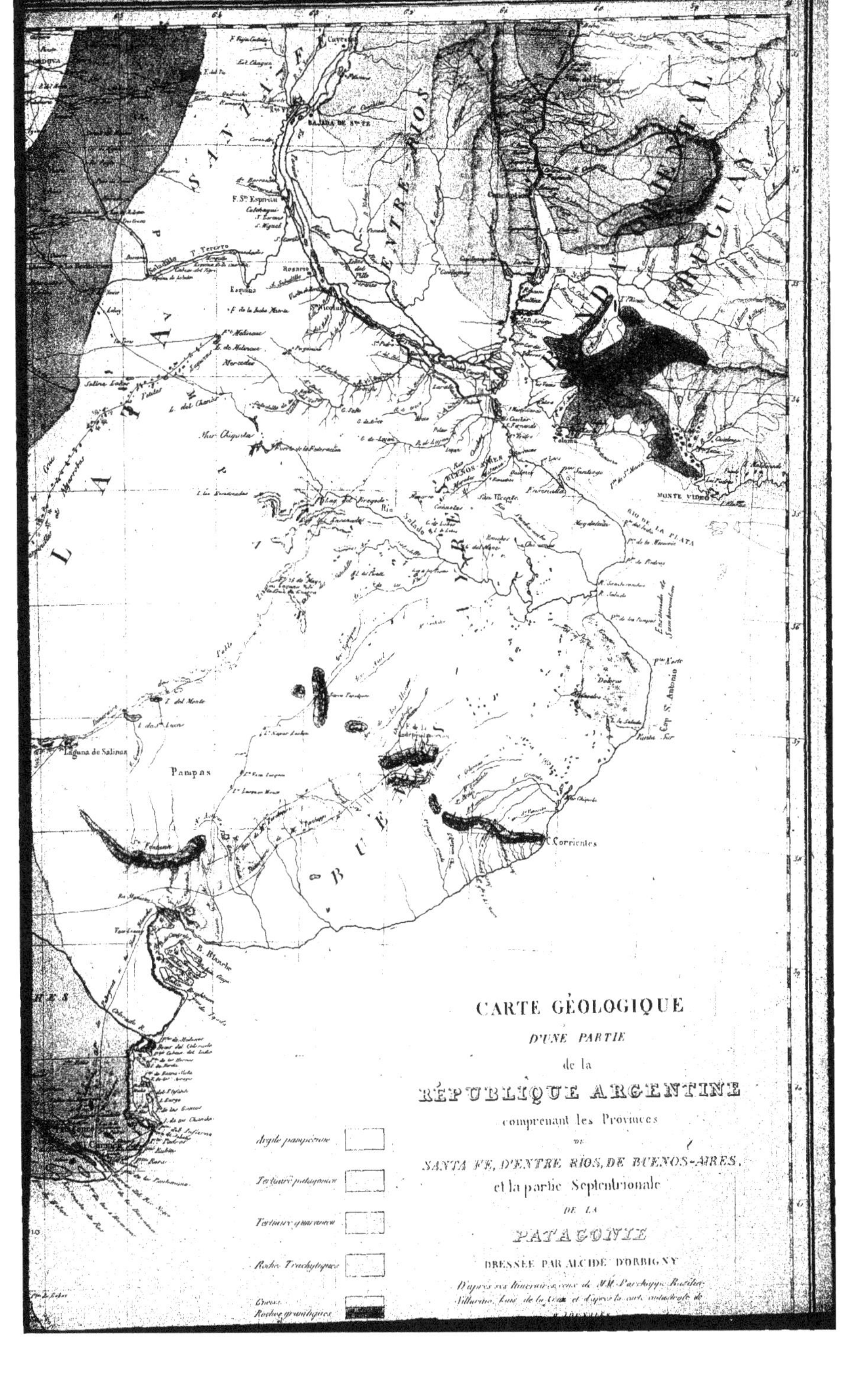
CARTE GÉOLOGIQUE
D'UNE PARTIE
de la
RÉPUBLIQUE ARGENTINE
comprenant les Provinces
DE
SANTA FE, D'ENTRE RIOS, DE BUENOS-AIRES,
et la partie Septentrionale
DE LA
PATAGONIE
DRESSÉE PAR ALCIDE D'ORBIGNY
Argile pampéenne
Roches Trachytiques
Roches granitiques
ENTRE RIOS
BAJADA DE STA FE
MONTE VIDEO
RIO DE LA PLATA
C. Corrientes
Laguna de Salinas
Pampas
B. Blanca
Esquina
Rosario
Mercedes

CARTE GÉOLOGIQUE
D'UNE PARTIE
de la
RÉPUBLIQUE ARGENTINE
comprenant les Provinces
SANTA FE, D'ENTRE RIOS, DE BUENOS-AIRES,
et la partie Septentrionale
DE LA
PATAGONIE.
DRESSÉE PAR ALCIDE D'ORBIGNY
Rosario
Esquina
Pampas
Laguna de Salinas
C. Corrientes
MONTE VIDEO
RIO DE LA PLATA
Cap S. Antonio

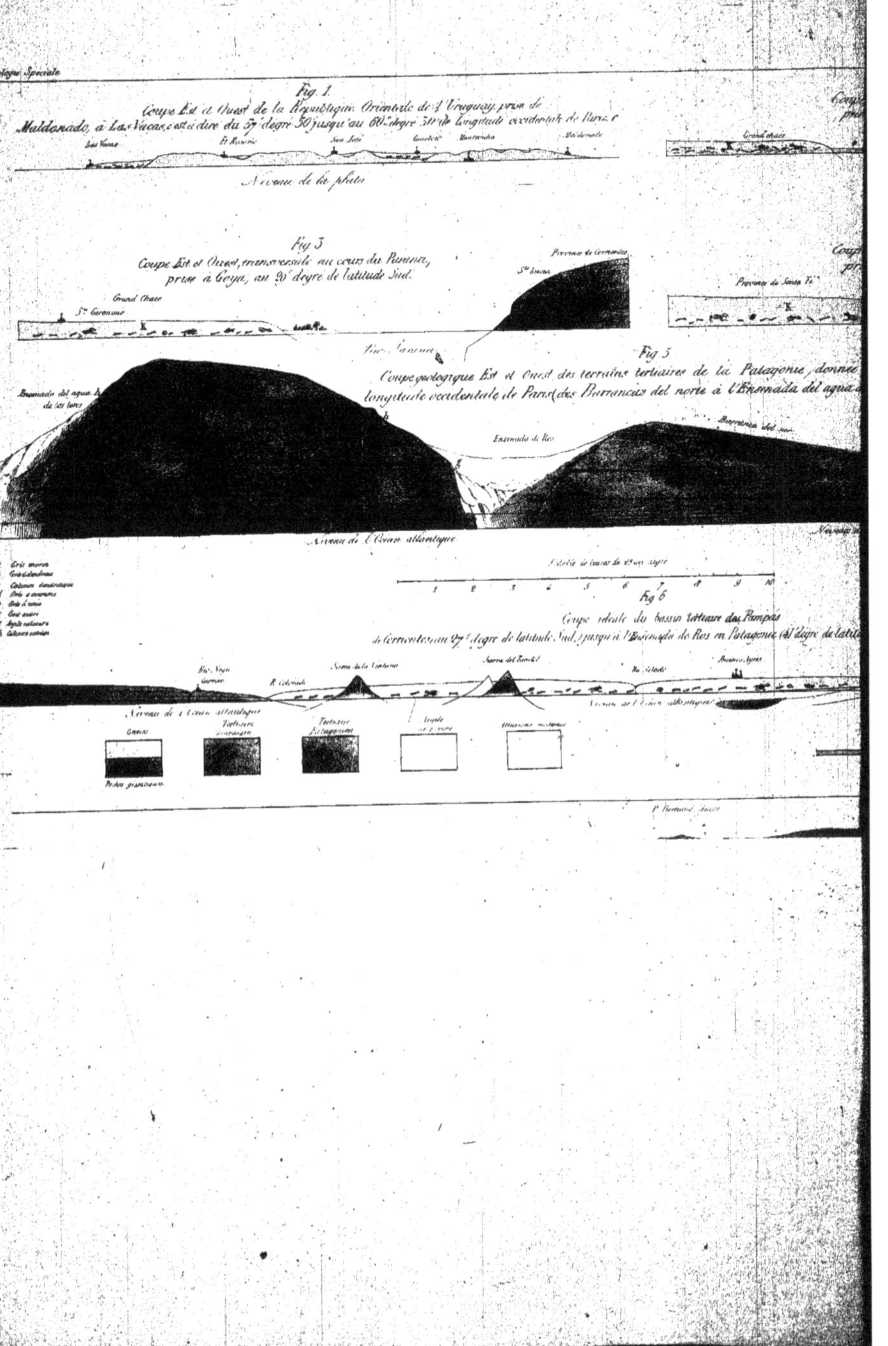
Géologie Spéciale
Fig. 1.
Coupe Est et Ouest de la République Orientale de l'Uruguay, prise de Maldonado, à Las Vacas, c'est à dire du 57e degré 30' jusqu'au 60e degré 30' de longitude occidentale de Paris
Las Vacas
San José
Montevideo
Maldonado
Niveau de la plata
Grand Chaco
Fig 3
Coupe Est et Ouest, transversale au cours du Parana, prise à Goya, au 29e degré de latitude Sud.
Grand Chaco
Province de Corrientes
Province de Santa Fé
Fig 5
Coupe géologique Est et Ouest des terrains tertiaires de la Patagonie, donnée
longitude occidentale de Paris (des Barrancas del norte à l'Ensenada del agua
Ensenada de Ros
Niveau de l'Océan atlantique
Fig 6
Coupe idéale du bassin tertiaire des Pampas
de Corrientes (au 27e degré de latitude Sud,) jusqu'à l'Ensenada de Ros en Patagonie (41e degré de latit
Buenos Ayres
Niveau de l'Océan atlantique
Gneiss
Roches granitoïdes

Fig. 2
Coupe Est et Ouest transversale au cours du Parana, prise à Corrientes 27°30' de latitude méridionale
Corrientes
Rio Parana
Fig. 4
Coupe Est et Ouest transversale au cours du Parana prise à la Bajada au 32e degré de latitude Sud
Province de Corrientes
Province de Santa Fé
Santa Fé
Province d'Entre Rios
Rio Parana
Fig. 3
Barrancas del norte
Niveau de l'Océan atlantique
Fig. 6
Coupe idéale du bassin tertiaire des Pampas
Corrientes
Santa Lucia
Niveau du Parana

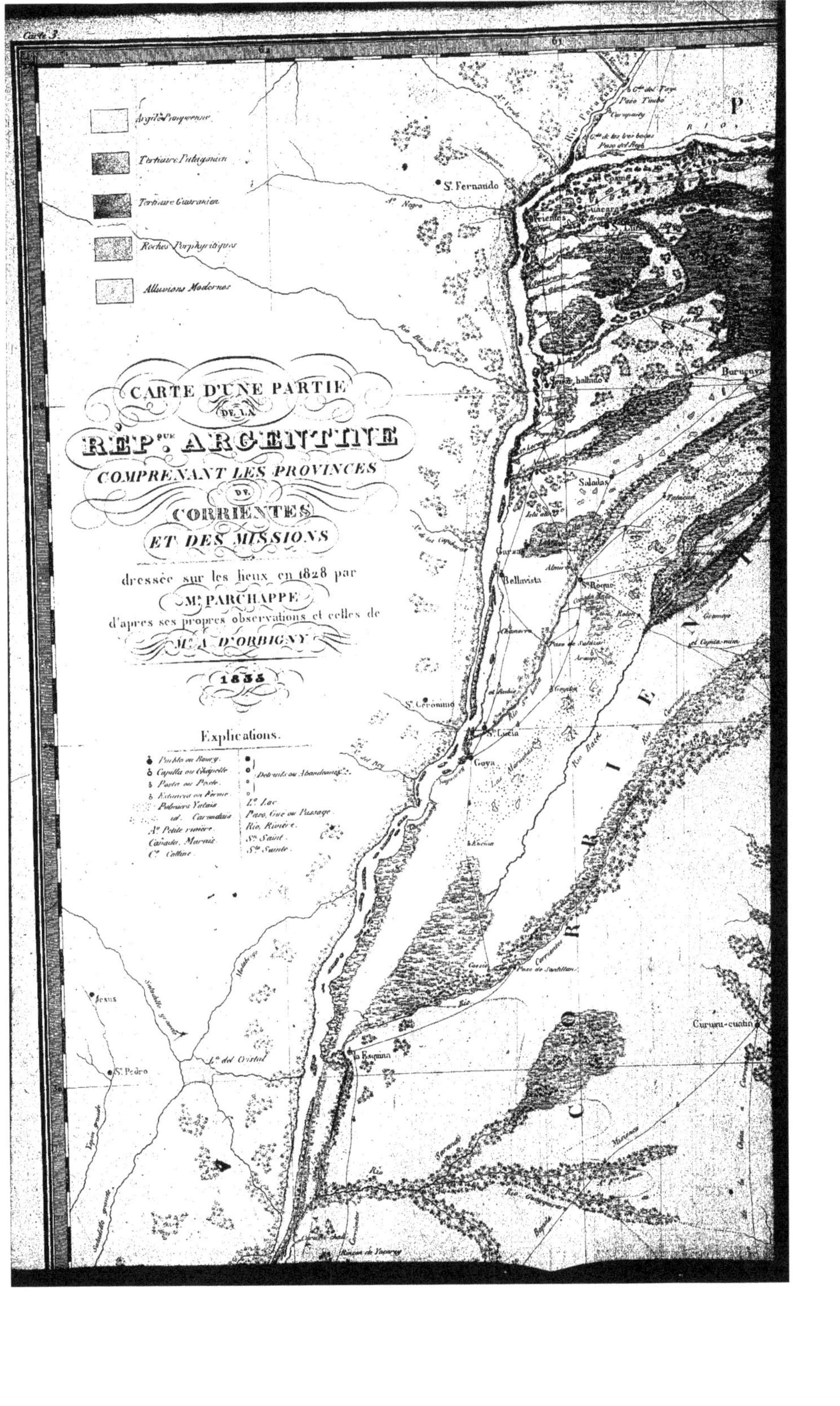

Carte 3.
CARTE D'UNE PARTIE
DE LA
RÉP.QUE ARGENTINE
COMPRENANT LES PROVINCES
DE
CORRIENTES
ET DES MISSIONS
dressée sur les lieux en 1828 par
M.r PARCHAPPE
d'apres ses propres observations et celles de
M.r A. D'ORBIGNY
1835
Explications.
Argile Pampéenne
Tertiaire Patagonien
Tertiaire Guaranien
Roches Porphyritiques
Alluvions Modernes
S.t Fernando
Goya
Bellavista
S.t Roque
Saladas
Guacaras
S.t Luis
S.ta Lucia
S.t Geronimo
la Esquina
Curuzu-cuatia
S.t Pedro
Jesus
L.a del Cristal
Paso de Santillan

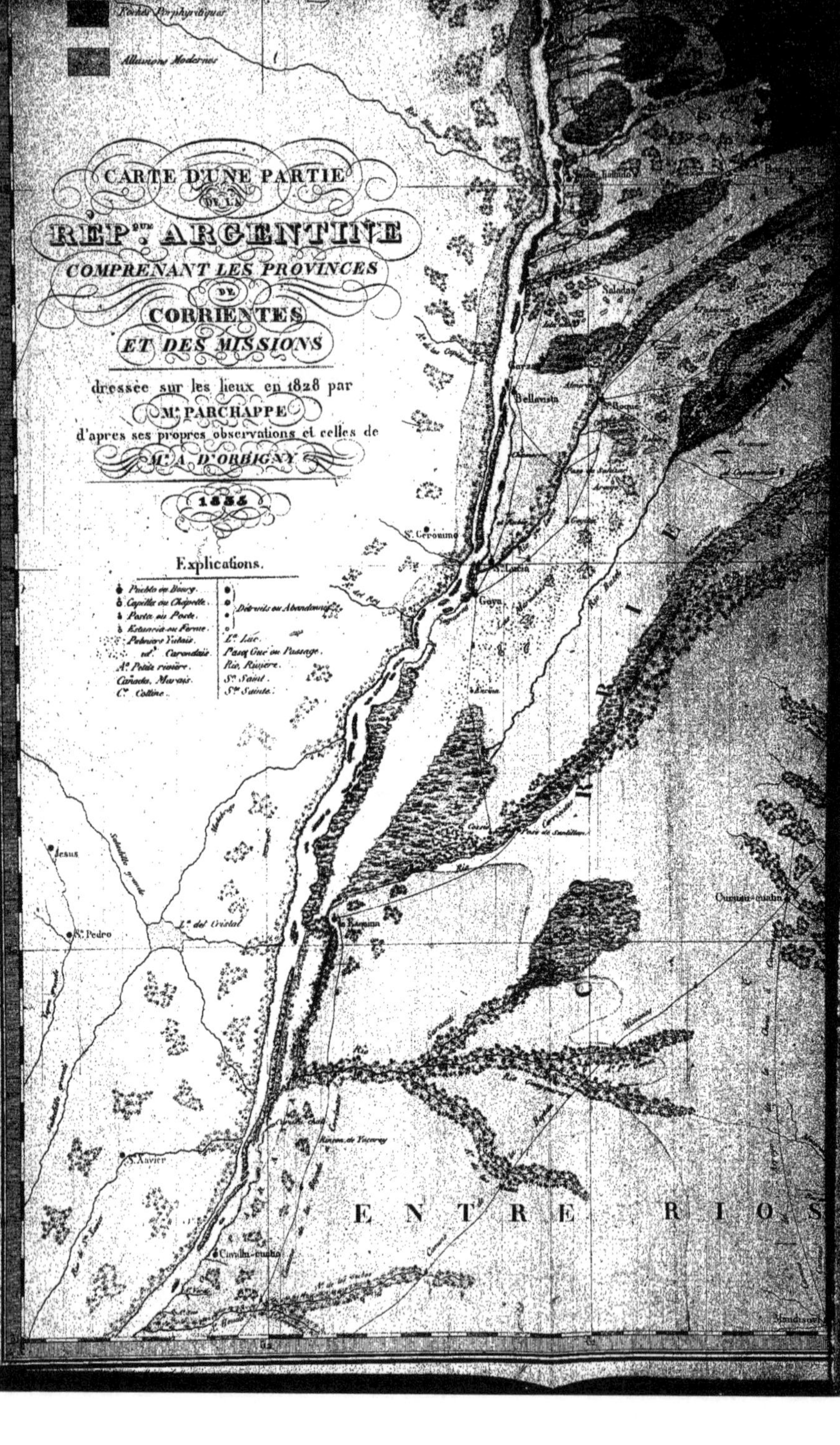
Roches Porphyritiques
Alluvions Modernes
CARTE D'UNE PARTIE
DE LA
RÉP.QUE ARGENTINE
COMPRENANT LES PROVINCES
DE
CORRIENTES
ET DES MISSIONS
dressée sur les lieux en 1828 par
M.r PARCHAPPE
d'apres ses propres observations et celles de
M.r A. D'ORBIGNY
1835
Explications.
Pueblo ou Bourg.
Capilla ou Chapelle.
Posta ou Poste.
Estancia ou Ferme.
Palmiers Yatais.
id.t Carondaïs.
A.o Petite rivière.
Cañada, Marais.
C.o Colline.
Détruits ou Abandonnés.
L.a Lac.
Paso, Gué ou Passage.
Rio, Rivière.
S.t Saint.
S.ta Sainte.
Saladas
Bellavista
S.t Geronimo
Goya
Jesus
S.t Pedro
L.a del Cristal
Esquina
S.Xavier
Curuzu-cuatia
ENTRE RIOS
Mandisovi

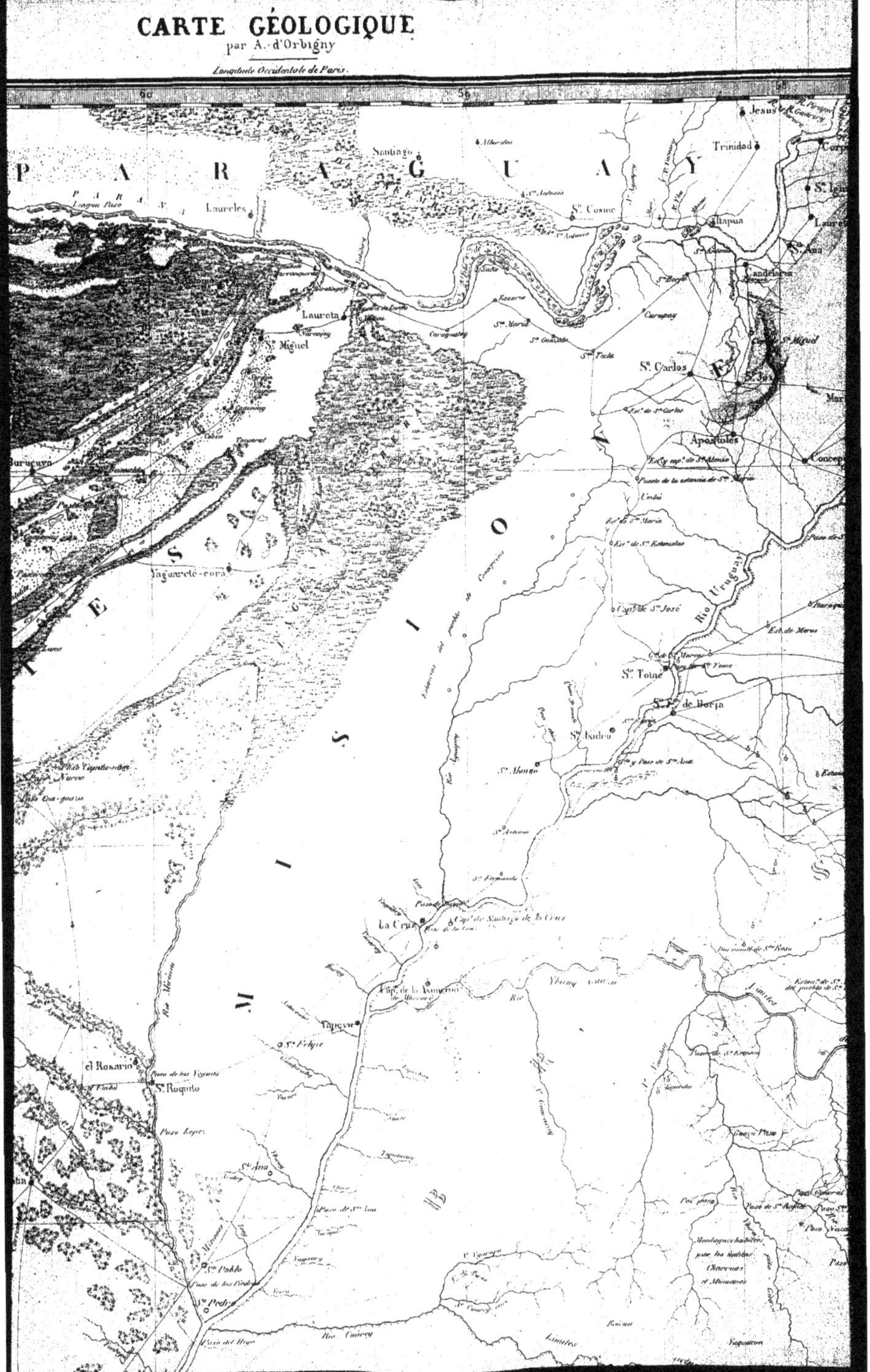
CARTE GÉOLOGIQUE
par A. d'Orbigny
Longitude Occidentale de Paris
P A R A G U A Y
M I S I O N E S
Santiago
Laureles
Sta Cosme
Trinidad
Jesus
Itapua
Candelaria
S^{n} Carlos
Apostoles
Lauretta
S^{n} Miguel
Yaguareté-cora
S^{to} Tome
S^{n} F. de Borja
S^{n} Isidro
S^{n} Alonzo
La Cruz
Tapeyue
el Rosario
S^{n} Roquito
Sta Ana
S^{n} Pablo
S^{n} Pedro
Rio Uruguay
Limites

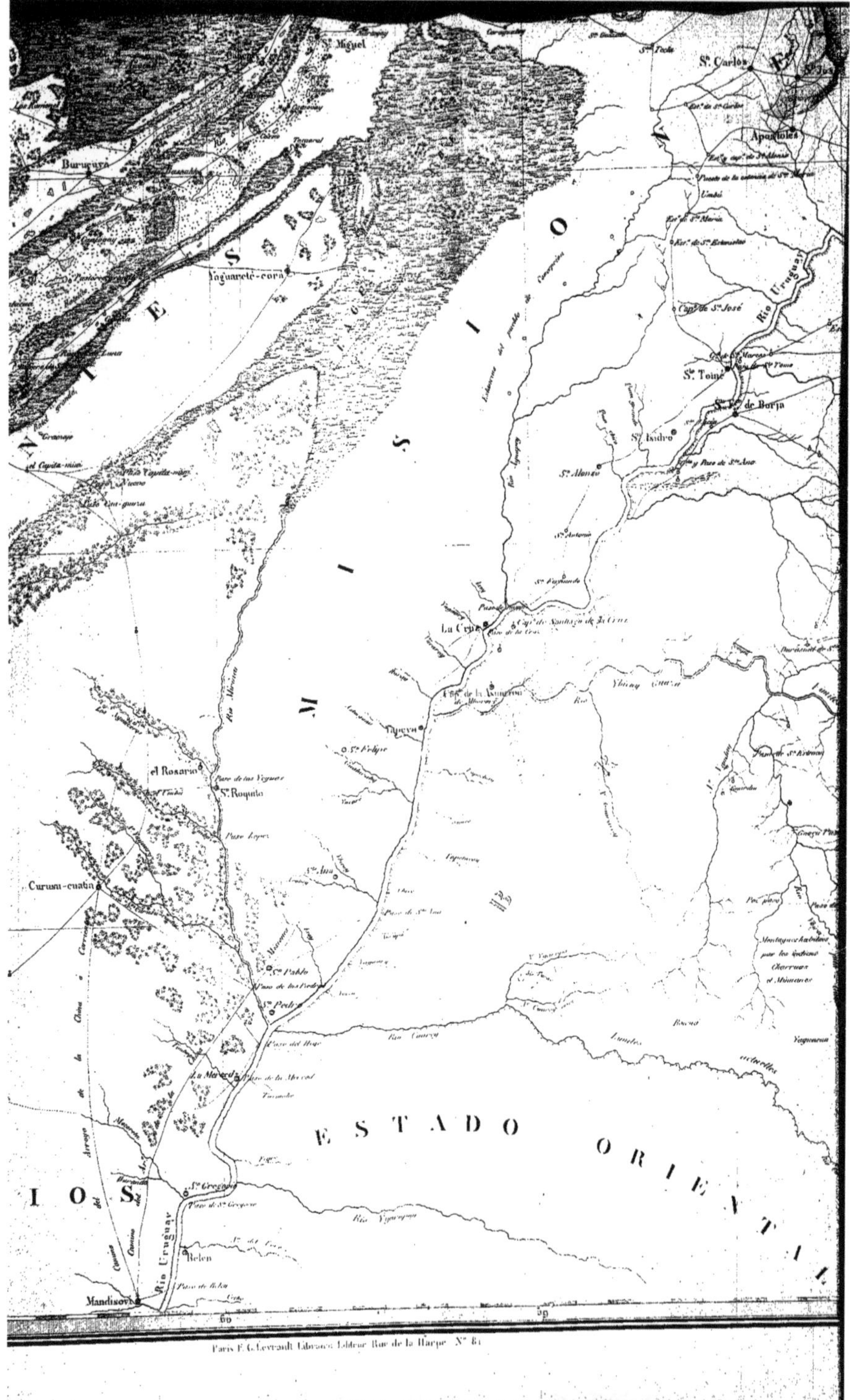

S^t. Miguel
Burucuyu
Yaguareté-corá
S^t. Carlos
Apostoles
Rio Uruguay
S^t. Tomé
S^{to}. T^{me}. de Borja
S^t. Isidro
S^t. Alonzo
La Cruz
Tapera
el Rosario
S^t. Roquito
Curuzu-cuatia
S^t. Pablo
S^t. Pedro
La Merced
S^t. Gregorio
Belen
Mandisovi
Rio Uruguay
M I S I O N E S
E S T A D O   O R I E N T A L
I O S
Paris F. G. Levrault Libraire Editeur Rue de la Harpe N° 81

U A Y
S
F
N
O
FORET HABITEE PAR DES INDIENS
Jesus
Trinidad
Corpus
Sn. Ignacio-miri
Loreto
Sta. Ana
Candelaria
Itapua
Sn. Cosme
Sn. Carlos
Sn. José
Sn. Miguel
Martires
Sta. Maria
Apostoles
Concepcion
Xavier
Sn. Nicolas
Sto. Angeles
Sn. Luis
Sn. Lorenzo
Sn. Juan
Sn. Miguel
Sn. Tome
Sn. Borja
Sn. Isidro
Sn. Alonso
Rio Uruguay
Carupay
Rio Ybicuy
1804
Montagnes habitées par les indiens Charruas et Minuanes

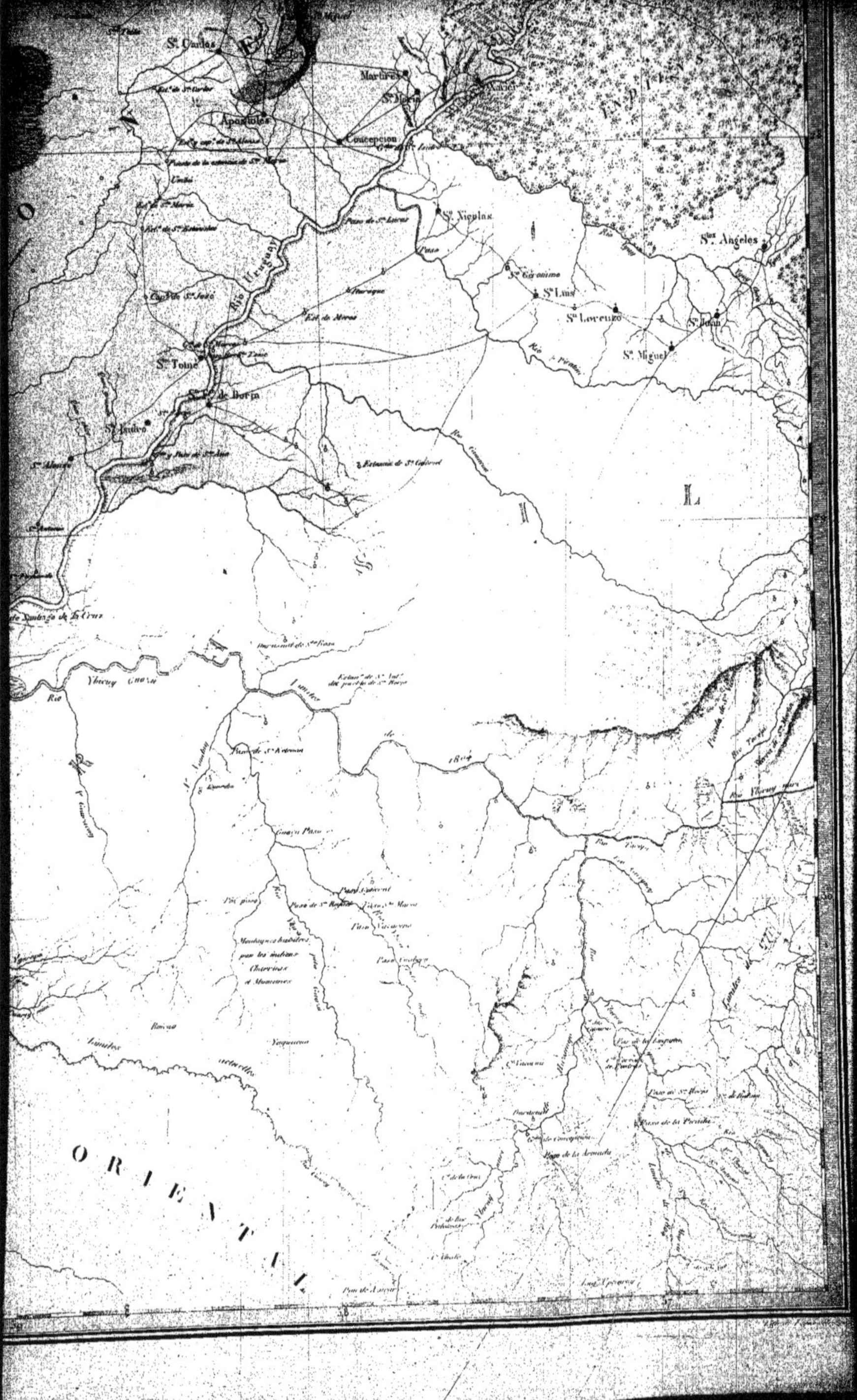

St. Carlos
Martires
St. Maria
Xavier
Apostoles
Concepcion
St. Nicolas
Sts. Angeles
St. Geronimo
St. Luis
St. Lorenzo
St. Juan
St. Miguel
St. Tomé
St. Borja
St. Isidro
Rio Uruguay
L
O R I E N T A L

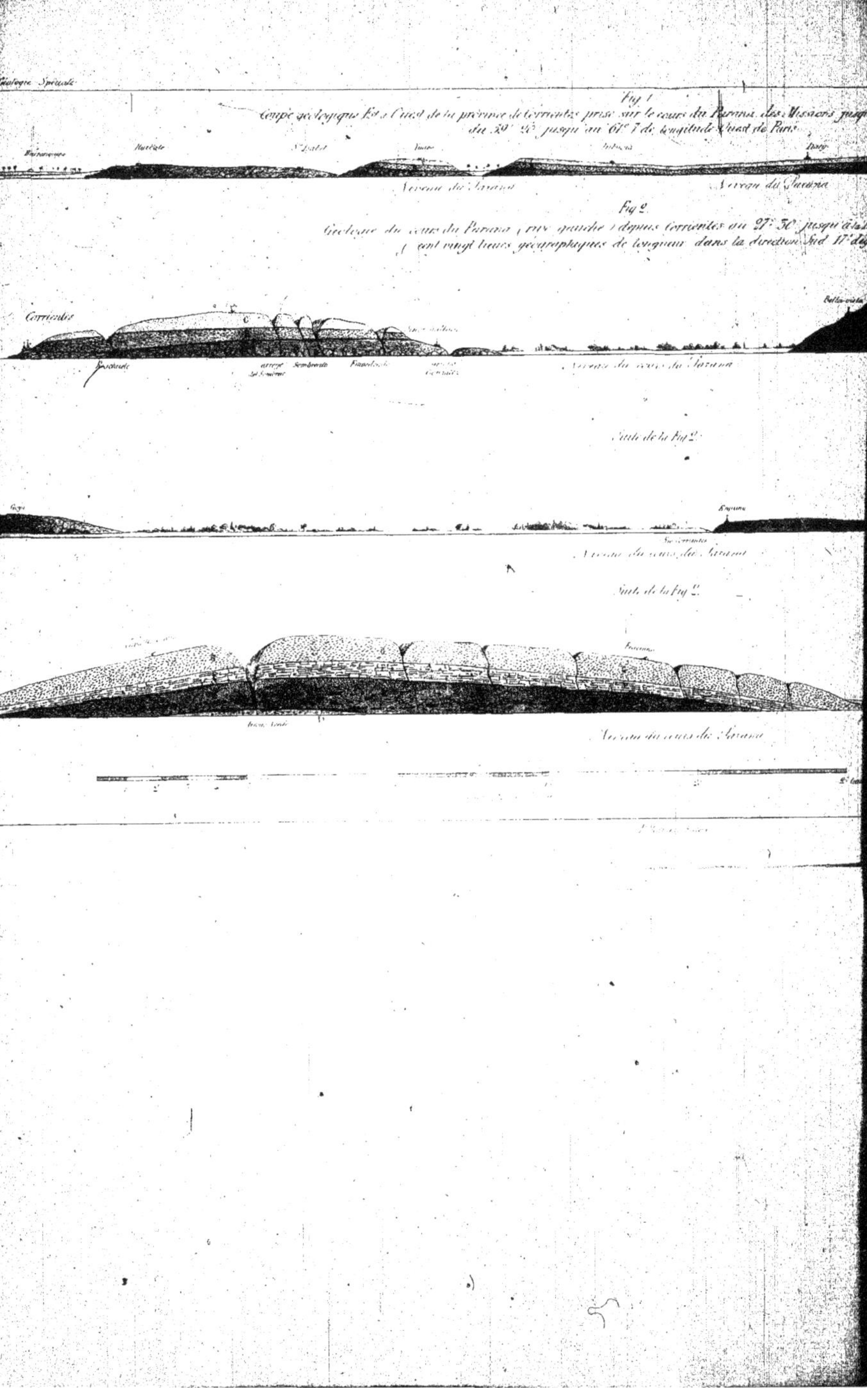

Géologie Spéciale
Fig 1
Coupe géologique Est à Ouest de la province de Corrientes prise sur le cours du Parana des Missions
Niveau du Parana
Niveau du Parana
Fig 2.
Géologie du cours du Parana (rive gauche) depuis Corrientes au 27° 30'
cent vingt lieues géographiques de longueur dans la direction Sud 17° deg
Corrientes
Bella-vista
Niveau du cours du Parana
Suite de la Fig 2.
Niveau du cours du Parana
Suite de la Fig 2.
Niveau du cours du Parana

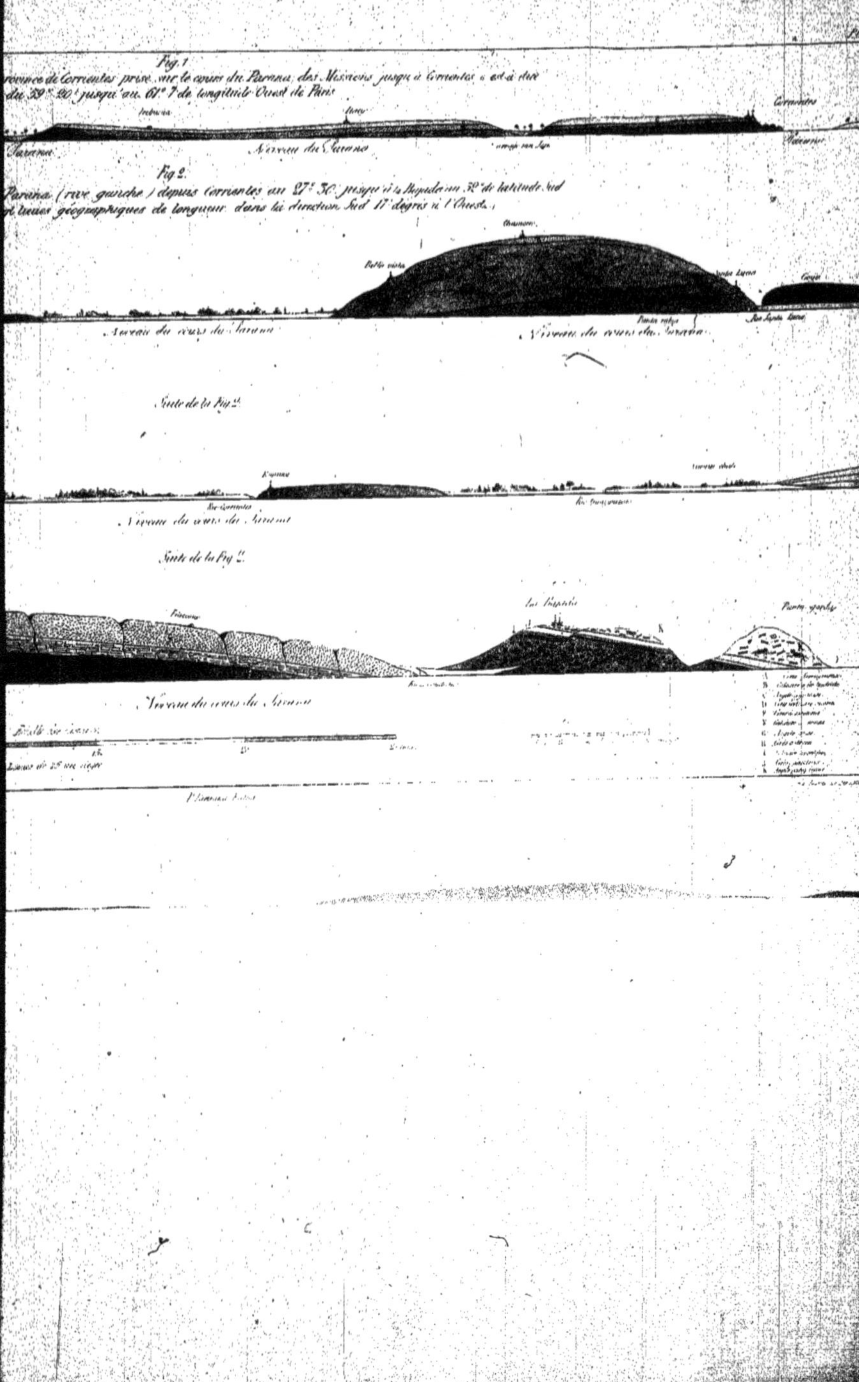
Fig. 1
rovince de Corrientes prise sur le cours du Parana, des Missions jusqu'à Corrientes c'est-à-dire
du 59° 20' jusqu'au 61° 7' de longitude Ouest de Paris
Corrientes
Niveau du Parana
Fig. 2.
Parana (rive gauche) depuis Corrientes au 27° 30' jusqu'à la Bajada au 32° de latitude Sud
lieues géographiques de longueur dans la direction Sud 17 degrés à l'Ouest.
Bella vista
Niveau du cours du Parana
Suite de la Fig. 2.
Niveau du cours du Parana
Suite de la Fig. 2.
Niveau du cours du Parana

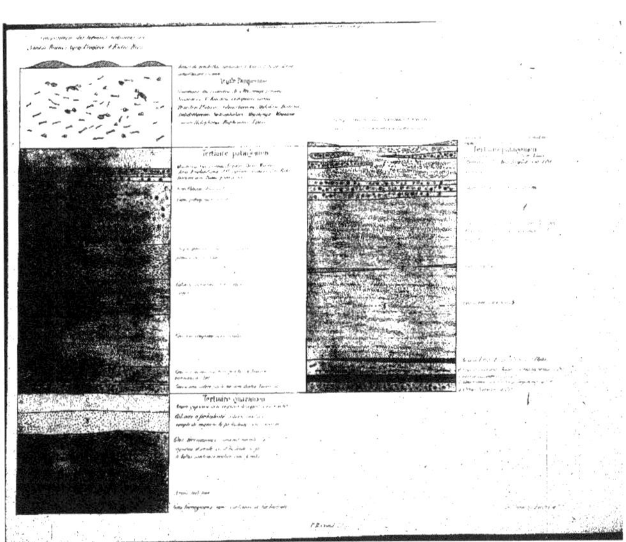

Tertiaire patagonien
Tertiaire guaranien

Vue géologique de Cobija, Bolivie.

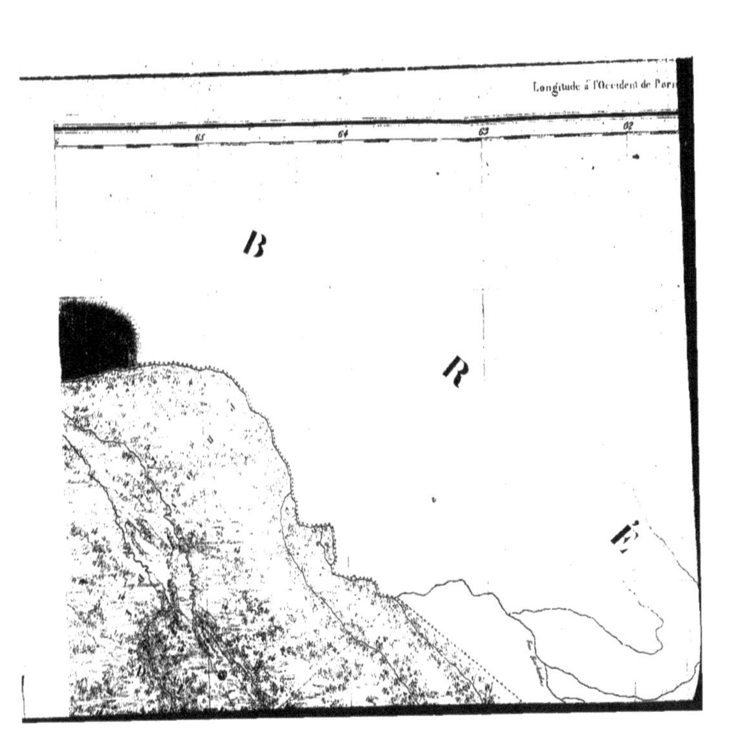

Longitude à l'Occident de Paris
65
64
63
62
B
R
E

VILLA BELLA
DE MATOGROSSO

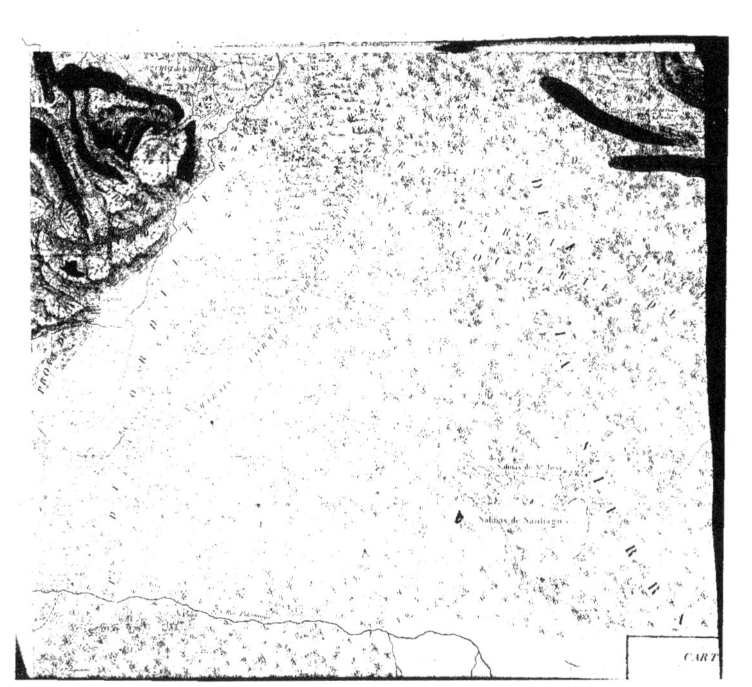
Salinas de Sᵗ Jose
Salinas de Santiago
CART

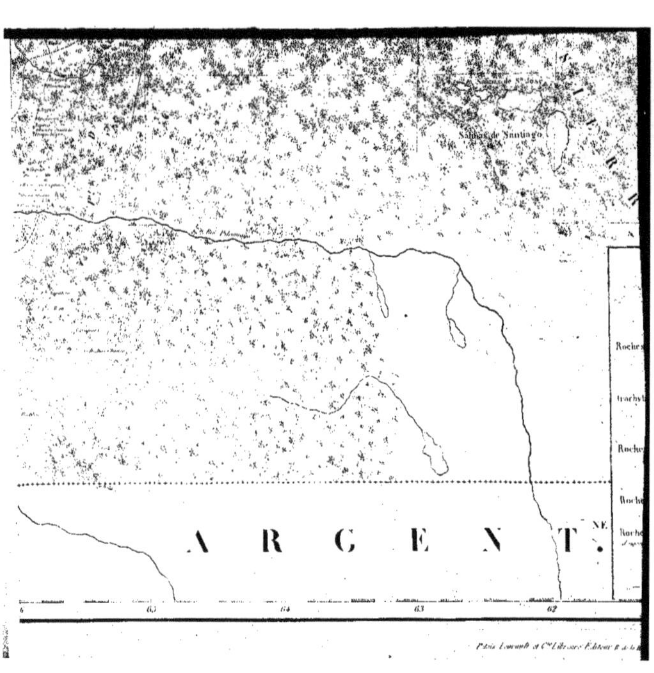

Salinas de Santiago
A R G E N T.
Roches
trachyt
Paris Lemoult et Cie Libraires Éditeurs

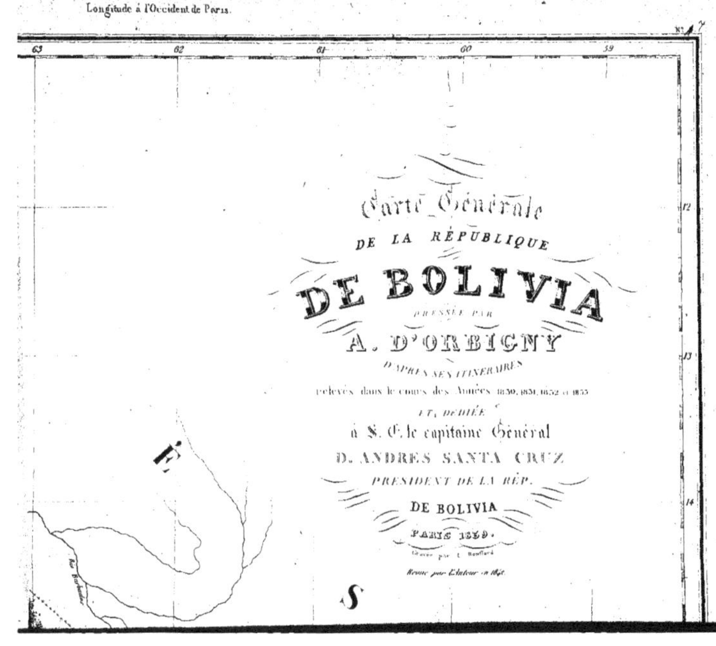
Longitude à l'Occident de Paris.
63
62
61
60
59
12
13
14
Carte Générale
DE LA RÉPUBLIQUE
DE BOLIVIA
DRESSÉE PAR
A. D'ORBIGNY
D'APRÈS SES ITINÉRAIRES
relevés dans le cours des Années 1830, 1831, 1832 et 1833
ET, DÉDIÉE
à S. E. le capitaine Général
D. ANDRES SANTA CRUZ
PRESIDENT DE LA RÉP.
DE BOLIVIA
PARIS 1839.

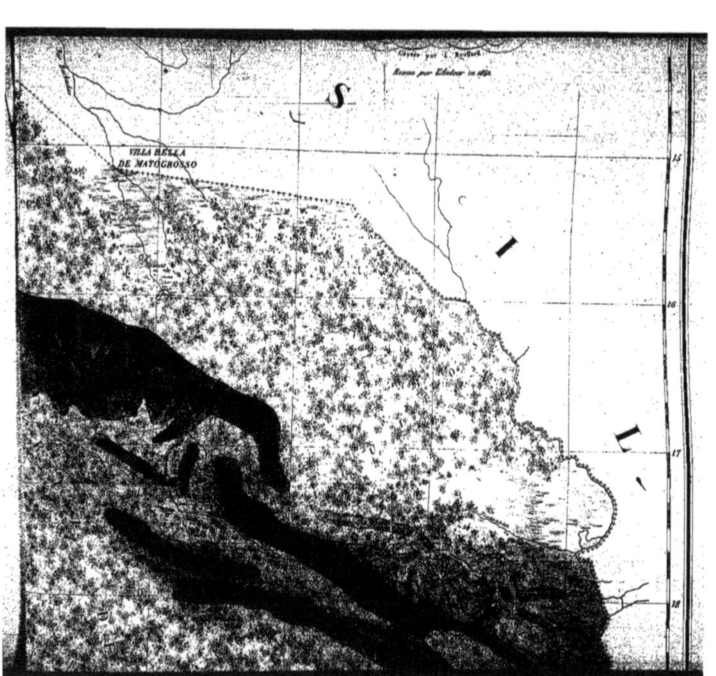

S
VILLA BELLA
DE MATOGROSSO
I
L
15
16
17
18

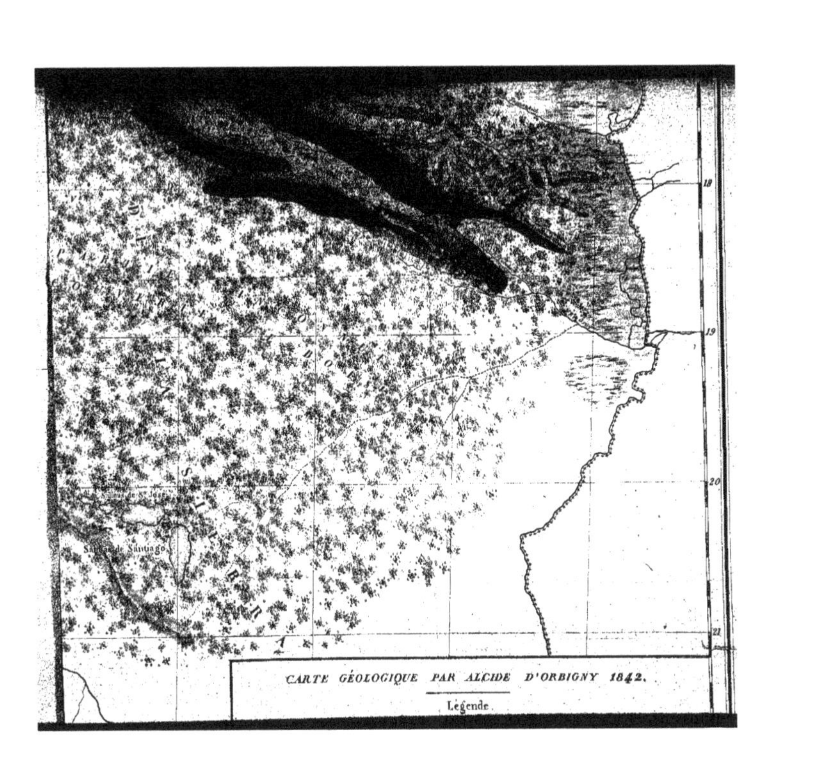

Salinas de Santiago
18
19
20
21
CARTE GÉOLOGIQUE PAR ALCIDE D'ORBIGNY 1842.
Légende.

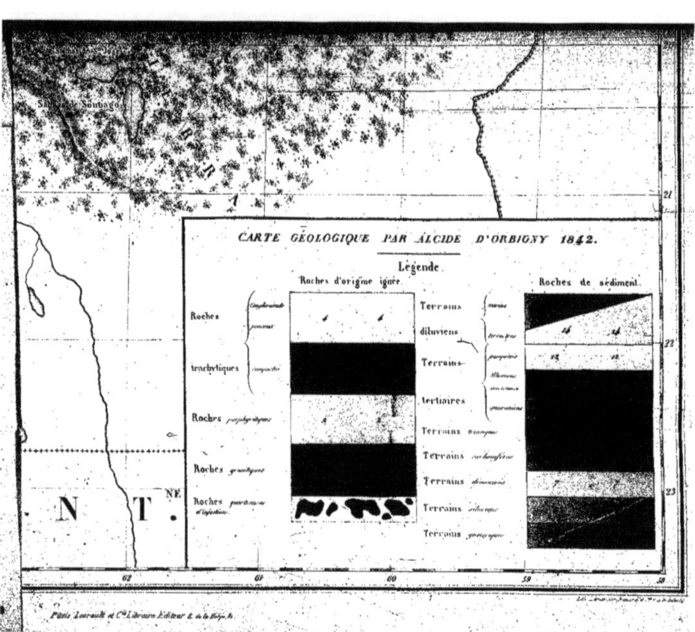

CARTE GÉOLOGIQUE PAR ALCIDE D'ORBIGNY 1842.
Légende.
Roches d'origine ignée.
Roches de sédiment.
Roches
trachytiques
Rochrs
Roches
Roches
Terrains
diluviens
Terrains
tertiaires
Terrains
Terrains
Terrains
Terrains
Terrains
21
22
23
62
61
60
59
58
N T. NE

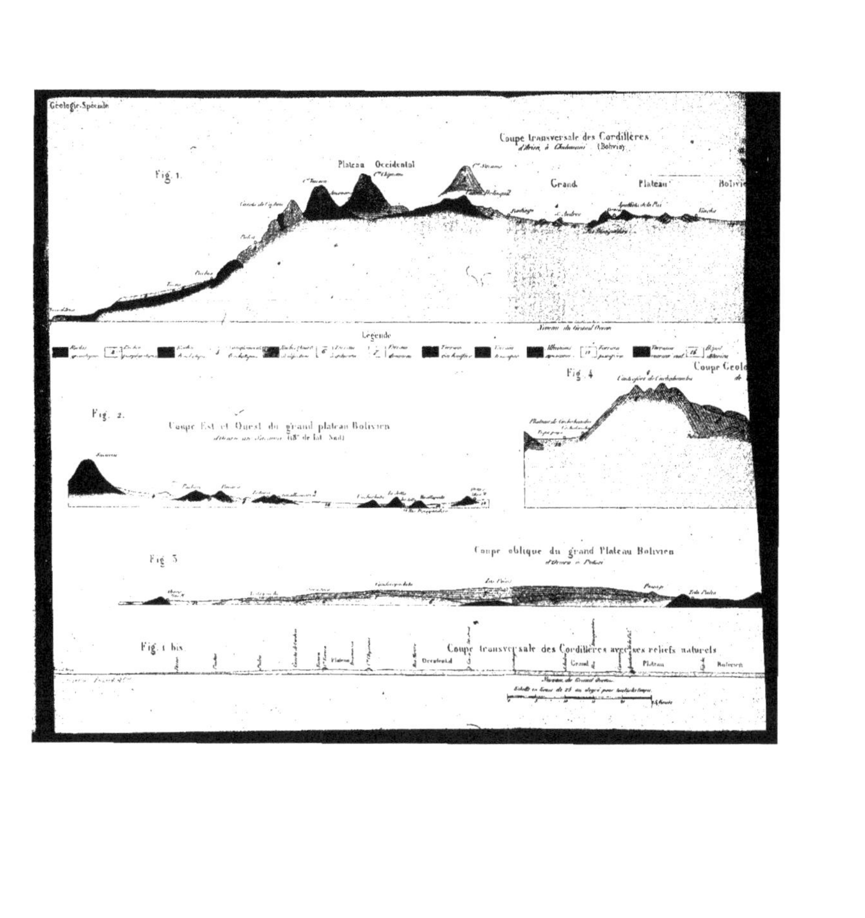

Géologie Spéciale
Coupe transversale des Cordillères
(Bolivie)
Fig. 1.
Plateau Occidental
Grand
Plateau
Légende
Fig. 4
Fig. 2.
Coupe Est et Ouest du grand plateau Bolivien
Fig. 3
Coupe oblique du grand Plateau Bolivien
Fig. 1 bis
Coupe transversale des Cordillères avec ses reliefs naturels
Occidental
Grand
Plateau
Bolivien

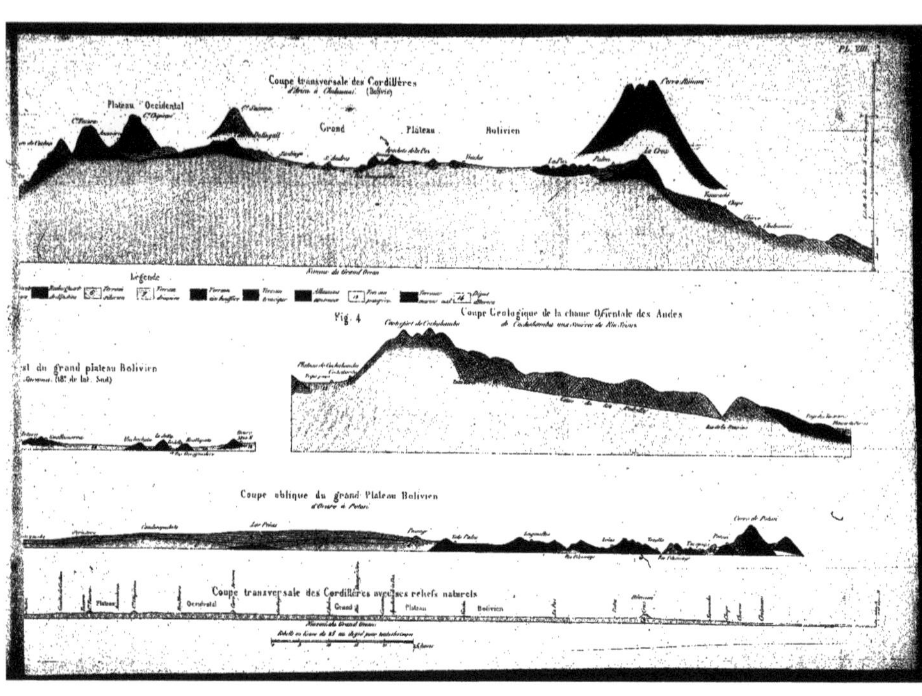
Pl. VIII.
Coupe transversale des Cordillères
Plateau Occidental
Grand Plateau Bolivien
Légende
Fig. 4
Coupe Géologique de la chaîne Orientale des Andes
du grand plateau Bolivien
Coupe oblique du grand Plateau Bolivien
Coupe transversale des Cordillères avec ses reliefs naturels
Plateau
Occidental
Grand
Plateau
Bolivien

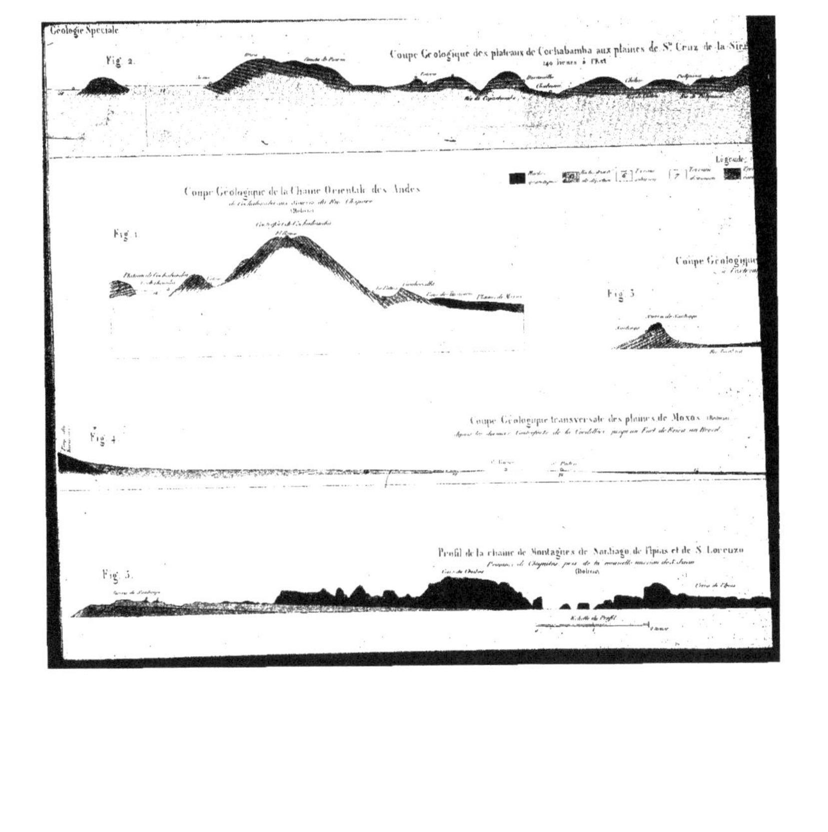

Géologie Spéciale
Fig. 2.
Coupe Géologique des plateaux de Cochabamba aux plaines de S.te Cruz de la Sierra
140 lieues à l'Est
Légende
Coupe Géologique de la Chaine Orientale des Andes
Fig. 1
Coupe Géologique
Fig. 3
Coupe Géologique transversale des plaines de Moxos
Fig. 4
Profil de la chaine de Montagnes de Santiago de Tipias et de S. Lorenzo
Fig. 5.

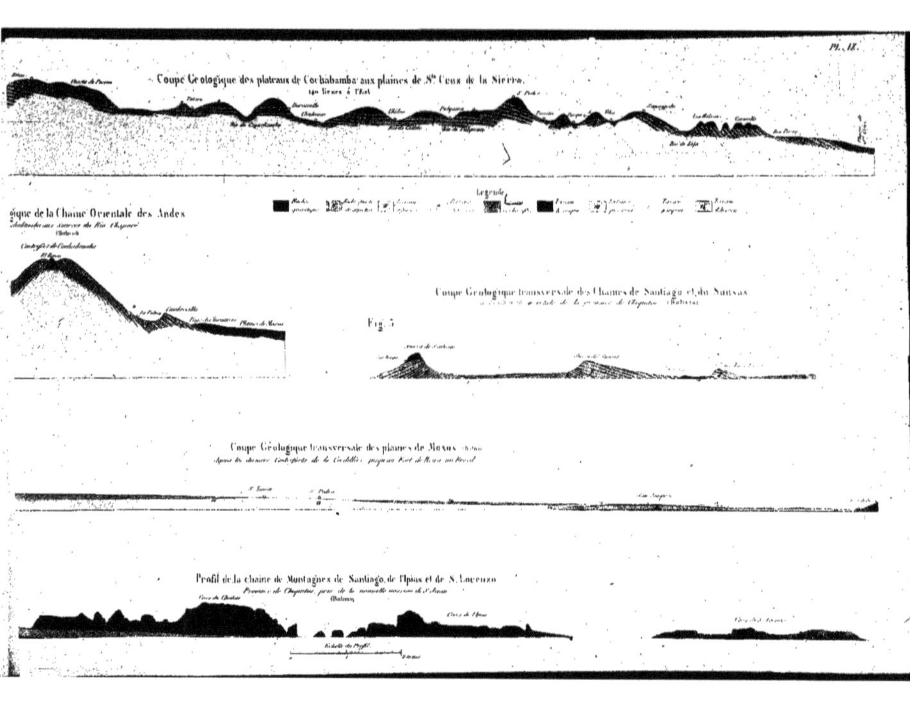
Pl. 18.
Coupe Géologique des plateaux de Cochabamba aux plaines de S.te Cruz de la Sierra.
Légende
gique de la Chaine Orientale des Andes
Coupe Géologique transversale des Chaines de Santiago et du Sunsas
Fig. 5
Coupe Géologique transversale des plaines de Moxos
Profil de la chaine de Montagnes de Santiago, de l'Ypias et de S. Lorenzo
Echelle du Profil

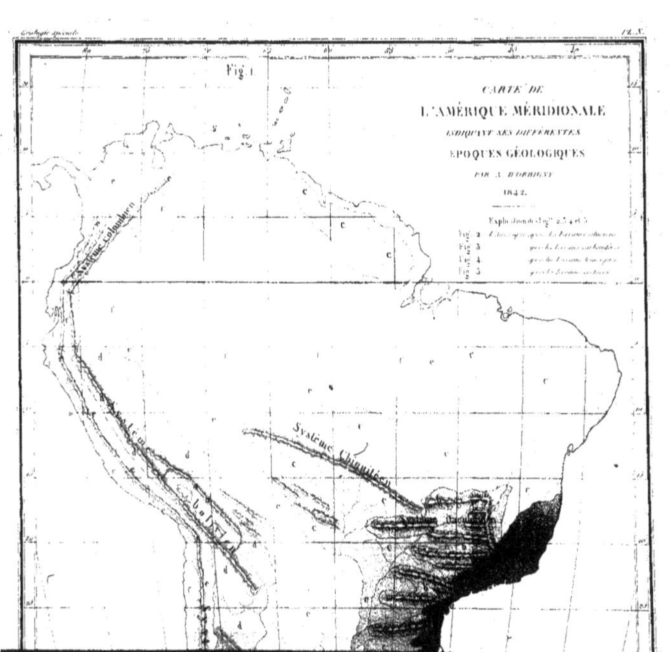
Fig. 1
CARTE DE
L'AMÉRIQUE MÉRIDIONALE
INDIQUANT SES DIFFÉRENTES
ÉPOQUES GÉOLOGIQUES
PAR A. D'ORBIGNY
1842.
Système Colombien
Système Chiquitéen

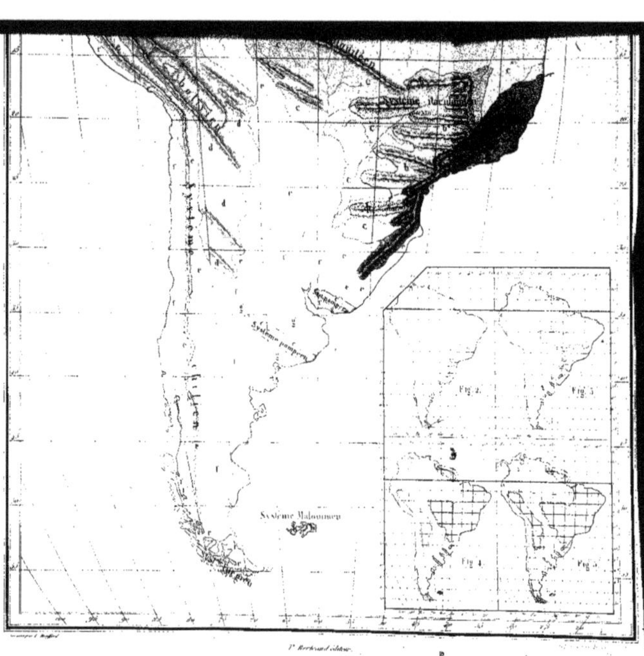
Système pampéen
Système Malouinien
Fig. 2
Fig. 3
Fig. 4
Fig. 5

www.ingramcontent.com/pod-product-compliance
Ingram Content Group UK Ltd.
Pitfield, Milton Keynes, MK11 3LW, UK
UKHW021846190726
13855UKWH00001B/178